2

Official (ISC)²® Guide to the

CISSP® CBK®

Fourth Edition

監訳：笠原久嗣, CISSP／井上吉隆, CISSP／桑名栄二, CISSP

編：Adam Gordon, CISSP-ISSAP, ISSMP, SSCP

新版 CISSP® CBK® 公式ガイドブック

NTT出版

OFFICIAL (ISC)[2] GUIDE TO THE CISSP CBK,
FOURTH EDITION
edited by Adam Gordon

Authorised translation from the English language edition published by CRC Press,
a member of the Taylor & Francis Group LLC
Japanese translation published by arrangement with Taylor & Francis Group LLC
through The English Agency (Japan) Ltd.

新版 CISSP® CBK® 公式ガイドブック

2巻目次

新版

CISSP® CBK® 公式ガイドブック

【2巻】

▶凡例

※原著の本文中で太字になっている文字列は本書でも太字で表記した．

※原著はオールカラーで印刷されている．カラー印刷を前提とした表現は，読者の利便性を踏まえ，翻訳者の判断で適宜変更を加えた．また，明らかに原著の誤植であると思われる部分については，翻訳者の判断で適宜修正した．なお，原著には技術的に誤っていると思われる記述もあったが，翻訳本であることから，原則として原文に忠実に訳した．

※本文中に出てくる原注には★マークを付け，適宜加えた訳注には☆マークを付けて区別した．原注，訳注の本文はいずれも，章末にまとめて掲載した．

※本書に記載されたURLは，原則として，原著が発行された2015年4月時点のものである．その後，URLが変更され，リンクが切れているものは，適宜《リンク切れ》と記した．

※本書に掲載されたすべての会社名，商品名，ブランド名等は，各社の商標または登録商標である．一部を除き，©，®，™の記載は省略した．

※原著に掲載されている付録J「用語集」は，原権利者との協議の結果，割愛した．

第4章 通信とネットワークセキュリティ

「通信とネットワークセキュリティ」のドメインは，プライベートネットワーク，パブリックネットワークおよび媒体を介した通信の機密性，完全性および可用性を提供するために使用される構造，送信方法，通信フォーマットおよびセキュリティ対策を範囲に含む．ネットワークセキュリティは，ITセキュリティの基礎となるものである．大半のIT環境において，ネットワークは，最も重要な資産ではないにしても中心となる資産である．ネットワークにおける保証(機密性，完全性，可用性，認証，否認防止)の喪失は，どのようなレベルであっても壊滅的な結果をもたらす可能性がある．逆に，うまく設計され，十分に保護されたネットワークは，多くの攻撃を阻止することができる．

ネットワークセキュリティは，すべてのセキュリティコントロールや保護手段のように，平常時にも稼働させておくことで効果を発揮する．影響が表面化し，危機的な状態になってからセキュリティコントロールや保護手段を適用した場合，コストはかさみ，効果は低下する．ネットワークセキュリティポリシー，プロシージャーおよび技術を計画的に導入し，管理することが重要である．予防的な対策を実施するためには，具体的な事例が必要となる．実際に損失や漏洩が発生していないのに，なぜリソースを割り当てる必要があるのかという理由である．レジリエンスを備えたネットワークを構築，維持，モニタリングするためには，事例だけでなく，スキル，知識，能力の適切な組み合わせが求められる．セキュリティアーキテクトは，システム全体の要件と規制に基づいて設計を支援し，場合によってはネットワークのコントロールを実装する．セキュリティ担当責任者は，ネットワーク上のパフォーマンスとセキュリティを維持するため，ネットワークの実装，運用およびモニタリングの最前線にいる．セキュリティ専門家は，環境からの脅威やネットワーク上の脆弱性によって引き起こされるコントロールの欠陥や不具合のリスクに焦点を当てる．これら3者はともに，リソースの確保とリスクマネジメントの課題に取り組むことになる．本章では，確立されたメトリックスを用いて定量的かつ定性的に測定されたリスクを用いて予防的な対策支援を行う．

セキュリティ専門家はこれまで，ファイアウォールや類似ツールの導入や運用を通して，ネットワークの境界防御に注力してきた．新しい技術，クラウドコンピューティング，IP（Internet Protocol：インターネットプロトコル）による様々な技術の統合が急速に進み，従来のネットワーク境界の消滅がビジネス要件になるにつれて，利便性とセキュリティの共存が困難になってきている．ネットワークの内部がネットワーク境界と同等のレジリエンスを持つこと，ツールの利用にあたっては適切なプロセスと組み合わせること，ネットワーク設計にあたってはネットワークの可用性を重要な指標とすること——この3点がセキュリティ設計の基本である．ネットワークへの攻撃は，可用性を侵害するだけでなく，機密性と完全性への攻撃による情報資産への不正アクセスにまで及ぶ．組織から情報を盗もうとする攻撃者にとって，稼働時間が長いネットワークは狙いやすいターゲットとなりうる．

本章では，最も一般的に使用されるプロトコルスタックとして，OSI（Open Systems Interconnection：開放型システム間相互接続）モデルとTCP（Transmission Control Protocol：伝送制御プロトコル）/IPに焦点を当てる．その他のプロトコルスタックについては，必要に応じて検討する．ネットワーキングの基礎を学ぶための優れた書籍やインターネットリソースはあるが，本章ではネットワークセキュリティの概念を理解するための最低限の基礎情報を説明する．

可能性のあるすべての攻撃シナリオを完全に示すことはできない．そのため本章では，最も重要なセキュリティリスクとセキュリティ専門家にとって有益なセキュリティリスクに焦点を当てる．ネットワークセキュリティの概念を理解し，理解を深め，自己学習を通して深い知識を得るようにしてほしい．

トピックス

- セキュア設計の原則
  - OSIモデルとTCP/IPモデル
  - IPネットワーキング
  - マルチレイヤープロトコルが持つ意味
  - 統合されたプロトコル（FCoE［Fibre Channel over Ethernet］，MPLS［Multi-Protocol Label Switching］，VoIP［Voice over Internet Protocol］，iSCSI［Internet Small Computer System Interface：インターネットSCSI］など）
  - 無線ネットワーク
  - 通信セキュリティのために使用される暗号
- ネットワークコンポーネントのセキュリティ保護
  - ハードウェアの操作
    - モデム
    - スイッチ
    - ルーター
    - 無線アクセスポイント
  - 伝送媒体
    - 有線
    - 無線
    - ファイバー
  - ネットワークアクセス制御デバイス
    - ファイアウォール
    - プロキシー
  - エンドポイントセキュリティ
  - コンテンツ配信ネットワーク（Content Distribution Network：CDN）
  - 物理デバイス
- 安全な通信チャネル
  - 音声
  - マルチメディアコラボレーション
    - 遠隔会議技術
    - インスタントメッセージ
  - リモートアクセス

- VPN（Virtual Private Network：仮想プライベートネットワーク）
- スクリーンスクレーパー
- 仮想アプリケーション／仮想デスクトップ
- 在宅勤務

○ データ通信（VLAN［Virtual Local Area Network：仮想ローカルエリアネットワーク］，TLS/SSL［Transport Layer Security/Secure Sockets Layer］など）

○ 仮想ネットワーク（SDN，仮想SAN［Storage Area Network］，ゲストOS，PVLAN［Private VLAN］など）

- ネットワーク攻撃（DDoS［Distributed Denial-of-Service：分散型サービス拒否］，なりすましなど）の防止または低減

目 標

(ISC)[2]メンバーの候補者に向けた情報(試験概要)によると，CISSPの候補者は次のことができると期待されている．

- ネットワークの基本設計に対するセキュリティ原則の適用
- ネットワーク構成要素への積極的なセキュリティ適用
- 安全な通信チャネルの設計と構築
- ネットワーク攻撃の防止または低減

4.1 セキュアなネットワークの基本設計

一般的に，ネットワーク通信は階層を用いて説明される．いくつかの階層化モデルが存在し，最も一般的に使用されるものは次の2つである．

- 7つの層（物理層，データリンク層，ネットワーク層，トランスポート層，セッション層，プレゼンテーション層，アプリケーション層）に構造化されたOSI参照モデル★1
- 4つの層（リンク層，ネットワーク層，トランスポート層，アプリケーション層）に構造化されたTCP/IPモデルまたはDoD（Department of Defense：米国国防総省）モデル（TCP/IPプロトコルと混同しないこと）★2

両方のモデルに共通する，セキュリティに関係が深い機能として，カプセル化（Encapsulation）がある．これは，異なる層が互いに独立して動作することに加え，技術レベルでも分離されていることを意味する．技術的な問題が発生しても，下位層または上位層のプロトコルに対してアクセスすることができないようになっている．両モデルのこの機能により，セキュリティアーキテクトは，機密性と完全性の双方が確保された設計を保証できる．セキュリティ担当責任者も，モデルにおける各層間を流れるデータが保護されていることにより，システムの設計や運用を効果的に行うことができる．セキュリティ専門家は，送受信されるデータが保護されていることにより，ネットワークを管理することができる．OSIモデルは，最も広く実装されているモデルであり，セキュリティ専門家が自身の仕事を行う上でベースラインとして理解する必要があるので，これに焦点を当てる．

4.1.1 OSIとTCP/IP

7層のOSI（Open Systems Interconnection：開放型システム間相互接続）モデルは1984年に定義され，国際標準であるISO/IEC（International Organization for Standardization/International Electrotechnical Commission：国際標準化機構／国際電気標準会議）7498-1★3として公開された（**図4.1**）．この規格の最新版は1994年のものである．複雑で，理解が困難な箇所もあるが，ネットワークの説明には実用的で，かつ広く受け入れられた規格となっている．現実には，いくつかの層（プレゼンテーション層など）が概念として重要でなかったり，他層（ネットワーク層など）はより具体的な構成が必要であったり，層の境界を越えて重複しているようなアプリケーションが存在したりする★4．

データ送信　　　　　　　　　　　　　　　　　　　　　　　　　　データ受信

	層	アプリケーション	デバイス／プロトコル
7	**アプリケーション層** ネットワーク関連のアプリケーションプログラム	エンドユーザー	ユーザーアプリケーション HTTP, FTP, Telnet, DHCP, SMTPなど
6	**プレゼンテーション層** アプリケーションに対するデータ表現の標準化	構文(暗号化／復号)	JPEG, ASCII, TIFF, SSL
5	**セッション層** アプリケーション間のセッションの管理	同期／ポートに送信(論理的)	論理ポート／ホスト間通信 AppleTalk, WinSock
4	**トランスポート層** エンド・ツー・エンドのエラー検出と訂正	TCP	TCP, UDP, SPX, SCTP
3	**ネットワーク層** ネットワーク間でのコネクションの管理	パケット(IPアドレスを含む「手紙」に相当)	ルーター IP, IPSec, ICMP, IGMP
2	**データリンク層** LLC(Logical Link Control)とMAC(Media Access Control)サブレイヤーを含む信頼性の高いデータ配信	フレーム(MACアドレスを含む「封筒」に相当)	スイッチ, ブリッジ, WAP PPP, SLIP, L2TP
1	**物理層** ネットワーク媒体の物理的特性	物理デバイス	ハードウェアの物理特性(電圧, ピン配置, ビットレート, 伝送媒体など)

物理リンク

図4.1 7層OSI参照モデル

- **第1層**(**Layer 1**)＝物理層(Physical Layer)は，電気信号やネットワークインターフェース，ケーブルなどのネットワークハードウェアを指す．
- **第2層**(**Layer 2**)＝データリンク層(Data Link Layer)は，端末間のデータ転送を指す(例えば，イーサネット)．
- **第3層**(**Layer 3**)＝ネットワーク層(Network Layer)は，ネットワーク間のデータ転送を指す(例えば，IP)．
- **第4層**(**Layer 4**)＝トランスポート層(Transport Layer)は，アプリケーション間のデータ転送，フロー制御，エラー検出と訂正を指す(例えば，TCP)．
- **第5層**(**Layer 5**)＝セッション層(Session Layer)は，アプリケーション間のハンドシェイクを指す(例えば，認証プロセス)．
- **第6層**(**Layer 6**)＝プレゼンテーション層(Presentation Layer)は，情報の表示を指す(ASCII構文など)．

- **第7層**(**Layer 7**)＝アプリケーション層(Application Layer)は，情報の構造，解釈および取り扱いを指す．セキュリティの面から見ると，この層はすべての下位層に依存しているため，関連性が強い．

各層は，同じホスト上の他層の動作と関連せず，モジュール方式でメッセージを処理する．例えば，アプリケーション(第7層)と直接やり取りする層は，データがネットワーク(第3層)上でどのようにルーティングされているか，通信に必要なハードウェア(第1層と第2層)は何かを気にすることなく，遠隔の相手と通信できる．アプリケーションがネットワークを介してデータを送信する場合，データは最上位層から第1層のネットワークを介して送信されるまで，連続する下位層に(スタックを下がって)移動する．送信されたデータは遠隔のホストの第1層で受信され，第7層に到達してホストのアプリケーションに渡されるまで，連続する上位層に(スタックを上がって)移動する．

▸第1層：物理層

物理トポロジーはこの層で定義される．要求される信号は伝送媒体に依存する(例えば，モデムに必要な信号がイーサネットのネットワークインターフェースカードのものと異なるなど)ため，信号は物理層で生成される．すべてのハードウェアが第1層デバイスで構成されているとは限らない．ケーブル，コネクター，モデムなど，多くのタイプのハードウェアが物理層で動作するが，他層で動作するものも存在する．例えば，ルーターやスイッチは，それぞれネットワーク層とデータリンク層で動作する．

▸第2層：データリンク層

データリンク層は，ネットワーク層から受信したパケットをネットワーク上のフレーム(Frame)として送信する準備を行う．この層では，相手と交換する情報にエラーがないことを保証する．データリンク層がフレーム内のエラーを検出すると，通信相手にそのフレームの再送を要求する．データリンク層は，上位層からの情報を，イーサネット，トークンリングなどの各ネットワーキング技術に対応した形式のビットに変換する．また，物理アドレスを使用して，物理的に接続されているデバイスにフレームを送信する．たとえると，ネットワーク上のエンドノード間の経路はチェーンに見立てられ，各リンクは経路上のデバイスと見立てられる．データリンク層は次のリンクにフレームを送信する役割を果たす．

IEEE(Institute of Electrical and Electronics Engineers：米国電気電子学会)のデータリンク

層は，2つのサブレイヤーに分けられる．

- **論理リンク制御**（Logical Link Control：LLC）＝各ノード間の接続の制御を行う．エラー制御，フロー制御および制御ビットシーケンスの機能を提供する．
- **メディアアクセス制御**（Media Access Control：MAC）＝各ノード間で相互にフレームを送受信する．このサブレイヤーでは，論理トポロジーと物理アドレスが定義される．イーサネットの48bitハードウェアアドレスは，このサブレイヤー名からMACアドレスと呼ばれる．

▸第3層：ネットワーク層

ネットワーク層とデータリンク層の機能を明確に区別することは重要である．ネットワーク層は，物理的に接続されていない2つのホスト間で情報を移動させる．一方，データリンク層は，物理的に接続された次のデバイスにデータを移動させる．また，データリンク層は物理アドレスに依存するが，ネットワーク層はホストの設定時に作成される論理アドレスを使用する．

- **インターネットプロトコル**（Internet Protocol：IP）＝TCP/IPスイートにおける最も重要なネットワーク層プロトコル．IPは，以下の2つの機能を持つ．
- **アドレッシング**（Addressing）＝IPは宛先のIPアドレスに基づき，パケット（Packet）の宛先に到達するまで，ネットワークを介してパケットを送信する．
- **フラグメンテーション**（Fragmentation）＝IPは，送信するパケットのサイズがローカルネットワーク上で許容される最大サイズよりも大きい場合，パケットを細分化する．

IPは，エラーのない配信を保証しないコネクションレス型プロトコルである．ルーターなどの第3層デバイスは，受信したパケットの宛先第3層アドレス（宛先IPアドレスなど）を読み取り，ルーティングテーブルを使用して，次にパケットを送信するネットワーク上のデバイス（ネクストホップ）を判別する．宛先アドレスがルーターに直接接続されているネットワーク上にない場合，パケットは別のルーターに送信される．

ルーティングテーブル（Routing Table：経路表）は，静的または動的に構築される．スタティック（静的）ルーティングテーブル（Static Routing Table）は手動で構成され，明示的に更新された時にのみ変更される．ダイナミック（動的）ルーティングテーブル

(Dynamic Routing Table)は，ルーターが定期的にネットワークの情報を交換する時に自動的に構築される．交換される情報は，ルーターのオン／オフなど，ネットワーク状態が反映される．それにより，トラフィックの輻輳が発生した時でも，ルーターがネットワーク状態の変化に応じてパケットを効果的にルーティングすることができる．第3層で動作すると考えられているほかのプロトコルの例を次に示す．

▶ RIP v1およびv2

RIP (Routing Information Protocol：ルーティング情報プロトコル) v1標準はRFC 1058★5で定義されている．RIPは，ゲートウェイとホスト間のルーティング情報交換の標準である．RIPはIGP (Interior Gateway Protocol)の中で最も有用である．RIPは，距離ベクター型アルゴリズム(Distance Vector Algorithm)を使用して，相互接続ネットワークの各リンクに対する方向と距離を決定する．宛先への複数の経路がある場合，RIPはホップ数が最も少ない経路を選択する．しかしながら，RIPはルーティングを決定する際にホップ数しか考慮しないため，必ずしも宛先への最速の経路を選択するとは限らない．

RIP v1を使用すると，ルーターは定められた間隔でルーティングテーブルを更新する．デフォルトの間隔は30秒である．RIP v1によってルーティング更新情報が継続的に送信されると，ネットワークトラフィックが急速に増加する．パケットが無限にループするのを防ぐため，RIPが許可する最大ホップ数は15となっている．宛先ネットワークまでに15以上のルーターを経由する場合，ネットワークは到達不能とみなされ，パケットは廃棄される．

RIP v2標準はRFC 1723で定義され，RFC 4822★6にて暗号を用いた認証の部分が更新されている．RIP v2は，RIP v1から以下の部分が改訂されている．

- サブネットマスクのサポート
- パスワード認証によるセキュリティのサポート
- ネクストホップアドレス指定のサポート
- ネットワーク境界でルート集約が不要

▶ OSPF v1およびv2

OSPF (Open Shortest Path First) v1標準はRFC 1131★7で定義されている．OSPFは，IPネットワーク用に開発されたIGPで，最短経路優先アルゴリズム(Shortest Path First Algorithm)もしくはリンク状態型アルゴリズム(Link State Algorithm)に基づく．

ルーターはリンク状態型アルゴリズムを利用し，各ノードにより構成されたインターネットのトポロジーに基づいて計算された各ノードへの最短経路の情報を，相互接続ネットワーク内のすべてのノードに送信する．各ルーターは，(特定の宛先ネットワークへのルートを追跡するための)自らのリンク状態を記述した一部のルーティングテーブルを送信する場合もあれば，完全なルーティング構造(トポロジー)を送信する場合もある．

最短経路優先アルゴリズムの利点は，様々なところで小規模かつ頻繁な更新が行われることである．更新は素早く収束し，ルーティングのループやCount-to-Infinity(ルーターが特定のネットワークに対して継続的にホップカウントを増加させてしまうこと)などの問題を防止する．これにより，より安定したネットワークが構築される．最短経路優先アルゴリズムの欠点は，大量のCPU(Central Processing Unit：中央処理装置)パワーとメモリーを必要とすることである．

OSPF v2はRFC 1583で定義され，RFC 2328★8で更新されている．OSPF v2では，ルーターがほかのルーターからの経路を動的に学習したり，ほかのルーターへ経路広告したりする．経路を含む広告は，OSPFのリンク状態広告(Link State Advertisement：LSA)と呼ばれる．OSPFルーターは，データを送信しようとしているネットワークとのネットワーク接続(リンク)の状態を監視する．これがリンク状態型ルーティングプロトコルの動作である．

OSPFは，クラスレスIPアドレスを効率的に取り扱うことができる．OSPFは，エリアの概念を用いて，ネットワークを階層構造に編成する．ルート情報を集約することにより，広告するルートの数を減らすとともにネットワーク負荷も軽減する．また，(OSPFで定められたプロセスによって選出された)特定のルーターを使用し，リンク状態広告の数と頻度を削減する．

OSPFは，宛先への最もコストの低い経路を検索して最適なルートを選択する．すべてのルーターインターフェース(リンク)にはコスト値が設定されている．ルートのコスト値は，ルーターと宛先ネットワーク間のすべてのアウトバウンドリンクに設定されているコスト値と，OSPFがリンク状態広告を受信したインターフェースに設定されたコスト値の合計となる．

▶ ICMP

ICMP(Internet Control Message Protocol：インターネット制御メッセージプロトコル)は，RFC 792★9で文書化されている．ICMPメッセージは，2つの主なカテゴリーに分類される．

1．ICMPエラーメッセージ
2．ICMPクエリーメッセージ

ICMPの目的は，恒久的なエラー状態に対してエラーメッセージを送信すること，ネットワークの状態を調査することである．ICMPの機能の一部を以下に示す．

1．**ネットワークエラーのアナウンス**（Announce Network Errors）＝何らかの障害によって，ホストまたはネットワーク全体が到達不能になっているような状態．受信者が存在しないポート番号宛てのTCPまたはUDPパケットの到達不能もICMPで通知される．
2．**ネットワーク輻輳のアナウンス**（Announce Network Congestion）＝ルーターが非常に多くのパケットをバッファリングして，受信したパケットを送信しきれなくなると，ICMPソースクエンチメッセージが生成される．送信側は，このメッセージの指示を受けると，パケット送信の速度を遅くする．
3．**障害対応の支援**（Assist Troubleshooting）＝ICMPは，2つのホスト間を往復するエコー機能をサポートする．広く使われているネットワーク管理ツールであるpingは，この機能を利用している．pingは一連のパケットを送信し，平均往復時間を測定し，パケットロス率を計算する．
4．**タイムアウトのアナウンス**（Announce Timeouts）＝IPパケットのTTL（Time to Live：生存時間）フィールドがゼロになると，ルーターはパケットを破棄して，破棄したことを通知するICMPパケットを生成する．tracerouteは，小さなTTL値のパケットを送信し，ICMPタイムアウトアナウンスを見て，ネットワークルートをマッピングするツールである．

▶ IGMP

IGMP（Internet Group Management Protocol：インターネットグループ管理プロトコル）は，マルチキャストグループを管理するために使用される．マルチキャストグループ（Multicasting Group）とは，特定のマルチキャストに関連しているネットワーク上の任意の場所にあるホストの集合である．マルチキャストエージェント（Multicast Agent）はマルチキャストグループを管理し，ホストがIGMPメッセージをローカルエージェントに送信することにより，グループに参加したり，離脱したりする．IGMPには次の3つのバージョンがある★10．

- **バージョン1**（Version 1）＝マルチキャストエージェントは，ネットワーク上のホストに定期的にクエリーを送信し，マルチキャストグループのメンバーシップのデータベースを更新する．ホストは，エージェントに大量のトラフィックが送られることを防ぐために，ずらして応答する．グループからの応答がなくなると，エージェントはそのグループに対するマルチキャストの転送を停止する．
- **バージョン2**（Version 2）＝バージョン2は，バージョン1の機能を拡張したものである．バージョン2では，すべてのグループのメンバーシップを決定する一般的なクエリーと，特定のグループのメンバーシップを決定するグループ固有のクエリーの2種類のクエリーが定義されている．さらに，メンバーは，すべてのマルチキャストルーターに対して，グループからの離脱を通知することができる．
- **バージョン3**（Version 3）＝このバージョンでは，ホストがマルチキャストを受信するソースを指定できるようにすることで，IGMPの機能強化を実施している．

OSIモデルの第3層に関連するプロトコルのリストについては，以下を参照．

- **IPv4/IPv6**＝インターネットプロトコル（Internet Protocol）
- **DVMRP**＝距離ベクター型マルチキャストルーティングプロトコル（Distance Vector Multicast Routing Protocol）
- **ICMP**＝インターネット制御メッセージプロトコル（Internet Control Message Protocol）
- **IGMP**＝インターネットグループ管理プロトコル（Internet Group Management Protocol）
- **IPSec**＝インターネットプロトコルセキュリティ（Internet Protocol Security）
- **IPX**＝インターネットワークパケットエクスチェンジ（Internetwork Packet Exchange）
- **DDP**＝データグラム配信プロトコル（Datagram Delivery Protocol）
- **SPB**＝最短経路ブリッジング（Shortest Path Bridging）

▸第4層：トランスポート層

トランスポート層はホスト間でエンド・ツー・エンドの通信を行うための機

能を提供する．UDP（User Datagram Protocol：ユーザーデータグラムプロトコル）とTCP（Transmission Control Protocol：伝送制御プロトコル）は，TCP/IPスイートの重要なトランスポート層プロトコルである．UDPは，送信がエラーなく受信されることを保証しないので，コネクションレス型で信頼性の低いプロトコルとされる．これは，UDPの設計に問題があるということを意味しない．UDPを利用する場合，アプリケーションがプロトコルの代わりにエラーチェックを実行する．

TCPのように信頼できるコネクション型プロトコルは，エラーのない伝送を提供し，完全性を保証する．TCPは，1つのホストで動作する複数のアプリケーションからの情報を，複数のセグメントに分割してネットワークに送信する．相手のトランスポート層が送信された順序でセグメントを受信することは保証されていないため，プロトコルが受信したセグメントを正しい順序に再構成する．相手のトランスポート層はセグメントを受信すると，Acknowledgementを返す．Acknowledgementが受信されない場合，セグメントが再送される．加えて，信頼性の高いプロトコルでは，各ホストの処理能力を超えたデータ受信によるデータ損失を防ぐ．

TCPデータの送信，コネクションの確立およびコネクションの切断において，プロセス全体を制御する特定の制御パラメーターが利用される．制御ビットには以下のようなものがある．

- **URG**（Urgent）＝緊急ポインターフィールド
- **ACK**（Acknowledgement）＝確認応答フィールド
- **PSH**（Push）＝プッシュ機能
- **RST**（Reset）＝接続のリセット
- **SYN**（Synchronize）＝シーケンス番号の同期
- **FIN**（Finish）＝送信者からの送信データの終了

これらの制御ビットは多くの目的で使用される．それらの中でも重要なものは，TCPの3ウェイハンドシェイク（Three Way Handshake）と呼ばれるプロセスにより，保証された通信セッションを確立することである．3ウェイハンドシェイクについて以下で説明する．

1. クライアントがSYNパケットを送信する．このリクエストにより，サーバーとシーケンス番号を同期させる．これは最初のシーケンス番号（Initial Sequence Number：ISN）を指定し，1つ増やしてサーバーに送信される．接続を初期化するには，クライアントとサーバーが互いのシーケンス番号を同期させる必要がある．

2．サーバーは，クライアントからのリクエストを確認し，同期するため，ACKパケットおよびSYNパケットを送信する．同時に，サーバーはシーケンス番号の同期のためにクライアントにリクエストを送信する．サーバーから送信されるパケットのうち前者と大きく異なる点は，サーバーが，確認のためのシーケンス番号をクライアントに送信することである．この応答は，ACKパケットがクライアントの送信したSYNパケットに対応しているということをクライアントに証明することに過ぎない．クライアントのリクエストを確認する方法としては，サーバーがクライアントからのシーケンス番号を1つ増やし，それを確認のためのシーケンス番号として使用することである．

3．最後にクライアントはACKパケットを送信し，サーバーからの同期リクエストを確認する．クライアントは，サーバーと同じアルゴリズムを利用し，確認のためのシーケンス番号を決定する．サーバーの同期リクエストに対するクライアントの応答によって，信頼できる接続の確立が完了する．

OSIモデルの第4層に関するプロトコルのリストは以下のとおり．

- **ATP**＝AppleTalkトランザクションプロトコル
- **DCCP**＝データグラム輻輳制御プロトコル（Datagram Congestion Control Protocol）
- **FCP**＝ファイバーチャネルプロトコル（Fibre Channel Protocol）
- **RDP**＝信頼できるデータグラムプロトコル（Reliable Datagram Protocol）
- **SCTP**＝ストリーム制御伝送プロトコル（Stream Control Transmission Protocol）
- **SPX**＝シーケンスパケット交換（Sequenced Packet Exchange）
- **SST**＝ストラクチャードストリーム転送（Structured Stream Transport）
- **TCP**＝伝送制御プロトコル（Transmission Control Protocol）
- **UDP**＝ユーザーデータグラムプロトコル（User Datagram Protocol）
- **UDP Lite**＝ユーザーデータグラムプロトコルLite（User Datagram Protocol Lite）
- **μTP**＝マイクロトランスポートプロトコル（Micro Transport Protocol）

▸第5層：セッション層

この層では，ホスト間の論理的かつ継続的な接続を提供する．アプリケーションが情報を交換する様が会話のようであることからセッションとされている．セッション層では，セッションの開始，維持および終了が行われる．セッション層では，3つのモードが提供される．

1．**全二重**(Full Duplex)＝両方のホストが互いに独立して情報を同時に交換することができる．
2．**半二重**(Half Duplex)＝ホストは情報を交換できるが，一度にどちらかのホストしか情報を送れない．
3．**単方向通信**(Simplex)＝1つのホストだけが相手に情報を送信できる．情報の伝達は一方向のみ．

OSIモデルの第5層に関連するプロトコルのリストは以下のとおり．

- **ADSP**＝AppleTalkデータストリームプロトコル(AppleTalk Data Stream Protocol)
- **ASP**＝AppleTalkセッションプロトコル(AppleTalk Session Protocol)
- **H.245**＝マルチメディア通信のための呼制御プロトコル(Call Control Protocol for Multimedia Communication)
- **iSNS**＝インターネットストレージネームサービス(Internet Storage Name Service)
- **PAP**＝パスワード認証プロトコル(Password Authentication Protocol)
- **PPTP**＝ポイント・ツー・ポイント・トンネリングプロトコル(Point-to-Point Tunneling Protocol)
- **RPC**＝リモートプロシージャーコールプロトコル(Remote Procedure Call Protocol)
- **RTCP**＝リアルタイム転送制御プロトコル(Real-Time Transport Control Protocol)
- **SMPP**＝ショートメッセージ・ピア・ツー・ピア(Short Message Peer-to-Peer)
- **SCP**＝セッション制御プロトコル(Session Control Protocol)
- **SOCKS**＝SOCKSインターネットプロトコル
- **ZIP**＝ゾーン情報プロトコル(Zone Information Protocol)

▸第6層：プレゼンテーション層

ネットワーク上で通信しているアプリケーション間では，互換性のない文字セットを使用するなど，情報の表現が異なる場合がある．この層は，相互のアプリケーションがデータを理解するために必要な共通のフォーマットを提供する．例えば，Unicodeでエンコードされたデータを，ASCII文字セットのみを認識するアプリケーションが読み取れるようにするには，Unicodeを利用するアプリケーションのプレゼンテーション層でデータをUnicodeから標準形式に変換し，相手側のプレゼンテーション層でデータを標準形式からASCII文字セットに変換する．プレゼンテーション層には次のような複雑なアーキテクチャーが存在する．

▸サービス

- データ変換
- 文字コード変換
- 圧縮
- 暗号化と復号

▸サブレイヤー

プレゼンテーション層は，共通アプリケーションサービス要素（Common Application Service Element：CASE）と特定アプリケーションサービス要素（Specific Application Service Element：SASE）の2つのサブレイヤーで構成される．

▸共通アプリケーションサービス要素

共通アプリケーションサービス要素（CASE）サブレイヤーは，アプリケーション層にサービスを提供し，セッション層からサービスを受ける．以下のような共通のアプリケーションサービスをサポートする．

- **ACSE** = Association Control Service Element
- **ROSE** = Remote Operation Service Element
- **CCR** = Commitment Concurrency and Recovery
- **RTSE** = Reliable Transfer Service Element

▸特定アプリケーションサービス要素

特定アプリケーションサービス要素（SASE）サブレイヤーは，次のようなアプリケーション固有のサービス（プロトコル）を提供する．

- **FTAM** = File Transfer, Access and Manager
- **VT** = Virtual Terminal
- **MOTIS** = Message Oriented Text Interchange Standard
- **CMIP** = Common Management Information Protocol

- **MMS** = Manufacturing Messaging Service
- **RDA** = Remote Database Access
- **DTP** = Distributed Transaction Processing

▸プロトコル

広く使われているアプリケーションおよびプロトコルの多くでは，プレゼンテーション層とアプリケーション層が区別されていない．例えば，一般にアプリケーション層プロトコルとみなされるHTTP（Hypertext Transfer Protocol：ハイパーテキスト転送プロトコル）は，適切な文字変換のための文字エンコーディングの識別など，プレゼンテーション層の側面を有するが，処理はアプリケーション層内で行われている．

▸第7層：アプリケーション層

この層は，ネットワークベースのサービスに対するアプリケーションの入口であり，例えば，リモートアプリケーションのIDや利用可否を判断する．アプリケーションまたはオペレーティングシステムがネットワークを介してデータを送受信する場合，アプリケーションまたはオペレーティングシステムはこの層のサービスを使用する．HTTP，FTP（File Transfer Protocol：ファイル転送プロトコル），SMTP（Simple Mail Transfer Protocol：簡易メール転送プロトコル）など，よく知られている多くのプロトコルがこの層で動作する．「アプリケーション層」は「アプリケーション」ではないことを覚えておくことが重要である．特に，アプリケーションが第7層プロトコルと同じ名前を持つ場合は注意が必要である．例えば，多くのオペレーティングシステムでFTPコマンドを実行すると，FTPと呼ばれるアプリケーションが起動し，最終的にFTPプロトコルを使用してホスト間でファイルを転送する．いくつかのプロトコルは，その形式と機能に基づいて特定の層に容易に紐付けられるが，ほかのプロトコルを正確に位置付けることは非常に難しい．このカテゴリーに入るプロトコルの例として，BGP（Border Gateway Protocol）を挙げることができる．

▸BGP

完全分散ルーティングを可能にするために，EGP（Exterior Gateway Protocol：エクステリアゲートウェイプロトコル）に代わるBGP（Border Gateway Protocol：ボーダーゲートウェイプロトコル）が作成された．これにより，インターネットは真の分散システムとなった．BGPは，TCP/IPネットワークでドメイン間ルーティングを実行するプロトコルで，自律システム（Autonomous System：AS）のゲートウェイとホスト間（それぞれが独自のルーターを持つ）でルーティング情報を交換する．BGPは，多くの場合，インターネット上のゲートウェイ・ホスト間で使用される．ルーティングテーブルには，既知のルーターのリスト，到達可能なアドレスおよび各ルーターへの経路に関連付けられたコスト値が含まれており，最適なルートが選択される．

BGPを使用するホストは，TCPを使用し，あるホストが変更を検出した場合にのみ，更新されたルーターテーブル情報が送信される．最新バージョンのBGP-4では，管理者がポリシーステートメントに基づいてコスト値を設定することができる★11．

多くの場合，BGPはルーティングテーブルに影響を与えるアプリケーションとみなされる．それとは対照的に，BGPをルーティングプロトコルと考える人もいる．BGPは，ソケット（Socket）を作成し，コードを実行する．であれば，アプリケーションと考えるべきだろうか．トラフィックスニファーでBGPトラフィックを表示させると，IPヘッダーとルーティングプロトコルヘッダーの間に第4層のヘッダーが存在する．であれば，BGPは第4層でルーティング情報を転送するアプリケーションであると考えるべきだろうか．

プロトコルを分類するより適切な方法は，提供するサービスを精査することである．BGPは，通常のトランスポートサービスではなく，ネットワーク層にサービスを提供しており，かつネットワーク層の動作に関する制御情報を提供している．これにより，BGPは，ネットワーク層のサービスとして考えることができる．

この観点は，アプリケーション層よりも下層にある管理対象のインフラストラクチャーに制御・管理情報を提供する管理・制御・監視プロトコルのような，ほかのプロトコルのアプリケーションとみなされるプロトコルに有効である．こうした観点から言えば，BGPは，TCP上で動作するアプリケーションであると同時に，ネットワーク層の動作方法に関する必要な情報を提供しており，ネットワーク層の動作に密接に関連している．つまり，BGPはアプリケーション層プロトコルとして実装されているが，その機能に関しては，BGPはネットワーク層プロトコルと言える．

セキュリティ担当責任者は，BGPが実際のネットワークでどのように動作するかを理解すべきである．以下は，BGPのモデル化に使用できるシミュレーターへのリンクである．

- BGPlayは，インターネット上にある実際のASのBGPルートとルート更新をグラフィカルに表示するHTML（Hypertext Markup Language：ハイパーテキストマークアップ言語）ウィジェットである．
    - リンク：https://stat.ripe.net/widget/bgplay

- SSFNet，SSFNetネットワークシミュレーターには，B. J. Premoreによって開発されたBGP実装が含まれている．
    - リンク：http://www.ssfnet.org/homePage.html
- C-BGPは，インターネット上の複数ASのモデル化やTier1ネットワーク環境のモデリングなど，大規模環境をシミュレートできる．
    - リンク：http://c-bgp.sourceforge.net/
- NetViewsは，リアルタイムにBGPアクティビティを監視し，可視化するJavaアプリケーションである．
    - リンク：http://netlab.cs.memphis.edu/projects_netviews.html

OSIモデルの第7層に関連するプロトコルのリストについては，以下を参照．

- **DHCP** = Dynamic Host Configuration Protocol
- **DHCPv6** = Dynamic Host Configuration Protocol v6
- **DNS** = Domain Name System
- **HTTP** = Hypertext Transfer Protocol
- **IMAP** = Internet Message Access Protocol
- **IRC** = Internet Relay Chat
- **LDAP** = Lightweight Directory Access Protocol
- **XMPP** = Extensible Messaging and Presence Protocol
- **SMTP** = Simple Mail Transfer Protocol
- **FTP** = File Transfer Protocol
- **SFTP** = Secure File Transfer Protocol

▶TCP/IP参照モデル

TCP/IPモデルは米国国防総省によって開発された．このモデルは，OSIモデルに非常に似ているが，図4.2に示すように層は少なくなっている．

リンク層は，ネットワーク内での物理的な通信とルーティングを提供する．この層は，イーサネットを実装するために必要なすべてのものに対応している．また，この層はOSIモデルの物理層とデータリンク層の2つの層に相当する．

ネットワーク層には，ネットワーク間でデータを転送するために必要なすべての要素が含まれる．IPプロトコルだけでなく，ICMPおよびIGMPも構成要素に該当する．OSIモデルでは，第3層に相当する．

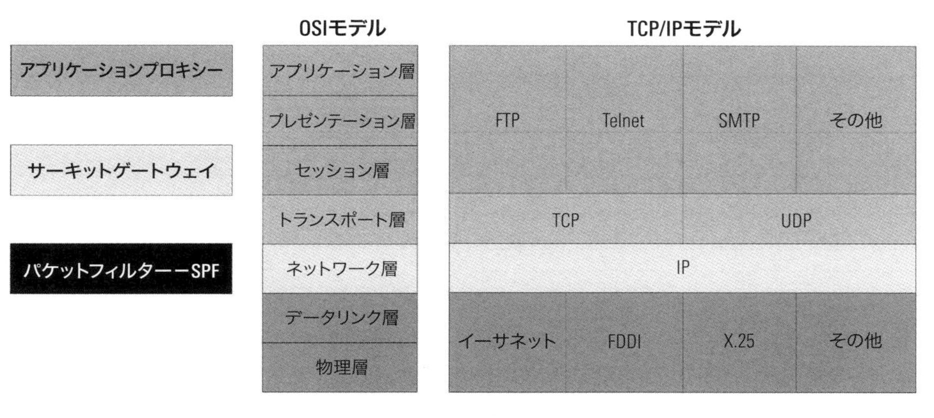

図4.2 OSIスタックとTCP/IP参照モデルとの比較

出典：Held, G., *A Practical Guide to Content Delivery Networks*, Auerbach Publications, Boca Raton, FL, 2006.（許諾取得済み）

トランスポート層には，アプリケーション間でデータを転送させるために必要なすべての要素が含まれる．TCPとUDPが構成要素に該当する．OSIモデルでは，第4層に相当する．

アプリケーション層は，セッションまたはアプリケーションに固有のすべてのもの，つまりデータペイロードに関連するすべての要素を含む．OSIモデルでは，第5層から第7層に相当する．その粗い構造のため，アプリケーションレベルの情報交換を記述するのには適していない．

OSIモデルと同様に，ネットワーク上で送信されるデータはスタックの上位層に入る．物理層を除いて，各層は上位層から情報を受信した際，メッセージの先頭（時にメッセージの末尾）に，相手側のために情報をカプセル化する．リモートホストでは，各層は，メッセージを次の上位層に渡す前に通信相手がカプセル化した情報を削除する．また，各層は，同一ホスト上の他層がどのようにメッセージを処理するかに関与せず，モジュール方式でメッセージを処理する．

4.1.2 IPネットワーク

IP（Internet Protocol：インターネットプロトコル）は，送信元ホストから宛先ホストにパケットを送信する役割を担う．信頼性の低いプロトコルであるため，パケットがエラーなく，正しい順序で到着することを保証しない．これらのタスクは，上位層のプロトコルに委ねられている．IPは，パケットがネットワークに対して大きす

クラス	最初のオクテットの範囲	ネットワーク部のオクテットの数	ネットワーク内のホストの数
A	1～127	1	16,777,216
B	128～191	2	65,536
C	192～223	3	256
D	224～239	マルチキャスト	
E	240～255	予約	

表4.1 ネットワーククラス

ぎる場合，パケットをフラグメント化する．

ホストは，ネットワークインターフェースのIPアドレス（IP Address）によって区別される．IPアドレスは，例えば216.12.146.140のように，ドット（.）で区切られた4つのオクテットとして表される．各オクテットは0～255の値を持つが，ホストには0と255は使用されない．255はブロードキャストアドレス（Broadcast Address）に使用され，0は使用されるコンテキストよって意味が決まる．各アドレスは，ネットワーク部とホスト部の2つの部分に分けられる．ICANN（Internet Corporation for Assigned Names and Numbers）などの外部組織によって割り当てられたネットワーク部（Network Number）は，組織のネットワークを表す．ホスト部（Host）は，ネットワーク内のネットワークインターフェースを表す．

もともと，ネットワーク部を表すアドレスは，ネットワーククラス（Class）に依存するものであった．**表4.1**に示すように，クラスAネットワークは，ネットワーク部として最も左のオクテットを使用し，クラスBは，最も左の2オクテットを使用する．

ネットワーク部として使用されないアドレスの部分は，ホストの指定に使用される．例として，アドレス216.12.146.140はクラスCネットワークを表す．したがって，アドレスのネットワーク部は216.12.146となり，ネットワークブロック内のユニークなホストアドレスは140となる．

127は，クラスAのネットワークアドレスブロックであり，コンピュータのループバックアドレス用に予約されている．通常，アドレス127.0.0.1が使用される．ループバックアドレス（Loopback Address）は，マシンレベルでの自己診断とトラブルシューティングのためのメカニズムを提供するために使用される．このメカニズムにより，ネットワーク管理者は，ローカルマシンをリモートマシンとして扱い，ネットワークインターフェースにpingを実行して，動作可能かどうかを確認することができる．

1990年代のインターネット利用の爆発的増加は，未割り当てのIPv4アドレスの不足を引き起こした．問題を解決するために，クラスレスドメイン間ルーティング（Classless Inter-Domain Routing：CIDR）が実装された．CIDRでは，ネットワーククラス内のホスト数に基づいて新しいアドレスを割り当てる必要がない．代わりに，未使用アドレスのプールの連続したブロックをアドレスとして割り当てる．

ネットワーク管理を容易にするために，ネットワークは通常，サブネットに細分される．これまで説明してきたアドレッシング方式ではサブネットを区別できないため，サブネットに使用されるアドレス部を定義するために，サブネットマスク（Subnet Mask）という別のメカニズムが使用される．アドレス部に対応するビットがサブネットとして使用されている場合，サブネットマスクのビットは1になり，サブネットマスクの残りのビットは0となる．例として，左端の3オクテット（24bit）を使用してサブネットを区別する場合，サブネットマスクは11111111 11111111 11111111 00000000となる．32個の1と0の文字列は非常に扱いにくいため，マスクは通常，十進表記の255.255.255.0に変換される．あるいは，マスクはスラッシュ（/）とそれに続くマスクの1の数で表される．上述のマスクは/24と表記される．

▶IPv6

1990年代半ばにインターネット利用が急増したあと，IPは深刻な供給不足に陥った．インターネット利用者の驚異的な増加がプロトコルを限界まで追いやっていたことは明らかであった．最も顕著な問題は，IPアドレスの不足と，セキュリティであった．IPv6は，IPv4を改善し，以下の特徴を持つ．

1．広大なアドレスフィールド：IPv6アドレスは128bitで，2つのホストをサポートする．アドレスを使い果たす心配がない．
2．セキュリティの向上：IPv6では，IPSecを実装しなければならない．これにより，IPパケットの完全性および機密性の確保と，通信を行う際の相互認証を可能とする．
3．わかりやすいIPパケットヘッダー：ホストは各パケットの処理に要する時間が短くなり，スループットが向上する．
4．サービス品質の改善：サービスがネットワークの帯域幅を適切に確保するために役立つ．

▸TCP

TCP（Transmission Control Protocol：伝送制御プロトコル）は，コネクション型のデータ管理と信頼性の高いデータ転送を提供する．TCPおよびUDPは，ポート番号（Port Number）を用いたデータ通信と，ホストによって提供されるサービスとを関連付ける．TCPおよびUDPのポート番号は，IANA（Internet Assigned Numbers Authority）によって管理されている．合計65,536（2^{16}）ポートが存在し，これらは3つの範囲に分けられている．

- **ウェルノウン（既知の）ポート**（Well-Known Ports）＝ポート番号0から1023はウェルノウン（既知）であるとされている．この範囲のポートはIANAによって割り当てられ，ほとんどのシステムでは，特権プロセスおよび特権ユーザーのみが使用できる．
- **登録済みポート**（Registered Ports）＝ポート番号1024～49151は，アプリケーション開発者がIANAに登録可能であるが，割り当てられてはいない．多くのシステムでは，ユーザーが使用するアプリケーションはウェルノウンポートを利用できないので，代わりに登録済みポートを利用する．
- **ダイナミックポートまたはプライベートポート**（Dynamic or Private Ports）＝ポート49152～65535は，アプリケーションが自由に使用できる．このポートの典型的な用途の1つは，要求したデータまたはサービスに対する戻りの接続用である．

TCPに対する攻撃には，シーケンス番号攻撃，セッションハイジャック，SYNフラッドなどがある．攻撃については，本章の後半で詳述する．

▸UDP

UDP（User Datagram Protocol：ユーザーデータグラムプロトコル）は，エラーの検出と修正を行わず，コネクションレス型データ転送用の軽量サービスを提供する．UDPにおけるポート番号は，TCPで説明したものと同様に扱われる．トランスポート層内の多数のプロトコルがUDPの上に定義されていることから，トランスポート層は2つに分割されることになる．第4層と第5層の間にあるプロトコルには，RFC 3550で定義されているRTP（Real-Time Transport Protocol：リアルタイム転送プロトコル）とRTCP（RTP Control Protocol：リアルタイム転送制御プロトコル），MBone（Multicast Backbone），マルチキャストプロトコル，高信頼UDP（Reliable UDP：RUDP）および

RFC 2960で定義されているSCTP（Stream Control Transmission Protocol：ストリーム制御伝送プロトコル）が含まれる．UDPサービスは，なりすまし攻撃を受けやすいプロトコルである．

▸インターネットとイントラネット

インターネットは，独立して管理されたネットワークが相互接続されたグローバルなネットワークである．インターネットは，地球上の人々の人生を変えるものとなった．人々は，Web技術や電子メールなどの様々な標準化されたツールを使用して，ほぼリアルタイムで情報を共有することができる．

一方，イントラネット（Intranet）は，組織内で相互接続された内部のネットワークであり，組織内で，時には信頼されたパートナーやサプライヤーと情報を共有することができる．例えば，あるプロジェクトでは，グローバル企業のスタッフが文書に簡単にアクセスし，共有することができ，同じオフィスにいるかのように仕事をすることができる．インターネットと同様に，情報を共有することが容易であるということは，情報を保護することと相反する．イントラネットは通常，幅広い組織のデータを保管する．このため，これらのリソースへのアクセスは，技術的に内部ネットワーク上にある場合でも，通常は既存の内部認証サービスと連携して制限する（多要素認証と組み合わせたディレクトリーサービスなど）．

▸エクストラネット

エクストラネット（Extranet）は，DMZ（Demilitarized Zone：非武装地帯）と以下の点で異なる．エクストラネットは，エクストラネット内のリソースにアクセスする権限が付与された，認証済みアカウントからの接続のみを許可する．一方，DMZには，DNSサーバーや電子メールサーバーなど，認証されていない外部からのアクセスを受け付ける公開リソースを設置する．多くの企業ではしばしば，自動化された方法で大量の情報を共有する必要があるため，企業は通常，エクストラネットを使用して情報共有を行う目的で，隔離したネットワークセグメントに対して外部からの接続に関してアクセス制御を行う．

外部組織にネットワークへのアクセスを許可することには，大きなリスクが伴う．双方の企業が，技術的および非技術的（例えば，運用およびポリシー）なコントロールを実施し，情報に対する不正アクセスのリスクを効果的に最小限に抑えなければならない．外部組織からのアクセスを許可する必要がある場合，固定ルーティングなどの追加の制御をサービスプロバイダーの上流に適用する．この種の保護手段は比較的簡単に使用でき，悪意あるエンティティがエクストラネットに侵入することができなくなるため，大きなメリットがある．

エクストラネットにアクセスする企業は，これらのネットワーク内とサーバー内の情報を，機密性と完全性(有効で，かつ壊れていない)が保証された信頼されたものとして取り扱う．しかし，これらの企業はお互いに相手のセキュリティプロファイルを制御することはできない．ネットワークが侵害された組織のエクストラネットを通じて信頼できる情報にアクセスした場合，ユーザーはどのような問題に遭遇する可能性があるのか．このような潜在的なリスクを低減するために，セキュリティアーキテクトやセキュリティ担当責任者は，エクストラネットへのアクセスを許可する前に適切なセキュリティコントロールを配置すべきである．

▶ DHCP

システム管理者やネットワーク管理者は多忙であり，ホストにIPアドレスを割り当てたり，割り当てられているアドレスを追跡したりする余裕はない．手動でアドレスを割り当てる負担から管理者を解放するため，DHCP(Dynamic Host Configuration Protocol)を使用してワークステーションにIPアドレスを自動的に割り当てる(サーバーとネットワーク機器には通常，固定IPアドレスが割り当てられる)．

ホストのIP設定を動的に割り当てることは容易で，ワークステーションが起動すると，ローカルLAN上でDHCPDISCOVERリクエストをブロードキャストする．このリクエストはルーターによって転送される場合もある．DHCPサーバーは，IPアドレスを含む設定情報を，DHCPOFFERパケットとして送信する．DHCPクライアントは，受信したDHCPOFFERパケットから設定を選択し，DHCPREQUESTを送信する．DHCPサーバーはDHCPACK(DHCP Acknowledgement)で応答し，ワークステーションは設定を適用する．DHCPサーバーによってIPアドレスを払い出してもらうことは，リースしてもらう，とも表現される．

クライアントは，起動するたびに新しいリースを要求することはない．IPアドレスのネゴシエーション時に，リースの有効期間と，クライアントがリースを更新するためのタイマーが定められる．このタイマーはTime to Liveカウンターと呼ばれ，TTLと略される．期限が切れない限り，クライアントは新しいリースを要求する必要はない．管理者は，DHCPサーバーに，クライアントが要求した際にアドレスを動的に割り当てるためのアドレスプールを作成する．さらに，クライアント予約を使用して，特定のホストに固定(すなわち，永続的)アドレスを割り当てることもできる．

DHCPサーバーとクライアントは常に相互認証されているわけではないので，

いずれのホストも，お互いに正当なものであると確認できない．例えば，DHCPネットワークでは，攻撃者は自分のワークステーションをネットワークジャックに接続し，推測したり，ソーシャルエンジニアリングをすることなく，IPアドレスを取得できる．また，クライアントは，DHCPOFFERパケットが，サーバーを偽装している侵入者から送信されたのではなく，DHCPサーバーから送信されたものであることを確認できない．

これらの問題への対応として，2001年6月にIETF（Internet Engineering Task Force）はDHCPメッセージの認証の実装方法をRFC 3118として公開した．この規格では，通常のDHCPメッセージを認証されたものに置き換える拡張方式について説明している★12．クライアントとサーバーは認証情報をチェックし，無効な送信元からのメッセージを拒否する．この技術には，新しいDHCPオプションタイプの利用，認証オプションおよび認証オプションを使用するためのリースプロセスのいくつかの変更が含まれている．これらの脆弱性は一定レベルのリスクがあると考えられているが，IPアドレスの管理を容易にすることが優先され，通常，非常に高いセキュリティが要求される環境を除いて，脆弱性によるリスクは受容される．最終的に，セキュリティアーキテクトは，認証オプションなしでDHCPを使用することに伴うリスクを評価し，最善の方法を決定する必要がある．

▶ICMP

ICMP（Internet Control Message Protocol：インターネット制御メッセージプロトコル）は，ホストとゲートウェイ間の制御メッセージの交換に使用され，pingやtracerouteなどの診断ツールに使用される．ICMPは，中間者攻撃やDoS（Denial-of-Service：サービス拒否）攻撃などの悪意ある行為に使われることがある．

▶Ping of Death★13

pingは，指定されたホストがネットワークに接続されているか，pingを送信したホストからネットワーク接続できるかを判断するために使用される診断プログラムである．ICMP echoパケットをターゲットホストに送信し，ターゲットホストがICMP echo replyを返すのを待つ．驚くことに，定められた65,536Bのパケットサイズ制限を超えるICMP echoを受信すると，非常に多くのオペレーティングシステムがクラッシュしたり，不安定になる．Ping of Deathが広く知られる以前，システム管理者の多くは，一見無害に見えるpingのログを無視していたので，攻撃の原因を突き止めるのは困難であった．

▶ICMPリダイレクト攻撃[★14]

ルーターは，ICMPリダイレクトをホストに送信し，より効率的な別のデフォルトルートを使用するように指示することが可能である．一方，攻撃者もICMPリダイレクトをホストに送信し，攻撃者の機器をデフォルトルートとして使用するように指示することが可能である．攻撃者がすべてのトラフィックを攻撃者のルーターにリダイレクトすれば，被害者は自分のトラフィックが傍受されていることに気づかない．これは中間者攻撃の典型的な例である．また，ICMPリダイレクトパケットを大量に受信すると，一部のオペレーティングシステムはクラッシュする．セキュリティ担当責任者は，ICMPリダイレクト攻撃（ICMP Redirect Attack）などの攻撃に対応できるように，必要なツールを準備して，使い方を理解しておく必要がある．Scapyは，非常に有効なツールの1つである．

Scapyは，強力でインタラクティブなパケット操作プログラムである．多様なプロトコルのパケットの偽造，デコード，送信，キャプチャー，リクエストとレスポンスの照合などを行うことができる．スキャン，トレースルート，プロービング，ユニットテスト，攻撃，ネットワーク探索などの基本的なタスクを簡単に実行することができる（hping，nmapの85%の機能，arpspoof，arp-sk，arping，tcpdump，tethereal，p0fなどのツールとの置き換えが可能）．また，無効なフレームの送信，独自の802.11フレームの挿入，技術の組み合わせ（VLANホッピング＋ARP［Address Resolution Protocol］キャッシュポイズニング，WEP［Wired Equivalent Privacy］暗号化チャネル上でのVoIPデコード）など，ほかのツールでは実行できないような機能に関しても，非常に優れたパフォーマンスを発揮する．

参考資料：http://www.secdev.org/projects/scapy/

▶pingスキャン

pingスキャン（Ping Scanning）は，攻撃の範囲を狭めるのに役立つ，基本的なネットワークマッピング技法である．攻撃者は，Windowsベースのプラットフォームでは“Very Simple Network Scanner”を，LinuxおよびWindowsベースのプラットフォームではNmapを使用して，ある範囲内のすべてのアドレスにpingを実行することができる[★15]．ホストがpingに応答すれば，攻撃者はそのアドレスにホストが存在することがわかる．

▶tracerouteの悪用

tracerouteは，送信元ホストと宛先ホスト間でパケットが通過する経路を表示する診断ツールである．tracerouteを悪用すると，攻撃対象のネットワークを視覚的に表示し，そのルーティング情報を知ることができる．さらに，Firewalkのようなツールでは，tracerouteと同様のテクニックを使用して，ファイアウォールのルールセットを洗い出す★16．Firewalkツールは，2003年のバージョン5.0をもって開発とメンテナンスが終了した．現在Firewalkツールの機能は，Nmapの設定により，利用可能なルールセットに組み込まれている★17．

Firewalkは，IPのTTLを使用してファイアウォールのルールを検出する（ファイアウォーキング[Firewalking]と呼ばれる）．特定のゲートウェイ上のルールを判別するために，ゲートウェイまでのホップ数よりも1つ多いTTLを持った調査パケットを，ゲートウェイの背後のホストに送信する．調査パケットがゲートウェイによって転送された場合，ゲートウェイのネクストホップのルーターから，またはゲートウェイに直接接続されているホストから`ICMP_TIME_EXCEEDED`応答を受信する．それ以外の場合，調査パケットはタイムアウトする．

調査は，ターゲットまでのホップ数に等しいTTLで始める．調査パケットがタイムアウトすると，TTLを1減らして再送信する．`ICMP_TIME_EXCEEDED`が得られれば，この調査は終了となる．「応答しない」というフィルタリングルールが設定されたすべてのTCPポートとUDPポートに対してこの調査を行う．UDPスキャンの場合，スキャナーに近いゲートウェイによって多くのポートがブロックされていると，このプロセスは非常に遅くなる可能性がある．スキャンパラメーターは，firewalk.*オプションの引数を使用して制御することができる．

▶ RPC

RPC（Remote Procedure Call：リモートプロシージャーコール）は，クライアントがネットワーク上の別のホストにあるアプリケーションに一連の処理を送信し，ホストを越えて処理を実行できる機能である．分散コンピューティング環境RPC（Distributed Computing Environment RPC：DCE RPC）やSun Microsystems社（サン・マイクロシステムズ）☆1のオープンネットワークコンピューティングRPC（Open Network Computing RPC：ONC RPC，SunRPCまたは単にRPCとも呼ばれる）など，このカテゴリーにはいくつかの（互換性のない）サービスが存在する．RPCは，単独ではサービスを提供しないことに注意が必要である．むしろ，仲介サービスとして，（単純な）認証と実サービスを取り扱う方法を提供する．CORBA（Common Object Request Broker Architecture）とMicrosoft DCOM（Distributed Component Object Model：分散コンポーネントオブジェクトモデル）は，RPCタイプのプロトコルと考えることができる．RPCの弱い認証メカニズムはセキュリティ上の問題であり，攻撃者による権限昇格に悪用される．

4.1.3 ディレクトリーサービス

▶ DNS

DNS（Domain Name System）は，様々なネットワークサービスの中で最も頻繁に使われるものの1つである（表4.2）．DNSは，私たちの日常生活に欠かせない要素となっている電子メールアドレスとWorld Wide Web（WWW）のアドレス（名前）を解決するためのシステムである．そのため，DNSは攻撃の標的になりやすく，プロトコルに起因する弱点が悪用される．DNSを操作することで，エンドユーザーのデバイスやエンドポイントを攻撃することなく，多くのエンドユーザーの通信を迂回させたり，傍受したり，止めたりすることができる．

図4.3に示すように，DNSの全体像は，分散された階層型データベースである．キャッシングアーキテクチャーにより，高い堅牢性，柔軟性，拡張性を備えている．このレジリエンシーは，冗長性とセキュリティのために複数階層のリゾルバー構成をとることに起因しており，1つ以上のDNSリゾルバーがオフラインになったとしても，システム全体の完全性を維持することができる．

DNSの中核となる要素は，いわゆるトップレベルドメイン（Top-Level Domain：TLD）から始まる一連の階層的なドメイン（名前）ツリーである．多数のルートサーバーと呼ばれるサーバーが，信頼できるTLDのリストを管理している．ドメイン名を解決するためには，世界中のDNSサーバーがこれらのルートサーバーの一覧を保持している必要がある．

例えば，DNSSEC（DNS Security Extensions）による認証機能の導入や，マルチキャスティング，サービスディスカバリーの導入など，DNSに対する機能強化やセキュリティ強化に関して様々な拡張が提案されている★18．

▶ LDAP★19

LDAP（Lightweight Directory Access Protocol）は，おおまかにX.500に基づくクライアント／サーバーベースのディレクトリークエリープロトコルであり，一般にユーザー情報の管理に使用される（表4.3）．DNSとは対照的に，例えば，LDAPはフロントエンドであり，データ自体の管理や同期には使用されない．

LDAPのバックエンドには，NIS（Network Information Service；「NIS，NIS+」を参照），Microsoft社（マイクロソフト）のActive Directoryサービス，Sun Microsystems社の

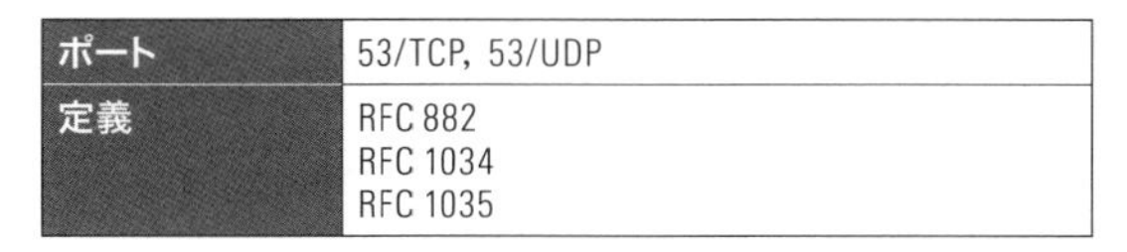

ポート	53/TCP, 53/UDP
定義	RFC 882 RFC 1034 RFC 1035

表4.2 DNSクイックリファレンス

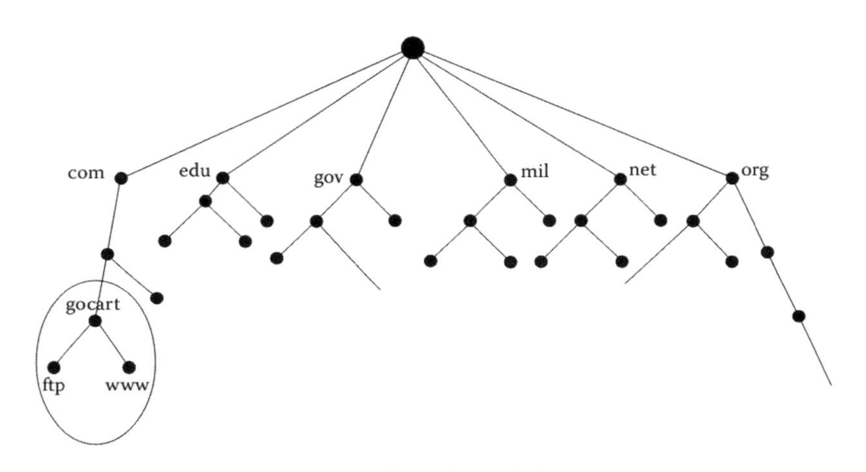

図4.3 DNSデータベース構造

出典：Held, G., *ABCs of IP Addressing*, Auerbach Publications, Boca Raton, FL, 2002.（許諾取得済み）

ポート	389/TCP, 389/UDP
定義	RFC 1777

表4.3 LDAPクイックリファレンス

iPlanet Directory Server（Sun Java System Directory Serverに名前が変更された），Novell社（ノベル）[☆2]のeDirectoryなどのディレクトリーサービスがある．

LDAPは，ホスト名解決に基づく簡易な認証機能のみを有する．したがって，DNSのセキュリティを破ることによってLDAPのセキュリティを容易に破ることが可能である（「DNS」のセクションを参照）．

LDAP通信は平文で伝送されるため，簡単に傍受されてしまう．セキュリティアーキテクトにとって，弱い認証機能と平文通信の問題に対処する方法の1つは，LDAP over SSLを導入し，認証・完全性・機密性を保証することである．

ポート	135/UDP 137/TCP 138/TCP 139/UDP
定義	RFC 1001 RFC 1002

表4.4 NetBIOSクイックリファレンス

▶ NetBIOS

NetBIOS（Network Basic Input/Output System）API（Application Programming Interface）は，1983年にIBM社によって開発された．NetBIOSはのちにTCP/IPに移植された（NetBIOS over TCP/IP，NetBTとも呼ばれる）．TCP/IPでは，NetBIOSはTCPポート137と138，UDPポート139で動作する（表4.4）．さらに，RPC（「RPC」を参照）にポート135を使用する．

▶ NIS，NIS+

NIS（Network Information Service）とNIS+はSun Microsystems社が開発したディレクトリーサービスであり，主にUNIX環境で使用されている．これらは，例えばUNIXワークステーションクラスターやクライアント／サーバー環境など，機器グループ全体でのユーザー資格情報の管理に主に使用されるが，ほかの情報のディレクトリーとしても使うことができる．

▶ NIS

NISはドメインと呼ばれるフラットな名前空間を使用する．これにはRPCが使われており，サーバー（NISサーバー）上ですべてのエンティティが管理される．NISサーバーは，スレーブサーバーの利用により冗長化が可能である．NISには多くのセキュリティ上の弱点が存在する．NISは個々のRPCリクエストを認証しないので，クライアントがNISリクエストに対する応答を偽装できる．これは，例えば，攻撃者が偽の資格情報を挿入することにより，ターゲットマシンで特権取得や特権昇格が可能であることを意味する．NISドメインの名前がわかるか，推測することができれば，クライアントをNISドメインに関連付けることができるので，ディレクトリー情報を取得することが可能となる．NISサーバーのセキュリティを高める方法については，多数のガイドが公開されている．セキュリティアーキテクトとセキュリティ担当責任者は，NISサーバーが稼働しているプラットフォームのセキュ

ポート	445/TCP 「NetBIOS」も参照
定義	独自仕様

表4.5 CIFS/SMBクイックリファレンス

リティを高め，NISサーバーをLAN外のトラフィックから隔離し，認証資格情報（特にシステム特権情報）が漏洩しないように対策する必要がある．

▶ NIS+

NIS+は階層構造の名前空間を使用する．これはSecure RPC（「RPC」を参照）を利用している．NIS+の認証と認可の概念はより成熟しており，ディレクトリーオブジェクトへのアクセスごとに認証が必要になる．ただし，NIS+はホスト間の信頼関係に基づいて構築されているため，NIS+認証の強度は，NIS+環境のクライアントの認証と同程度ということになる．正しく構成されたNIS+ネットワークに対する攻撃として最も可能性が高いのは，暗号セキュリティに対するものである．NIS+はセキュリティレベルを変更して実行することが可能であるが，その多くは実環境では利用されない★20．

▶ CIFS/SMB

CIFS/SMB（Common Internet File System/Server Message Block）は，Windowsシステムで広く使われているファイル共有プロトコルである．UNIX/Linuxでは，オープンソースソフトウェアのSambaプロジェクトの実装を利用できる．SMBはもともとNetBIOSプロトコル（「NetBIOS」を参照）上で動作するように設計されているが，TCP/IP上で直接実行することも可能である（**表4.5**）．

CIFSは，ユーザーレベルおよびツリー／オブジェクトレベル（共有レベル）のセキュリティをサポートする．認証は，チャレンジ／レスポンス認証だけでなく，平文による認証も可能となっている．平文による認証は，古いWindows環境に対する互換性のために存在している．

CIFSに対する主な攻撃は，平文による認証を傍受したり，暗号に対する攻撃を行うことで認証情報を取得しようとするものである．

ポート	「RPC」を参照
定義	RFC 1094 RFC 1813 RFC 3010

表4.6 NFSクイックリファレンス

▶NFS

NFS (Network File System) は，UNIXプラットフォームで一般的なクライアント／サーバーのファイル共有システムである．もともとSun Microsystems社によって開発されたが，Linuxを含むすべてのUNIXプラットフォームに加え，Microsoft Windowsにも実装されている．NFSはv2，v3へのアップデートを含め，複数回アップデートされている．NFS v2はUDPベースであったが，v3でTCPのサポートが追加された．どちらのバージョンもRPCを使って実装されている（「RPC」を参照；**表4.6**）．NFS v2とv3は，主にパフォーマンス上の理由から，ステートレスなプロトコルとなっている．そのため，サーバーはファイルのロックメカニズムを別途提供する必要がある．

Secure NFS (SNFS) は，DES (Data Encryption Standard) を使用して，安全な認証と暗号化を提供する．標準的なNFSとは対照的に，Secure NFS (またはSecure RPC) はそれぞれのRPCリクエストを認証する．これにより，認証が実行されるたびに待ち時間が増加し，パフォーマンスは若干低下する．Secure NFSは，DES暗号化タイムスタンプを認証トークンとして使用する．サーバーとクライアントが同じタイムサーバーを利用していない場合，サーバーとクライアント間で再同期するまでの間，サービス中断が発生することがある．

NFS v4は，TCPポート2049を使用するステートフルプロトコルである．UDPのサポート（と依存性）は廃止された．NFS v4は，Kerberosに基づいた独自の暗号化プロトコルを実装し，RPCの利用も廃止された．RPCの廃止により，動的なポート割り当てが不要となり，NFSをファイアウォール越しに利用可能となった．セキュリティアーキテクトとして，NFSを安全に利用するもう1つのアプローチは，オペレーティングシステムの認証方式と統合可能なSecure Shell (SSH) を利用してNFSをトンネリングすることにより，NFSが必要なシステムにおいてNFS通信を保護することである．

▶SMTPとESMTP

SMTP (Simple Mail Transfer Protocol：簡易メール転送プロトコル) は，TCPのポート25

番を使用してインターネット上の電子メールを配送するために利用されるクライアント／サーバープロトコルである．インターネットドメインのメールサーバーに関する情報は，DNSのMX（Mail Exchange：メール交換）レコードで管理される．SMTPは単純な認証方式を採用しているが，可用性の維持は重要視しており，SMTPサーバーは設定された期間，メールを送信しようと試み続ける．

SMTPは，認証と暗号化をまったく行うことができないという大きな欠点を持ったプロトコルである．識別は，送信者の電子メールアドレスを使って行われる．メールサーバーは，（メールサーバーと同じネットワーク上にある）特定のホストからのメール送信接続を制限したり，送信者の電子メールアドレスに対する条件を設定したりすることができる．一方で，メールサーバーはオープンリレーとして設定することもできるが，セキュリティ上の様々な懸念があり，スパム対策組織の使用禁止リストにサーバーが登録されてしまう可能性があるため，推奨しない．

SMTPの弱点を改善するために，拡張版のプロトコルESMTP（Extended SMTP）が定義された．ESMTPは，モジュール方式を採用し，クライアントとサーバー間で利用する拡張機能を決定する．ESMTPは，特に認証における拡張がなされており，基本認証メカニズムに加え，いくつかの安全な認証メカニズムが提供される．

SMTPとESMTPの簡単な比較概要を以下の表に示す．

SMTP	ESMTP
“Simple Mail Transfer Protocol”の略	“Extended Simple Mail Transfer Protocol”の略
SMTPセッションの最初のコマンド： `HELO sayge.com`	ESMTPセッションの最初のコマンド： `EHLO sayge.com`
RFC 821	RFC 1869
SMTPの“`MAIL FROM`”と“`RCPT TO`”の許可されているサイズは<CRLF>を含めて512文字	ESMTPの“`MAIL FROM`”と“`RCPT TO`”の許可されているサイズは512文字以上
SMTP単体では新しいコマンドを拡張できない．	ESMTPは拡張可能なフレームワークで，既存のSMTPコマンドを拡張することができる．

▶ FTP

WWWの登場やその構成要素であるHTTPの普及に先立って，FTP（File Transfer Protocol：ファイル転送プロトコル）が，インターネットを介してデータを公開または流通させるためのプロトコルとして使われていた（表4.7）．

FTPは，2つの通信チャネルを使用するステートフルプロトコルである．制御チャネルでは，TCPのポート21番を使ってステータス情報を交換し，データチャネルではポート20番を使用して，ペイロード情報を伝送する．FTPは，もともとの形

ポート	20/TCP(データストリーム) 21/TCP(制御ストリーム)
定義	RFC 959

表4.7 FTPクイックリファレンス

式では，単純なユーザー名／パスワード認証を使用し，認証情報とすべてのデータを平文で送信するため，トラフィックを傍受されたり，スニッフィングされたりする可能性がある．このため，FTPプロトコルは機密性，完全性および可用性に対する攻撃の対象となる．

この認証の弱点は暗号化により解決できるが，このアプローチでは，クライアントに追加の要件が課せられる．これらの要件と方法について以下に概説する．

1．**TLSを使用したSecure FTP** (Secure FTP with TLS) はFTP標準への拡張であり，クライアントはFTPセッションの暗号化を要求できる．これは，“AUTH TLS”コマンドを送信することによって行われるが，サーバーは，TLSを使わない接続を許可／拒否どちらでもすることができる．このプロトコル拡張は，RFC 4217で定義されている．
2．**SFTP** (SSH File Transfer Protocol) は，FTPと直接の関係がないプロトコルであるが，ファイル転送機能を持ち，ユーザーはFTPと同様のコマンドを利用できる．SFTPまたはSecure FTPは，SSHを使用してファイルを転送する．標準のFTPとは異なり，コマンドとデータの両方のチャネルを暗号化する．FTPと機能的には似ているが，異なるプロトコルを使用しているため，標準FTPクライアントを使用してSFTPサーバーと通信することはできない．
3．**FTP over SSH**は，SSHの接続を利用して，通常のFTPセッションをトンネリングする方法を指す．FTPは複数のTCP接続を使用するため，SSHでトンネリングするのは難しい．多くのSSHクライアントでは，制御チャネル(ポート番号21に対するクライアントからサーバーへの最初の接続)にトンネルの設定をすると，そのチャネルだけが保護される．データ転送をする際には，FTPのソフトウェアは新しいTCP接続(データチャネル)を開始するが，これはSSH接続をバイパスしているので，機密性や完全性が保証されない．

FTPは，ASCIIとバイナリーという2つのデータ転送モードを提供する．ASCIIモードでは，ターゲットのプラットフォームに対応して第6層での変換が行われるが，バイナリーモードではこの変換は行われない．

▶転送モード

制御チャネルは常にクライアントによって開始されるが，データチャネルには2つの異なるモードが存在する．

- **アクティブモード**（Active Mode；PORTモード）＝サーバーからクライアントへデータ接続を開始するモード．ファイアウォール環境下でこのモードを使用する場合，クライアントへの接続がブロックされる可能性がある（ブロックすべき）という問題がある．多くのファイアウォール製品は今でも，アクティブモードをサポートしている．
- **パッシブモード**（Passive Mode；PASVモード）＝クライアントからサーバーへデータ接続を開始するモード．RFC 959では，パッシブFTPの実装は必須になっていないが，FTPサーバーの大半はこのモードを実装する．

▶Anonymous FTP

HTTPが普及する前は，不特定の利用者に対する情報公開は，希望者へゲストアクセスを提供するFTPサービスによって実現されていた．このサービスは，ゲストユーザーがFTPログインID "anonymous（匿名）" にマッピングされるため，Anonymous FTPと呼ばれており，ユーザーは自分の電子メールアドレスを使用して擬似認証する．実際には，ユーザーは任意のパスワードや任意の電子メールアドレスを使用することができるが，本当のメールアドレスを使用することがマナーであると考えられている．

Webブラウザーは様々なプロトコルを現在もサポートしているが，Anonymous FTPの使用は広くサポートされていない．主な理由は以下の3点である．

1．HTTPを利用する方が，匿名による情報公開をはるかに効率的かつシームレスに実現できる．
2．ユーザーの電子メールアドレスを公開する（要求する）ことは，スパマーに個人情報を公開するのと同様に，危険で，かつプライバシーを侵害する行為と広く考えられている．
3．ゲストアクセスにより，FTPサーバーがセキュリティリスクにさらされる可能性がある．

ポート	69/UDP
定義	RFC 1350

表4.8 TFTPクイックリファレンス

ポート	80/TCP（ほかのポートは，特にプロキシーサービスのために使われている）
定義	RFC 1945 RFC 2109 RFC 2616

表4.9 HTTPクイックリファレンス

▸TFTP

TFTP（Trivial File Transfer Protocol）は，認証が不要で，サービス品質が問題にならない場合に使用されるFTPの簡易版である．TFTPはUDPのポート69番で動作する（**表4.8**）．したがって，低遅延の信頼できるネットワークでのみ使用する必要がある．

TFTPは，ディスクレスクライアントを起動する場合や，イメージングサービスを使用してクライアント環境を導入する場合など，LANでソフトウェアのパッケージをダウンロードするために主に使用される．

▸HTTP

HTTP（Hypertext Transfer Protocol：ハイパーテキスト転送プロトコル）はWWWの第7層の基盤である．もともと，ステートレスでシンプルなFTPとして考えられていたHTTPは，欧州原子核研究機構（European Organization for Nuclear Research：CERN）によって，HTML（Hypertext Markup Language：ハイパーテキストマークアップ言語）での情報交換を実現するために開発された（**表4.9**）．

HTTPの普及により，これまでにない数のサーバーがインターネット上に展開されるようになった．多くのサーバーは，ベンダーの初期設定のまま導入されていた．これらの設定はセキュリティよりも利便性が優先され，多くのクローズド環境向けのアプリケーションが，突然「Web対応」として販売された．Webインターフェースを安全に開発するために費やされる時間は少なく，認証はブラウザーベースのスタイルに合わせてシンプルなものであった．

HTTPは，保護されているか否かに関わらず，ほとんどのネットワークで動作する．そのため，ほかの多くのプロトコルをトンネリングするために使われる．HTTPでは，最初はQoS（Quality of Service：サービス品質）や双方向通信のニーズに対応していなかったが，すぐに開発されることになった．

HTTPは，Webサーバー上のディレクトリーにマップされた「ドメイン」に基づくシンプルな認証メカニズムを備えているが，HTTP自身は暗号化をサポートしていない．HTTP認証は拡張可能であるが，一般的には，昔からあるユーザー名／パスワード形式が使われている．

▶HTTPプロキシー

▶匿名プロキシー

HTTPは平文でデータを送信し，Webサーバーやプロキシーサーバーで膨大なログ情報を生成しているため，これらの情報は産業スパイなどの不正操作に簡単に利用される．この問題への対応として，セキュリティ担当責任者は，HTTPリクエストを匿名化する市販および無料のサービスを使用することができる．これらのサービスは，主にプライバシーを保護するために提供されているが，活動を知られたくない犯罪組織にも魅力的なサービスである．比較的普及している無料のサービスは，Java Anonymous ProxyまたはJAP（プロジェクトAN.ONまたはAnonymity.Onlineとも呼ばれている）である．JAPは商用利用可能なソリューションの匿名プロキシーサーバー JonDonym内でJonDoと呼ばれている★21．

▶オープンプロキシーサーバー

オープンメールリレーと同様に，オープンプロキシーサーバー（Open Proxy Server）はインターネットからのGETコマンドを無制限に受け付ける．したがって，攻撃を開始する際の踏み台として，または単に不正なリクエストのソースを隠すために使用することができる．さらに重要なことは，オープンプロキシーサーバーは，インターネットから保護されたイントラネットページへのアクセスを許してしまうリスクがある点である（オープンプロキシーがこのようなアクセスを許してしまうのは，インバウンドのHTTPリクエストを許可してしまうような誤った設定がされているファイアウォールが存在する場合）．

一般的に，HTTPプロキシーサーバーはインターネットからのクエリーを受け付けるべきではない．セキュリティレベルとビジネス面での重要性が大きく異なるため，アプリケーションゲートウェイ（リバースプロキシーとして実装されることもある）とWebブラウジング用のプロキシーとを分離させることがセキュリティアーキテクトにとってのベストプラクティスとなる（アプリケーションゲートウェイを，HTTPプロキシーではなく，アプリケーションプロキシーとして実装した方がよりよいが，不可能な場合もある）．

▶ コンテンツフィルタリング

多くの組織において，HTTPプロキシーは，コンテンツフィルタリング(Content Filtering)を実装するための手段として使用している．例えば，何らかの理由でビジネスに関連がないと決められている，あるいは関連がないと考えられるトラフィックを記録したり，ブロックしたりする．階層化防御の一部として，プロキシーサーバーやファイアウォールでのフィルタリングは，(ウイルスに対する唯一の防御ではないが)ウイルス感染を防止するためには非常に効果的で，許可されていないサービス(特定のリモートアクセスサービスやファイル共有など)の利用や，不要なコンテンツのダウンロードを防ぐことができる．

▶ HTTPトンネリング

HTTPトンネリング(HTTP Tunneling)は，技術的には，トンネリングするアプリケーション設計者のプロトコルの誤用と言うことができる．最初はストリーミングビデオおよびオーディオアプリケーションの普及により一般的な機能として認識され，その後，ユーザーポリシーの制限を回避する必要のある多くのアプリケーションに実装されている．通常，HTTPトンネリングは，アプリケーションから送信されるトラフィックをHTTPリクエストでカプセル化し，受信されるトラフィックをHTTPレスポンスでカプセル化する．これは通常，セキュリティを迂回するのではなく，既存のファイアウォールに設定されたルールとも互換性があるため，特別なルールを追加することなく，ファイアウォールを介してアプリケーションを利用することができる．流行し，成功を収めた悪意あるソフトウェア(ウイルス，ワーム，特にボットネットなど)のほとんどは，盗んだデータや感染したホストの制御情報をファイアウォール越しに送信する方法として，HTTPを使用することが多い．

セキュリティ担当責任者が考慮すべき適切な対策として，ファイアウォールまたはプロキシーサーバーでフィルタリングすることと，許可されていないソフトウェアがインストールされていないか，クライアントを確認することが挙げられる．一方，セキュリティ専門家は，便利なプロトコルを禁止した場合に，それを迂回しようとする動機が生まれることを考慮した上で，対策の有効性と，ビジネス面での価値のバランスをとる必要がある．

4.2 マルチレイヤープロトコルが持つ意味

マルチレイヤープロトコル(Multi-Layer Protocol)の登場は，それまで想像もできなかったような新しい脆弱性の時代をもたらした．これまで，産業機器の制御と通信のために「ネットワーク化」ソリューションが開発されてきた．これらは，最初独自仕様のプロトコルだったものが，最終的にイーサネットやトークンリングなどのほかのネットワーク技術と統合されていった．いくつかのベンダーは，TCP/IPスタックを使用して独自のプロトコルを制御している．これらのプロトコルは，エネルギー，製造，建設，加工，鉱業，農業などの複数の産業におけるコイル，アクチュエーターおよび機械を制御するために使用されている．これらのシステムが不安定になると，実世界で目に見える影響が出てくることになる．これら多くのデバイスが20年以上使われることを考えると，システムが時代遅れとなってしまうことが容易に想像できる．多くの場合，電力網などの重要なインフラストラクチャーは，マルチレイヤープロトコルを使用して制御されている．アイダホ国立研究所（Idaho National Laboratory）が作成した次の表は，制御システムと標準的な情報技術の違いと課題を示している★22.

セキュリティトピック	情報技術	制御システム
アンチウイルス／モバイルコード	•共通 •広く使われている	•共通化されておらず，効果的に展開するのは不可能
技術サポート期間	•2〜3年 •多様なベンダー	•最大20年 •ベンダー1社
アウトソーシング	•共通 •広く使われている	•運用はしばしばアウトソースされるが，様々なプロバイダーに分散していない
パッチの適用	•規則的 •定期的	•まれで不定期 •ベンダー独自
変更管理	•規則的 •定期的	•高度に管理され，複雑
時間的制約のあるコンテンツ	•一般的に，遅延は許容される	•遅延は許容されない
可用性	•一般的に，遅延は許容される	•24時間365日稼働（途切れない）
セキュリティ意識啓発	•プライベートセクターとパブリックセクターの両方で並み	•物理面を除けば不十分
セキュリティ診断／監査	•優れたセキュリティプログラムの一部	•停止状態に備えて時々テスト
物理セキュリティ	•安全（サーバールームなど）	•遠隔／無人 •安全

▸ SCADA

マルチレイヤープロトコルに最も関連性の高い用語はSCADA（Supervisory Control and Data Acquisition）である．マルチレイヤープロトコルと関連するほかの用語としては，産業制御システム（Industrial Control System：ICS）も挙げることができる．一般に，SCADAシステムは，モデム，WAN（Wide Area Network），ほかの様々なネットワーク機器など，異なる通信方式で動作するように設計されている．図4.4は，SCADA

システムの一般的なレイアウトを示している[23].

図4.4が示すように，SCADAシステムには非常に複雑なデバイスや情報が存在する．多くのSCADAシステムには，少なくとも次のものが含まれる．

- **制御サーバー**（Control Server）＝ネットワーク越しに，サブ制御モジュールを介してアクチュエーター，コイルおよびPLCを制御するために使用されるソフトウェアおよびインターフェースを備える．
- **リモート端末ユニット**（Remote Terminal Unit：RTU）＝無線インターフェースを装備したSCADAリモートステーションをサポートしており，有線の通信が不可能な状況で使用される．
- **ヒューマンマシンインターフェース**（Human-Machine Interface：HMI）＝人間（オペレーター）がシステム内のコントローラーを監視，制御および命令できるインターフェース．
- **プログラマブルロジックコントローラー**（Programmable Logic Controller：PLC）＝リレー，スイッチ，コイル，カウンターなどのデバイスを制御する小型コンピュータ．
- **インテリジェント電子デバイス**（Intelligent Electronic Devices：IED）＝データの取得や挙動による処理へのフィードバックを行うことができるセンサー．これらのデバイスにより，ローカルレベルでの自動制御が可能になる．
- **入力／出力サーバー**（Input/Output［IO］Server）＝IED，RTU，PLCなどのコンポーネントの処理に関する情報を収集する．制御サーバーのカスタムダッシュボードなど，サードパーティの制御コンポーネントとのインターフェースによく使用される．
- **データヒストリアン**（Data Historian）＝セキュリティイベント／インシデント管理（Security Event and Incident Management：SEIM）のように，産業制御システムの様々なデバイスからの処理情報を記録するための集中データベース．

SCADAシステムは，その独特の設計と，重要なインフラストラクチャーを制御するという性質から攻撃対象として狙われやすく，SCADAシステムの実装や保護を担当するセキュリティアーキテクトとセキュリティ担当責任者は，次の種類の攻撃に注意する必要がある．

- ネットワーク境界の脆弱性

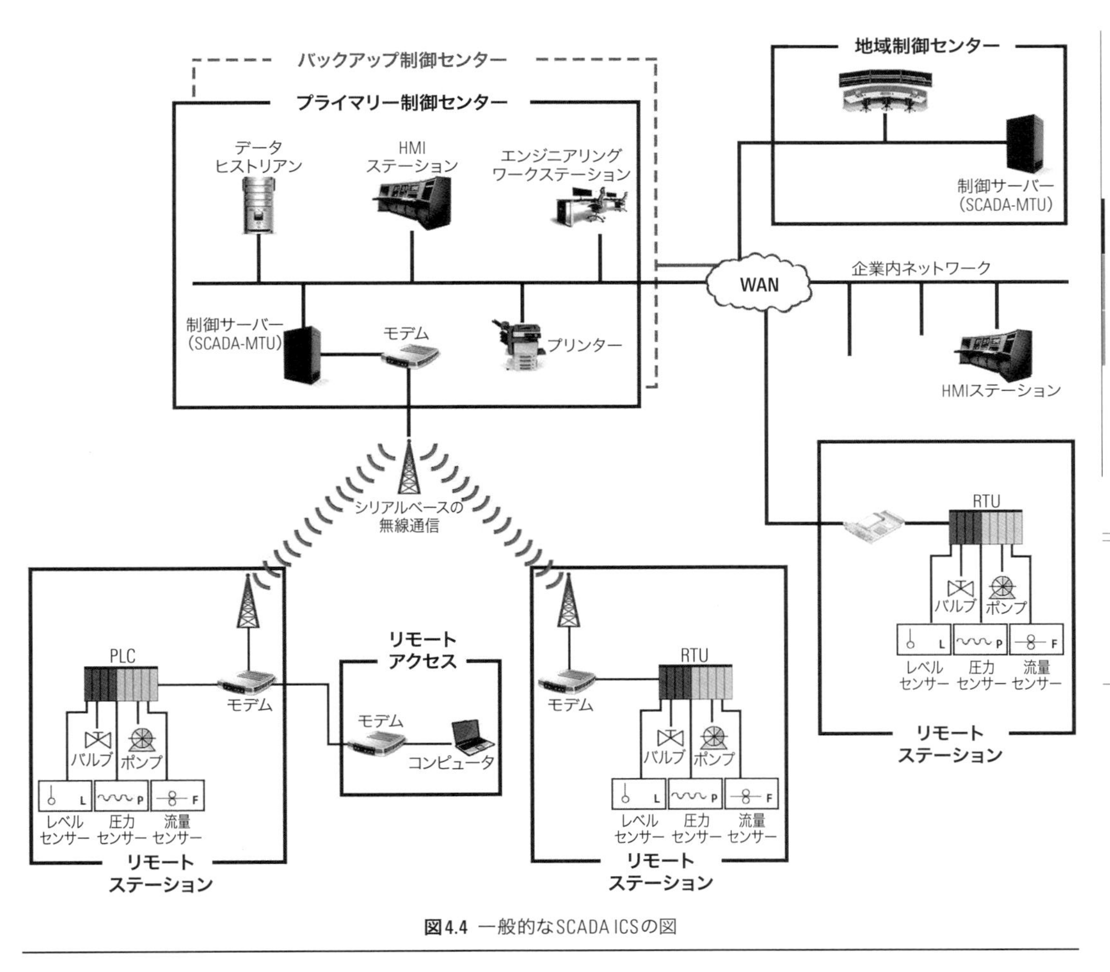

図4.4 一般的なSCADA ICSの図

- プロトコルスタック全体の脆弱性
- データベースの安定性
- セッションハイジャックと中間者攻撃
- オペレーティングシステムとサーバーの弱点
- デバイスとベンダーの「バックドア」

2013年10月下旬，米国の研究者は，重要なインフラストラクチャーシステムを制御する産業用制御SCADAソフトウェアのゼロデイ脆弱性25件(サプライヤーは20社)を発見した．攻撃者は，これらの脆弱性を悪用して電力および水道システムを制御することが可能であった．これらの脆弱性は，サーバーとサブステーション間のシリアル通信やネットワーク通信に使用されるデバイスで検出された．シリアル通信は，今まで実行可能な攻撃の対象とは考えられておらず，あまり重要視されていなかったが，シリアル通信デバイス経由での電力システムに対する侵害は，ファイアウォールをバイパスする必要がないため，IPネットワークを介した攻撃よりも簡単である．理論的には，侵入者がサーバーとの通信経路である無線ネットワークを突破するだけで脆弱性を悪用できてしまう可能性がある．

ウイルス対策ソフトウェアが，SCADA/ICS環境が直面する脅威に対処できないことに関する検討も必要である．例えば，Flameウイルスは，43種類のウイルス対策ツールからの検出を回避し，検出に2年以上を要した．セキュリティ担当責任者は，デスクトップやサーバーで機能する，従来のエンタープライズツールに頼るだけでなく，脅威を特定し，対応し，即座にフォレンジックを行うためのツールを用意すべきである．そのために，セキュリティ担当責任者は，ITシステムが生成するすべてのログデータを常時監視し，システムの正常な日常動作を自動的に特定し，あらゆる異常な活動を即時に判別する必要がある．

2014年3月には，7,600を超える様々な電力，化学，石油化学プラントに，SCADAに関する脆弱性が存在するという発表が行われた．有名なペネトレーションテストソフトウェアMetasploitの貢献者であり，ボストンを拠点とするRapid 7社（ラピッド7）の研究員と独立系のセキュリティ研究者が，横河電機株式会社製CENTUM CS3000 R3の3つのバグを発見した．Windowsベースのソフトウェアは，ヨーロッパ，アジアの発電所，空港，化学プラントのインフラストラクチャーで主に使用されている．これらの脆弱性は基本的にバッファーオーバーフロー（ヒープベースおよびスタックベース）であり，ソフトウェアに対する攻撃が可能となるものである．これらのすべてが，ICSの操作および監視に利用されるソフトウェアCENTUM CS 3000がインストールされているコンピュータに影響を及ぼす．最初のものは，攻撃者が特別に細工した一連のパケットを`BKCLogSvr.exe`に送信し，ヒープベースのバッファーオーバーフローを発生させ，DoS状態を引き起こすことにより，システム特権での任意のコード実行が可能となる．2つ目も同様に，特別なパケットを`BKHOdeq.exe`に送信し，スタックベースのバッファーオーバーフローを発生させることにより，CENTUMユーザー権限での任意のコード実行が可能になる．最後は，`BKBCopyD.exe`サービスを対象とする別のスタックベースのバッファーオーバーフローにより，任意のコード実行が可能となる★24．

2014年4月，攻撃者が，インターネットに接続されたシステムを通じて米国内のインフラ設備を侵害し，内部制御システムのネットワークへのアクセスに成功した．このインフラ設備では，インターネットに接続されたホストの一部でリモートアクセスを有効にしており，単純なパスワードが使用されていた．ICSとSCADAシステムを専門とする，国土安全保障省のインシデントレスポンスとフォレンジックの組織であるICS-CERT（Industrial Control Systems Cyber Emergency Response Team）の関係者は，「高度な脅威アクターが制御システムネットワークへの不正アクセスを行い，公共のインフラ設備がセキュリティ侵害を受けた」と述べた．攻撃者は，非常に単純な総当たり攻撃でインフラ設備のインターネット接続システムのアクセス権を取得し，ICSネットワークを侵害した．インシデントの通知後，ICS-CERTは，「インターネットに接続されたホストを介して，制御システムの資産を管理するソフトウェアにアクセス可能であったことが確認された．システムのリモートアクセスは，簡単なパスワードメカニズムで設定されており，単純な総当たりによって攻撃が成功した」と公表された報告書で述べている★25.

近年，ICSとSCADAシステムのセキュリティは，攻撃者や研究者が注目を集める深刻な問題となり始めている．機械装置，製造装置，ユーティリティ，原子力発電所，その他の重要インフラストラクチャーを制御するこれらのシステムの多くは，直接またはネットワーク経由でインターネットに接続されているため，攻撃者の偵察の対象となったり，問題を発生させる要因となったりしている．研究者は，SCADAやICS業界のセキュリティは笑いもののレベルで，まともなセキュリティ開発のライフサイクルが存在していないと批判している．ICS-CERTの報告書では，侵入されたインフラ設備内のシステムが多くの攻撃の標的になっていただろうと述べられている．「システムが多くのセキュリティの脅威にさらされている可能性があり，侵入が行われた形跡も特定された」．捜査官は問題を特定した上で，攻撃者がユーティリティにおいてICSシステムにまだ被害を与えていないと認識した．

ICS-CERTは同じ報告書で，インターネットに接続された制御システムを持つ組織における別の不正アクセスについて詳述している．攻撃者は，ある装置を操作するICSシステムに侵入することに成功したが，実際の被害は発生しなかった．「デバイスはインターネットから直接アクセス可能で，ファイアウォールや認証などのアクセス制御によって保護されていなかった．不正アクセスを受けた際，定期メンテナンスのため，制御システムはデバイスから機械的に切り離されていた．ICS-CERTは分析を行い，攻撃者が長期間にわたりシステムにアクセスし，HTTPとSCADAプロトコルの両方で接続していると判断したが，さらなる分析では，脅威アクターによる操作システムの制御や不正な制御操作の挿入は確認されなかった」

と報告している．

セキュリティアーキテクトとセキュリティ担当責任者は，ICS-CERTによってリリースされた最新のアラートを把握する必要がある．

https://ics-cert.us-cert.gov/alerts/

セキュリティ専門家は，SCADA/ICSシステムのセキュリティ確保に使用できる防御措置の出発点として，以下のリストも考慮する必要がある．

- ネットワークに接続する制御システムデバイスを最小限に抑える．一般的には，制御システムのネットワークとデバイスをファイアウォールの背後に配置し，それらをビジネスネットワークから隔離する．
- リモートアクセスが必要な場合は，VPNなどの安全な方法を採用する．ただし，VPNには脆弱性が存在する可能性があるので，最新のバージョンに更新する必要がある．また，VPNの安全性は，VPNに接続してくるデバイスの安全性に依存することを認識する必要がある．
- 可能であれば，デフォルトのシステムアカウントの削除，無効化，またはアカウント名の変更を実施する．
- 総当たり攻撃のリスクを減らすために，アカウントロックのポリシーを実装する．
- 強力なパスワードの使用を要求するポリシーを設定する．
- サードパーティベンダーによる管理者レベルのアカウントの作成を監視する．
- 可能であれば，ICS環境の既知の脆弱性を修正するためにパッチを適用する．

▶Modbus

ModbusとFieldbusは，別々のグループによって設計された，標準的な産業用通信プロトコルである．これらのプロトコルは，セキュリティよりも稼働時間の向上と装置の制御に焦点を当てた設計になっている．これらのプロトコルの多くは，伝送媒体を通じて平文で情報を送信する．さらに，これらのプロトコルやサポートするデバイスの多くは，デバイス上でコマンドを実行するための認証をほとんど必要としない．セキュリティアーキテクトとセキュリティ担当責任者は，これらのプロトコルのカプセル化や，パブリックネットワークまたはオープンネットワークからの隔離を保証するために，厳格な論理コントロールおよび物理コントロールを実施する必要がある．

4.3 統合されたプロトコル

▶IPコンバージェンスとは何か

セキュリティアーキテクトとセキュリティ担当責任者は，単一のネットワークで音声とデータの両方を安全に転送できることが理想と考えている．情報へのタイムリーなアクセスを提供することは，企業にとって重要な要素となっている．IPネットワーク技術に基づいたエンタープライズネットワークは，企業のあらゆる通信ニーズに応えるバックボーンとして利用可能な費用対効果の高いネットワークとして，ビジネス要件に十分応えるものである．ネットワークの物理的統合による課題を解決するとともに，集約されたトラフィックフローがネットワークの品質要件と機能要件を確実に満たすようにしなければならない．

分散しているネットワークコンポーネントの統合，IPとそれに関連するプロトコルの最新化，マルチメディアアプリケーションの音声データ，ビデオトラフィックを管理するシステムの導入が，IPコンバージェントネットワークの実装と導入における重要な要素である．

セキュリティアーキテクトとセキュリティ担当責任者が，統合されたネットワークインフラストラクチャーを設計，導入，管理することによって企業が享受できるIPコンバージェンス（IP Convergence）の利点は，以下のとおりである．

1．マルチメディアアプリケーションの優れたサポート．接続性の向上は，デバイスに複数の処理を割り当てられることを意味する．必要なデバイスの数が少なくなり，インストール，導入，管理および使用が容易になる．
2．コンバージドIPネットワークは，相互利用可能なデバイスを革新的な方法で動作させせることができる単一のプラットフォームである．IPはオープンな標準であり，ベンダーに依存しないため，相互運用性の促進，時間とコスト面でのネットワーク効率の向上に役立つ．IPコンバージェンスの領域には，ネットワーク，デバイスおよび統一されたインフラストラクチャーとして運用できる様々な技術やシステムが含まれる．
3．コンバージドIPネットワークは，システムリソースに関するセットアップが統一されているため，管理が容易である．ネットワークリソースの使用に関するユーザーのトレーニングも容易になる．
4．企業は，コミュニケーションの方法を経営スタイルに適合させるという柔軟性を達成することができる．これは，ネットワークパートナーとのコラボレーションによって継続的に改善されるダイナミックなプロセスである．これにより，適切な人に適切なタイミングで適切な情報が提供されるようになり，意思決定プロセスが改善される．

5．IPネットワークは非常に拡張性が高いことが証明されている．これは，大企業であってもIPを導入する理由の1つとなっている．IPネットワーク上で動作するアプリケーションは世界中で利用できる．事実，多くの新しいビジネスアプリケーションにはIPサポートが組み込まれている．

6．IPコンバージェントネットワークは，サービスクラスの差別化およびQoSベースのルーティングを利用することができる．これにより，リソースの利用効率が向上し，容量に対する冗長性が確保され，ユーザー数の増加に対応することができる．

7．統一された環境では，ネットワーク内のコンポーネント数が少なくて済む．これによりメンテナンスと管理がスムーズになり，プロセスが改善される．適切なコンポーネントの導入により，複数のネットワークの同時運用が不要となり，管理性が向上する．統合された環境では，テストしなければならないプラットフォームが少なくて済み，ネットワーク間のゲートウェイが削減される．

8．それぞれのビジネスアプリケーションは，伝送遅延，パケットのドロップ率およびエラーレートの許容レベルが異なる．IPアーキテクチャーは異なる許容レベルに対応可能で，QoSが異なるアプリケーションの要件を反映する．

9．デバイス統合は，エンド・ツー・エンドのセキュリティ管理を，シンプルで，より堅牢なものにする可能性がある．

10．コンバージドIPネットワークは，ハードウェアとスペースの効率利用によって，大幅なコスト削減を実現する．対象となる市場が増え，導入可能な製品が増え，従業員の生産性とモビリティが向上し，より迅速な情報連携により，中小企業でも大企業と競争することが可能となる．

4.3.1 実装

分散したネットワーク要素の統合によって得られる最もわかりやすい効果は，ネットワーク内のノード数が減り，運用コストと保守コストが下がることである．ユーザーのオフィス環境かプロバイダーの施設かに関わらず，接続および配線コストが削減される．コンバージドIPネットワークにすることは，帯域幅を効率的に利用できる可能性があるということを意味する．IPネットワーク上の公衆交換電話網（Public Switched Telephone Network：PSTN）トラフィックのルーティングは，ネットワーク帯域の使用率を向上させる確実な方法の1つである．長い間，IPネットワーク上でファクシミリを確実に送信することには多くの課題があったが，近年の進歩によりファクシミリをIPパケットとして転送することが可能となり，IPネットワーク帯域を最大限利用するための優れた手段を示した．

企業では，TCP/IPプロトコルスタックがすでに通信に使用されている．VoIPが出現したことにより，企業はIPネットワークの導入を大きく推し進めることになった．IPプロトコルを使用して通信技術を統合することにより，イーサネットLAN，専用WANリンク，ATM（Asynchronous Transfer Mode：非同期転送モード）ネットワークを含むネットワークとサブシステムを接続することができる．IPコンバージェンスでは，様々なレガシー技術を併用することができるため，1つのデバイスで電話やビデオのようなアプリケーションを利用する際，一貫性のあるユーザーインターフェースを提供することができる．その意味で，IPコンバージェンスはアプリケーションまたはデバイスの統合にもつながるものである．

データ，管理およびストレージにそれぞれ専用ネットワークを使用することは，IT組織やインフラ導入において，必要以上に複雑で費用がかかってしまう可能性がある．ネットワークコンバージェンスは，より経済的なソリューションである．ブロックストレージと，従来のIPベースのデータ通信ネットワークを1つのコンバージドイーサネットネットワークに統合することで，データセンターインフラストラクチャーを簡素化できる．

従来のデータセンターの設計には，様々なタイプのデータ用に別々の異なる種類のネットワーク機器が含まれていた．多くのデータセンターでは，次のような異なる目的のネットワークが3種類以上サポートされている．

- ブロックストレージデータ管理
- リモート管理
- 業務に関するデータ通信

それぞれのネットワークとデバイスは，複雑さ，コストおよび管理オーバーヘッドを増加させる．コンバージドネットワークでは，物理的なコンポーネントの数を減らすことによって，トポロジーを単純化できる．コンバージェンスは，管理の簡素化とQoSの向上につながる．

過去10年間にコンバージドネットワークを構築する試みが数多く行われてきた．FCP（Fibre Channel Protocol：ファイバーチャネルプロトコ）は，ファイバーチャネル（Fibre Channel：FC）の第1層および第2層のトランスポートプロトコルに対する，SCSI（Small Computer System Interface）の軽量なマッピングである．FCは，FCPトラフィックだけでなくIPトラフィックも伝送し，コンバージドネットワークを構築する．FCのコストと，LAN通信の標準としてイーサネットがすでに受け入れられていたことが，エンタープライズビジネス向けのデータセンターSAN（Storage Area Network）を除き，FCの利用拡大を妨げていた．

- **IB**（InfiniBand）技術は，プロセッサー間通信，LANおよびストレージプロトコルを転送するコンバージドネットワーク機能を提供する．IBにおいて最も一般的に使われる2つのストレージプロトコルは，SRP（SCSI Remote Direct Memory Access Protocol：SCSIリモートダイレクトメモリーアクセスプロトコル）とiSER（iSCSI Extensions for RDMA）である．これらのプロトコルは，IBのRDMA（Remote Direct Memory Access）機能を使用する．SRPは直接SCSIからRDMAにマッピングするレイヤーとプロトコルを構築し，iSERは中間でデータをコピーすることなく，直接SCSI入出力バッファーにデータをコピーする．これらのプロトコルは軽量だが，FCほどではない．高いIBのコストと，IB中心のプロトコルやネットワークからネイティブFCストレージデバイスに変換する複雑なゲートウェイやルーターの必要性を考慮すると，広範囲に導入することは実用的ではない．IBを標準のトランスポートネットワークとして採用した高性能コンピューティング環境では，SRPおよびiSERプロトコルが使用される．
- **iSCSI**（Internet Small Computer System Interface：インターネットSCSI）は，直接SCSIからTCP/IPにマッピングするレイヤーとプロトコルを，巨大なイーサネット市場にもたらす試みである．iSCSIの提案者は，コストを削減し，既存のイーサネットLANインフラストラクチャーにSANを導入することを望んでいた．iSCSI技術は，低コストのソフトウェアイニシエーターと既存のイーサネットLANを使用できるため，中小企業にとって非常に魅力的であった．
- **FCIP**（FC over IP）および**iFCP**（Internet FC Protocol）は，FCPとFC特性をLAN，MAN（Metropolitan Area Network），WANにマッピングする．これら2つのプロトコルは，TCP/IPプロトコルスタックの上にFCフレームをマップする．FCIPは，大規模なエリアでFC SANをブリッジするためのSAN拡張プロトコルである．iFCPプロトコルを使用すると，イーサネットベースのホストをiFCP-FC

SANゲートウェイ経由でFC SANに接続することができる．これらのゲートウェイとプロトコルは，その複雑さ，拡張性の欠如およびコストのために，SAN拡張を除いてあまり採用されていない．

10GbE（10Gbitイーサネット）が普及した今，FCoE（Fibre Channel over Ethernet）はブロックストレージプロトコルをイーサネットに統合する次の試みとなる．FCoEは，10GbEのパフォーマンスと既存のFCPとの互換性を利用して実現される．これは，IEEE DCB（Data Center Bridging）標準を使用するイーサネットインフラストラクチャーに依存する．DCB規格はあらゆるIEEE 802ネットワークに適用可能であるが，ほとんどの場合，DCBは拡張イーサネットのことを意味する．DCB標準では，次の4つの新技術が定義されている．

- **プライオリティベースフロー制御**（Priority-Based Flow Control：PFC）＝802.1Qbbにより，様々なトラフィッククラスのネットワークトラフィックを一時停止することができる．
- **ETS**（Enhanced Transmission Selection）＝802.1Qazは，厳密な優先制御と最低保証帯域幅機能を含む，複数クラスのトラフィックに対するスケジューリング動作を定義する．これにより，接続の公平な共有，パフォーマンスの向上および計測が可能となる．
- **QCN**（Quantized Congestion Notification）＝802.1Qauは，スイッチドLANインフラストラクチャーでエンド・ツー・エンドのフロー制御をサポートし，イーサネット内で発生する輻輳を排除する．ネットワークでQCNを使用できるようにするには，CEE（Converged Enhanced Ethernet）データ経路（CNA [Converged Network Adapter]，スイッチなど）のすべてのコンポーネントにQCNを実装する必要がある．QCNネットワークでは，PFCも使用してパケットが廃棄されることを防ぎ，パケットロスのない環境を確保する必要がある．
- **DCBX**（Data Center Bridging Exchange Protocol）＝802.1Qazは，PFC，ETSおよびQCNを利用可能なネットワークデバイスの検出と設定をサポートする．

▶FCoE

従来のイーサネットネットワークでは，衝突や輻輳が発生するとフレームの欠損が発生する．ネットワークは，TCPのような上位層プロトコルに依存し，エンド・ツー・エンドでデータの復旧を行う．FCoE（Fibre Channel over Ethernet）は軽量のカプセル化プロトコルであり，TCP層のように信頼できるデータ転送が存在しない．したがって，FCoEはDCBに対応したイーサネット上でロスレストラフィッククラスを使用し，混雑したネットワーク条件下でもイーサネットフレームの損失を防止しなければならない．

DCBネットワーク上のFCoEは，ネイティブのFCPとメディアに似た軽量性を備えている．つまり，FCoEは，FCのような第2層（ルーティング不可能）プロトコルで，データセンター内の短距離通信にのみ利用され，TCPまたはIPプロトコルは組み込まれていない．FCoEのメリットは，スイッチベンダーがDCBネットワーク（FCoE/DCB）のFCoEをネイティブFCに変換するロジックを，高性能スイッチチップに簡単に実装できることである．FCoEはイーサネットフレーム内にFCフレームをカプセル化する．FCoEにはいくつかのメリットがある．

- 既存のOSデバイスドライバーを使用する（同一のベンダーがCNAおよびネイティブのFC HBA［Host Bus Adapter］で使用されるデバイスの両方を製造しているため，共通のFC/FCoEドライバーアーキテクチャーを利用する）．
- 既存のFCセキュリティおよび管理モデルを使用する．
- ネイティブFC SANでプロビジョニングおよび管理されるストレージターゲットは，FCoE Fibre Channel Forwarder（FCF）を経由して透過的にアクセスできる．

FCoEにはいくつかの課題もある．

- DCBに対応したイーサネットネットワークを使用する必要がある．
- サーバーとFCFの間にCNAと新しいDCB対応イーサネットスイッチが必要となる（DCBに対応するため）．
- ルーティング不可能なプロトコルであり，データセンター内でしか使用できない．
- DCBネットワークをレガシーFC SANおよびストレージに接続するには，FCFデバイスが必要となる．
- LAN通信とFCトラフィックをDCB対応イーサネット上で統合する新しいインフラストラクチャーの検証が必要となる．ネットワークの検証を実施し，IT組織のビジネス目標とSLA（Service Level Agreement：サービスレベルアグリーメント）に適したトラフィッククラスパラメーターを決定する．

1ホップのアーキテクチャーでは，統合されたトラフィックはサーバーからスイッチに送られ，イーサネットとFCに分割される．2ホップのアーキテクチャーでは，統合されたトラフィックは分割前に2番目のスイッチに送信される．DCB対応ネットワークにスイッチホップが増えるほど，輻輳を最小限に抑え，ネットワーク効率を高水準で維持することが困難となる．

マルチホップFCoE（Multihop FCoE）技術は，アクセスレイヤーを超えて完全に統合されたネットワークへ統合を拡張するために使用される．この設計により，あらゆるトラフィックタイプをサポートする柔軟性と機敏性を備えた，可用性と拡張性の高い単一のネットワークを構築できる．マルチホップFCoEを使用すると，物理インフラストラクチャーは共有されるが，SANのAとBの分離は，ネットワークのアクセスレイヤーとアグリゲーションレイヤー間の専用FCoEリンクを使用して維持される．これらの専用リンクでは，スパニングツリープロトコル（Spanning Tree Protocol：STP），仮想ポートチャネル（Virtual Port Channel：vPC），TRILL（Transparent Interconnection of Lots of Links）などのイーサネット転送プロトコルに依存せず，FSPF（Fabric Shortest Path First）を使用する．オプションとして，Cisco Nexus 7000シリーズではFCoEを別のストレージVDC（Virtual Device Context：仮想デバイスコンテキスト）で実行し，スイッチ上で実行されている非ストレージプロセスから隔離することが可能である．このアプローチは，統合されたネットワークの設計においても，FCの動作モデルと分離要件を維持することができる．

FCoEの目標は，入出力を統合し，スイッチの複雑さを軽減し，ケーブルおよびインターフェースカードの数を削減することである．しかし，エンド・ツー・エンドのFCoEデバイスの不足と，ネットワークの実装方法や管理方法を変更したくない組織が多かったことにより，FCoEの採用は遅れていた．

従来の組織では，TCP/IPネットワークにイーサネットを使用し，ストレージネットワークにFCを使用していた．FCは，共用ストレージデバイスを持ったサーバー間や，ストレージコントローラーとドライブ間の高速データ転送をサポートする．FCoEは，同じ物理ケーブル上でFCとイーサネットのトラフィックを共有させたり，組織ごとに分離させたりすることができる．

FCoEはロスレスイーサネットと独自のフレーム形式を使用する．FCのデバイス通信は引き続き使用されるが，デバイス間のFCリンクには高速イーサネットリンクが使用される．FCoEは，標準のイーサネットカード，ケーブルおよびスイッチを使用して，データリンク層のFCトラフィックを処理し，イーサネットフレームでイーサネット上のFCフレームをカプセル化し，ルーティングする．

FCoEは，IPベースのストレージネットワーキング標準であるiSCSIとよく比較される．

▶iSCSI

iSCSI（Internet Small Computer System Interface：インターネットSCSI）は，データストレージ機能をリンクするためのIPベースのストレージネットワーキング規格であり，IETFによってRFC 3270★26として標準化された．IPネットワーク上でSCSIコマンドを実行することにより，イントラネット上でデータを転送し，遠隔地のストレージを管理することができる．広く普及したIPネットワークを利用することで，LAN，WAN，またはインターネットを介してデータを送り，場所に依存しないデータの保存と検索が可能となる．

iSCSIでは，まず2つのホスト間でネゴシエーションを行い，次にIPネットワークを使用してSCSIコマンドを交換する．これにより，iSCSIは高性能のローカルストレージバスを利用し，それを広範囲のネットワーク上でエミュレートし，SANを構築する．一部のSANプロトコルとは異なり，iSCSIには専用のケーブルが不要で，既存のIP基盤上で利用することができる．そのため，iSCSIは，FCoEを除いた，専用のインフラストラクチャーが必要なFCの低コスト代替品とみなされることがある．ただし，専用のネットワークまたはサブネット（LANまたはVLAN）上で動作させない場合，固定された帯域の利用の競合により，iSCSI SANのパフォーマンスが著しく低下する場合がある．

iSCSIは任意のタイプのSCSIデバイスと通信することができるが，システム管理者は通常，サーバー（データベースサーバーなど）がストレージアレイ上のディスクボリュームにアクセスするためにiSCSIを導入する．iSCSI SANには，次の2つの目的がある．

- **ストレージの統合**（Storage Consolidation）＝組織内に存在する異なるストレージリソースを，ネットワーク中にあるサーバー群から1つの場所（多くの場合，データセンター）に移動させることにより，ストレージが特定のサーバーに結びつかなくなるため，ストレージの割り当て効率が向上する．SAN環境では，ハードウェアまたはケーブル接続を変更することなく，新しいディスクボリュームをサーバーに割り当てることが可能である．
- **災害復旧**（Disaster Recovery）＝組織内のストレージリソースを1つのデータセンターからリモートデータセンターにミラーリングすることで，長時間のシステム停止時にホットスタンバイとして機能させることができる．特に，iSCSI SANは，最小限の構成変更でディスクアレイ全体をWAN経由で移行させることが可能であるため，ネットワークトラフィックと同様にストレージを「ルーティング」することができる．

▶iSCSIの仕組み

エンドユーザーまたはアプリケーションがリクエストを送信すると，オペレーティングシステムは対応するSCSIコマンドとデータリクエストを生成し，カプセル化と（必要に応じて）暗号化を行う．作られたIPパケットがイーサネットに送信される前に，パケットヘッダーが追加される．パケットが受信されると，そのパケットは（暗号化されていれば）復号され，SCSIコマンドとリクエストが取り出される．SCSIコマンドは，SCSIコントローラーに送信され，SCSIコントローラーからSCSIストレージデバイスに送信される．iSCSIは双方向であるため，元のリクエストに応答してデータを返すこともできる．

▶MPLS

MPLS（Multi-Protocol Label Switching）は，第2.5層ネットワークプロトコルであると説明するのが最もわかりやすい．既存のOSIモデルに基づき，第2層はIPパケットを送ることができるイーサネットやSONET（Synchronous Optical Network：同期光ファイバーネットワーク）などのプロトコルを含むが，単純なLANや拠点間WAN経由でしか使うことができない．第3層では，IPプロトコルを使用したインターネット全体のアドレス指定とルーティングを行うことができる．MPLSはこれらの2つの層の間に配置され，ネットワーク上でデータを転送するための追加機能を提供する．

既存のIPネットワークで，各ルーターはIPルックアップ（ルーティング）を実行し，ルーティングテーブルに基づいてネクストホップを決定し，そのホップにパケットを転送する．最終的な宛先に到達するまで，すべてのルーターは同じ処理を行い，それぞれ独自にルーティングの決定を行う．MPLSはルーティングの代わりに「ラベルスイッチング（Label Switching）」を行う．最初のデバイスは前述と同様にルーティングテーブルのルックアップを行うが，ネクストホップを見つける代わりに最終的な宛先ルーターを見つける．そして，自身から最終到達ルーターまでのあらかじめ決められた経路を探し出す．ルーターはこの情報に基づいて「ラベル」（または「shim」）を割り当てる．経路上のルーターは，追加のIPルックアップを行うことなく，ラベルを使用してトラフィックをルーティングする．最終到達ルーターでラベルが取り除かれ，パケットは通常のIPルーティングによって配送される．

ラベルスイッチングの利点

もともと，これはIPルーティングルックアップを減らすことが目的であった．ところが，CIDRが導入されると，意図しない状況が生まれた．CIDRは，IPルーティングに「最長プレフィックス一致(Longest Prefix Matching)」という概念を導入した．この，最長プレフィックス一致の検索は非常な困難なものであった．ルックアップのために古くから使われていたソフトウェアアルゴリズムは基数木(Patricia Tire)と呼ばれ，単一のパケットをルーティングするだけで多くのメモリーが必要であった．完全一致検索をハードウェアで実装するのが比較的容易であった．初期のハードウェアルーティングは，最初のルックアップはソフトウェアによって行われ，その後，トラフィックフロー内のパケットはハードウェアで完全一致検索が行われた．ラベルスイッチング(または「タグスイッチング[Tag Switching]」)のルックアップでは完全一致検索が使用される．最初のルーターだけがIPルックアップを行い，その後のルーターではラベルに基づいた完全一致検索でスイッチングが行われる．これにより，高性能を実現するのが最も困難だったコアルーターの負荷は軽減され，低速なエッジルーター間でルーティングルックアップの負荷が分散される．

現代の特定用途向け集積回路(Application Specific Integrated Circuit：ASIC)は，この問題をほとんど解決した．現在，コモディティASICは比較的安価で，簡単に毎秒数千万のIPルーティングルックアップを行うことができる．しかし，それらは依然として，ルーターのコストのかなりの部分を占める．完全一致検索はそれよりもずっと安く簡単に実装することが可能である．完全一致検索を利用した第2層専用のイーサネットスイッチは，第3層の同様のデバイスと比較して，4分の1のコストで4倍の性能を持っている．

なぜセキュリティ専門家はMPLSに着目するのか

3つの理由がある．

1. **トラフィック制御の実装**(Implementing Traffic-Engineering)＝ネットワーク上でトラフィックがどこにどのようにルーティングされるかを制御し，キャパシティを管理し，異なるサービスに優先順位を付け，輻輳を防ぐ．
2. **マルチサービスネットワークの実装**(Implementing Multi-Service Networks)＝同一のパケットスイッチングネットワークにおいて，データ転送サービスとIPルーティングサービスの両方を提供することができる.

3. **MPLS高速リルート**(Fast Reroute:FRR)を使用したネットワークレジリエンスの向上.

MPLSの仕組み

MPLS LSP(Label Switched Path)は, MPLSを使用する際の非常に重要な概念である. 基本的には, MPLSネットワーク上でルーティングされる, 一対のルーター間に作られる一方向性のトンネルである. MPLS転送を行うためには, LSPが必要となる. MPLSルーターの役割と位置付けは以下のとおり.

- **LERまたは入力ノード**(Label Edge Router [LER] or Ingress Node)=MPLS LSP内でパケットを最初にカプセル化するルーター. また, このルーターは初期経路選択を行う.
- **LSRまたは中継ノード**(Label Switching Router [LSR] or Transit Node)=LSPの途中でMPLSスイッチングだけを行うルーター.
- **出力ノード**(Egress Node:EN)=LSPの終端にあり, ラベルを取り除くルーター.

MPLSルーターの役割は,「P」または「PE」と表現することもできる. これらは, VPNサービスの記述に由来する用語である.

- **P−プロバイダールーター**(Provider Router)=ラベルスイッチングのみを行うコア/バックボーンルーター. 純粋なPルーターは, 顧客のネットワークやインターネットのルートなしで動作することができる. これは, 大規模なサービスプロバイダーネットワークでは一般的である.
- **PE−プロバイダーエッジルーター**(Provider Edge Router)=ラベルのポッピングとインポジションを行う, 顧客のネットワークに面しているルーター. 通常, 以下の複数のサービスを終端するための様々なエッジ機能を備える.
    - インターネット
    - L3VPN(Layer 3 VPN)
    - L2VPN(Layer 2 VPN)/擬似回線
    - VPLS(Virtual Private LAN Service)
- **CE−カスタマーエッジ**(Customer Edge)=PEルーターが通信する顧客のデバイス.

LSPを使用するためには，ルーター間でシグナリングを行う必要がある．LSPはネットワーク全体のトンネルであるが，ラベルはリンクローカルな値である．MPLSシグナリングプロトコルは，LSPを特定のラベル値にマッピングする．今日使用されている主なMPLSルーティングプロトコルには以下の2つがある．

1．**LDP**（**Label Distribution Protocol：ラベル配布プロトコル**）＝シンプルで制約のない（トラフィック制御をサポートしない）プロトコル．
2．**RSVP-TE**（**Resource Reservation Protocol with Traffic Engineering：トラフィック制御付きRSVP**）＝より複雑なプロトコルでオーバーヘッドは増えるが，ネットワークリソースの予約によるトラフィック制御をサポートする．

複雑なネットワークであれば，両方のプロトコルを使用しなければならない場合が多い．一般的にLDPはMPLS VPN（データ転送）サービスで使用される．一方，トラフィック制御機能のためにはRSVP-TEが必要である．ほとんどのネットワークでは，RSVP内でトンネルするようにLDPを設定する．

MPLSラベルは，複数重ねることもできる．トップラベルは，パケットの配送を制御するために使用される．宛先に達すると，トップラベルは削除され（すなわちポップ[Pop]），2番目のラベルを基にパケットがさらに配送される．ラベルを重ねて利用するアプリケーションで一般的なものは次のとおり．

- 特定のインターフェースにトラフィックをマッピングするために内部ラベルを使用し，ネットワーク上でルーティングするために外部ラベルを使用するVPN／トランスポートサービス．
- ルーターの障害時に，すべてのLSPに対して通知を送信するのではなく，トラフィックを素早くリダイレクトすることでほかのLSP群を保護するバイパスLSP．

LSPを終了するには，次の2つの方法がある．

1．**Implicit**（**暗黙の**）**Null**＝PHP（Penultimate Hop Popping）とも呼ばれる．これは，「最後から2番目のホップでラベルを削除する」ことを意味する．
2．**Explicit**（**明示的な**）**Null**＝最後のルーターまでラベルを保持する．

Implicit Nullは最適化手法である．最後から2番目のルーターでラベルがすでに削除されているため，最後のルーターはLSPを終了したあと，パケットのルーティングを開始しやすい．それ以外の場合，パケットは最後のルーターを2回通過する必要がある．1回は転送経路を通過させてラベルを削除し，もう1回はパケットの情報に基づいてルーティングする．

▶ MPLS擬似回線

L2擬似回線（Layer 2 Pseudowire）またはVLL（Virtual Leased Line：仮想専用線）は，MPLS上で提供される，エミュレートされた第2層のポイント・ツー・ポイント回線である．これは，イーサネットとフレームリレーなど異なるメディアの相互接続を可能とする．既存のトランスポート層プロトコル（例えば，ATM）をMPLSネットワークに移行するために使うことも可能だが，個々のパケットの情報に基づいた判断は行わないため，負荷分散は困難になる．ペイロード部分の解釈は行わないので，例えば内部のIPヘッダーを基にハッシュ化することはできない．歴史的経緯から，シグナリングを行うには，同様の機能を実現する2つの方法が存在する．

- **LDPによるシグナリング**（LDP-signaled）＝2つの中では比較的単純な方法で，広く実装されている．
- **BGPによるシグナリング／L2VPN**（BGP-signaled/L2VPN）＝複雑になるが，マルチポイントにおける自動検出がサポートされる．

▶ MPLS L3VPN

L3VPNはIPベースのVPNである．このネットワークは，エッジルーター上の仮想ルーティングドメイン（Virtual Routing and Forwarding：VRF）として構築される．利用者はVRF内に配置され，プロバイダールーターとルートを交換する．その際にはBGPまたはIGPが利用されることが多く，保護された経路を利用する．この方式は複雑なトポロジーをサポートし，多数のサイトと相互接続することができる．また，IPヘッダーを見ることができるため，ハッシュを用いた負荷分散に適している．しかし，プロバイダーのPEデバイスは利用者のルーティングテーブルを取り込む必要があり，ルーティング情報ベース（Routing Information Base：RIB）と転送情報ベース（Forwarding Information Base：FIB）の容量が消費されるため，プロバイダーのインフラに大きな負荷がかかることになる★27．MPLS L3VPNは通常，小規模なネットワークとは対照的に，大規模な組織でよく利用される．プロバイダーネットワーク内ではBGPを用いてシグナリングされる．

▶ MPLS VPLS

VPLS（Virtual Private LAN Service）は，MPLS上でイーサネットマルチポイントスイッチングサービスを提供する．これは，共通のブロードキャストドメイン内で多数の利用者エンドポイントを接続するために使用される．MPLS VPLSにより，フルメッシュのL2ネットワークを敷設する必要性がなくなる．これは，L2スイッチの以下の基本機能をエミュレートする．

- 不明なユニキャストのフラッディング
- MACアドレスの学習
- ブロードキャスト

パケットが透過的に通過するL2擬似回線とは異なり，L2イーサネットヘッダーをチェックしたり，利用したりするので，負荷分散に適していると考えられている．

▶ MPLS高速リルート

MPLS高速リルート（Fast Reroute：FRR）は，潜在的なリンクまたはノード障害に対し，バックアップの経路を事前に計算しておくことにより，障害発生時の復旧を早める．通常のIPネットワークでは，障害が検出された時に最適な経路計算がオンデマンドで実行される．最適な経路を再計算し，これらの変更をルーターにプッシュするのに，ルーターがビジー状態だと数秒かかることがある．

ネットワーク内のすべてのルーターがトポロジーの変更について学習していく過程では，一時的なルーティングループが発生することがある．MPLS高速リルートを使用すると，実際に障害が発生する前に次の最適経路計算が行われる．バックアップ経路は，ルーターFIBにあらかじめプログラムされ，アクティブ化を待っており，障害検出後に数ミリ秒で利用できる．経路全体がLSP内に設定されているため，経路が一時的に最適でなかったとしても，復旧処理中にルーティングループが発生することはない．

4.3.2 VoIP

VoIP（Voice over Internet Protocol）は，通常の（アナログの）電話回線の代わりに，ブロードバンドインターネット接続を使用して音声通話を行う技術である．一部のVoIPサービスでは，同じサービスを使用している人同士でしか通話できないが，それ以外は市内通話，遠距離通話，携帯電話，国際電話のどれでもかけることができるのが一般的である．一部のVoIPサービスはコンピュータや特定のVoIP電話でのみ機能するが，VoIPアダプターに接続された従来の電話機を使えるサービスもある．つまり，VoIPは音声トラフィックをIPベースのネットワークで送信しているだけであると考えることができる．VoIPは，Web会議やビデオ会議など，高度な統合通信アプリケーションの基盤にもなっている．IPはもともとデータ通信用に設計されたが，これが世界標準になったことにより，音声通信にも利用されるようになった．

現在使用されているVoIPシステムには多くの種類がある．Lync[☆3]のボイスチャット，Google Talk[☆4]，Yahoo! Messenger，FaceTime，SkypeはVoIPとみなすことができる．これらはすべて独自のシステムとなっている．FaceTimeを使って誰かと話すには，相手もFaceTimeをインストールする必要がある．Yahoo! MessengerとSkypeにも同じことが言える．それらは独自の特別なシステムであるため，オープンではなく，ほかのシステムとの接続は容易ではない．

真のVoIPシステムは，標準として知られているSIP（Session Initiation Protocol：セッション開始プロトコル）を使用している．SIP対応デバイスであれば，相互に話すことができる．また，SIP対応デバイスであれば，インターネット越しで呼び出すことが可能で，追加の機器や電話会社は不要である．SIP対応の電話機をインターネットに接続して設定し，相手の人にダイヤルするだけでよい．

すべてのVoIPシステムで，音声はデータのパケットに変換され，インターネット経由で受信者に送信され，終端で音声に復号される．処理速度を上げるため，ファイルをその場で圧縮するのと同じように，音声パケットは特定のコーデックを用いて送信する前に圧縮される．異なる方法で圧縮とビットレート管理を実施する多くのコーデックが存在する．各コーデックには独自の帯域幅に対する要件があり，コーデックによりVoIPの音声品質が異なる．

VoIPシステムは，セッション制御プロトコルおよびシグナリングプロトコルを使用して，通話のシグナリング，セットアップ，切断を制御する．IPネットワーク上でオーディオストリームを転送するために，特別なメディア配信プロトコルを使用する．このプロトコルでは，ストリーミングメディアとして，音声，オーディオ，オーディオコーデック付きビデオ，デジタルオーディオとしてのビデオコーデックをエンコードする．アプリケーションの要件とネットワーク帯域幅に基づき，メディアストリームを最適化する様々なコーデックが存在する．狭い帯域や圧縮音声に対応した実装もあれば，忠実度の高いステレオコーデックをサポートするものもある．一般的なコーデックとしては，G.711 μ-lawとG.711 a-law，Polycom社（ポリコム）のHD Voiceとして販売されている，高品質のコーデックであるG.722，オープンソースの音声コーデックとして一般的に知られているiLBC，帯域を8kbpsしか使わないコーデックG.729など，多数存在する．

▶ VoIPとは何か：有益な用語

これらの用語を知ることは，セキュリティ専門家にとって，この技術の潜在力を理解するための第一歩である．

- **VoIP**とは，インターネットまたは内部ネットワークなどのIPデータネットワークを利用して，電話をかける方法を指す．VoIPの魅力は，通話が電話会社のネットワークではなく，データネットワークを通って行われるため，経費が削減できることである．
- **IPテレフォニー（IP Telephony）**は，通話のための電話の相互接続，請求やダイヤルプランなどの関連サービス，会議，転送，保留などの基本機能を含む，VoIPに関する一連の機能を網羅している．これらのサービスは，かつてはPBX（Private Branch Exchange：構内交換機）によって提供されていた．
- **IP通信（IP Communications）**には，ユニファイドメッセージング，統合コンタクトセンター，音声，データおよびビデオによるリッチメディア会議など，通信手段を強化するビジネスアプリケーションが含まれる．
- **ユニファイドコミュニケーション（Unified Communications）**は，SIPやモバイルソリューションと連動するプレゼンスなどの技術を使用し，ロケーション，時間，デバイスに関係なく，すべての形態のコミュニケーションを簡素化し，統一する，IP通信をさらに進歩させたものである．

VoIPは，オープンスタンダードをベースとしたプロトコルと，独自プロトコルの両方を使用して，様々な方法で実装されている．VoIPプロトコルの例は次のとおり．

- H.323
- MGCP（Media Gateway Control Protocol）
- SIP

ポート	5060/TCP, 5060/UDP
定義	RFC 2543 RFC 3261 RFC 3325

表4.10 SIPクイックリファレンス

- H.248（Megaco［Media Gateway Control］とも呼ばれる）
- RTP（Real-Time Transport Protocol：リアルタイム転送プロトコル）
- RTCP（RTP Control Protocol：リアルタイム転送制御プロトコル）
- SRTP（Secure Real-Time Transport Protocol）
- SDP（Session Description Protocol）
- IAX（Inter-Asterisk Exchange）
- Jingle XMPP VoIP拡張
- Skypeプロトコル
- TeamSpeak

H.323プロトコルは，遠距離トラフィックおよびLANにおける実装として普及した，初期のVoIPプロトコルである．しかし，MGCPやSIPなど，よりシンプルなプロトコルが新たに開発され，H.323の利用範囲は既存の遠距離トラフィックに制限されてきている．特に，SIPはVoIP市場における利用が拡大している．

▶ SIP★28

その名前のとおり，SIP（Session Initiation Protocol：セッション開始プロトコル）はマルチメディア接続を管理するためにデザインされた（表4.10）．これはプロトコルスイートではなく，実際のペイロードデータ転送の多くは，RTPなど，ほかのプロトコルに委ねている．SIPは，HTTPと同様に，realmで構造化されたダイジェスト認証をサポートするように設計されている（ユーザー名／パスワードによるベーシック認証はRFC 3261★29のプロトコルから削除されている）．さらに，SIPはMD5ハッシュ関数による完全性を担保する．また，TLSのように複数の暗号機能を提供する．

暗号化と発信者IDの削除を含むSIPのプライバシー拡張は，元のSIP（RFC 3325）の拡張として定義されている★30．それ以外にも，SIPクライアントは，別の機器からの要求を受け付けるサーバーとしても機能する．セキュリティ担当責任者は，バッファーオーバーフローなどのセキュリティ問題が発生する可能性があるため，サーバーソフトウェアと同様にリスクとして考える必要がある．

▶パケットロス

パケットロス(Packet Loss)は，あらゆる種類のネットワークで発生する．すべてのネットワークプロトコルは，パケットロスに対処するように設計されている．例えば，TCPプロトコルは，損失パケットの再送要求を送信することによってパケットの送信を保証する．VoIPプロトコルによって使用されるRTPは送信の保証をしないので，VoIPは損失パケットの処理を実装する必要がある．データ転送プロトコルであれば，損失パケットの再送信を要求することができるが，VoIPはパケットが到着するのを待つ時間がない．通話品質を維持するために，損失パケットは補間されたデータに置き換えられる．

パケットロス隠蔽(Packet Loss Concealment：PLC)と呼ばれる技法は，VoIP通信でドロップしたパケットの影響を隠すために使用され，いくつかの実装がある．ゼロ置換(Zero Substitution)は，コンピュータリソースをほとんど使わない最もシンプルなPLC技術である．これらの単純なアルゴリズムは，多くのパケットが損失した時に，最低の品質の音声となることが多い．波形置換(Waveform Substitution)は古いプロトコルで使用されており，失われたフレームを人工的に生成された代替音声で置き換える．最も単純な置換の方法は，単に最後に受信したパケットを繰り返すものである．残念なことに，波形置換はパケットが長時間失われた際，しばしば不自然な「ロボット的」な音声となってしまう．

より高度なアルゴリズムでは，より多くのコンピュータリソースを使用し，ギャップの補間と音質の向上を行う．最適な実装では，パケットが最大20%失われても音声品質を大幅に低下させることがない．一般にPLCは，ほかの方式よりもよい結果となるが，マスキング(Masking)技法はパケットの大幅な損失を補うことができない．ネットワークの輻輳によりパケットが連続して失われた場合，通話品質の大幅な低下が発生する．VoIPでは，ネットワークの輻輳，回線エラー，遅延など，様々な理由でパケットが破棄される．ネットワークアーキテクトとセキュリティ担当責任者は協力して，特定の環境特性に最もよく適合するパケットロス隠蔽技法を選択するとともに，ネットワークのパケットロスを減らすための対策を確実に実施する必要がある．

▶ジッター

ジッター(Jitter)は，制御しきれなくなった場合に通話の品質に影響する，VoIPサービス品質(Quality of Service：QoS)上の問題である．ジッターはネットワーク遅延とは異なり，パケット遅延が原因で発生するのではなく，パケット遅延の揺らぎによって発生する．VoIPエンドポイントは，パケットバッファーのサイズを増やすことでジッターを低減できるが，これは通話の遅延の原因となる．変動が150ミリ秒を超えると，発信者にもわかるほどの遅延となり，トランシーバーのような通話しかできなくなる．

VoIPソフトウェア，IP電話，専用のVoIPアダプター（Analog Telephony Adapter：ATA）やFXS/FXO（Foreign Exchange Subscriber/Foreign Exchange Office）ゲートウェイなどのVoIPエンドポイントおよびネットワークレベルでジッターを減らすためには，いくつかの手順を踏むことが必要となる．理論上は，ネットワークの遅延を減らすことで，大きな変動があったとしてもバッファーを150ミリ秒以下に保つことができる．遅延の減少は必ずしも変動を排除するわけではないが，大きな効果が確認できる程度にジッターを低減し，発信者がわからない範囲にまで抑える．VoIPトラフィックの優先制御と帯域制御の実装は，パケット遅延の変動を軽減するためにも役立つ．エンドポイントでは，ジッターのバッファリングを最適化することが不可欠である．バッファーを大きくすると，ジッターが減少し除去されるが，150ミリ秒を超えるものは通話の品質に大きな影響を及ぼす．ネットワークの状態に応じてバッファーサイズを制御するアルゴリズムは有効に機能することが多い．パケットサイズ（ペイロード）の調整や，別のコーデックの使用もジッターの制御に役立つ．

ジッターは，エンドポイント自体よりもネットワーク遅延が原因で発生することが多いが，VoIPソフトフォンなどの特定のシステムでは，パケット遅延に重大かつ予測不能な変化をもたらす可能性がある．VoIPエンドポイントを導入している担当者や，VoIPインフラストラクチャー内の通話品質の問題を調査している担当者は，ジッターの原因を特定することが非常に重要になる．

▶シーケンスエラー

データパケットはそれぞれ独立して移動し，実際の経路に応じて様々な遅延が発生する．シーケンスエラー（Sequence Error）のパケットは，データ転送においては問題とならない．これは，データ転送プロトコルがパケットの順序を変更し，損失することなくデータを再構築できるからである．VoIPシステムは，音声通信という，時間に影響を受けやすい性質から，シーケンスエラーのパケットをまったく異なる方法で処理する必要がある．

一部のVoIPシステムは，シーケンスエラーのパケットを破棄するが，ほかのシステムでは内部バッファーのサイズを超えてジッターが発生した際，シーケンスエラーになったパケットを破棄するものもある．シーケンスエラーは，通話品質の大幅な低下を引き起こすことがある．シーケンスエラーは，パケットの送信ルートによって発生する可能性がある．パケットは，異なるIPネットワークを介して異なる経路で移動することがあり，結果として到着時間が異なることになる．その結果，先に送信されたパケットが，あとに送信されたパケットより遅れてエンドポイントに到達することがある．パケットは通常，バッファー内で受信され，エンドポイントでシーケンスエラーのフレームを再配置して元の信号を再構築する．しかし，ジッターを制御するための内部バッファーのサイズには制限があるため，パケット送信順が大きく変動した場合，エンドポイントでフレーム破棄が発生し，結果としてジッターとパケットロスの両方の問題が発生する可能性がある．同じ通話からのパケットを異なる経路に分散させないように，VoIPのルーティングを同一の経路にすることで，シーケンスエラーの大幅な削減が可能となる．

▶コーデックの品質

コーデック(Codec)は，音声信号をデジタルフレームに，また逆にデジタルフレームを音声に変換するソフトウェアである．コーデックは，それぞれサンプリングレートと解像度に特徴がある．それぞれのコーデックは，様々な圧縮方法とアルゴリズムを使用し，異なる帯域幅やコンピュータリソースを必要とする．特定のネットワーク条件に最適なコーデックを選択すれば，通話品質は大幅に向上する．ネットワークの実効帯域が狭い場合にロスレスG.711コーデックを選択すると，帯域幅の制限やパケットロスのために通話品質が低下する．使用可能な帯域幅が80kbps未満の場合は，低ビットレートで高圧縮のG.729コーデックまたはG.723コーデックを選択するべきである．LANは広帯域幅を期待することができるが，外部への通話はアップストリームの帯域幅がボトルネックとなる可能性がある．

ADSL(Asymmetric Digital Subscriber Line：非対称デジタル加入者線)およびケーブルネットワークのプロバイダーは，多くの場合，アップストリーム帯域幅を制限している．これにより，複数のVoIPコールが同時に行われた場合，アップストリームの輻輳が発生する．この時，狭帯域幅のコーデックがよりよい結果をもたらす．広帯域幅のコーデックであるG.711(PCM：Pulse Code Modulation)は最高の音声品質を提供するが，最大の帯域幅(オーバーヘッドを含め約80kbps)を消費する．G.729a(CS-ACELP：Conjugate Structure and Algebraic Code Excited Linear Prediction)，G.723.1(MP-MLQ：Multi-Pulse Maximum Likelihood Quantization)，G.726(ADPCM：Adaptive Differential Pulse Code Modulation)は，後者になるほど相対的に低い通話品質となる．コーデックの選択は自動的に行われない．特定のVoIPシステムで使用可能なコーデックを指定し，優先順位を付ける必要がある．ネットワークアーキテクトとセキュリティ専門家は，適切なコーデックを選択すれば，通話品質が大幅に向上する可能性があることを理解する必要がある．

インターネット経由での音声送信は，家庭へのブロードバンドアクセスの普及により広がり，VoIPソリューションの市場が形成された．かつては電話網がインターネットへのダイヤルアップトラフィックを担っていたが，現在ではインターネットが電話に取って代わろうとしている．

VoIPによる社内通話網の置き換えが多くなってきている．電話網と同程度の初期投資でより高度な設定ができるにも関わらず，接続コストがわずかであるなど様々な利点があるが，VoIPネットワークはウイルスやハッキングによる攻撃の可能性など，従来の電話システムでは影響を受けなかったようなセキュリティリスクがあり，すべての通信端末が電力に依存しているという問題もある．さらに，VoIPシステムは電話回線よりもはるかに複雑であり，運用するためには高度な専門知識が必要である．公共サービスでは，相互接続性と相互運用性の問題が焦点になる．法的な観点では，PSTNと同じ方法でVoIPネットワークを規制すべきかどうかについて，依然として議論が続いている．

VoIPサービスを使用する場合，警察や消防などの緊急サービスへのゲートウェイ接続について，セキュリティアーキテクトは認識していなければならない．どのIPアドレスからでも接続可能なVoIPデバイスにより，ユーザーの移動は容易になっている．IPアドレスには地理情報（緯度，経度，番地など）がマッピングされていないため，緊急サービスには深刻な課題が残る．VoIPサポートデスクは，VoIP電話の利用記録や課金情報から位置情報を把握し，緊急サービス対応者に知らせなければならない．企業など大規模なVoIPサービスの導入においては，VoIPデバイスを追跡して物理的な場所にマッピングする手段は，サービス管理全体の重要な部分であり，職場の安全衛生に関連する規制要件となっている場合が多い．

公権に基づく合法的な通信の傍受に関する検討も必要である．これは第三者によって悪用される可能性があるバックドアを，既存システムに埋め込む可能性があり，セキュリティの観点からは懸念を引き起こす．合法的な傍受に関するより緊急な問題は，正当な目的の場合は傍受サービスを提供しなければならないという点である．VoIPトラフィックはIPトラフィックであり，ネットワー上のほかのすべてのIPトラフィックと混在している．VoIPコールを傍受するには，強力で高機能なネットワーク分析ツールが必要になる．このツールは，ギガビットの速度で流れる大量のデータからリアルタイムでVoIPパケットの抽出，パケットの再構成およびメディアストリームの抽出を実施できる必要がある．セキュリティアーキテクト，セキュリティ担当責任者，セキュリティ専門家は，この問題を認識し，企業内での設計，実装，管理を支援しなければならない．

VoIPサービスの展開にあたって，例えば，ほかのVoIPアプリケーションと安全な相互接続を考える場合，そのキャリアネットワークのセキュリティについて検討する必要がある．また，セキュリティアーキテクトとセキュリティ担当責任者は，災害やネットワーク停止時に備えた独立した通信チャネルを確保するように，すべてのVoIPに対して，ある種のバックアップ通信チャネルの確保が必要である．

4.3.3 無線

無線ネットワークは，ネットワークノードの接続に無線データ接続を使用するタイプのコンピュータネットワークである．無線LANは，電波を使用して，ラップトップなどのデバイスやアプリケーションをインターネット，ビジネスネットワークに接続する．ラップトップをカフェ，ホテル，空港ラウンジ，またはその他の公共の場でWi-Fiホットスポットに接続すると，無線ネットワークを利用することができる．

企業が無線ネットワークで得ることができるメリットには，次のようなものがある．

- **利便性**(Convenience)＝ユーザーは，無線ネットワークの利用エリア内またはWi-Fiホットスポット内の任意の場所からネットワークリソースにアクセスすることができる．
- **モビリティ**(Mobility)＝有線接続のように，机に縛られない．ユーザーは，ネットワークの利用エリア内のどこからでもオンラインで作業することができる．
- **生産性**(Productivity)＝インターネットや企業の重要なアプリケーションやリソースへの無線アクセスにより，作業時間は短縮され，コラボレーションを容易にする．
- **容易なセットアップ**(Easy Setup)＝ケーブルを使わなくて済むため，ネットワークチームによる導入は迅速で，コストも抑えることができる．
- **拡張性**(Expandable)＝有線ネットワークでは追加配線が必要な場合があるが，既存の機器で無線ネットワークを簡単に拡張できる．

- **コスト**（Cost）＝無線ネットワークでは配線コストを削減できるため，有線ネットワークに比べて運用コストを低く抑えることができる．

▶無線技術の種類

▶Wi-Fi

主にコンピュータネットワーキングで使われるWi-Fi（Wireless Fidelity）は，IEEE 802.11に基づいており，オフィスネットワークやコーヒーショップなどの公共の場で安全な無線LANを提供する．通常，Wi-Fiネットワークは，インターネットに有線で接続されている無線ルーターと，ルーターとデータを送受信する個々のデバイスで構成される．個々のデバイスは，インターネットへの接続だけでなく，相互に接続することもある．Wi-Fiの到達範囲は，一般的にほとんどの家庭や小規模オフィスでは十分だが，大規模なキャンパスや家庭では，信号到達距離を延長するために無線中継器を配置する必要がある．時とともにWi-Fi標準規格は進化しており，新しいバージョンではより高速な通信が可能である．現在では802.11nまたは802.11acが一般に使用されるが，下位互換性により，古いノートパソコンでも新しいWi-Fiルーターに接続できることが保証されている．ただし，より速い通信を求める場合は，コンピュータとルーターの両方で最新の802.11規格を使う必要がある．

▶Bluetooth

Wi-Fiと携帯電話ネットワークは世界中のどこにいても接続できるが，公式のBluetooth Webサイトによれば，Bluetoothは近距離通信向けで，「デバイスを接続するケーブルを代替する」とされている．Bluetoothの役割は，iPodをカーステレオに接続したり，ワイヤレスキーボードやマウスをラップトップに接続したり，携帯電話をハンズフリーイヤフォンに接続したりすることである．Bluetoothは，最大50フィート[☆5]の範囲にしか届かない低電力信号を使用するが，高音質や高解像度の音楽やストリーミングビデオを送信できる速度を備えている．ほかの無線技術と同様に，Bluetoothの速度は標準規格の改訂とともに向上しているが，最高速度を実現するためには，両方の端末に最新の機器が必要となる．また，最新のBluetooth規格では，必要な時にのみ最大電力を使用することでバッテリーの持ちを改善している．

▶WiMAX

無線によるデータ通信は携帯電話プロバイダーの分野になりつつあるが，専用の無線ブロードバンドシステムも存在し，ケーブルやDSL（Digital Subscriber Line：デジタル加入者線）に接続しなくても，高速のWebサーフィンが可能となる．無線ブロードバンドの1つとして，WiMAXを挙げることができる．WiMAXは30Mbps以上の通信速度を提供できるが，プロバイダーは平均6Mbps程度の通信速度で提供するため，有線ブロードバンドよりも大幅に遅くなることが多い．WiMAXでの実効通信速度は，基地局からの距離によって大きく異なる．

▶無線ネットワークの種類

▶無線PAN

無線PAN（Wireless Personal Area Network：WPAN）は，一般に人の届く範囲内といった比較的狭いエリア内のデバイスを相互接続する．例えば，Bluetoothと赤外線通信で無線PANを利用し，ヘッドセットをラップトップに接続できる．Wi-Fi PANは，様々な民生用機器にWi-Fi機能を追加することにより普及し始めている．Intel社（インテル）の「My WiFi」とWindows 7の「仮想Wi-Fi」機能により，Wi-Fi PANの設定と構成が容易になった．

▶無線LAN

無線LAN（Wireless Local Area Network：WLAN）は，無線の分配方法を用いて，2つ以上のデバイスを近距離で接続する．通常は，インターネット接続のためにアクセスポイントを介した接続を提供する．スペクトラム拡散もしくはOFDM（Orthogonal Frequency Division Multiplexing：直交周波数分割多重）技術を使用することにより，ユーザーは，接続エリア内の移動であればネットワークを利用し続けることができる．

IEEE 802.11無線LAN規格を使用する製品は，Wi-Fiの名前で販売されている．固定無線アクセスは，離れた2箇所にあるコンピュータまたはネットワークをポイント・ツー・ポイントで接続する．多くの場合，見通しのある経路で，専用マイクロ波または変調レーザー光線が使用される．有線回線を設置することなく，2つ以上の建物のネットワークを接続できるため，都市部で使用される．

▶無線メッシュネットワーク

無線メッシュネットワーク（Wireless Mesh Network）は，メッシュ状に配置された無線ノードで構成される無線ネットワークである．各ノードは，ほかのノードに代わってメッセージを転送する．メッシュネットワークは，電力を失ったノードの周りを自動的に再ルーティングする「自己修復」機能を持つ．

▸無線MAN

無線MAN (Wireless Metropolitan Area Network) は，複数の無線LANを接続する無線ネットワークの一種である．WiMAXは無線MANの一種であり，IEEE 802.16規格で定義されている．

▸無線WAN

無線WAN (Wireless Wide Area Network) は一般に，近隣の町と都市または市と郊外などの広いエリアをカバーする無線ネットワークである．これらのネットワークは，事業所の支店間の接続や公衆インターネットアクセスシステムとして使用される．アクセスポイント間の無線接続は，2.4GHz帯のポイント・ツー・ポイント方式のマイクロ波リンクとなっている．これは，小規模なネットワークで使用されるような無指向性アンテナではなく，通常，パラボラアンテナを使用する．典型的なシステムは，基地局ゲートウェイ，アクセスポイントおよび無線ブリッジリレーから構成される．ほかには，各アクセスポイントがリレーとしても機能するメッシュシステムがある．太陽光発電ソーラーパネルや風力発電システムなどの再生可能エネルギーシステムと組み合わせることで，単独で動作するシステムにすることができる．

▸セルラーネットワーク

セルラーネットワーク (Cellular Network) またはモバイルネットワーク (Mobile Network) は，セル (Cell) と呼ばれる無線ネットワークの区域を分散配置したものである．セルは少なくとも1つのセルサイトまたは基地局と呼ばれる，位置が固定された無線送受信機によって電波エリアがカバーされている．セルラーネットワークでは，各セルは，干渉を避けるために，隣接するすべてのセルと異なる無線周波数を使用する．

セルを連結することにより，広範囲での無線の利用が可能となる．これにより，多数のポータブルトランシーバー (例えば，携帯電話，ポケットベルなど) 同士や，固定電話と基地局を介して通信することが可能となり，通信中にポータブルトランシーバーがほかのセルに移動したとしても，通信し続けることができる．

もともとは携帯電話向けに開発されたが，スマートフォンの普及に伴い，通話に加えて多くのデータ送信を行うようになった．GSM (Global System for Mobile Communications) ネットワークは，交換システム，基地局システム，運用・支援システムという3つの主要システムに分けられる．携帯電話は，まず基地局システムに接続し，それから運用・支援システムに接続し，その後，交換システムに接続する．通話はここで，必要な場所に転送される．GSMは最も一般的な規格であり，大多数の携帯電話に使用されている．パーソナルコミュニケーションサービス(Personal Communications Service：PCS)は，北米および南アジアの携帯電話で利用されている無線周波数帯である．

▸スペクトラム拡散

スペクトラム拡散(Spread Spectrum)は，複数の無線チャネルまたは周波数を介して情報を分割する概念で，情報を無線で送信するビットに変調する際に広く使われている方式である．通常，使われる周波数の数は70程度であり，受信側で復調，結合される前にほとんどの周波数を使って送信される．

2種類のスペクトラム拡散が存在する．

- DSSS (Direct-Sequence Spread Spectrum：直接拡散方式スペクトラム拡散)
- FHSS (Frequency-Hopping Spread Spectrum：周波数ホッピング方式スペクトラム拡散)

DSSSはパフォーマンスに優れている一方，FHSSは干渉に対して耐久性がある．スペクトラム拡散は，同時刻に駅を出る貨物列車の車列にたとえることができる．ペイロード(貨物)は，複数の列車に比較的均等に配分され，そのすべてが同時に出発し，目的地に到着すると各列車から取り出され，並べられる．ペイロードの複製はスペクトラム拡散に共通した機能で，データが大きく破損した場合や到着しなかった場合，このアーキテクチャーに特有の冗長性により，より確実なデータリンクが提供される．

▸DSSS

DSSS (Direct-Sequence Spread Spectrum：直接拡散方式スペクトラム拡散)は，送信データよりも広い周波数帯域とそれに対応した低出力でデータ送信する無線技術である．より広帯域に信号を拡散させることによって，信号は特定の周波数での干渉の影響を受けにくくなる．言い換えれば，干渉は信号のごく一部に影響を与える．送信時，擬似ランダムノイズ符号(Pseudorandom Noise Code：PN符号)と信号が変調される．送信機と受信機のPN符号発生器は同期しており，信号が受信された時にPN符号は除去される．

▸FHSS

FHSS (Frequency-Hopping Spread Spectrum：周波数ホッピング方式スペクトラム拡散)は，高速で変化する周波数に信号を拡散させる．利用可能な各周波数帯域は，サブ周波数に細分化されている．信号は，送信側と受信側で合意された順序で，これらのサブ周波数間を高速に変化（ホップ）する．FHSSの利点は，特定の周波数による干渉は，短時間しか信号に影響を与えないことである．逆に，FHSSは隣接するDSSSシステムとの干渉を引き起こす可能性がある．

▶ OFDM

信号は，サブ周波数帯域またはトーンに細分され，それぞれの帯域は制御され，互いに干渉することなく送信される．OFDM（Orthogonal Frequency Division Multiplexing：直交周波数分割多重）システムでは，各トーンは隣接するトーンと直交（独立または無関係）するので，ガード帯域を必要としない．OFDMは多くの狭帯域トーンで構成されているため，狭帯域に対する干渉は信号のわずかな部分のみを劣化させるものの，残りの周波数成分にはほとんど影響を与えない．

▶ VOFDM

標準的なOFDMの方式に加えて，スペースダイバーシティを使用すると，ノイズ，干渉およびマルチパスに対するシステムの耐性を高めることができる．これは，ベクター化されたOFDM（Vectored Orthogonal Frequency Division Multiplexing）またはVOFDMと呼ばれる．スペースダイバーシティは，マルチパス環境における性能を改善するために広く利用されている技法である．マルチパスは，複数の反射した信号の集合であるため，受信アンテナの位置によって異なる．つまり，2つ以上のアンテナをシステムで使用している場合，それぞれ異なるマルチパス信号を受けることになる．各チャネルへの影響がアンテナごとに異なるため，あるアンテナで使用できないキャリアであっても，別のアンテナで使用できる場合もある．

▶ FDMA

FDMA（Frequency Division Multiple Access：周波数分割多元接続）は，アナログの携帯通信のみで使用されている．周波数帯域をサブバンドに分割し，各サブバンドにアナログ通話を割り当てる．FDMAは初期の「セルラー」電話技術であり，GSMまたはCDMA（Code Division Multiple Access：符号分割多元接続）技術の採用に伴い，使われなくなってきている．

▶ TDMA

TDMA（Time Division Multiple Access：時分割多元接続）は，周波数帯内の各通信にラウンドロビン方式で小さな区切られた時間を与えることにより，各サブバンドで複数のデジタル通信（音声またはデータ）を多重化するものである．各通信には，送信者と受信者の間の各方向に1つずつ，2つのサブバンドが必要となる．

4.3.4 無線セキュリティの問題

▶オープンシステム認証

オープンシステム認証（Open System Authentication）は，802.11標準のデフォルトの認証プロトコルである．ステーションIDを含む簡単な認証リクエストと，認証成功／失敗のデータを含む認証レスポンスで構成される．認証が成功すると，両方のステーションは相互に認証されたとみなされる．これはセキュア通信を提供するためにWEPプロトコルとともに用いられる．しかし，認証プロセス中の認証管理フレームは，平文で送信されることに留意する必要がある．WEPは，クライアントが認証され，関連付けられたあとで，データの暗号化にのみ使用される．クライアントは，アクセスポイント（Access Point：AP）に接続しようとする際に，自身のステーションIDを送信するが，これは誰でも送信することができるので，実質認証が行われているとは言えない．

▶共有鍵認証

共有鍵認証（Shared Key Authentication）は，認証を行うためにWEPと共有秘密鍵（Shared Secret Key）を使用する標準的なチャレンジ−レスポンスのメカニズムである．アクセスポイントでWEP鍵を共有秘密鍵として，チャレンジテキストを暗号化し，送信すると，認証要求しているクライアントは暗号化したチャレンジテキストをアクセスポイントに検証のため送信する．アクセスポイントが復号した結果が同じチャレンジテキストであれば，認証は成功する．

▶アドホックモード

アドホックモード（Ad-Hoc Mode）は，802.11標準で提供されるネットワークトポロジーの1つである．これは，2つ以上の無線エンドポイントで構成され，アクセスポイントは通信に関与しない．アドホックモードの無線LANは，通信にアクセスポイントが必要ないため，費用がかからない．ただし，このトポロジーは大規模なネットワークには利用できない上に，MACフィルタリングやアクセス制御などのセキュリティ機能が欠けている．

▶ インフラストラクチャーモード

インフラストラクチャーモード(Infrastructure Mode)も，802.11標準のネットワークトポロジーの1つである．これは，複数の無線ステーションとアクセスポイントで構成される．アクセスポイントは通常，大規模な有線ネットワークに接続される．このネットワークトポロジーでは，自由な利用範囲と複雑なアーキテクチャーを持つ大規模なネットワークを構築することができる．

▶ WEP

WEP(Wired Equivalent Privacy)プロトコルは，IEEE 802.11標準の基本的なセキュリティ機能であり，ネットワーク経由で送信された情報を暗号化して，無線ネットワーク上で機密性を担保することを目的とする．WEPでは鍵スケジューリングにおける欠陥が発見されており，自動化されたツールを使用して，数分でWEP鍵をクラッキングすることが可能であるため，安全性が低いと考えられている．

▶ WPAおよびWPA2

WPA(Wi-Fi Protected Access)は，WEPの既知のセキュリティ問題に対処するために設計された無線セキュリティプロトコルである．WPAは，データ暗号化にTKIP(Temporal Key Integrity Protocol)を使用し，高いレベルのデータ保護を実現する．このプロトコルでは，802.1x認証が導入され，ユーザー認証についても改善が行われた．

IEEE 802.11iベースのWPA2(Wi-Fi Protected Access II)は，認証されたユーザーのみが接続できる新しい無線セキュリティプロトコルで，強力な暗号化(例えば，AES[Advanced Encryption Standard])，強力な認証制御(例えば，EAP[Extensible Authentication Protocol：拡張認証プロトコル])，鍵管理，リプレイ攻撃への保護，データの完全性などの機能を提供する．

2010年7月，あるセキュリティベンダーが，「Hole 196」★31という名前のWPA2プロトコルの脆弱性を発見したと発表した．この脆弱性を悪用すると，認証済みの内部のWi-Fiユーザーが，ほかのユーザーの個人データを復号したり，無線ネットワークに悪意あるデータを送信したりできるというものであった．詳細な調査を行った結果，このような攻撃では，WPA2暗号鍵(AESまたはTKIP)の回復，破壊，解読はできないことが判明した．その代わり，攻撃者はアクセスポイントとして偽装し，クライアントが接続する時に中間者攻撃を行うことが可能であることがわかった．ただし，セキュリティアーキテクトが最初に適切に設定を行っていれば，このような攻撃は成功しないということもわかった．クライアント隔離機能がすべてのアクセスポイントで有効になっていれば，同じアクセスポイントに接続されている無線クライアントは互いに通信できない．この基本的なセキュリティ設定さえ適用されていれば，攻撃者はほかの無線利用者に対して中間者攻撃を行うことはできない．

TKIPはWPAで使用するために設計され，WPA2では，より強力な暗号アルゴリズムであるAESを使うように設計された．一部のデバイスでは，WPAでAESが使える場合や，WPA2でTKIPが使える場合がある．2008年11月，TKIPの脆弱性が明らかになり，攻撃者は小さなパケットの復号で任意のデータを無線ネットワークに送信できるようになった．したがって，TKIP暗号化はもはや安全と考えることができない．セキュリティアーキテクトは，AES暗号化＋WPA2という強力な組み合わせの利用を検討するべきである．

無線ネットワークは，導入コストの低さがユーザーにとって魅力的である．しかし，安価な機器を簡単に利用できるということは，攻撃者にとってもネットワーク上で攻撃を開始するためのツールが手に入りやすいことを意味する．802.11規格のセキュリティメカニズムの設計上の欠陥により，パッシブ（受動的）とアクティブ（能動的）の両面からの攻撃の可能性が高まっている．これらの攻撃により，侵入者は無線通信を盗聴，改ざんできるようになる．

▶「駐車場」攻撃

アクセスポイントは無線信号を放射状に発信するため，カバーしようとするエリアの物理的境界を越えて信号が広がってしまう．信号は建物の外，または建物の別の階でも受信することが可能である．その結果，攻撃者が駐車場で，無線ネットワーク経由で内部ホストにアクセスを試みる「駐車場」攻撃（“Parking Lot” Attack）を行うことができる．ネットワークに侵入された場合，攻撃者によるネットワークへのハイレベルな侵入が行われたということになる．攻撃者はファイアウォールを通過しており，企業内の信頼できる従業員と同レベルのネットワークアクセス権を持つことになる．

攻撃者は，正規の無線クライアントを欺いて，無線クライアントの近傍で，より強い信号を発する不正なアクセスポイントを配置することにより，攻撃者のネットワークに接続させることもできる．攻撃者の狙いは，攻撃者が設置した不正なサーバーにユーザーがログオンする際に入力するパスワードやその他の機密データを取得することである．

▶共有鍵認証の欠陥

共有鍵認証は，アクセスポイントと認証クライアント間のチャレンジとレスポンスの両方を盗聴するパッシブ（受動的）攻撃で容易に悪用できてしまう．このような攻撃は，攻撃者が平文（チャレンジ）と暗号文（レスポンス）の両方を取得できることにより可能となる．

WEPは，その暗号化アルゴリズムとしてRC4ストリーム暗号を使用する．ストリーム暗号は，初期化ベクター（Initialization Vector：IV）と共有秘密鍵を基に，鍵ストリーム（擬似乱数のビット列）を生成することにより動作する．平文に対して鍵ストリームを用いてXOR演算を行い，暗号文を生成する．ストリーム暗号は，平文と暗号文の両方がわかっている場合，単純に平文と暗号文（この場合はチャレンジとレスポンス）をXOR演算することで，鍵ストリームを復元できてしまう．その後，復元された鍵ストリームを攻撃者が使用して，アクセスポイントによって生成された後続のチャレンジテキストを暗号化し，2つの値をXOR演算することによって，有効な認証レスポンスを生成する．その結果，攻撃者はアクセスポイントから認証される．

▶SSIDの欠陥

アクセスポイントには，ベンダーが提供するデフォルトSSID（Service Set Identifier：サービスセット識別子）が設定されている．デフォルトのSSIDが変更されていない場合，攻撃者がそのデフォルト設定を利用して攻撃できる可能性が非常に高くなる．アクセスポイントの設定でSSIDブロードキャストを無効にするか，暗号化を使用するようにしていない限り，SSIDはデバイスからブロードキャストされる管理フレームに平文で埋め込まれる．キャプチャーされたネットワークトラフィックを分析することで攻撃者はネットワークのSSIDを取得できるため，それを利用して，さらに攻撃を行うことができる．

▶WEPの脆弱性

WEPが無効（ほとんどの製品のデフォルト設定）になっている無線LANを通過するデータは，盗聴やデータ改ざんの攻撃を受けやすい．しかし，WEPが有効になっている場合でも，WEPの多数の欠陥が明らかになっているため，無線トラフィックの機密性と完全性は依然として危険な状態であると言える．特に，WEPに対する次の攻撃が可能である．

- 既知平文攻撃と選択暗号化テキスト攻撃を基にトラフィックを解読するパッシブ攻撃
- 暗号文の統計分析を基にトラフィックを解読するパッシブ攻撃
- 許可されていないモバイル端末から新しいトラフィックを送信するアクティブ攻撃

- データを改ざんするアクティブ攻撃
- 無線トラフィックを攻撃者の機器にリダイレクトするようにアクセスポイントを操作し，トラフィックを解読するアクティブ攻撃

▶TKIPに対する攻撃

TKIP攻撃では，WEP攻撃と同様のメカニズムが使用される．これは，リプレイを複数回行い，その応答を観測することで，データを1Bずつ復号することを試みる．このメカニズムを使用すると，攻撃者は約15分でARPフレームのような小さなパケットを復号することができる．ネットワーク内でQoSが有効になっている場合，攻撃者は復号されたパケットごとに最大15の任意のフレームを注入することができる．予想される攻撃には，ARPポイズニング，DNS情報の改ざん，サービス拒否などがある．これは鍵を回復する攻撃ではなく，TKIP鍵の漏洩やそれ以降のすべてのフレームの復号につながるものではないが，依然として深刻な攻撃であり，WPAとWPA2でのすべてのTKIP実装にリスクがあると言える．

4.3.5 通信セキュリティを維持するために使用される暗号化

暗号技術は，情報コンテンツの秘匿，真正性の確立，未検知の変更の防止，否認の防止，および／または不正使用の防止を行うために，データ変換の原則，手段および方法を定めたものである．暗号技術は，ICTシステムのデータにセキュリティを提供するための技術手段の1つである．暗号技術は，保存中，転送中に関係なく，財務データや個人データなどのデータの機密性を保護するために使用される．また，データが改ざんされているかどうかを明らかにし，それを送信した人物やデバイスを特定することにより，データの完全性を検証するためにも使うことができる．

社会や世界経済にとって，ICTシステムの重要性は，伝送・保管されるデータの価値と量の増加に伴って高まっている．同時に，これらのシステムとデータは，不正アクセスや不正使用，不正流用，改ざん，破壊などの様々な脅威に対して脆弱になっているとも言える．コンピュータの普及，コンピューティングパワーの増加，相互接続性，分散化，ネットワークの大規模化，ユーザー数の増加，情報通信技術の融合といった様々な要因が，システムの有用性を高める一方で，脆弱性の増加を引き起こしている．

ICTシステムのセキュリティは，それらのシステムの可用性，機密性，完全性，および伝送・保管されるデータの保護を含む．可用性（Availability）とは，適時に必要

な方法で，データ，情報およびICTシステムにアクセス可能で，かつ使用可能なことである．機密性（Confidentiality）とは，権限のない人物，エンティティ，プロセスにデータや情報を利用されない，あるいは開示されないことである．完全性（Integrity）とは，データや情報が不正に変更または改ざんされていないことである．可用性，機密性および完全性の相対的な優先順位と重要性は，ICTシステム自体やそれらのシステムの使用方法によって異なる．ICTシステムと，そこで伝送・保管されるデータのセキュリティ品質は，ハードウェアとソフトウェア双方のツールを使った技術的な対策だけでなく，優れた管理，構成および運用手順によって決定される．

暗号技術は安全なICTシステムの重要な構成要素であり，データセキュリティを提供するために，暗号技術を組み込んだ様々なアプリケーションが開発されている．暗号技術は，データの機密性と完全性の両方を保証するための効果的なツールで，これらの各用途では一定の利点があるが，暗号技術の広範囲での使用にはいくつかの重要な問題がある．政府，ビジネス，個人により，暗号技術が合法的に必要とされ，使用される一方で，公共の安全，国家の安全，法の執行，事業利益，消費者の利益やプライバシーに悪影響を及ぼす可能性のある違法行為に使用されるおそれもある．政府は，業界および一般社会とともに，これらの問題に対処するためのバランスのとれた政策を策定することに取り組んでいる．

暗号技術は歴史的に，権限のない組織から秘密のメッセージを隠すために，情報を符号化して使用されてきた．暗号技術は，データの解読に必要な特定の秘密情報（暗号鍵）を所有していない人には理解できないように，アルゴリズムを使用してデータを変換する．デジタルコンピューティングの発展に伴う計算能力の増加により，データの暗号化に複雑な数学的アルゴリズムを使用することが可能となった．

膨大な量のデータを高速かつ容易に伝送・コピー・保管できる情報通信技術が開発され，それによってデータ（個人情報，政府の行政記録，ビジネス情報，財務情報など）の機密性に対する懸念が高まっている．暗号技術の効果的な利用は，ネットワーク環境でこれらの懸念に対処するために不可欠なツールである．

▸公開鍵暗号

1970年代半ばに，共有秘密鍵を事前にやり取りせずに暗号化されたデータを交換できる，「公開鍵（Public Key）」という概念の新たな暗号技術が発表された．この新しいデザインでは，1つの秘密鍵（Private Key）を共有するのではなく，通信相手ごとに2つの数学的に関連性がある鍵（公開される「公開鍵」と，秘密にされる「秘密鍵」）を使用する．ある公開鍵で暗号化されたメッセージは，それに対応する秘密鍵によってのみ復号することができる．このように，受信者の公開鍵で暗号化され，受信者の秘密鍵で復号される機密通信は，メッセージの受信者のみが知ることができる．

公開鍵暗号（Public Key Cryptography）の重要な利用方法は，データの完全性またはデータ送信者の真正性を検証するために使われる「デジタル署名」である．この場合，秘密鍵はメッセージに「署名」するために使用され，それに対応する公開鍵は「署名済み」メッセージを検証するために使用される．公開鍵暗号は，事前に互いを知らないオープンなネットワーク環境でセキュア通信とデジタル署名の恩恵をもたらす．

公開鍵暗号は，情報インフラストラクチャーを開発する上で重要な役割を果たす．情報通信ネットワークと技術の大部分は，電子商取引で利用するために発展してきた．インターネットなどのオープンなネットワークは，有効な契約を電子的に締結し，支払いを安全に行うということに関して，大きな課題を抱えている．データの完全性を証明することに関して，公開鍵暗号は，情報システムにおけるユーザー，デバイス，ほかのエンティティの身元確認を行う（認証）仕組みと，個人または団体が，データに対して特定の行為を行ったことについて否定することを制限する（否認防止）仕組みを提供することにより，上述の問題に対応する．

▸デジタル署名

電子の世界でも詐欺が横行している．取引は遠隔で行われるため，相手の識別を行うための物理的な手がかりに乏しく，容易に偽装できてしまう．デジタル化されたデータは完全なコピーが可能で，改ざんの検出が困難であることから，問題はより複雑になる．伝統的に，手書きの署名は，オリジナルの文書の真正性を判断するために役立つ．電子の世界では，「オリジナルの文書」という概念に問題を含んでいるが，デジタル署名（Digital Signature）はデータの完全性を検証し，データの送信者を認証する認証機能と否認防止機能を提供する．文書が「署名」されたあとに改ざんされた場合，デジタル署名によって検出される．同様に，文書が暗号鍵で「署名」されていれば，デジタル署名は，文書がその作成者によって「署名された」ことを証明し，送信者が文書を送信したことを否定することや，情報が途中で改ざんされたと主張することは困難である．

暗号技術は，デジタル形式の知的財産を保護するための技術的解決策でもある．例えば，デジタル署名と検証可能なタイムスタンプを組み合わせることで，電子文書を作成者と結びつけ，文書が改変されていないことを保証することにより，作成者の情報管理を可能にする．また，電子的に保管された文書の真正性と完全性を保証するために，同じ技術を適用することができる．

▸電子決済

オープンネットワーク上で電子商取引が広く利用されるためには，安全な決済システムが必要である．暗号技術は，クレジットカード番号を含むメッセージの機密性を保護し，メッセージが実際にカード保有者によって送信されたことを確認するために使用される．この方法は現在使用されているが，クレジットカード番号を含むメッセージが復号されたあとのクレジットカード番号の不正利用に対しては脆弱である．別の方法としては，クレジットカード番号を交換せずに，デジタル署名を用いて個別に確認するとともに，専用ネットワークに依存しない認証プロセスを利用することで，オープンネットワーク上での物品・サービスの購入を実現することができる．

多数の異なった「デジタルマネー」システムを含む，いくつかの電子決済システムの体系は，いまだ開発段階にある．デジタルマネーシステムは，暗号技術を使用して，支払いに対して商品と交換可能または保管・転送可能であり，偽造不可能な法定通貨となる固有の電子的な表現を作り出す．これらのシステムは，トレーサビリティや匿名性を持つクレジットカード，デビットカード，小切手のように使うことが可能である．コインのように完全に匿名の取引に対応する「デジタルキャッシュ」のようなシステムも存在する．

▸公開鍵の関係の認証

個人または団体と，それぞれに対応する公開鍵との関係を確認することは，電子的な環境におけるなりすましを防ぐために重要である．公開鍵システムを公の場所で利用するためには，公開鍵に自由にアクセスできるだけでなく，送信者と受信者が，その公開鍵が真に彼らが望む相手の鍵であることを確認するための信頼できる手段がなければならない．当事者が事前に互いを知っている場合は，これを直接行うことができるが，それ以外の方法としては，鍵を「認証する」ためのメカニズムを確立させることが挙げられる．そのメカニズムとして，2つの基本的な解決法が考え出された．当事者間の事前の信頼関係に基づく非公式の「Web of Trust（信頼の輪）」によるものと，「認証局（Certificate Authority：CA）」に基づく，より公式なアプローチである．

非公式のWeb of Trustは，個人間または組織間の関係性を確立する中で鍵が検証される．個人または団体と，それに対応する公開鍵に対する信頼は，直接関係がある個人または組織だけでなく，多数の個別の信頼関係が構築されることにより，そうでない個人や組織に対しても広がっていく．

この問題に対処するもう1つの基本的な解決策は，公開鍵を認証局が認証する公開鍵基盤（Public Key Infrastructure：PKI）の利用である．認証局は，認証された「公開鍵証明書（Public Key Certificate）」を用いて，鍵所有者の身元に関する情報を提供する，「信頼できる」エンティティである．証明書は，ネットワーク上で暗号化された情報を交換する当事者の身元を確認するために使用される．認証局は，公証およびタイムスタンプサービスなどのほかの機能を提供することもできる．認証局は，公共もしくは民間の組織によって運営され，組織内部もしくは社会全般に対してサービスを提供する．

さらに，認証局自体が信頼できるものでなければならないため，認証局を認証する必要が出てくる．この問題は，認証局の階層化と，認証局の相互認証によって対応することができる．国際的には，公開鍵証明書に対する，独立した国際的な管理フレームワークが有用である．認証局が相互認証方式を採用する場合，Web of Trust方式との明確な違いはなくなってくる．

▶暗号ポリシーに関する特別な問題

▶ユーザーの信頼

個人，企業，政府におけるICTシステムの利用は増え続け，停止することなく機能し続けるシステムへの依存も高まっている．それに伴い，これらのシステムが信頼性と安全性を維持し続けることを保証することが求められている．これらのシステムにおけるセキュリティの欠如，もしくはセキュリティに関する信頼の欠如は，新しい情報通信技術の開発や利用を妨げる可能性がある．

実世界でクレジットカードの偽造や現金の盗難が起きているように，「仮想世界」も完全に安全というわけではない．ICTシステムのユーザーがシステムを信頼できるよう，セキュリティとサービスは信頼できるものでなければならないが，究極的には，電子取引に一定のリスクを伴わざるをえない．問題は，取引が絶対安全かどうかではなく，十分に安全かどうかである．

ICTシステムの使用に関する合意を得ることにより，不確実性は排除され，信頼が築かれる．セキュリティ専門家の課題は大きく3つに分けられる．すなわち，技術の開発と実装，技術の失敗を回避／対応するための計画，技術の使用に対する公的支援と承認の取得である．また，ICTネットワークはボーダーレスという特徴を持つことから，ユーザーが暗号の利用に関する法的枠組みを理解することも重要である．

▶ユーザーの選択

ICTシステムや，そこで保管，伝送されるデータへの様々な脅威に対する防御策には，いろいろな形態が存在する．システムとデータセキュリティに対するユーザー要件を満たすために利用可能な暗号方式には，ハードウェアとソフトウェアの両方を含む様々な選択肢がある．それらは単独のソリューションであったり，関連製品に統合されていたりするし，アルゴリズムや製品によって暗号強度や複雑さのレベルが異なる．暗号方式は，機密性，認証，否認防止，データの完全性を保証するために，様々なメカニズムの組み合わせによって提供される．利用者は，異なる目的やデータ，システムのセキュリティ要件に応じて，異なる種類の暗号方式を選択することができる．鍵管理のためのシステムも，様々な機能をユーザーが選択できるように設計されている．

一部の政府は，輸出制限，鍵管理システムに関する規則，または特定の種類のデータに対する最低レベルの保護要件など，暗号の使用について規制を実施している，もしくは実施しようとしている．これらの規制は，ユーザーが選択できる暗号方式の種類に影響を与える可能性がある．これらの制限があったとしても，データ，システムのセキュリティの多様な要件に対応するために，様々な暗号方式が選択可能であるべきということは議論の余地がない．暗号方式の選択肢が幅広いほど，様々な製品やソリューションの開発が促進される．

▶標準化

標準化はセキュリティメカニズムにおいて重要な要素である．ITインフラストラクチャーの急速な発展に伴い，暗号方式を含むセキュリティメカニズムの標準は，デファクトスタンダードかどうかに関わらず，市場の独占，あるいは国もしくは国際的な標準化機関によってすぐに普及する．ICTシステムの可能性を最大限に発揮させるためには，政府と業界が協力し，必要なアーキテクチャーと標準を提供することが重要である．一般的に，効果的な標準化プロセスは，業界主導によるもの，ボランタリーベースのもの，合意に基づくもの，もしくは国際的なもののいずれかである．

暗号技術がICTシステム，ネットワーク，インフラストラクチャーにおけるセキュリティ対策として効果的に機能するためには，暗号方式がグローバルレベルで相互運用性，モビリティ，ポータビリティを備えていることが重要である．相互運用性（Interoperability）とは，複数の暗号方式が一体となって機能することを意味する．モビリティ（Mobility）とは，異なるICTインフラストラクチャーで暗号方式が機能することを意味する．ポータビリティ（Portability）とは，暗号方式が異なる種類のシステムに適応し，機能できることを意味する．これらの技術の実現において，暗号方式の国内標準および国際標準の存在が有効に作用する．

▸ プライバシーの保護

プライバシーの尊重と個人情報の保護は，多くの社会において非常に重要である．しかし，新しいICTインフラストラクチャーでは，オープンネットワークであっても，様々なプライベートネットワークであっても，通信や保管データの機密性を念頭に置いて設計されていないため，プライバシーが大きなリスクになっている．暗号技術は，次世代においてプライバシーを強化するための技術基盤である．ネットワーク環境において暗号を有効に利用することで，個人情報と機密情報を保護することができる．データの安全性が担保できない環境で暗号を使わないということは，公共や国家の安全を含む多くの権利が危険にさらされることにつながる．一部では，データの機密性や，重要なインフラストラクチャーの保護に関する国の法に基づき，政府から一定強度以上の暗号の使用が要求される場合がある．

電子商取引においてデータの完全性を保証するために暗号を利用することは，プライバシーにも影響を与える．あらゆる種類のトランザクションにネットワークが使われ，大量のデータを簡単・安価に保管・分析・再利用できるようになってきている．これらの処理においてIDが使われる場合，トランザクションデータには，個人の詳細かつ明白な購買行動の履歴だけでなく，政治活動，オンラインディスカッションへの参加，オンラインライブラリーやデータベースの特定の情報に対するアクセスなど，商取引と関連のないプライベートな行動も明らかにする．鍵を認証するプロセスもプライバシーに影響を与える．認証局が鍵ペアと個人の紐付けを行う際に，個人情報が収集されるからである．

インターネット上のすべての通信は，TCP/IPを使用する．TCP/IPで情報を送信すると，相手に到着する前に，様々な中継コンピュータや別のネットワークを経由する．

TCP/IPは，高い柔軟性により，インターネットとイントラネットの通信プロトコルとして世界的に受け入れられている．同時に，中継コンピュータ上の情報の通過をTCP/IPが許しているという事実は，第三者が以下の方法で通信を妨げることを可能にする．

- **盗聴**（Eavesdropping）＝情報は変化しないが，プライバシーが侵害される．例えば，誰かがあなたのクレジットカード番号を覚えたり，機密性の高い会話を録音したり，機密情報を傍受したりすることが可能となる．

- **改ざん**(Tampering)=通過中の情報が変更または置換され，受信者に送信される．例えば，誰かが商品の注文を変更したり，人の履歴書を変更したりすることができる．
- **偽装**(Impersonation)=情報が，特定の受信者を装った人物に渡される．偽装には次の2つの形態がある．
    - **なりすまし**(Spoofing)=誰かのふりをすることを言う．例えば，jdoe@security.netという電子メールアドレスを所有しているふりをすることや，www.security.netというサイトのふりをするというようなことである．この種の偽装は，なりすましとして知られている．
    - **詐称**(Misrepresentation)=人や組織が自分自身を詐称する．例えば，www.buystuff.comというサイトが電気店を装い，クレジットカードによる支払いを受け付けるが，商品を発送しないような場合である．

通常，インターネットやほかのネットワークを利用するコンピュータのユーザーは，自分の機器を連続的に通過するネットワークトラフィックを監視したり，干渉したりしない．しかし，個人や企業による，インターネットを利用した機密性の高い通信には，これらの脅威に対処する予防措置が必要である．幸いにも，公開鍵暗号として知られている技術や標準により，そういった予防措置が比較的容易に実施できるようになっている．

公開鍵暗号は，以下のことを実現する．

- **暗号化**(Encryption)と**復号**(Decryption)により，2人の通信相手が互いに送信する情報を隠すことが可能である．送信者は，送信する前に情報を暗号化またはスクランブルする．受信者は，情報を受信したあと，その情報を復号する．転送中，暗号化されている情報は侵入者には解読できない．
- **改ざん検出**(Tamper Detection)は，送信された情報がシステムを通過する間に変更されていないことを，受信者が確認できる機能である．データを修正したり，偽のメッセージに置き換えようとする試みが検出される．
- **認証**(Authentication)は，情報の受信者が送信者の身元を確認することで，情報の送信元を判断する機能である．
- **否認防止**(Non-Repudiation)は，送信者が情報を送信しなかったとあとで主張することを防止する機能である．

▶暗号化と復号

暗号化は，意図された受信者以外は誰も理解できないように情報を変換するプロセスである．復号は，暗号化された情報を再び理解可能になるように変換するプロセスである．暗号アルゴリズムは，暗号化または復号する際に使われる数学的な関数である．ほとんどの場合，2つの関連する関数が使用される．1つは暗号化用で，もう1つは復号用である．

現代の暗号方式では，暗号化された情報を秘密に保つために重要なものは，(公開された)暗号アルゴリズム自体ではなく，鍵(Key)と呼ばれる数字列であり，これを暗号アルゴリズムと一緒に使うことで暗号化と復号を行う．正しい鍵を使った復号は単純な処理である．正しい鍵を使わずに解読することは非常に困難であり，場合によってはまったく実用的ではない．

▶対称鍵暗号

対称鍵暗号(Symmetric Key Encryption)では，復号のための鍵から暗号のための鍵を導出すること，およびその逆も可能である．ほとんどの対称鍵アルゴリズムでは，同じ鍵が暗号化と復号の両方に使用される．

対称鍵暗号は，暗号化および復号のために多くの時間を割かなくても済むため，非常に効率的である．対称鍵暗号は，ある対称鍵で暗号化された情報がほかの対称鍵で復号できないため，認証としての機能も提供する．したがって，当事者によって対称鍵が秘密に保たれている限り，各当事者は，復号されたメッセージの辻褄が合っていれば，正しい相手と通信していると確認できる．

対称鍵暗号は，関係する双方の当事者によって対称鍵が秘密にされている場合にのみ有効である．もしほかの誰かが鍵を発見した場合は，機密性と認証の両方に影響を及ぼす．対称鍵を不正に持っている人は，その鍵で送信されたメッセージを復号できるだけでなく，元の鍵を使用していた当事者のように，新しいメッセージを暗号化して送信することができる．

TCP/IPネットワークにおける認証，改ざん検出，暗号化に広く使用されているSSLプロトコルにおいて，対称鍵暗号は重要な役割を果たしている．

▶公開鍵暗号

最も広く使用されている公開鍵暗号(Public Key Encryption)は，RSA Data Security社(RSAデータ・セキュリティ)によって特許が取得されたアルゴリズムに基づいている．そこで，このセクションでは，公開鍵暗号に対するRSA社のアプローチについて説明する．

公開鍵暗号（非対称暗号［Asymmetric Encryption］とも呼ばれる）には，公開鍵と秘密鍵のペアがあり，電子的にその身元を認証したり，データを署名・暗号化したりする機能を持つ．それぞれの公開鍵は公開され，それに対応する秘密鍵は秘密に保たれる．公開鍵で暗号化されたデータは，秘密鍵でのみ復号することができる．

一般に，暗号化されたデータを誰かに送信する際には，その人の公開鍵でデータを暗号化し，暗号化されたデータを受け取った人は，それを対応する秘密鍵で復号する．

対称鍵暗号と比べて，公開鍵暗号はより多くの計算を必要とするため，大量のデータの暗号化には必ずしも向いていない．ただし，公開鍵暗号を使用して対称鍵を送信し，その対称鍵でデータを暗号化することが可能である．これは，SSLプロトコルで使用されているアプローチである．

秘密鍵で暗号化されたデータは，公開鍵でのみ復号できる．ただし，機密データを暗号化するには望ましい方法ではない．公開されている公開鍵を持つ人は不特定多数であるため，誰でもデータを復号できるからである．それでも，秘密鍵による暗号化は，秘密鍵を使用したデジタル署名によりデータに署名することができるため，電子商取引やその他の暗号の商用アプリケーションにとって重要である．クライアントソフトウェアは公開鍵を使用して，メッセージが秘密鍵で署名されていることと，署名されてから改ざんされていないことを確認することができる．

▶鍵長と暗号強度

一般に，暗号強度（Encryption Strength）は，鍵を発見することの難しさに関連する．これは，使用された暗号方式と鍵長の両方に依存する．例えば，公開鍵暗号として最も一般的に使用されるRSA（Rivest-Shamir-Adleman）暗号の鍵を発見することの難しさは，因数分解の難しさに依存する．

暗号強度は，暗号化を実行するために使用される鍵のサイズの観点から説明されることが多い．一般に，鍵が長いほど，より強力な暗号化が行われる．鍵長（Key Length）はビット単位で表現される．例えば，SSLでサポートされるRC4対称鍵暗号で128bit鍵を使用することは，同じ暗号方式の40bit鍵よりもはるかに優れていると言える．128bit RC4暗号は，40bit RC4暗号よりも，おおむね3×10^{26}倍強力である．

同じレベルの暗号強度を実現するためには，暗号方式ごとに異なる鍵長を必要とする．例えば，公開鍵暗号に使用されるRSA暗号は，その方式が基づく数学的問題の性質のために，与えられた鍵長の一部分しか暗号化に利用できない．対称鍵暗号などの暗号では，一部分ではなく，指定された鍵長すべてを暗号化に利用することができる．したがって，128bit鍵の対称鍵暗号は，128bit鍵のRSA公開鍵暗号よりも強力な暗号となる．この違いにより，十分な暗号強度としてRSA公開鍵暗号では512bit鍵（またはそれ以上）必要なのに対し，対称鍵暗号では64bit鍵でほぼ同じレベルの暗号強度を実現できることが説明できる．このレベルの強さであっても，近い将来に攻撃を受ける可能性がある．

暗号化された情報を秘密裏に傍受して解読することが，歴史上，軍事的に重要であったため，米国政府は40bit以上の対称暗号鍵を使用する暗号ソフトウェアの輸出を規制していた．

▸デジタル署名

改ざん検出や関連する認証技術は，一方向ハッシュ（One-Way Hash；メッセージダイジェスト［Message Digest］とも言う）と呼ばれる数学的関数を利用する．一方向ハッシュは，次の特性を持つ固定長の数字列である．

- ハッシュ値は，ハッシュされたデータに固有となる．データが変更された場合，それがたった1文字の削除や変更であっても，異なるハッシュ値となる．
- ハッシュ値から逆算してハッシュされたデータを推測することは，現実的にできない．そのため，「一方向」と呼ばれている．

秘密鍵を暗号化に，公開鍵を復号に使用することができるが，機密情報を暗号化する場合，この方法は適切ではない．しかし，データにデジタル署名をする際には重要な使い方である．署名ソフトウェアは，データ自体を暗号化する代わりに，まずデータの一方向ハッシュを作成し，秘密鍵を使用してハッシュ値を暗号化する．暗号化されたハッシュ値は，ハッシュアルゴリズムなどのほかの情報を含め，デジタル署名（Digital Signature）と呼ばれる．

署名されたデータの受信者は，元のデータとデジタル署名の両方を受け取る．デジタル署名は，元のデータの一方向ハッシュを，署名者の秘密鍵で暗号化したものである．データの完全性を検証するために，受信ソフトウェアはまず署名者の公開鍵を使用してハッシュを復号する．次に，元のハッシュを生成した時と同じハッシュアルゴリズムを使用して，元のデータから新しい一方向ハッシュを生成する．使用したハッシュアルゴリズムに関する情報は，デジタル署名とともに送られてくる．最後に，受信ソフトウェアは新しく生成したハッシュと復号されたハッシュを比較する．2つのハッシュ値が一致すれば，署名されたデータが変更されていないことの証明になる．一致しない場合は，署名されてからデータが改ざんされているか，署名者が提示した公開鍵に紐付かない秘密鍵で署名された可能性がある．

2つのハッシュ値が一致すれば，デジタル署名を復号するために使用された公開鍵が，デジタル署名を作成するために使用された秘密鍵に紐付いていることを意味する．しかし，署名者の身元確認には，公開鍵が実際に特定の人物あるいはほかのエンティティに紐付いているかを確認する，別の方法が必要となる．

デジタル署名を行う意味は，手書き署名を行うことと同等である．データに署名した以上，秘密鍵が漏洩したり，所有者の管理下から外れていたりしない限り，あとになってそれを否定することは困難である．このデジタル署名の性質は，高度な否認防止を実現する．つまり，デジタル署名によって，署名者がデータに署名したことを否定することは困難になる．状況によっては，デジタル署名が手書き署名と同様に法的拘束力を持つことがある．

▶証明書と認証

証明書（Certificate）は，個人，サーバー，会社，エンティティを識別し，そのIDを公開鍵に紐付けるために使用される電子文書である．運転免許証，パスポート，ほかの個人IDと同様に，証明書は，一般に認められた身元証明の役割を果たす．公開鍵暗号は，偽装の問題に対処するために証明書を使用する．

運転免許証を取得するには通常，身元，運転能力，住所などの情報の確認を行う政府機関に申請を行う．学生IDを取得するには，上述とは別の確認（授業料を支払ったかどうかなど）を行う学校や大学に申請を行う．図書館カードは，氏名と住所の入った公共料金の明細程度の情報を提出するだけで入手できる場合がある．

証明書は，そのような身分証明書と同様に考えることができる．認証局（Certificate Authority：CA）は，IDを検証し，証明書を発行するエンティティである．それは，独立した第三者，もしくは独自の証明書発行サーバーソフトウェアを実行する組織である．一般的な身分証明書の発行時に，IDを検証する方法がその発行者と使用目的によって異なるように，IDを検証する方法は，CAのポリシーによって異なる．一般に，証明書を発行する前に，CAは証明書を要求しているエンティティの本人性確認のために，証明書発行に際して公開している確認手順を実施する必要がある．

CAが発行する証明書は，証明書で特定されたエンティティの名前（従業員またはサーバーの名前など）と個別の公開鍵を紐付ける．証明書は，偽の公開鍵を使った偽装を防ぐことができる．証明書によって証明された公開鍵だけが，証明書によって特定されたエンティティが所有する，公開鍵に紐付く秘密鍵とともに利用することができる．

公開鍵に加え，証明書には，証明書で特定されたエンティティの名前，有効期間，証明書を発行したCAの名前，シリアル番号，その他の情報が含まれている．最も重要なことは，証明書には常に発行したCAのデジタル署名が含まれていることである．CAのデジタル署名は，CAのことは信頼しているが，証明書で特定されたエンティティのことは知らないユーザーに対して，証明書を「紹介状」として機能させるものである．

認証（Authentication）とは，身元を確認するプロセスである．ネットワーク上のコミュニケーションにおいて，認証は，ある当事者が別の当事者を確実に識別することを意味する．ネットワークを介した認証には様々な形がある．証明書は認証をサポートする1つの方法である．

ネットワーク上のコミュニケーションは通常，PC上で実行されるブラウザーソフトウェアなどのクライアントと，Webサイトを提供するために利用されるソフトウェアおよびハードウェアなどのサーバーとの間で行われる．クライアント認証（Client Authentication）とは，サーバーがクライアントを確実に識別（つまり，クライアントソフトウェアを使用していると想定されている人物を識別）することを意味する．サーバー認証（Server Authentication）とは，クライアントがサーバーを確実に識別すること（つまり，特定のネットワークアドレスのサーバーを運用していると想定される組織を識別）を意味する．

証明書がサポートする認証形式は，クライアント認証とサーバー認証だけではない．例えば，電子メールメッセージのデジタル署名と，送信者を識別する証明書の組み合わせは，その証明書で特定された人物が実際にそのメッセージを送信したという確実な証拠となる．同様に，HTMLフォーム上のデジタル署名と，署名者を識別する証明書の組み合わせにより，その証明書で特定された人物がフォームの内容に同意したという証拠とすることができる．どちらの場合も，認証に加えて，デジタル署名は一定レベルの否認防止を保証する．つまり，デジタル署名は，署名者が電子メールまたはフォームを送信しなかったとあとで主張することを困難にする．

クライアント認証は，ほとんどのイントラネットまたはエクストラネット内のネットワークセキュリティに不可欠な要素である．以下のセクションでは，クライアント認証の2つの形式を比較する．

- **パスワードベースの認証**（Password-Based Authentication）＝ほとんどのサーバーソフトウェアは，名前とパスワードによる認証でクライアントを許可する．例えば，サーバーにアクセスする前に，ユーザーが名前とパスワードを入力するような使い方である．この時，サーバーは名前とパスワードのリストを保持している．特定の名前がリストにある場合，ユーザーが正しいパスワードを入力すれば，サーバーはアクセスを許可する．

- **証明書ベースの認証**（Certificate-Based Authentication）＝証明書に基づくクライアント認証は，SSLプロトコルに含まれている．クライアントは，ランダムに生成されたデータをデジタル署名し，証明書と，署名されたデータの両方をネットワーク経由で送信する．サーバーは，公開鍵暗号方式を使用して署名を検証し，証明書の有効性を確認する．

▶パスワードベースの認証

名前とパスワードを使用してクライアントを認証する基本的な手順は，以下のことを前提としている．

- ユーザーはサーバーを，認証なし，もしくはSSLによるサーバー認証に基づいて信頼する．
- ユーザーは，サーバーが管理しているリソースの利用を要求する．
- サーバーは，要求されたリソースへのアクセスを許可する前に，クライアント認証を要求する．

これらの手順は次のとおりである．

1. サーバーからの認証要求により，クライアントはそのサーバーのユーザー名とパスワードを要求するダイアログボックスを表示する．ユーザーは，別のサーバーを使う場合は，個別にユーザー名とパスワードを入力する必要がある．
2. クライアントは，平文，または暗号化されたSSL接続を介して，ユーザー名とパスワードをネットワーク経由で送信する．
3. サーバーは，ローカルパスワードデータベース内のユーザー名とパスワードを検索し，一致する場合は，ユーザーのIDを確認する証拠として受け入れる．
4. サーバーは，識別されたユーザーが要求されたリソースにアクセスすることを許可されているかどうかを判断し，許可されていれば，アクセスを許可する．

この構成では，ユーザーは各サーバーに新しいパスワードを入力する必要があり，管理者は（通常は複数のサーバー上にある）各ユーザーの名前とパスワードを管理し続ける必要がある．

パスワードは平文で保存しないことが原則である．その代わりに，パスワードをSalt（ユーザーごとのランダムな値）と連結した上でハッシュ化し，結果のハッシュ値をSaltと一緒に保存する．これは特定の種類の総当たり攻撃を困難にする．

次のセクションで示すように，証明書を使った認証の利点の1つは，パスワードを使った認証プロセスの最初の3ステップを置き換えられることである．ユーザーは，（ネットワーク経由で送られることがない）1つのパスワードだけを使用すればよく，管理者もユーザー認証を集中管理することができる．

▶証明書ベースの認証

証明書とSSLプロトコルを使用したクライアント認証の仕組みについて説明する．サーバーがユーザーを認証するために，クライアントは生成されたランダムなデータにデジタル署名し，証明書と署名されたデータの両方をネットワーク経由で送信する．ここで，データに関連付けられたデジタル署名は，クライアントがサーバーに提供する証拠と考えることができる．サーバーは，この証拠の強さに基づいてユーザーの身元を認証する．

なお，ここでの議論は，ユーザーはすでにサーバーを信頼しており，サーバーに対してリソースを要求し，サーバーは要求されたリソースへのアクセスを許可するかどうかを評価する過程において，クライアント認証を要求したことを前提としている．さらに，サーバーに対して自身を識別するために使用できる有効な証明書を，クライアントがすでに所有していることを前提としている．証明書ベースの認証は，ユーザーが「持っているもの（Something You Have）」（秘密鍵）に加えて，ユーザーが「知っているもの（Something You Know）」（秘密鍵を保護するパスワード）に基づいているため，一般的にパスワードベースの認証よりも望ましいとされている．ただし，これら2つの前提は，権限のない人がユーザーの機器またはパスワードにアクセスできないようになっている場合，クライアントソフトウェアの秘密鍵データベースにパスワードが設定されている場合，ソフトウェアが適切な間隔でパスワードを要求するように設定されている場合にのみ成立する点に注意する必要がある．

パスワードベースの認証も証明書ベースの認証も，個々の機器またはパスワードへの物理アクセスに関連するセキュリティ問題には対応できない．公開鍵暗号は，データに署名するために使用される秘密鍵が，証明書の公開鍵に紐付いているということを検証するだけである．機器の物理セキュリティを確保し，秘密鍵のパスワードを秘密に管理することは，ユーザーの責任である．

手順は次のとおりである．

1．クライアントソフトウェアは，そのクライアントに対して発行された証明書内の公開鍵に紐付けられた秘密鍵のデータベースを維持する．クライアントソフトウェアは，特定のセッション（例えば，証明書ベースのクライアント認証を必要とするSSL対応サーバーに初めてアクセスしようとする時など）で，このデータベースに対するパスワードを要求する．パスワードを一度入力すると，ほかのSSL対応サーバーにアクセスしている間でも，ユーザーは残りのセッションにおいて再度パスワードを入力する必要はない．
2．クライアントは秘密鍵データベースのロックを解除し，ユーザーの証明書に対する秘密鍵を取得し，その秘密鍵を使用して，クライアントとサーバーの両方からの入力に基づいて生成されたランダムなデータをデジタル署名する．このデータとデジタル署名は，秘密鍵が有効であることの証拠となる．デジタル署名は，その秘密鍵でのみ作成することができ，紐付けられた公開鍵を使用して，SSLセッションに固有の署名付きデータを検証することができる．
3．クライアントは，ユーザーの証明書と証拠（デジタル署名されている，ランダムに生成されたデータ）をネットワーク経由で送信する．
4．サーバーは，証明書と証拠を使用してユーザーのIDを認証する．

この時サーバーは，クライアントによって提示された証明書がLDAPディレクトリーのユーザーのエントリーに格納されているかをチェックするなど，追加でほかの認証タスクを実行することができる．サーバーは引き続き，識別されたユーザーに要求されたリソースへのアクセスが許可されているかどうかを判断する．この判断プロセスでは，必要に応じてLDAPディレクトリー，企業データベースの追加情報の利用など，様々な一般的な認可メカニズムを使用することができる．判断の結果，アクセスが許可されていれば，サーバーはクライアントに要求されたリソースへのアクセスを許可する．

2つのプロセスを比較するとわかるように，証明書はクライアントとサーバー間の対話に基づく認証部分を置き換える．シングルサインオンでは，ユーザーがネットワーク経由でパスワードを送信する必要はなく，秘密鍵のデータベースパスワードをローカルで一度だけ入力すればよい．残りのセッションで，クライアントはユーザーが新しいサーバーに接続するたびに，ユーザーの証明書を認証のために提示する．認証されたユーザーIDに基づいた既存の認可メカニズムは影響を受けない．

▶証明書の使用方法

▶証明書の種類

セキュリティ専門家は，多くの製品で広く使われている5種類の証明書を理解している必要がある．

- **クライアントSSL証明書**（Client SSL Certificate）＝SSL（クライアント認証）を使用して，サーバーがクライアントを識別するために使用される．一般的に，クライアントの身元は，企業内の従業員など人間の身元と同じであるとみなされる．クライアントSSL証明書は，フォームの署名やシングルサインオンソリューションの一環としても使用できる．
    - 例：銀行が顧客にクライアントSSL証明書を発行することにより，銀行のサーバーがその顧客を識別し，顧客の口座へのアクセスを許可することができる．企業が，新しい従業員にクライアントSSL証明書を発行することにより，自社のサーバーがその従業員を識別し，自社のサーバーへのアクセスを許可することができる．
- **サーバーSSL証明書**（Server SSL Certificate）＝SSL（サーバー認証）を使用して，クライアントがサーバーを識別するために使用される．サーバー認証は，クライアント認証の使用の有無に関わらず使用することができる．サーバー認証は，SSLセッションの暗号化にとって必須である．
    - 例：電子商取引を行うインターネットサイトは，暗号化されたSSLセッションを確立し，Webサイトが特定の会社によって運営されていることを顧客に保証するために，証明書ベースのサーバー認証をサポートする．暗号化されたSSLセッションにより，ネットワーク経由で送信されるクレジットカード番号などの個人情報が容易に傍受されることを防ぐ．
- **S/MIME証明書**（S/MIME Certificate）＝署名され，暗号化された電子メールに使用される．クライアントSSL証明書と同様に，クライアントの身元は，企業内の従業員など，人間の身元と同じであるとみなされる．1つの証明書を，S/MIME（Secure/Multipurpose Internet Mail Extensions）証明書とSSL証明書の両方の目的で使用することができる．S/MIME証明書は，フォームの署名やシングルサインオンソリューションの一環としても使用できる．

- ◦ 例：企業が従業員の身元を認証することだけを目的としてS/MIMEとSSLの両方に利用できる証明書を導入した場合，電子メールの署名とクライアントのSSL認証は許可されるが，電子メールの暗号化は許可されない．また，別の企業は，財務や法務に関する機密性の高い情報のみに対して暗号化やデジタル署名を行うために証明書を導入する場合もある．
- **オブジェクト署名証明書**（Object-Signing Certificate）＝プログラムコード，スクリプト，その他の署名付きファイルの署名者を識別するために使用される．
  - ◦ 例：ソフトウェア会社は，インターネット上に配布されたソフトウェアに署名して，ソフトウェアがその会社の正当な製品であることをユーザーに一定のレベルで保証する．このように証明書とデジタル署名を使用することで，ユーザーがダウンロードされたソフトウェアに対して，コンピュータへのアクセス権を制御することも可能となる．
- **CA証明書**（CA Certificate）＝CAを識別するために使用される．クライアントソフトウェアとサーバーソフトウェアは，CA証明書を使用して証明書の信頼を担保する．
  - ◦ 例：プログラムまたはアプリケーションに格納されているCA証明書によって，そのプログラムで認証可能な証明書が決定される．管理者は，ユーザーのアプリケーションプログラムに格納されているCA証明書をコントロールすることによって，その企業のセキュリティポリシーの一部を実装することができる．

▶SSLプロトコル

SSL（Secure Sockets Layer）プロトコルは，サーバー認証，クライアント認証およびサーバーとクライアント間の暗号化された通信を制御する一連の取り決めである．SSLは，インターネット上で，特にクレジットカード番号などの機密情報のやり取りを含む通信で広く使用されている．

SSLには最低限，サーバーSSL証明書が必要である．最初のハンドシェイクプロセスにおいて，サーバーはその証明書をクライアントに提示し，サーバーのIDが認証される．認証プロセスでは，公開鍵暗号とデジタル署名を使用して，実際のサーバー名と証明書内のサーバー名を確認する．サーバーが認証されると，クライアントとサーバー間のその後のセッションで，すべての情報が非常に高速な対称鍵暗号を使って暗号化され，もし改ざんが発生した場合には検出される．

サーバーはオプションで，サーバー認証に加えてクライアント認証を必要とするように構成することもできる．この場合，サーバー認証が正常に完了したあと，クライアントは，暗号化されたSSLセッションを確立する前に，証明書をサーバーに提示し，サーバーがクライアントのIDを認証する必要がある．

▶署名された暗号化電子メール

多くの電子メールプログラムは，S/MIMEと呼ばれる，広く受け入れられているプロトコルを使用し，デジタル署名された暗号化電子メールをサポートする．S/MIMEを使用して電子メールメッセージに署名または暗号化するには，メッセージの送信者がS/MIME証明書を持っている必要がある．

デジタル署名を含む電子メールメッセージは，メッセージヘッダーに記載された名前の人物によって送信されたことを保証することで，送信者の認証を行う．受信側の電子メールソフトウェアがデジタル署名の検証に失敗した場合は，アラートが表示される．

デジタル署名は，署名した対象のメッセージに固有のものである．受信したメッセージが，送信されたメッセージと何らかの形で(たとえカンマ1個の追加または削除であっても)異なる場合，デジタル署名の検証は失敗する．したがって，署名された電子メールは，改ざんされていないという保証も提供する．この種の保証は，否認防止として知られている．言い換えれば，署名された電子メールにより，送信者がメッセージの送信を否定することが非常に困難になる．これは，多くのビジネスコミュニケーションにおいて重要な要素である．

S/MIMEでは，電子メールメッセージを暗号化することもできる．これは，ビジネスユーザーにとって重要である．ただし，電子メールに暗号を使用する場合，慎重に計画する必要がある．暗号化された電子メールメッセージの受信者が自分の秘密鍵を失い，鍵のバックアップコピーにアクセスできない場合，暗号化されたメッセージを復号することは完全にできなくなる．

▶フォーム署名

電子商取引では，トランザクションを認証したという永続的な証拠を提供する必要がある．SSLは，SSLで接続している間，一時的なクライアント認証を提供するが，その接続中に発生するトランザクションに対しては永続的な認証を提供しない．S/MIMEは電子メールの永続的な認証を提供するが，電子商取引では電子メールの送信ではなく，Webページ上のフォームを利用することが多い．

フォーム署名(Form Signing)と呼ばれるRed Hat Linuxの技術は，金融取引の永続的な認証という要件に対応している．フォーム署名により，ユーザーは，注文書やその他の財務文書など，取引の結果生成されたWeb上のデータに，デジタル署名を行うことができる．クライアントSSL証明書またはS/MIME証明書に紐付けられた秘密鍵がこの目的のために使用される．

フォーム署名をサポートするWebのフォームで，ユーザーが［送信］ボタンをクリックすると，署名するテキストを正確に表示するダイアログボックスが表示される．フォームのデザイナーは，使用する証明書を指定するか，ブラウザーにインストールされているクライアントSSL証明書とS/MIME証明書の中からユーザーに証明書を選択させる．ユーザーが［OK］をクリックすると，テキストが署名され，テキストとデジタル署名の両方がサーバーに送信される．サーバーは，署名検証ツールと呼ばれるRed Hatのユーティリティを使用して，デジタル署名を検証することができる．

▶シングルサインオン

ネットワークユーザーは，使用する様々なサービスに対して，複数のパスワードを頻繁に思い出す必要がある．例えば，ネットワークにログインし，電子メールを収集し，ディレクトリーサービスを使用し，様々なサーバーにアクセスするために，ユーザーは別々のパスワードを入力する必要がある．複数のパスワードは，ユーザー，システム管理者およびセキュリティ専門家にとって，頭痛の種となっている．ユーザーは異なるパスワードを記憶することが難しく，簡単なものを選ぶ傾向にあり，他人の目につきやすい場所に書き込みがちである．管理者とセキュリティ担当責任者は，各サーバー上の個別のパスワードデータベースを管理するとともに，パスワードが定期的かつ頻繁にネットワーク上を流れるという潜在的なセキュリティの問題に対処する必要がある．

この問題の解決策として，ユーザーが一度だけパスワードを使用してログインすれば，使用を許可されているすべてのネットワークリソースへのアクセスを取得できるようにするという方法がある．この機能はシングルサインオン（Single Sign-On）と呼ばれる．

クライアントSSL証明書とS/MIME証明書は，統合シングルサインオンソリューションで重要な役割を果たす．ユーザーは，ローカルクライアントの秘密鍵データベースに，1つのパスワードを使用して一度ログインすることで，ネットワーク経由でパスワードを送信することなく，許可されたすべてのSSL対応サーバーへの認証アクセスを取得することができる．このアプローチは，新しいサーバーごとにパスワードを入力する必要がないため，ユーザーのアクセスが簡素化される．管理者は，大量のユーザーリストとパスワードリストではなく，CAのリストをコントロールしてアクセスを制御でき，ネットワーク管理も簡素化される．

完全なシングルサインオンソリューションでは，証明書を使用するだけでなく，パスワードやほかの形式の認証に依存するエンタープライズシステム（オペレーティングシステムなども含む）との互換性などにも対応する必要がある．

▶オブジェクト署名

オブジェクト署名（Object Signing）は，公開鍵暗号の標準的な手法を使用して，市販のソフトウェアに関する信頼できる情報が取得できるのと同様に，ダウンロードしたコードに関する信頼できる情報を取得できるようにする．

最も重要なことは，オブジェクト署名は，ユーザーおよびネットワーク管理者が，イントラネットまたはインターネットで配布されているソフトウェアの利用について判断する時に役に立つことである．例えば，特定のエンティティによって署名されたJavaアプレットが，特定のユーザーの機器上で，特定のコンピュータの機能を利用してよいかを決めることができる．

オブジェクト署名技術で署名された「オブジェクト」は，アプレットまたはその他のJavaコード，JavaScriptスクリプト，プラグインおよびあらゆる種類のファイルである．「署名」はデジタル署名を指す．署名されたオブジェクトとその署名は通常，JARファイルと呼ばれる特別なファイルに格納される．

オブジェクト署名技術を使用してファイルに署名したいソフトウェア開発者は，まずオブジェクト署名証明書を取得する必要がある．

▶証明書の内容

証明書の内容は，国際標準化団体として活動している国際電気通信連合（International Telecommunication Union：ITU）が1988年以来推奨してきたX.509 v3証明書仕様に従って構造化されている．

ユーザーは通常，証明書の正確な内容について気にする必要はない．一方で，証明書を使用しているシステム管理者やセキュリティ専門家は，そこで提供されている情報に精通している必要がある．

▶識別名

X.509 v3証明書は，識別名（Distinguished Name：DN）を公開鍵に紐付ける．識別名は，エンティティ，つまり証明書サブジェクトを一意に識別する一連の名前と値のペアである（uid=Sdogなど）.

例えば，以下は（ISC）²の従業員の典型的なDNであると考えることができる.

```
uid=Sdog, e=Sdog@isc2.org, cn=Snoopy Dog, o=ISC2, c=US
```

この例における各等号の前の略語は，次の意味を持つ.

- **uid**＝ユーザーID
- **e**＝電子メールアドレス
- **cn**＝ユーザーの共通名
- **o**＝組織
- **c**＝国

DNには，様々な名前と値のペアが含まれる．これらは，LDAPをサポートするディレクトリー内のエントリーと証明書サブジェクトの両方を識別するために使用される.

DNの構造は非常に複雑であり，ここではすべて説明しない．DNの全般的な情報については，次のURLにある「識別名の文字列表現（A String Representation of Distinguished Names）」を参照.

http://www.ietf.org/rfc/rfc1485.txt

▶代表的な証明書

すべてのX.509証明書は2つのセクションで構成されている.

データ（Data）セクションには，次の情報が含まれる.

- 証明書によってサポートされているX.509標準のバージョン番号.
- 証明書のシリアル番号．CAによって発行されたすべての証明書には，そのCAによって発行された証明書の中で固有のシリアル番号がある.
- 使用されるアルゴリズムや鍵そのものなど，ユーザーの公開鍵に関する情報.
- 証明書を発行したCAのDN.
- 証明書の有効期間（例えば，2014年9月3日午後10時から2016年9月3日午後10時まで）.
- サブジェクト名（Subject Name）とも呼ばれる証明書サブジェクトのDN（例

えば，クライアントSSL証明書であれば，これはユーザーのDNである）．

- オプションの証明書の拡張領域．クライアントまたはサーバーで使用される追加のデータを提供する．例えば，証明書タイプ拡張は，証明書のタイプ（クライアントSSL証明書，サーバーSSL証明書，電子メール署名証明書など）を示す．証明書の拡張領域は，様々な目的で使用することができる．

署名（Signature）セクションには，次の情報が含まれる．

- 発行CAが自身のデジタル署名を作成するために使用した暗号アルゴリズム．
- CAのデジタル署名．証明書内のすべてのデータをハッシュし，CAの秘密鍵で暗号化したもの．

人間が読める形式の証明書のデータセクションと署名セクションは次のとおり．

```
Certificate:
Data:
Version: v3 (0x2)
Serial Number: 3 (0x3)
Signature Algorithm: PKCS #1 MD5 With RSA Encryption
Issuer: OU=ABC123 Certificate Authority, O=ABC123, C=US
Validity:
Not Before: Friday Aug 18 18:36:25 2000
Not After: Sun Aug 18 18:36:25 2002
Subject: CN=Snoopy Dog, OU=Dog House, O=ABC123, C=US
Subject Public Key Info:
Algorithm: PKCS #1 RSA Encryption
Public Key:
Modulus:
00:ca:fa:79:98:8f:19:f8:d7:de:e4:49:80:48:e6:2a:2a:86:
ed:27:40:4d:86:b3:05:c0:01:bb:50:15:c9:de:dc:85:19:22:
43:7d:45:6d:71:4e:17:3d:f0:36:4b:5b:7f:a8:51:a3:a1:00:
98:ce:7f:47:50:2c:93:36:7c:01:6e:cb:89:06:41:72:b5:e9:
73:49:38:76:ef:b6:8f:ac:49:bb:63:0f:9b:ff:16:2a:e3:0e:
```

```
9d:
3b:af:ce:9a:3e:48:65:de:96:61:d5:0a:11:2a:a2:80:b0:
7d:d8:99:cb:0c:99:34:c9:ab:25:06:a8:31:ad:8c:4b:aa:54:
91:f4:15
Public Exponent: 65537 (0x10001)
Extensions:
Identifier: Certificate Type
Critical: no
Certified Usage:
SSL Client
Identifier: Authority Key Identifier
Critical: no
Key Identifier:
f2:f2:06:59:90:18:47:51:f5:89:33:5a:31:7a:e6:5c:fb:36:
26:c9
Signature:
Algorithm: PKCS #1 MD5 With RSA Encryption
Signature:
6d:23:af:f3:d3:b6:7a:df:90:df:cd:7e:18:6c:01:69:8e:54:
65:fc:06:
30:43:34:d1:63:1f:06:7d:c3:40:a8:2a:82:c1:a4:83:2a:fb:
2e:8f:fb:f0:
6d:ff:75:a3:78:f7:52:47:46:62:97:1d:d9:c6:11:0a:02:a2:
e0:cc:2a:
75:6c:8b:b6:9b:87:00:7d:7c:84:76:79:ba:f8:b4:d2:62:58:
c3:c5:
b6:c1:43:ac:63:44:42:fd:af:c8:0f:2f:38:85:6d:d6:59:e8:
41:42:a5:
4a:e5:26:38:ff:32:78:a1:38:f1:ed:dc:0d:31:d1:b0:6d:67:
e9:46:a8: d:c4
```

同じ証明書が，ソフトウェアによって解釈され，64Bにエンコードされた形式のものは次のとおり．

-----BEGIN CERTIFICATE-----
MIICKzCCAZSgAwIBAgIBAzANBgkqhkiG9w0BAQQFADA3MQswCQYDVQ
QGEwJVUzER
MA8GA1UEChMITmV0c2NhcGUxFTATBgNVBAsTDFN1cHJpeWEncyBDQT
AeFw05NzEw
MTgwMTM2MjVaFw05OTEwMTgwMTM2MjVaMEgxCzAJBgNVBAYTAlVTMR
EwDwYDVQQK
EwhOZXRzY2FwZTENMAsGA1UECxMEUHViczEXMBUGA1UEAxMOU3Vwcm
l5YSBTaGV0

dHkwgZ8wDQYJKoZIhvcNAQEFBQADgY0AMIGJAoGBAMr6eZiPGfjX3u
RJgEjmKiqG

7SdATYazBcABu1AVyd7chRkiQ31FbXFOGD3wNktbf6hRo6EAmM5/
R1AskzZ8AW7L

iQZBcrXpc0k4du+2Q6xJu2MPm/8WKuMOnTuvzpo+SGXelmHVChEqoo
CwfdiZywyZ
NMmrJgaoMa2MS6pUkfQVAgMBAAGjNjA0MBEGCWCGSAGG+EIBAQQEAw
IAgDAfBgNV

HSMEGDAWgBTy8gZZkBhHUfWJM1oxeuZc+zYmyTANBgkqhkiG9w0BAQ
QFAAOBgQBt

I6/z07Z635DfzX4XbAFpjlRl/AYwQzTSYx8GfcNAqCqCwaSDKvsuj/
vwbf91o3j3

UkdGYpcd2cYRCgKi4MwqdWyLtpuHAH18hHZ5uvi00mJYw8W2wUOsY0
RC/a/IDy84
hW3WWehBUqVK5SY4/zJ4oTjx7dwNMdGwbWfpRqjd1A==
-----END CERTIFICATE-----

▶CA証明書を使用して信頼を確立する方法

CAは，IDを検証し，証明書を発行するエンティティである．独立した第三者，もしくは独自の証明書発行サーバーソフトウェアを実行する組織である．証明書を利用可能なクライアントソフトウェアまたはサーバーソフトウェアは，信頼できるCA証明書のリストを保持している．これらのCA証明書によって，ソフトウェアが検証できる（信頼できる）証明書の発行者が決定される．最も単純なケースでは，ソフトウェアは，そのソフトウェアが保持するCA証明書の1つのCAが発行した証明書のみを検証することができる．また，信頼できるCA証明書が階層化されたCA証明書チェーンの一部となる場合もあり，それぞれのCA証明書は，証明書階層内の上位CAによって発行されたものとなる．

▶CA階層化

大規模な組織では，証明書の発行の責任を複数の異なるCAに委任することが適切な場合がある．例えば，必要な証明書の数が，1つのCAで維持するには大きすぎる場合がある．また，異なる組織単位であれば，異なるポリシー要件となる場合がある．もしくは，CAが証明書を発行してもらう人々と物理的に同じ地域に配置されていることが重要な場合もある．

証明書発行責任を下位CAに委任することもできる．X.509標準には，CAの階層化（CA Hierarchy）を設定するためのモデルが含まれている．

このモデルでは，ルートCA（Root CA）は階層の最上位にある．ルートCAの証明書は自己署名証明書になっている．すなわち，証明書は同じエンティティ（証明書により識別されるルートCA）によってデジタル署名される．ルートCAの直下に位置するCAは，ルートCAによって署名されたCA証明書を持つ．階層内で下位に位置するCAは，上位のCAによって署名されたCA証明書を持っている．

セキュリティアーキテクトは，CA階層を自由に設定することができる．

▶証明書チェーン

CAの階層化は証明書チェーン（Certificate Chain）によって実現される．証明書チェーンは，一連のCAが証明書を発行していくことにより構成される．証明書チェーンは，階層内のブランチからルートまで証明書の経路を辿ることができる．証明書チェーンでは，次のようなことが起こる．

- 各証明書のあとに，その証明書の発行者の証明書が続く．

- 各証明書には，その証明書の発行者の名前（DN）が含まれている．これは，チェーン内の次の証明書のサブジェクト名と同一である．
- 各証明書は発行者の秘密鍵で署名されている．署名は，チェーン内の次の証明書である，発行者の証明書の公開鍵で検証することができる．

▸証明書チェーンの検証

証明書チェーンの検証は，特定の証明書チェーンが適切で，有効で，正式に署名され，信頼できるものであることを確認するプロセスである．次の手順は通常，認証のための証明書提示を始まりとして，証明書チェーンを作成，検証する際に行われる．

- 証明書の有効期間を，検証者のシステムクロックの現在時刻と照合する．
- 発行者の証明書を特定する．証明書は，検証者のローカル証明書データベース（クライアントまたはサーバー上）でもよいし，サブジェクトが提供する証明書チェーン（SSL接続を経由して提供される）でもよい．
- 証明書の署名が，発行者の証明書の公開鍵を使用して検証される．

発行者の証明書が，検証者の証明書データベースによって信頼されている場合，検証はここで正常に終了する．それ以外の場合は，発行者の証明書がチェックされ，証明書タイプ拡張に下位CAを示す情報が含まれていることを確認した上で，チェーン検証は最初のステップに戻り，示された下位CAの証明書を用いて再度検証を行う．

▸証明書の管理

ネットワーク環境において公開鍵暗号とX.509 v3証明書の使用を促進する一連の標準とサービスは，公開鍵基盤（Public Key Infrastructure：PKI）と呼ばれている．PKI管理は，以下の分野で構成された複雑な話題である．

- 証明書の発行
- 証明書とLDAPディレクトリー
- 鍵管理
- 証明書の更新と失効
- 登録局

▸証明書の発行

証明書を発行するプロセスは，発行するCAと，証明書を使用する目的によって異なる．デジタルではない形式の身分証明書を発行するプロセスも同様である．例えば，一般的な身分証明書は，住所が記載された公共料金の明細あるいは学生証を身元証明として提示するだけで取得できる場合がある．運転免許証を取得する場合は，最初に運転免許試験を受け，更新時には筆記試験を受ける必要がある．大きなトレーラーを運転する免許証を取得したい場合，その要件ははるかに厳しいものになる．州や国によって，ライセンスの要件は異なる．

同様に，それぞれのCAは，異なる種類の証明書を発行するための個別の手順を持っている．場合によっては，メールアドレスだけが要件とされている場合もある．また，UNIXやWindowsのユーザー名とパスワードで十分な場合もある．逆に，大きな金額の決裁を行う人や，慎重な意思決定を行う人の証明書については，公正証書，バックグラウンドチェック，個人面接が必要になる場合がある．

証明書を発行するプロセスは，利用者がまったく意識しなくてもよいものであったり，逆に，利用者に大きな負荷をかけ，複雑な手順が必要なものであったりするなど，組織のポリシーに応じて多岐にわたる可能性がある．一般に，証明書を発行するプロセスは柔軟性が高く，組織はそのニーズに合わせて調整が可能である．

▸証明書とLDAPディレクトリー

ディレクトリーサービスにアクセスするためのLDAPは，組織内の証明書の柔軟な管理を可能にする．システム管理者は，証明書を管理するためにLDAP準拠のディレクトリーに多くの情報を格納することができる．例えば，CAは，ディレクトリー内の情報を利用して，新しい従業員の本名やその他の情報を事前に証明書に入れておくことができる．ほかにもCAは，ディレクトリーの情報を利用して，特定の組織のセキュリティポリシーに応じた様々な識別手段を適用し，個別に，もしくは一括で証明書を発行することができる．鍵管理や証明書の更新と失効などの日常的な管理タスクは，ディレクトリーを利用することで部分的または完全に自動化することができる．

ディレクトリーに格納された情報は証明書とともに，様々なユーザーまたはグループによる各種ネットワークリソースへのアクセスを制御するために使用することができる．証明書の発行や，その他の証明書管理は，セキュリティ担当責任者によるユーザーおよびグループ管理において不可欠な要素である．

▶鍵管理

証明書が発行される前に，そこに含まれる公開鍵と，公開鍵に紐付く秘密鍵を生成する必要がある．場合によっては，1人の人に対して，署名用の鍵ペアおよび証明書と，暗号化用の鍵ペアおよび証明書を発行することが有効な場合もある．署名用の証明書と暗号化用の証明書を分けることで，署名用の秘密鍵はローカルの機器上にのみ保存することができ，最大の否認防止機能を提供する一方で，ユーザーが鍵を紛失したり，辞職したりした時のために，暗号用の秘密鍵のバックアップを集中管理することが可能となる．

鍵は，クライアントソフトウェアによって生成されるか，CAが集中的に生成してLDAPディレクトリーを介してユーザーに配布される．ローカルでの鍵生成と，集中的な鍵生成にはトレードオフがある．例えば，ローカルでの鍵の生成は最大の否認防止機能を提供するが，発行プロセスにおけるユーザーの手間が増える可能性がある．柔軟な鍵管理機能は，ほとんどの組織にとって不可欠である．セキュリティアーキテクトは，デジタル証明書を使って通信を保護しようとしている企業のPKIソリューションを設計する際に，これらの検討事項を考慮する必要がある．

鍵回復(Key Recovery)，もしくは慎重に定義された条件下で暗号鍵のバックアップを復元することは，(組織がどのように証明書を使用しているかに依存するが)証明書管理の重要な部分となる．鍵回復のスキームには一般的に，m-nメカニズム("Constant-Weight Code"とも呼ばれる)がある．例えば，特定の人間の暗号鍵を回復するためには，組織内のn人のマネージャーのうち，m人が同意し，それぞれが持つ特別のコードもしくはキーを提供することによって暗号鍵の回復が可能となる．この種のメカニズムにより，暗号鍵の回復に，権限のある複数の人の同意が必要となる．

▶証明書の更新と失効

パスポートと同様に，証明書には有効期間が指定されている．有効期間の前後に証明書を使った認証はできない．したがって，証明書の更新(Certificate Renewal)を管理するメカニズムは，証明書の管理計画には不可欠である．例えば，管理者は，証明書の有効期限切れが近づくと自動的に通知を出して，証明書のサブジェクトに不便をかけないように，十分余裕を持って更新プロセスを完了できるようにすることもできる．更新処理には，同じ公開鍵と秘密鍵のペアを再利用する場合と，新しい公開鍵と秘密鍵のペアを発行する場合とがある．

パスポートは，有効期限が切れていなくても一時停止することができる．同様に，期限が切れる前に証明書を失効する必要が発生することもある．例えば，ある従業員が会社を辞めたり，会社内の新しい職場に移ったりする場合などである．

証明書の失効（Certificate Revocation）を取り扱う方法は1つではない．認証プロセスで，提示された証明書の存在確認をディレクトリーのチェックで実施するようにサーバーを設定するだけで十分な場合もある．管理者が証明書を失効すると，その証明書はディレクトリーから自動的に削除され，それ以外の点で証明書が有効であっても，その証明書を使った認証試行は失敗する．もう1つのアプローチは，定期的にディレクトリーに証明書失効リスト（Certificate Revocation List：CRL）を発行し，認証プロセスの中でこのリストをチェックすることである．また，証明書が認証で提示されるたびに，発行CAに直接照合することが望ましい場合もある．この手順は，リアルタイムステータスチェック（Real Time Status Checking）と呼ばれる．多くの組織では，OCSP（Online Certificate Status Protocol：オンライン証明書ステータスプロトコル）を併せて使用している★32．

OCSPは，X.509デジタル証明書の失効ステータスを取得するために使用される．PKIでCRLを使用した場合の問題に対処するために，CRLを使用する代わりに開発された仕組みである．OCSPは，悪意ある中間者が，「署名された証明書は有効である」というレスポンスを盗聴し，証明書が失効したあとにそのレスポンスを再送するというリプレイ攻撃に対して脆弱である．OCSPは，リクエストにnonce（乱数データ）を加え，レスポンスに含めることにより，リプレイ攻撃に対応する．ただし，ほとんどのOCSPレスポンダーおよびクライアントはnonce拡張機能をサポートあるいは利用しておらず，また，CAは有効期間が複数日にわたるレスポンスを発行するので，リプレイ攻撃は依然として検証システムにとって脅威となっている．セキュリティ担当責任者，セキュリティ専門家，セキュリティアーキテクトは，OCSPの利用に伴うリスクの問題を認識する必要がある．セキュリティアーキテクトは，設計およびデザインの観点からリスクを検討する必要があり，組織のPKIシステムの設計においてリスクを効果的に低減するために，nonceの使用を検討すべきである．セキュリティ担当責任者は，運用上および実装上の観点からリスクを考慮する必要があり，組織のPKIシステムが，OCSPでのnonceのサポートあるいは使用を定めたセキュリティアーキテクトの設計要件に従って構築されているかを確認する必要がある．さらに，セキュリティ担当責任者は，システムにおけるすべてのOCSPトランザクションでnonceが使用されていることを確認できるモニタリングの仕組みの導入についても検討する必要がある．セキュリティ専門家は，OCSPでnonceを使用することを組織内で明確にするために，セキュリティ担当責任者と協力してポリシーと手順を設計する必要がある．さらに，セキュリティ専門家はセキュリティ担当責任者と協力し，組織のPKIシステムの設計と運用において，OCSPでのnonceの使用をサポートし，実装されていることを確認する必要がある．

▶登録局

証明書によって識別されるエンティティ（Entity，エンドエンティティ［End Entity］とも呼ばれる）とCAとの間のやり取りは，証明書管理における重要な部分を占める．このやり取りには，証明書の登録，証明書の取得，証明書の更新，証明書の失効，鍵のバックアップと回復などの操作が含まれている．一般に，CAは要求に応答する前にエンドエンティティの身元を認証しなければならない．さらに，一部の要求については，管理者が承認してから処理する必要がある．

CAが証明書を発行する前に実施する身元確認の手段は，証明書が使用される組織や目的によって大きく異なる．エンドエンティティとのやり取りは，CAのほかの機能と分離され，柔軟な運用を行うために，登録局（Registration Authority：RA）と呼ばれる別のサービスによって処理される．

RAは，エンドエンティティからの要求を受け取り，認証し，その後要求をCAに転送する，CAのフロントエンドとして機能する．RAは，CAからの応答を受信したあと，結果をエンドエンティティに通知する．RAは，異なる部門間，異なる地域間，あるいはその他の異なったポリシーや認証要件を持つ運用単位に対して，PKIを拡張する際に役立つ．

4.4 ネットワークコンポーネントのセキュリティ保護

回線帯域を提供することに加えて，ネットワークの基本設計は資産の保護にも役立つ．以下に，セキュリティ専門家が意識しなければならない，異なる信頼レベルにネットワークを分離するための重要な概念を示す．

▶セキュアなルーティング／固定ルーティング

インターネットとVPN技術を使用して企業WANを構築することは可能であるが，好ましいことではない．接続をインターネットに依存するということは，トラフィックの経路を制御したり，パフォーマンス問題を改善したりする力がほとんどないことを意味する．固定ルーティング（Deterministic Routing）とは，主に大規模なネットワークプロバイダーによって提供される，限られた数の異なるルートを使ったWAN接続のことである．固定ルーティングでは，トラフィックは安全な，もしくはセキュリティ侵害を受けにくいと考えられる，あらかじめ定められたルートのみを使用する．大規模なキャリアの固定ルーティングを使うことで，パフォーマンス問題への対処や，WAN上のアプリケーションが必要とするサービスレベルの維持が，はるかに容易になる．WANで音声（VoIP）やビデオ（セキュリティ監視やビデオ会議用）などの統合アプリケーションを利用している場合は，ネットワークの保証の面からも，固定ルーティングがさらに重要になる．

▶境界ルーター

境界ルーター（Boundary Router）は，主に外部ホストが内部ホストに到達するために使用できるルートを広告する．しかし同時に，これらのルーターは，社内ネットワークに入ることが許されない外部トラフィックをフィルタリングする，組織のセキュリティ境界の一部として機能しなければならない．例えば，境界ルーターは，外部からのFingerサービスのパケットが内部ネットワークに入るのを防ぐことができる．このサービスは，ホストに関する情報を収集するために使用される．

境界ルーターの重要な機能は，インバウンドまたはアウトバウンドのIPスプーフィング攻撃（IP Spoofing Attack）の防止である．境界ルーターを使用することによって，偽装されたIPアドレスはネットワーク境界を越えてルーティングされることがなくなる．IPスプーフィング攻撃の例は次のとおりである．

▶ノンブラインドスプーフィング

ノンブラインドスプーフィング（Non-Blind Spoofing）攻撃は，攻撃者が被害者と同じサブネット上にいる場合に行われる．シーケンス番号とACK番号を盗聴することができるので，これらを正確に計算する必要がなくなる．このスプーフィング攻撃の最大の脅威はセッションハイジャックである．これは，確立された接続のデータストリームを破損させ，攻撃者のPCの正しいシーケンス番号とACK番号を使って，接続を再確立することにより実現される．

▶ブラインドスプーフィング

ブラインドスプーフィング（Blind Spoofing）は，シーケンス番号とACK番号が取得できない状況で行われる，より高度な攻撃である．シーケンス番号をサンプリングするために，いくつかのパケットがターゲットの機器に送信される．かつて，シーケンス番号は簡単な手順で生成されており，パケットとTCPセッションを調べることで，比較的容易に計算式を導き出すことができた．現在，オペレーティングシステムはランダムにシーケンス番号を生成するため，シーケンス番号を正確に予測することは困難である．もしシーケンス番号が漏洩した場合，データがターゲットに送信される可能性がある．

▶中間者攻撃

いずれのスプーフィング攻撃も，中間者（Man-in-the-Middle：MITM）攻撃と呼ばれるセキュリティ侵害の一種である．これらの攻撃では，悪意ある攻撃者が，互いに信頼できる二者間の正当な通信を傍受する．悪意あるホストは，通信の流れを制御し，元の送信者または受信者のいずれかに関する知識がなくても，元の二者の1人が送信した情報を削除したり，変更したりすることができる．

▶セキュリティ境界

セキュリティ境界（Security Perimeter）は，信頼できるネットワークと信頼できないネットワーク間の防御の最前線である．一般に，トラフィックをフィルタリングするファイアウォールとルーター，プロキシーや，不審なトラフィックを検知するための侵入検知システムなどのデバイスが含まれる．防御境界（Defensive Perimeter）は，これらの最前線の防御デバイスだけでなく，境界ルーターなどプロアクティブな防御デバイスも含むところまで拡大しており，上流での攻撃や脅威活動を早期に発見することが可能となっている．

セキュリティ境界は最初の防御線であるが，それが唯一のものであってはならないことに注意することが重要である．信頼されたネットワーク内に十分な防御がない場合，誤って設定された，または侵害されたデバイスにより，攻撃者に，信頼されたネットワークへの侵入を許してしまう．

▶ネットワークパーティショニング（Network Partitioning）

信頼のレベルに応じてネットワークを分離することは，セキュリティポリシーを実現するための効果的な方法である．セグメント間でのトラフィック制御は，悪意ある危害，意図しない被害から組織の重要なデジタル資産を守るために重要な役割を果たす．図4.5を参照．

▶デュアルホームホスト

デュアルホームホスト（Dual-Homed Host）は2つのネットワークインターフェースカード（Network Interface Card：NIC）を持ち，それぞれ別のネットワークに接続さ

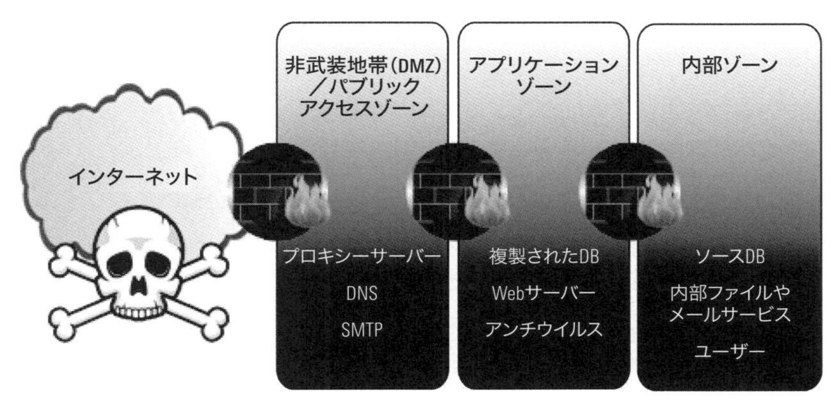

図4.5 ネットワークパーティショニング

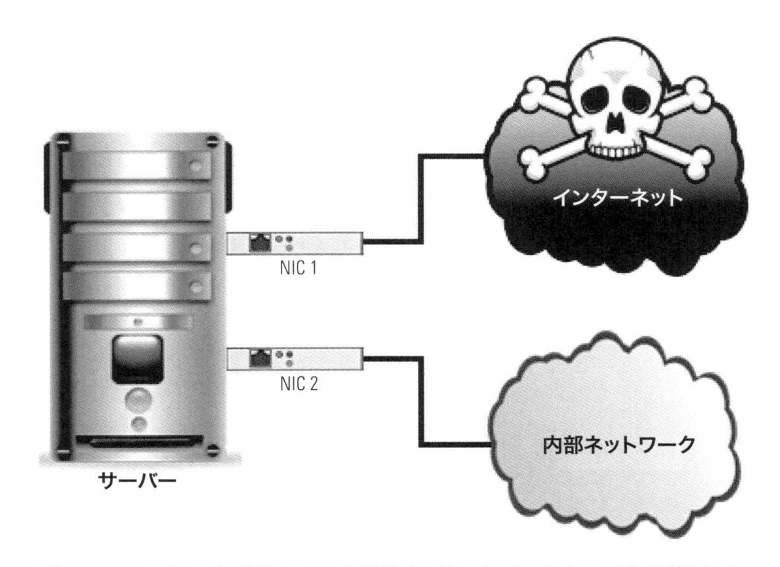

図4.6 デュアルホームホストは，2つのNICを持ち，それぞれ別のネットワークに接続される．

れる(図4.6)．ホストがNIC間のトラフィックの転送を制御または防止することで，ネットワークを隔離する有効な手段となりえる．

▸要塞ホスト

要塞ホスト(Bastion Host)は，信頼できるネットワークと信頼できないネットワークとの間のゲートウェイとして機能し，信頼できないホストに対し，限定的で認証ベースのアクセスを提供する．例えば，インターネットゲートウェイの要塞ホストで，要塞ホストに対する外部ユーザーからのFTPによるファイル転送を許可することができる．これにより，内部ネットワークに対する無制限のアクセスを許可することなく，ファイルを外部ホストと交換できるようになる．

機密性の高いデータを取り扱うネットワークセグメントが組織に存在する場合，そのネットワークセグメントに対するアクセスをすべて要塞ホスト経由に制限することで，アクセス制御を実施することができる．ネットワークセグメントを分離した上で，ユーザーは要塞ホストで認証を行う必要がある．これは，機密ネットワークセグメントへのアクセスを監査することに役立つ．例えば，ファイアウォールで機密ネットワークセグメントへのアクセスを制限し，要塞ホストのみがそのセグメントにアクセスできるようにすることで，そのセグメントへの多くのホストアクセスを許可する必要がなくなる．ターミナルサーバー（Terminal Server）は，認証されたユーザーがネットワークの中に入っていくことができるという意味で要塞ホストの一種と言うことができる．

要塞ホストでは，「データダイオード（Data Diode）」と呼ばれる機能を実現することもできる．エレクトロニクスの世界では，ダイオードは電流を一方向に流すだけのデバイスである．データダイオードは，情報を一方向にのみ流すことができる機能である．例えば，情報の読み取りを許可する一方，何も書き込むことはできない（あるいは，変更，作成，移動を許可しない）といったルールを適用することができる．

要塞ホストは，パブリックネットワークに意図的に公開されている特別なコンピュータである．保護されたネットワークの観点から見ると，外部に公開されている唯一のノードであるため，非常に攻撃を受けやすい．ファイアウォールが1つの場合は，ファイアウォールの外側に配置される．2つのファイアウォールがある場合，2つのファイアウォールの間または非武装地帯のパブリックネットワーク側に配置される．

要塞ホストは，ゲートウェイのように，到着したすべてのトラフィックを処理してフィルタリングし，悪意あるトラフィックがネットワークに侵入するのを防止する．要塞ホストとして最も一般的な例は，メール，DNS，WebおよびFTPサーバーである．ファイアウォールやルーターも，要塞ホストになることができる．

要塞ホストノードは通常，強力なセキュリティ対策が施され，専用のソフトウェアを搭載した非常に強力なサーバーである．役割を明確にするため，単一のアプリケーションだけを搭載することが多い．通常，そのソフトウェアはカスタマイズされた独自のものであり，一般には公開されない．このホストは，ネットワークにおいて，その背後にあるシステムを保護するための防御拠点となるように設計され

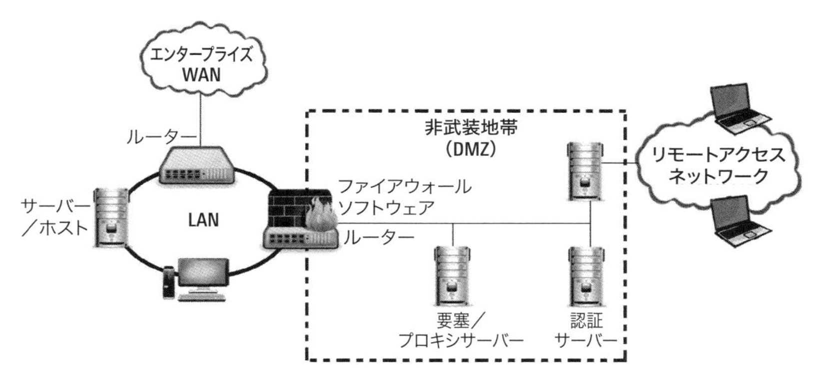

図4.7 DMZは，外部のホストに，社内ネットワークへのアクセスを許可することなく，
会社のWebサイトなどの公開リソースへのアクセスを制限付きで許可する．

出典：Fung, K. T., *Network Security Technologies*, Auerbach Publications, Boston, MA, 2004.（許諾取得済み）

る．したがって，保守と監査が定期的に行われることが多い．攻撃者の動きを知るため，意図的に要塞ホストに攻撃を誘導する設定にすることもある．

要塞ホストのセキュリティを維持するために，不要なソフトウェア，デーモン，ユーザーはすべて削除される．また，オペレーティングシステムは最新のセキュリティアップデートで最新化され，侵入検知システムが導入される★33．

▸非武装地帯

非武装地帯（Demilitarized Zone：DMZ，スクリーンドサブネット［Screened Subnet］とも呼ばれる）は，社内ネットワークへのアクセスを許可することなく，会社のWebサイトなど，外部向けホストにある公開リソースへのアクセスを制限付きで許可する．**図4.7**を参照．DMZは通常，ファイアウォールに接続された，独立したサブネットである（ファイアウォールが内部，外部，DMZの3つのインターフェースを持つ場合，3つ足ファイアウォール［Three-Legged Firewall］とも呼ばれる）．外部のホストは（ファイアウォールによって制御されていても）DMZにアクセスできるため，そこにはDMZホストと，機密性のない情報のみを置くようにする必要がある．

4.4.1 ハードウェア

▸モデム

モデム（Modem：Modulator/Demodulator）を使うことで，アナログ電話回線経由でネットワークにリモートアクセスすることが可能になる．基本的にモデムは，デジタル信号をアナログ信号に，アナログ信号をデジタル信号に変換する．ユーザーのコンピュータに接続されているモデムは，デジタル信号をアナログ信号に変換して，電話回線を介して送信する．受信側では，モデムがユーザーのアナログ信号をデジタル信号に変換し，サーバーなどの接続されたデバイスに送信する．サーバーの応答時にはプロセスが逆になる．サーバーの応答は，デジタル信号からアナログ信号に変換され，電話回線などを介して送信される．

モデムを使用すると，リモートユーザーは，世界中のほぼすべてのアナログ電話回線からネットワークにアクセスすることができる．これにより，在宅勤務者や外出の多いビジネスマンも簡単にネットワークを利用することができる．一方で，セキュリティ担当者がインターネットゲートウェイを防御していても，侵入者が簡単にアクセスできてしまうバックドアを提供してしまう可能性がある．事実，このような理由から，多くの組織がネットワーク上のモデムを禁止するポリシーを導入している．

従来のアナログコミュニケーションによるリスクを低減するため，ベンダーは，IPファイアウォールではなく，アナログ信号に特化して設計された「テレフォニーファイアウォール（Telephony Firewall）」を開発した．このファイアウォールは，PSTNと内部組織ネットワーク（IP電話システムでもアナログ電話システムでもよい）の境界点に設置される．テレフォニーファイアウォールは，アナログ回線の発信と着信の両方を監視し，ルールセットを適用する．例えば，特定の電話番号からのみ会社の電話交換機へのモデム通話が許可される．あるいは，モデム通信は許可せず，音声とファックスの通信のみを許可する．このようにして，不正に設置されたモデムや，忘れられたモデムがアナログ電話網に存在していても，セキュリティ担当責任者が管理することが可能となる．

▸コンセントレーター

コンセントレーター（Concentrator）は，接続された複数のデバイスの信号を1つの信号にしてネットワーク上を多重送信する．例えば，FDDI（Fiber Distributed Data Interface）コンセントレーターは，接続されたデバイスからの信号をFDDIリングへ多重送信する．

▸フロントエンドプロセッサー

入力と出力は，CPUの速度に比べて非常に遅い，キーボードのタイピングやディスク回転などの可動部品が関係する．それゆえ，入出力のサービスはコンピュータのスループットを低下させる．一部のハードウェアアーキテクチャーでは，入出力デバイスとメインコンピュータの間にハードウェアフロントエンドプロセッサーを配置する．フロントエンドプロセッサー（Front-End Processor）は，メインコンピュータに代わって入出力を処理することにより，メインコンピュータのオーバーヘッドを削減する．

▸多重化装置

多重化装置（Multiplexer）は，複数の信号を1つの信号にオーバーレイして送信する．多重化装置を使用すると，同じ信号を別々に送信するよりもはるかに効率的である．多重化装置は，単純なハブから，ストランド型の光ファイバー上で複数の光信号を集約する，非常に洗練された高密度波長分割多重化装置（Dense Wavelength Division Multiplexer：DWDM）まで使用されている．

▸ハブとリピーター

ハブ（Hub）はスター型の物理トポロジーを構成する際に使用される．スター内のすべてのデバイスがハブに接続される．ハブは基本的に，各ポートからほかのすべてのポートに信号を再送信する．ハブの利用はデバイスを接続する点では低コストな方法だが，いくつかの重要な欠点がある．

- 接続されたすべてのデバイスがお互いのブロードキャストパケットを受信するので，無関係なトラフィックの処理に有用なリソースを使ってしまう可能性がある．
- すべてのデバイスがほかのデバイスのトラフィックを読み取ることができ，修正することも可能である．
- ハブが動作不能になると，接続されたデバイスはネットワークにアクセスできなくなる．

ハブは非効率的で安全性が低いため，現在のネットワーク構成ではほとんど使用されない．すべてのトラフィックをすべてのホストに転送するため，非効率的であり，音声，ビデオ，ビジネスアプリケーションなど，多数の統合アプリケーションを使用するネットワークに対して，大きな負荷をかける可能性がある．ハブで管理されているネットワークは，物理アクセスを持つすべての人がすべてのトラフィックを傍受できるため，安全性も期待できない．ハブがネットワーク内に存在している場合は，交換を検討すべきである．

送信機と受信機間の距離が延びるにつれて，信号は減衰し，品質が低下する可能性がある．信号品質を維持しながら，より長い距離の伝送を可能にするために，信号を再増幅するリピーター（Repeater）が使用される．例えば，リピーターを使用してイーサネットバスを延長し，物理的に大きなネットワークを構築することができる．

▸ブリッジとスイッチ

LANのユーザー数，使用帯域幅および物理規模の増加に伴い，LANの拡張はある地点で限界に達する．帯域幅が限界を超え，信号減衰のためにケーブル長を延ばせなくなり，LANが管理できないほど大きくなってしまうこともある．一方で，どのようにすればネットワークを再構成せずに，LANを相互接続できるのかという疑問も発生している．

両方の問題に対する解決策の1つとして，ブリッジ（Bridge）の利用を挙げることができる．ブリッジは，MAC（Media Access Control）アドレスに基づいてセグメント間のトラフィックをフィルタリングする第2層デバイスである．さらに，物理的に大規模なネットワークを実現するため，信号の増幅も行う．単純なブリッジは，もう一方のセグメントを宛先としていないフレームをフィルタリングして破棄する．図4.8に示すネットワークを考えてみよう．

セグメントA上のクライアントPCがセグメントA上のサーバーに送信すると，ブリッジは宛先のMACアドレスを読み取り，トラフィックをセグメントBおよびCに転送しないことにより，これらのセグメントに関係ないトラフィックの負担を軽減する．この例では，長いネットワークセグメント上に何百ものデバイスがあった場合，ブリッジは不要なトラフィックを大幅に削減し，信号減衰なしに物理的にネットワークを拡張できるようになる．

ブリッジは，UTP（Unshielded Twisted Pair：シールドなしツイストペア）を使用するセグメントと同軸ケーブルを使用するセグメントを接続するなど，異なるメディアタイプのLANを接続することができる．ブリッジは，トークンリングフレームをイーサネットに変換するようなフレームの再フォーマットは行わない．これは，単純なブリッジが，同一の第2層アーキテクチャー（例えば，イーサネットからイーサネットなど）のみ接続できることを意味する．ネットワーク管理者は，カプセル化ブリッジ（Encapsulating Bridge）を使用して，イーサネットからトークンリングなど，異なる第2層アーキテクチャーを接続することができる．これらのブリッジは，受信したフレームを宛先のアーキテクチャーのフレームにカプセル化する．

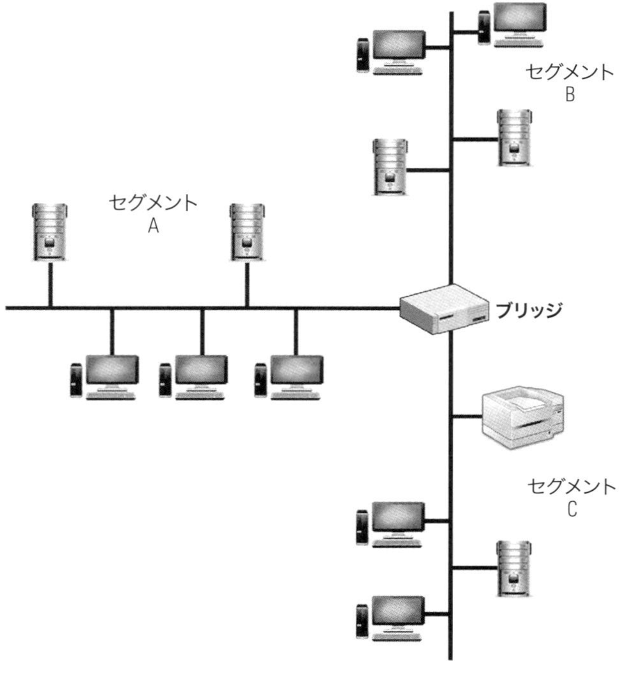

図4.8 ブリッジに接続されたネットワークセグメント

ほかに，宛先MACアドレスに基づいて送信トラフィックをフィルタリングする特殊なブリッジが存在する．**図4.8**のネットワークのブリッジがフィルタリングブリッジ(Filtering Bridge)であるとする．セグメントAのユーザーがセグメントBのサーバーにトラフィックを送信すると，ブリッジはセグメントBのみにトラフィックを送信し，セグメントCの不要なトラフィックを減らすことができる．

図4.8のネットワークで，セグメントAのサーバーがブロードキャストを送信すると，セグメントBとCではブロードキャストを受信するだろうか？　ブロードキャストはすべてのデバイス宛てであるため，ブリッジはブロードキャストを転送する．これは，ブリッジについて留意する重要なポイントである．ブリッジはブロードキャストのフィルタリングを行わない．

ブリッジは，侵入者がローカルセグメント上のトラフィックを傍受するのを防ぐことができない．多くの組織において，IEEE 802.11標準に基づく無線ブリッジ(Wireless Bridge)が広く使われている．無線ブリッジによる効率向上は魅力的である

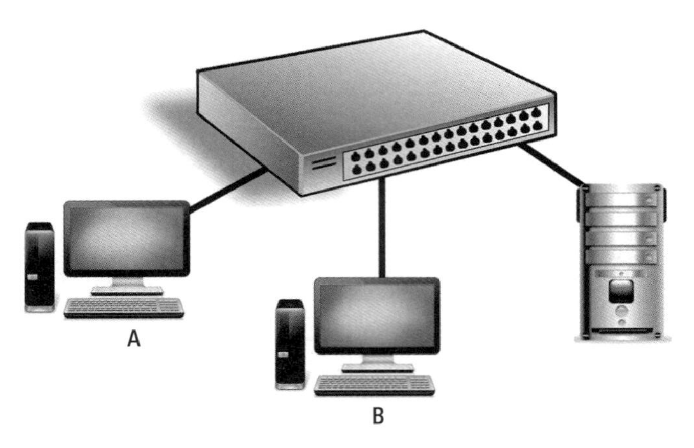

図4.9 シンプルなスイッチドネットワーク

が，LANに接続されているすべての人がブリッジを通過する全トラフィックを見ることができてしまうため，セキュリティ上の計り知れない問題を引き起こす可能性がある．無線ブリッジを安全に運用するために，リンク層での暗号化，アクセスリストなど標準で利用可能なほかのセキュリティ機能を必ず利用すべきである．

スイッチ（Switch）は，本セクションの冒頭で述べたのと同じ問題を解決するが，解決方法はより高機能で高価である．スイッチは基本的に，LANホストが接続するポートを複数持つデバイスである．フレームの宛先MACアドレスで指定されたデバイスにのみフレームを転送するため，不要なトラフィックが大幅に削減される．**図4.9**を参照．

この非常に単純なLANにおいて，クライアントAがトラフィックをサーバーに送信する．スイッチはトラフィックを受信すると，サーバーが接続されているポートにトラフィックを中継する．クライアントBはトラフィックを受信しない．一方，スイッチがハブであった場合，クライアントBはクライアントAとサーバー間で送信されたトラフィックを受信する．

クライアントBが，ほかのクライアントとサーバー間のトラフィックを受信することはないので，クライアントBがトラフィックを傍受できる可能性は低くなる（設定が不適切な場合，スイッチを騙し，クライアントBにトラフィックを送る高度な攻撃は可能である）．

スイッチは，ネットワーク帯域幅を増やすため，より高度な機能を実行することができる．スイッチの処理速度向上により，IPアドレスに基づく転送やネットワークトラフィックの優先順位に基づいた転送を行うことができる．ハブやブリッジと同様に，スイッチはブロードキャストを転送する．

▸ルーター

ルーター(Router)はパケットをほかのネットワークに転送する．受信パケットの宛先第3層アドレス(例えば，宛先IPアドレス)を読み取り，ルーターがネットワークを俯瞰し，ネットワーク上にある，パケット送信先のデバイス(ネクストホップ)を決定する．宛先アドレスがルーターに直接接続されているネットワーク上にない場合，パケットは別のルーターに送信される．

ルーターは，様々な技術を相互接続するために使用することができる．例えば，トークンリングとイーサネットネットワークを同じルーターに接続すると，IPイーサネットパケットをトークンリングネットワークに転送することができる．

4.4.2 伝送媒体

▸有線

ネットワークにおいて，ケーブルの重要性は過小評価されがちである．しかし，ケーブルがなければ，それはネットワークとは言えず，スタンドアロンのコンポーネントに過ぎない．ケーブルはネットワークを保持する接着剤のようなものと考えることができる．

ネットワーク設計では，適切なケーブルを選択することが不可欠である．不適切なケーブルの使用は，ネットワーク障害につながる可能性がある．ケーブルにも，ネットワーク上の情報の機密性，完全性および可用性への脅威に対する耐性が求められる．信号の傍受，近くのデバイスからの電磁干渉(Electromagnetic Interference：EMI)，ケーブルの破壊などの危険性を考慮する必要がある．ケーブルの技術的特性を理解し，それぞれの目的に合った正しいケーブルを使用する必要がある．

ケーブルを選択する際に考慮しなければならい事項は次のとおりである．

- **スループット**(Throughput)＝データの伝送速度．光ファイバーなどの特定のケーブルは，一度に大量のデータを転送するように設計されている．
- **装置間の距離**(Distance between Devices)＝ケーブルが長くなることによる信号の損失(減衰)が長年の問題であり，特に信号の周波数が高い場合は問題となる．また，伝送遅延も問題の要因となりうる．ケーブルが長すぎると，衝突検知を利用しているバストポロジーが正しく動作しないことがある．
- **データの機密性**(Data Sensitivity)＝誰かがケーブル内のデータを傍受するリスク．例えば，光ファイバーは銅線よりもデータの傍受が困難である．

- **環境**(Environment)=ケーブルにとって環境は常に問題となる．ケーブルが曲がって取り付けられると，導通の劣化や信号歪みにつながることがある．電磁干渉もこれらの要因となりうる．電磁干渉の多い工業などの環境では，ケーブルをシールドする必要がある．同様に，大きな温度変動を受けたり，特に紫外線(日光)にさらされたケーブルは劣化が早く，信号減衰の原因となる．

▶ツイストペア★34

電磁干渉およびクロストークを低減するために，銅線を対にして撚り合わせたものである．各ワイヤーはテフロンのような耐火材料で絶縁されている．ツイストペア(Twisted Pair：TP)ケーブルは，ワイヤーを物理的に保護する外側のジャケットによって覆われている．ケーブルの品質，つまり，その用途は，1インチ☆6当たりの撚りの数，絶縁の種類および導電性材料によって決まる．ケーブルがどのような用途または環境に適しているかを判断するために，ケーブルは以下のカテゴリーに分類される(表4.11)．

▶シールドなしツイストペア

シールドなしツイストペア(Unshielded Twisted Pair：UTP)にはいくつかの欠点がある．シールド付きツイストペアケーブルのようなシールドがないため，UTPは外部電源からの干渉を受けやすく，信号の完全性が低下する可能性がある．また，送信されるデータを傍受するために，侵入者がケーブル上にタップを設置したり，ワイヤーからの電磁放射を監視したりすることができる．したがって，非常に機密性の高いデータを送信する場合や，電磁干渉，無線周波数干渉(Radio Frequency Interference：RFI)の多い環境に設置する場合，UTPは適していない．その欠点にも関わらず，UTPは最も一般的なケーブルタイプである．UTPは安価で，設置時に曲げることが容易であることなどから，上述のリスクは，高価なケーブルを選択するほどのリスクとは考えられていない．

▶シールド付きツイストペア

シールド付きツイストペア(Shielded Twisted Pair：STP)はUTPに似ている．絶縁された撚り対の銅線は保護ジャケットに覆われている．ただし，STPは電子的に接地されたシールドを使用して信号を保護する．シールドにはケーブル内の個々のツイストペアを囲む場合，ツイストペアの束を囲む場合，両方とも囲む場合の3つがある．シールドは外部から信号を保護するが，STPはUTPよりも不利な点がある．

カテゴリー 1	1Mbps未満	ISDNのアナログ音声と基本インターフェース(BRI)
カテゴリー 2	4Mbps未満	4MbpsのIBMトークンリングLAN
カテゴリー 3	16Mbps	10BASE-Tイーサネット
カテゴリー 4	20Mbps	16Mbpsトークンリング
カテゴリー 5	100Mbps	100BASE-TXおよびATM
カテゴリー 5e	1,000Mbps	1000BASE-Tイーサネット
カテゴリー 6	1,000Mbps	1000BASE-Tイーサネット

表4.11 ケーブルカテゴリー

STPはより高価であり，太く曲げにくいため，設置が困難になる．

▶同軸ケーブル

同軸ケーブル（Coaxial Cable）は，撚り対線の代わりに，接地した網状のワイヤーに囲まれた1本の太い導体を使用する．絶縁のための非導電層は導体とワイヤーの2つの層の間に配置され，ケーブル全体が保護層で覆われている．

同軸ケーブルの芯線はツイストペアよりも太いため，より広い帯域幅をサポートし，より長いケーブル長をとることができる．優れた絶縁特性が同軸ケーブルをEMIやRFIなどの電子的干渉から保護し，シールドは侵入者がアンテナで信号を監視したり，タップを設置したりすることを困難にする．同軸ケーブルにはいくつかの欠点がある．ケーブルが高価で，設置時に曲げにくいことである．そのため，ケーブルテレビなどの特殊用途に用いられる．

▶パッチパネル

データセンターは中規模であっても，スイッチ，ルーター，サーバー，ワークステーション，さらにはテスト機器など，相互接続されたデバイスが多数設置されている．ネットワーク管理者にとって，これらのデバイスを接続するケーブルを整理し，簡単に接続構成を変更することは，重要な課題である．

デバイスを直接接続する代わりに，デバイスをパッチパネル（Patch Panel）に接続する．次に，ネットワーク管理者は，パッチコード（Patch Cord）と呼ばれる短いケーブルをパネルの2つのジャックに接続し，2つのデバイスを接続する．ネットワーク管理者がこれらのデバイスの接続方法を変更するには，パッチコードを再接続するだけでよい．パッチパネルとワイヤリングクローゼットは，ネットワークに侵入しやすい箇所であるため，セキュリティの確保が必要である．配線は整然としているべきであり，監視記録は安全な場所に保管する必要がある．さもないと，ごちゃごちゃしたケーブルの中にタップを簡単に隠すことができてしまう．また，ワイヤリングクローゼットの共用は避けるべきである．

▶光ファイバー

光ファイバーシステム（Fiber-Optic System）は，光ファイバーが置き換えようとしている銅線システムに似ている．違いは，情報を伝送するために，銅線は電子パルスを使用し，光ファイバーでは光パルスを使用することである．光ファイバーのコンポーネントを見ることで，セキュリティ専門家は光ファイバーシステムが銅線システムとどのように連携するかを理解することができる．

システムの一端にはトランスミッター（Transmitter）がある．これは，光ファイバー回線に送られる情報の発信元である．トランスミッターは，銅線からのコード化された電子パルス情報を受け取る．次に，その情報を処理し，同じようにコード化された光パルスに変換する．光パルスを生成するために，発光ダイオード（Light-Emitting Diode：LED）または注入型レーザーダイオード（Injection-Laser Diode：ILD）が使用される．光パルスはレンズを使用して光ファイバー媒体に入り，ケーブルの中を進む．

ファイバーケーブルを，内側が鏡になった非常に長い紙ロール（ペーパータオルロールの内側の紙ロールのようなもの）と考えてほしい．一方の端に懐中電灯を当てると，それが曲がっていても，遠端で光が出てくるのを見ることができる．

光パルスは，内部全反射として知られている物理現象に基づき，光ファイバーラインに沿って移動する．これは，入射角が臨界値を超えると，光がガラスから出ることができずに戻ってくるという原理による．この原理を光ファイバーのストランド構造に適用すると，情報を光パルスの形でファイバーラインに伝送することが可能になる．コアは透明度が高く，純粋な材料で作られていなければならない．コアにプラスチックを使うことも可能であるが，非常に短い距離での使用に限られており，ほとんどはガラスで作られている．ガラス製光ファイバーの多くは純粋なシリカで作られており，フルオロジルコネート，フルオロアルミネート，カルコゲナイドガラスなどのほかの材料は，長波長の赤外線用途に使用される．

一般的には，以下の3種類の光ファイバーケーブルが使用される．

1．シングルモード（Single-Mode）
2．マルチモード（Multi-Mode）
3．プラスチック光ファイバー（Plastic Optical Fiber：POF）

光ファイバーの種類と主な仕様

コア/クラッド	減衰	帯域幅	適用/注
マルチモード/グレーデッドインデックス			
	@850/1300nm	@850/1300nm	
50/125μm	3/1dB/km	500/500MHz-km	ギガビットイーサネットLANに使われる定格レーザー
50/125μm	3/1dB/km	2000/500MHz-km	850nm VCSEL(Vertical Cavity Surface Emitting Laser:垂直共振器面発光レーザー)に最適化
62.5/125μm	3/1dB/km	160/500MHz-km	最も普及しているLANファイバー
100/140μm	3/1dB/km	150/300MHz-km	使用されなくなっている
シングルモード			
	@1310/1550nm		
8～9/125μm	0.4/0.25dB/km	高い	電気通信会社/CATV/長距離・高速LAN
		～100THz	
マルチモード/ステップインデックス			
	@850nm	@850nm	
200/240μm	4～6dB/km	50MHz-km	低速LANとリンク
POF			
	@650nm	@650nm	
1mm	～1dB/m	～5MHz-km	低速リンクと自動車

注意事項:ファイバーを混ぜたり,組み合わせたりすることはできない.シングルモードからマルチモードファイバーに接続しようとすると,20dBの損失が発生する.これは信号強度の99%が失われることを意味する.62.5/125と50/125間の接続であっても,3dB以上の損失,すなわち信号強度の半分以上が失われることになる.

光ファイバーケーブルは,ケーブルの一端から入射した光を他端に導く「光ガイド」として機能する.光源は,LEDあるいはレーザーで,パルス状にオン/オフされ,ケーブルのもう一方の端にある受光器は,パルスを元の1と0のデジタル信号に戻す.

光ファイバーケーブルを通るレーザー光であっても,分散や散乱によって,ケーブル内部で信号強度が劣化する.レーザーが速く変動するほど,分散のリスクが高くなる.特定の用途においては,リピーターと呼ばれる光増幅装置を使って信号をリフレッシュすることが必要な場合もある.

4.4.3 ネットワークアクセス制御デバイス

▶ファイアウォール

ファイアウォール(Firewall)は,受信したトラフィックを一連のルールに基づいてフィルタリングすることにより,管理セキュリティポリシーを適用するデバイスである.多くの場合,ファイアウォールはインターネットゲートウェイの防御装置としてのみ考えられている．インターネットゲートウェイには，常にファイアウォールが配置されるべきであるが，ネットワークのゾーニングなど，内部ネットワークにおいても利用した方がよい時もある．さらに，ファイアウォールは，プロキシーサービスや侵入防御サービス（Intrusion Prevention Service：IPS）など，様々なセキュリティサービスが組み込まれた脅威管理アプライアンスでもあり，ネットワーク境界を監視し，プロアクティブにアラートを出すことができる．

ファイアウォールは，異なる信頼レベルのエンティティ間に配置すべきである．例えば，エンジニアリング部門のLANセグメントが一般のLANユーザーと同じネットワーク上にある場合，一般のLANユーザーと，知的財産を持つエンジニアという2つの信頼レベルが存在することになる．セキュリティ担当責任者は，2つの信頼レベルが接続される場所にファイアウォールを設置することによって，**図4.10**に示すように，一般のLANユーザーから知的財産を保護することができるようになる．

ファイアウォールは，箱から取り出してすぐに使えるわけではない．許可されていないアクセスを不注意で許可してしまわないように，ファイアウォールのルールを正しく定義する必要がある．ネットワーク上のすべてのホストと同様に，管理者はファイアウォールにパッチをインストールし，不要なサービスをすべて無効にする必要がある．また，ほかのホストで動作するアプリケーションの問題によって引き起こされる脆弱性に関して，ファイアウォールの防御は限定的にしか機能しない．例えば，ファイアウォールは，攻撃者が機密情報を窃取するためのデータベースの操作を防止することはできない．

ファイアウォールの管理と保守は複雑になりがちである．セキュリティ専門家や技術スタッフは，頻繁なパッチの適用，ログの監視，社内のビジネス要件に合わせたルールの変更により忙殺される．こうした理由から，ファイアウォールの管理と保守の完全なアウトソーシングは，重要で成熟したビジネスとなっており，政府や銀行からドーナツ屋までが，重要だが，複雑で単調なこのセキュリティタスクをアウトソースしている．

▶フィルタリング

ファイアウォールは，ルールセットに基づいてトラフィックをフィルタリング（Filtering）する．各ルールは，1つまたは複数の条件に基づいて，パケットをブロックするか，転送するかをファイアウォールに指示する．ファイアウォールは，受信パケットごとに，受信パケットと条件が適合するルールをルールセットから探し，そのルール

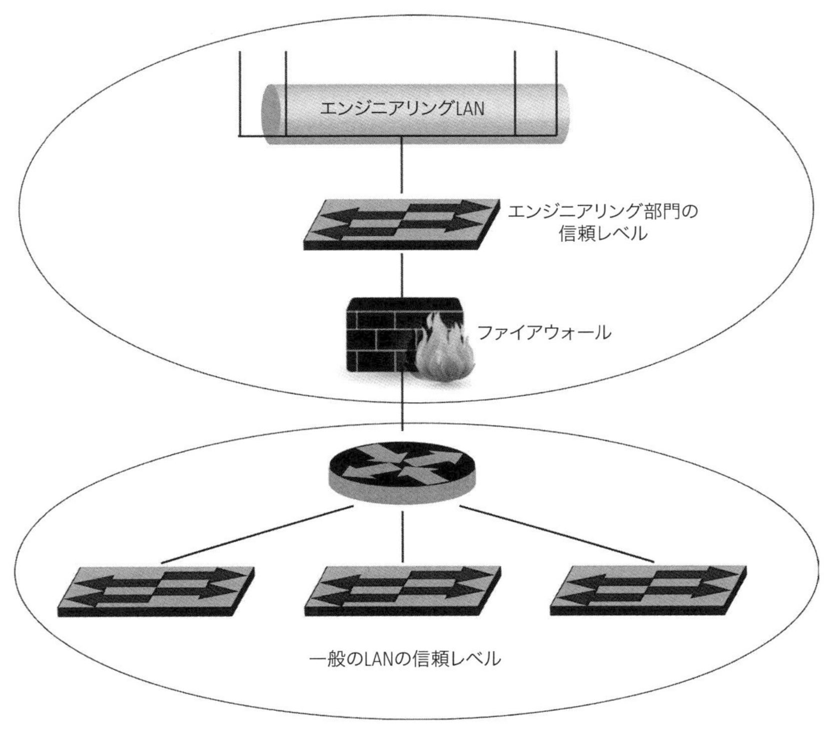

図4.10 2つの信頼レベル間のファイアウォール

の指定に従ってパケットをブロックまたは転送する．パケットフィルタリングの必要性を判断するために使用される，2つの重要な条件は次のとおりである．

▶ アドレス

ファイアウォールは，パケットフィルタリングの必要性を判断するために，パケットの送信元アドレスか宛先アドレス，またはその両方を使用する．例えば，**図4.10**に示すように，エンジニアリングLANセグメントに信頼できるユーザーのアクセスを許可する場合は，「一般のLAN上にある，信頼できるユーザーのホストの送信元アドレスを持つパケットは転送する」というルールを定義する．

▶ サービス

パケットはサービスごとにフィルタリングすることもできる．ファイアウォールは，パケットが使用しているサービスを検査し（パケットがTCPまたはUDPデータを含む場合，そのサービスは宛先ポート番号になる），パケットフィルタリングの必要性を判断する．例えば，攻撃者がFingerサービスを使用してホストに関する情報を収集することを防ぐために，ファイアウォールには多くの場合，Fingerサービスをフィルタリングするルールが適用されている．

アドレスとサービスによるフィルタリングは一緒に運用されることが多い．エンジニアリング部門がLAN上の誰かにWebサーバーへのアクセスを許可したい場合，「宛先アドレスがWebサーバーで，サービスがHTTP（TCPポート80番）であるパケットを転送する」というルールを定義することができる．

▸ネットワークアドレス変換

ファイアウォールは，（信頼できるネットワークから信頼できないネットワークへの）各送信パケットの送信元アドレスを別のアドレスに変更することができる．これにはいくつかの利用目的がある．特に，RFC 1918のアドレスを持つホストは，ルーティング不可能なアドレスを，インターネット上でルーティング可能なアドレスに変更することで，インターネットにアクセスできるようになる★35．ルーティング不可能なアドレスは，インターネット上で転送されないアドレスである．つまり，ルーティング不可能な内部アドレスを使用したリモート攻撃は，オープンインターネット経由で行うことはできない．

匿名性もネットワークアドレス変換（Network Address Translation：NAT）を利用する理由となる．多くの組織において，信頼できないホストにIPアドレスを通知し，不必要にネットワークに関する情報を提供することは好まれない．アドレスを書き換えることで，背後にあるネットワーク全体を隠すことを選ぶ．NATは，組織がIPv4アドレス空間を継続して使用することも可能にする．

▸ポートアドレス変換

このNATの拡張は，すべてのアドレスをルーティング可能な1つのIPアドレスに変換し，パケット内の送信元ポート番号をユニークな値に変換する．ポートを変換することにより，ファイアウォールはポートアドレス変換（Port Address Translation：PAT）を使用している複数のセッションを管理することができる．

▸スタティックパケットフィルタリング

ファイアウォールのスタティックパケットフィルタリング（Static Packet Filtering）では，セッション内のパケットのコンテキストに関係なく，各パケットが検査される．

例えば，パケットは，ポート番号79（finger）のすべてのパケットをブロックするといった静的なルールに基づいて，検査が行われる．その単純さから，スタティックパケットフィルタリングは，ほとんどオーバーヘッドが発生しないが，大きな欠点がある．静的なルールは，正当なトラフィックのために一時的に変更したりすることができない．もしプロトコルでポートを一時的に開く必要がある場合，管理者はポートを恒久的に開くか，プロトコルを拒否するかを選ばなければならない．

▸ステートフルインスペクションまたはダイナミックパケットフィルタリング

ステートフルインスペクション（Stateful Inspection）は，セッションのコンテキストに基づいて各パケットを検査する．これにより，正当なトラフィックに対応するためにルールを動的に調整し，スタティックフィルターでは防げない悪意あるトラフィックをブロックすることができる．ここで，FTPを考えてみる．ユーザーはTCPポート21上のFTPサーバーに接続し，FTPサーバーにどのポートでファイルを転送するかを指示する．ポートは1023より上の任意のTCPポートにすることができる．そこで，FTPクライアントが，TCPポート1067でファイルを転送するようにサーバーに指示したとすると，サーバーはクライアントのそのポートに接続しようとする．ステートフルインスペクションファイアウォールは2つのホスト間のやり取りを監視しているので，必要な接続がルールセットで許可されていなくても，FTPセッションの一部であるその接続を許可することができる．

スタティックパケットフィルタリングでは，スタティックルールが記述されていなければ，FTPサーバーがクライアントのTCPポート1067に接続しようとする試みをブロックする．実際には，クライアントはFTPサーバーに対して，1023より大きければどの番号のポートでも指定することができるので，そこで指定されたポート番号のアクセスを許可する静的ルールが記述されていれば，通信は可能である．

▸プロキシー

プロキシー（Proxy）ファイアウォールは，信頼できないエンドポイント（サーバー／ホスト／クライアント）と信頼できるエンドポイント（サーバー／ホスト／クライアント）間の通信を仲介する．内部から見ると，プロキシーは，内部にある既知のクライアントの機器から，インターネット上の信頼できないホストにトラフィックを転送し，通信があたかもプロキシーファイアウォールから発信されているように見せかけ，信頼できる内部クライアントを潜在的な攻撃者から見えないようにする．プロキシーを介した，サーバーとの典型的なやり取りを図4.11に示す．

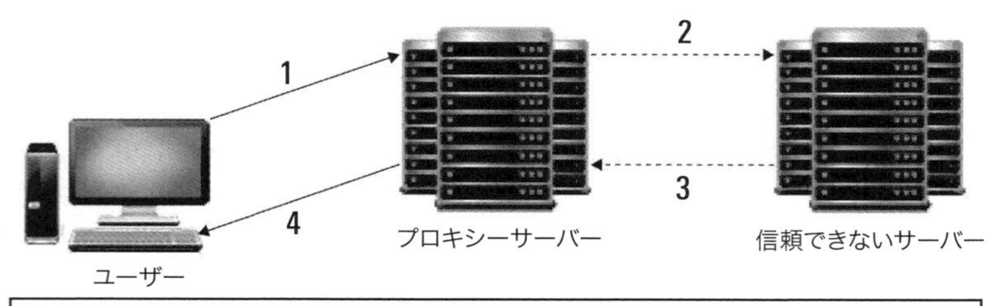

1. ユーザーの要求は，プロキシーサーバーに送られる．
2. プロキシーサーバーは，信頼できないホストに要求を転送する．信頼できないホストには，要求がプロキシーサーバーから発信されたかのように表示される．
3. 信頼できないホストは，プロキシーサーバーに応答する．
4. プロキシーサーバーは，ユーザーへの応答を転送する．

図4.11 プロキシーを使用したサーバーへのアクセス

ユーザーにとっては，信頼できないサーバーと直接通信しているように見える．内部ネットワークを1つのIPアドレスの背後に隠し，内部ホストと外部ホストの間の直接通信を防止するために，プロキシーサーバーは，インターネットゲートウェイに設置されることが多い．

▶ サーキットレベルプロキシー

サーキットレベルプロキシー（Circuit-Level Proxy）は，信頼できるホストが，信頼できないホストと通信できるルートを作成する．このタイプのプロキシーは，転送するトラフィックを検査しないため，ユーザーと信頼できないサーバーとの間の通信にはほとんどオーバーヘッドがない．サーキットレベルプロキシーはアプリケーションを解釈せずに，任意のトラフィックを任意のTCPおよびUDPポートに転送する．欠点は，悪質なコンテンツに対するトラフィック分析が行われないことである．

▶ アプリケーションレベルプロキシー

アプリケーションレベルプロキシー（Application-Level Proxy）は，特定のアプリケーションを実行している信頼できるエンドポイントから，信頼できないエンドポイントに対するトラフィックを中継する．アプリケーションレベルプロキシーの最も重要な利点は，プロトコル操作やバッファーオーバーフローなどの一般的な攻撃を含むトラフィックを分析できることである．アプリケーションレベルプロキシーは，転送するトラフィックを精査するため，アプリケーションの使用にはオーバーヘッドが発生する．

Webプロキシーサーバーは，典型的なアプリケーションレベルプロキシーである．多くの組織では，インターネットゲートウェイに設置し，外部Webサーバーを閲覧する際にWebプロキシーを使用するようユーザーのWebブラウザーを設定する（ユーザーがプロキシーサーバーを迂回することを防ぐために，ほかの制限も実装される）．プロキシーは通常，必要に応じたユーザー認証機能，ユーザーが不適切なサイトを参照しないようにするためのURLの検査機能，ロギング機能，多く閲覧されるWebページをキャッシュする機能を持つ．実際，内部ユーザー用のWebプロキシーは，組織の利用ルールを適用するためにも使われる．なぜなら，管理者が外部サイトをブラックリストに登録したり，調査に備えてユーザーの利用ログを証拠として記録できたりするからである．

▶ パーソナルファイアウォール

ファイアウォールの背後にあるホストからユーザーを保護するには，どんな方法があるのか？　例えば，**図4.10**のファイアウォールは，エンジニアリングLANセグメント上のユーザーを，同一セグメント上のユーザーから保護しない．

セキュリティの原則に従えば，ネットワーク上のすべてのホストからユーザーを保護するパーソナルファイアウォール（Personal Firewall）をワークステーションにインストールすべきである．DSLまたはケーブルモデムでインターネットにアクセスしている家庭ユーザーは，ネットワークにファイアウォールが設置されていない場合，すべてのPCにパーソナルファイアウォールをインストールすることが重要である．

パーソナルファイアウォールは一般ユーザーが利用するものであるため，インストールと設定が簡単である．ファイアウォールルールは，ネットワークやセキュリティの専門知識を必要としない，使いやすいインターフェースで作成することができる．エンタープライズファイアウォールほどの柔軟性は持っていないが，ステートフルインスペクションやロギングなど，ファイアウォールに必須の機能は備えている．

4.4.4 エンドポイントセキュリティ

エンドユーザーが最大のセキュリティリスクである．ユーザーは，企業の最も価値ある情報にアクセスすることができる．また，多くのユーザーが，企業のセキュリティポリシーを無視し，あらゆる種類のデバイス，アプリケーションおよびネットワークを使用し，禁止されていることを実行してしまう．さらに，クラウドは従業員に，監視の目をくぐり抜けて，エンドポイントとの間でデータを送受信する新しい方法を提供する．これらのデバイスやアクティビティの多くはセキュリティ担当責任者の目の届かないところにあるため，エンドポイントを脅威やデータ損失から保護するために必要とされる可視性は担保されていない可能性がある．

悪いことに，ユーザーのエンドポイントに存在する機密データは，攻撃者のターゲットとなっている．エンドポイントを使用して企業への入口を確保し，攻撃者は侵害されたエンドポイントから機密情報やその他のシステムにアクセスを行う．多くの場合，悪質なソフトウェアプログラムが実行される．さらに，様々な攻撃方法を組み合わせてネットワークを侵害していく．

ネットワークのエンドポイントは，ネットワークのほかの部分よりも防御機能が弱いため，攻撃者に狙われやすい．脆弱なワークステーション，プリンターおよびその他のエンドポイントは，ネットワーク上の様々な新しいタイプの攻撃の起点となっている．ワークステーションを要塞化し，ユーザーは，「最小特権」の原則に従い，可能な限りアクセスの限定されたアカウントしか使用しないようにすべきである．ワークステーションは，少なくとも以下のものを備えるべきである．

- 最新のウイルス対策およびマルウェア対策ソフトウェア
- 適切に設定，運用されているホスト型ファイアウォール
- 不要なサービスを無効にするなどの要塞化設定
- パッチ適用など，適切な管理が行われているオペレーティングシステム

ワークステーションがエンドポイント攻撃を受けやすいのは確かであるが，状況は変化している．スマートフォン，タブレット，パーソナルデバイスなどのモバイル機器が，エンドポイントとして利用されてきている．このようなデバイスの多様化に伴い，セキュリティアーキテクトは，組織のエンドポイント防御の多様性と機敏性を高めることも求められている．スマートフォンやタブレットなどのモバイル機器の場合，セキュリティ担当責任者は次の点を考慮する必要がある．

- デバイス全体の暗号化．不可能な場合は，少なくともデバイスに保持されている機密情報の暗号化
- リモート管理機能
  - リモートワイプ（遠隔消去）
  - リモート位置情報取得

- リモートアップデート
- リモート操作

• デバイス管理や，法的なデバイスの差し押さえを行うためのユーザーポリシーと同意

4.4.5 コンテンツ配信ネットワーク

コンテンツ配信ネットワーク（Content Distribution Network：CDN）は，インターネット上の複数のデータセンターに配置された，大規模分散サーバーシステムである．CDNの目的は，可用性と性能を高く保ったままユーザーにコンテンツを提供することである．CDNのサービスは，Webオブジェクト（テキスト，グラフィックス，スクリプト），ダウンロード可能なオブジェクト（メディアファイル，ソフトウェア，ドキュメント），アプリケーション（電子商取引，ポータル），ライブストリーミングメディア，オンデマンド，SNS（Social Networking Service）など，今日利用可能なインターネットコンテンツの大部分に対して適用されている．

CDNは15年以上も前から存在している．CDNは，メディアやエンターテインメント，ソフトウェアのダウンロード配信，ゲーム，電子商取引などの消費者向けサイトを成功に導く鍵となる技術である．CDNを利用することにより，コンテンツの所有者や提供者は，複数のデバイスやプラットフォームを利用した世界中のユーザーからのリクエストに対応する，迅速なシステム拡張が可能となる．

CDNの一例として，Amazon CloudFrontがある．これは，WebベースのAWS Management Console，もしくはAmazon CloudFrontのプログラマブルAPIを利用して，3ステップのプロセスで，コンテンツの配信環境を素早く作成することができるCDNである．ユーザーはまず，配信するコンテンツをオリジンサーバーに格納する．Amazon CloudFrontは，Amazon Elastic Compute Cloud（Amazon EC2），Amazon Elastic Load Balancing，Amazon S3などのAWSサービスと連携するように最適化されているが，AWS上にないWebサーバー（ユーザーが利用しているデータセンターのWebサーバー）も利用できる．次に，格納されたコンテンツの場所をAWSに登録する．最後に，指定されたAWSドメイン名または独自のドメイン名を使用して，Webサイトのコード，メディアプレーヤー，またはアプリケーションにコンテンツを追加する．視聴者がこのコンテンツにアクセスすると，Amazon CloudFrontサービスが引き継ぎ，Amazonのネットワーク上の最も近いエッジサーバーに自動的にリダイレクトされる．

すべてのセキュリティアーキテクト，セキュリティ担当責任者およびセキュリティ専門家は，CDN技術の特性と潜在性を理解しなければならない．分散型のグローバルネットワークインフラストラクチャーを使用して，クラウド上にホストされたコンテンツに対して，複数のプラットフォームや多様な端末を使用するオンデマンドのユーザーに，ほぼ瞬時にエンドポイントアクセスを提供するリスクに関して，これまでアーキテクトによる分析や説明は十分行われていない．

4.5 安全な通信チャネル

4.5.1 音声

▶モデムおよび公衆交換電話網

公衆交換電話網（Public Switched Telephone Network：PSTN）は，もともとアナログ音声通信用に設計された回線交換ネットワークである．人が電話をかけると，2つの電話機間に専用回線が作成される．発信者には専用回線を専有しているように見えるが，実際には複雑なネットワークを介して通信している．ほかのすべての回線交換技術と同様に，2つのエンドポイント間の通信が開始される前にネットワーク経由の経路が確立され，ネットワーク障害などの異常なイベントが発生しない限り，経路は通話中一定のままである．電話機は，銅線を使用してPSTNに接続し，約1～10kmのエリアにサービスを提供する中央局（Central Office：CO）に接続する．

COは，中継局（市内通話用）および集中局（市外通話用）の階層に接続されており，階層の上位レベルはより広いエリアをカバーしている．PSTNには，COを含め5つのレベルのオフィスがある．通話の両方のエンドポイントが同じCOに接続されている場合は，CO内でトラフィックが切り替えられる．それ以外の場合，集中局と中継局間で通話を切り替える必要がある．通話の距離が遠いほど，通話が切り替えられる階層が高くなる．例えば，**図4.12**では，発信者1と発信者2の間の通話はCO内で切り替えられる．しかし，発信者1と発信者3の間の通話は，一番左の一次集中局で切り替える必要がある．大量のトラフィックに対応するために，集中局は光ファイバーケーブルで相互に通信する．

以前は，PSTNはトーン周波数攻撃に対して脆弱だった．フリークス（電話ハッカー）のサブカルチャーがあり，市外通話を無料で行ったり，公共や専用の電話スイッチを操作したり，不正にボイスメールシステムにアクセスしたりといったことを試みていた．例えば，1960年代にフリークスは，AT＆T社がすべてのフリーダイヤル

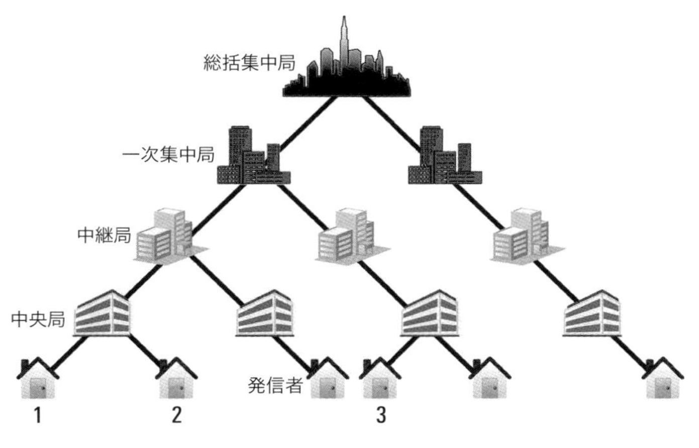

図4.12 公衆交換電話網(PSTN)

回線に2,600Hzのトーンを送っていることを発見し，無料で長距離電話をかけるためにそのトーンを再生する方法を考案した．フリーキング技術は，デジタルスイッチおよびIPベースの通信が広く普及したことにより，基本的に時代遅れになっている．フリーキングが存在する限り，無料で長距離電話をかけるために，キーパッドコマンドを利用し，不備のある企業の電話システムを攻撃する．しかし，現代の電気通信事業者のほとんどは，電話機などの公衆網のエントリーポイントから利用することができない，IPベースのデジタル制御を導入し，アナログ(トーンベース)制御を完全に廃止している．

▶ウォーダイヤリング(War Dialing)

モデムにより，どこからでもネットワークにリモートアクセスできるが，攻撃者もネットワークへの入口として使用することができる．攻撃者は自動ダイヤルソフトウェアを使用して，企業が使用する電話番号の全範囲にダイヤルし，モデムを特定することができる．モデムが接続されたホストのパスワードが弱い場合，攻撃者は簡単にネットワークにアクセスできてしまう．さらに悪いことに，音声とデータが同じネットワークを共有している場合，音声とデータの両方が侵害される可能性がある．

この攻撃に対する最善の防御策は，無人モデムをオンにしたままにせず，モデムの一覧を最新の状態にしておくことにより，セキュリティ専門家が知らないうちにモデムが設置されたり，使用されたりしないようにすることである．モデムは，1要素以上による何らかの形式の認証を適用すべきであるが，これらのデバイスの使用に伴うリスクを考慮し，業界標準は2要素認証に移行している．モデムを必要とする場合，組織は接続されたホストを保護するパスワードを強固なものにする必要があり，RADIUS (Remote Authentication Dial-in User Service)，ワンタイムパスワードなどの認証メカニズムを使用することが望ましい．

▶ POTS

POTS (Plain Old Telephone Service：アナログ電話サービス) は一般に，住宅およびビジネス電話サービスの「ラストマイル」によく見られる．かつて，ある国では「郵便局電話サービス」と呼ばれたが，家庭や企業に電話が急増したため，その呼び方はほとんど廃止されている．POTSは通常，人間の声を伝えるように設計された双方向アナログ電話インターフェースを指す．POTSには，携帯電話のような移動性や，多くの競合製品にある帯域幅が欠けているが，99.999%に近い，またはそれ以上の稼働率を誇る最も信頼性の高いシステムの1つである．高い信頼性が要求され，帯域幅が必要でない場合，POTSは依然として通信方式の1つの選択肢となっている．典型的なアプリケーションには，アラームシステムや，ルーターやその他のネットワーク機器の「アウトオブバンド管理」用のコマンド経路がある．

▶ PBX

PBX (Private Branch Exchange：構内交換機) は，企業や大規模な組織で一般的に使用されるエンタープライズクラスの電話システムである．PBXには，内部スイッチングネットワークと，通信トランクに接続されたコントローラーが含まれていることが多い．多くのPBXには，セキュリティ専門家が導入前に再設定しないと悪用可能な，メーカーの初期設定コード，ポート，制御インターフェースが存在した．PBXは，それを利用した長距離電話や組織内の盗聴を行うウォーダイヤラーの攻撃ターゲットとなることが多い．アナログPOTS PBXの多くは，VoIPベースまたはVoIP対応のPBXに置き換えられている．

▶ アナログとデジタルの電話システムはどう違うのか？

まず，アナログ電話システムとデジタル電話システムの基本的な違いを見てみよう．アナログ電話システムは，何十年もの間ビジネスをサポートしてきた．一般的な銅線とPOTS電話機で構成され，信頼性が高く，優れた音声品質を備え，標準的な家庭用電話に見られる保留，ミュート，リダイヤル，スピードダイヤルなどの基本機能を備えている．また，内線番号間で通話を転送できる場合もある．しかし，機能としてはこれぐらいである．シンプルさと限られた拡張性のため，比較的安価に購入可能である．しかし，アナログシステムは，モジュール化されていないハードウェアを使用しているため，サポート，設定およびアップグレードが高価になる可能性がある．例えば，内線番号の場所を変更するには，専門家がパンチボードを再配線する必要がある．アナログシステムの購入は短期的には安価だが，VoIPやCRM（Customer Relationship Management：顧客関係管理）システムなど，一般的なアプリケーションとの統合にアダプターが必要になる，クローズドなシステムへ利用者を囲い込む．

デジタル電話システムはより最新なシステムである．デジタルPBXは，様々な機能を追加するために独自のバス構造で設計されている．アナログ，デジタル，またはIP電話用のボードがキャビネットに追加される．保留音，VoIP統合，アラームシステムなどの機能は，モジュラー型のアドオンボードでサポートできる．現在，ほとんどのデジタルシステムは，独自のハードウェアまたはプロトコルを使用している場合でも，コントローラーにIPインターフェースを提供している．IPインターフェースにより，電子メールへのボイスメール配信，電子メールへのファックス配信，SMS（Short Message Service：ショートメッセージサービス）へのボイスメールのテキスト送信，クリックダイヤルおよびデスクトップクライアントソフトウェアなどの統合メッセージング機能が可能になる．これらのシステムは，独自のデジタルハードウェアと標準準拠のIPネットワーキングの組み合わせを使用するため，「ハイブリッド型PBX」とみなされている．最新のデジタルPBXは，100% IP化されており，ソフトウェアベースとなっている．

デジタルPBXはシンプルな銅線回路に依存しないため，追加，移動，変更に対して柔軟性がある．多くの場合，これらの変更はポイント&クリックツールを使用して設定できる．音声品質はアナログと同じか，それ以上である．内線や転送などの基本機能に加えて，デジタルPBXは，高度な自動応答，ボイスメール，コール転送オプションを備えている．デジタルPBXシステムは，コールセンターや営業ソフトウェアと統合するためのインターフェースも備えている．

4.5.2 マルチメディアコラボレーション

▶ピア・ツー・ピア・アプリケーションとプロトコル

ピア・ツー・ピア・アプリケーション（Peer-to-Peer［P2P］Application）は，主にマルチメディアファイルを中心とした知的財産の共有において論争の的となっているた

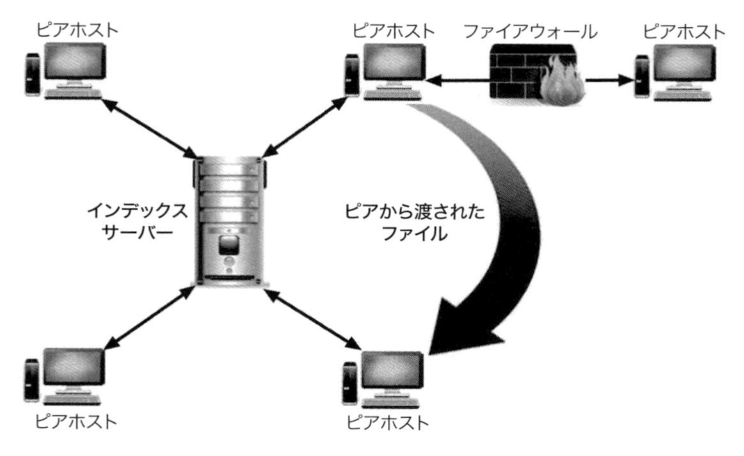

図4.13 ピア・ツー・ピア・アーキテクチャー

め，人気を博しているという見方と，悪名高いという見方がある．帯域幅の使用，容認できない行為および法的影響のため，ビジネス環境におけるピア・ツー・ピア・アプリケーションの監査は強く推奨される．

おそらく，最初に人気が出たP2Pアプリケーションは，Napsterである．Napsterは，とりわけ知的財産権違反が行われていたサーバーを運営していたという事実により法的紛争に負け，消滅した．最近のP2Pアプリケーションとしては，LimeWire☆7，eMule，Kazaa，Shareaza，Morpheus，BitTorrent，μTorrentなどがある．

P2Pに関連するセキュリティリスクは，P2Pアプリケーションを対象としたものから，大規模なボットネットの増殖と管理に利用される点までである．一般に，P2Pアプリケーションの多くは正当なアプリケーションであるが，著作権やその他の知的財産権の侵害や乱用にも関連している．P2Pネットワークでよく見られるコンテンツの特性に起因する法的リスクは，P2Pアプリケーションの使用を認めていない組織にも及ぶことがある．

P2Pアプリケーションは通常，ネットワーク境界を経由して（通常はトンネリングを利用して）管理外の通信経路を開くように設計されている．**図4.13**を参照．したがって，P2Pアプリケーションは，保護されたネットワークに，ボットネット，スパイウェアアプリケーション，ウイルスなどの危険なコンテンツを侵入させる手段を提供する．P2Pネットワークは，複数の重複するマスターノードとスレーブノードを使用して形成，管理されるため，完全に検出してシャットダウンすることは非常に困難である．1つのマスターノードが検出され，シャットダウンされた場合，P2Pボットネットを制御する"ボットハーダー(Bot Herder)"は，スレーブノードの1つをマスターにし，それを冗長ステージングポイントとして使用し，ボットネットのオペレーションを妨げずに続けることができる．

正当か不当かに関わらず，P2Pの使用が普及してきているため，多くのインターネットサービスプロバイダー(Internet Service Provider：ISP)が加入者ネットワークのトラフィックを「制限」し始めている．特に，パケット分析やポートの使用状況によりP2Pトラフィックを検出した場合，そのIPアドレスで使用可能なネットワーク帯域幅が，ISPの規定により制限される．制限は，ユーザーの使用しているアドレスが過度にネットワーク帯域幅を消費するのを防ぐために行われる．「過度に」とはISPの見解であるが，1ユーザーのP2Pアプリケーションが，非P2Pユーザーの100倍のネットワーク帯域幅を日々簡単に消費することがある．

▶遠隔会議技術

組織と個人が「仮想的に」会うことを可能にする技術とサービスが多く存在する．こうしたアプリケーションは通常Webベースで，ブラウザーに拡張機能をインストールするか，ホストシステム上にクライアントソフトウェアをインストールする．これらの技術では通常，デスクトップ共有も可能である．こうした機能は，ユーザーのデスクトップの表示だけでなく，リモートユーザーによるシステムの制御も可能にする．

遠隔会議(Remote Meeting)技術とサービスのベンダーを決定する際には，セキュリティ専門家は十分に注意しなければならない(ベンダーのソフトウェアとサーバーは，安全性が証明されるまでは疑わしいと考えなければならない)．さらに，会議中に交換される情報の特性を考慮するのと同様に，参加者は会議中の暗号化と認証の利用を考慮する必要がある．

一部の組織では，カメラ，モニター，会議室などの専用機器を使用して，遠隔会議を開催したり，参加したりしている．これらのデバイスは多くの場合，VoIPと，場合によってはPOTS技術の組み合わせであるが，以下のようなリスクやその他のリスクにさらされている．

- ウォーダイヤリング
- ベンダーのバックドア
- デフォルトのパスワード
- オペレーティングシステムまたはファームウェアの脆弱性

▶インスタントメッセージング

インスタントメッセージングシステム（Instant Messaging System）は一般的に，ピア・ツー・ピア・ネットワーク，ブローカー通信およびサーバー指向ネットワークの3つのクラスに分類することができる．**図4.14**を参照．これらのクラスはすべて，1対1の基本的な「チャット」サービスをサポートしており，多くの場合，多対多もサポートする．ほとんどのインスタントメッセージングアプリケーションは，画面共有，リモート制御，ファイル交換，音声およびビデオの会話など，テキストメッセージ機能以外の追加サービスも提供している．一部のアプリケーションでは，コマンドスクリプトも利用可能である．

インスタントメッセージングおよびチャットは，オフィスコミュニケーション，顧客サポートおよび「プレゼンス」アプリケーションに使用され，重要なビジネスアプリケーションとみなされている．インスタントメッセージ機能は，VoIPやビデオ会議など，ほかのIPベースのサービスとともに導入されることが多い．ここで言及されているリスクの多くは，オンラインゲームにも当てはまる．オンラインゲームは今日，参加者間のインスタントコミュニケーションを提供している．例えば，マルチユーザードメイン（Multiuser Domain：MUD）などのマルチプレイヤーロールプレイングゲームは，技術的にはTelnetプロトコルの変種を基にしているが，IRCと性質的に似ているインスタントメッセージングに大きく依存している．

インスタントメッセージングをサポートするリアルタイム通信プロトコルとアプリケーションは多く存在する．もともとインスタントメッセージングでは，クライアントソフトウェアをデスクトップにインストールする必要があったが，現在のインスタントメッセージングはJavaScriptとActiveXをベースにしているため，クライアントに最新のWebブラウザーがあれば，HTTPを介してインスタントメッセージングサーバー（IMサーバー）に接続できる．次項では，オープンプロトコルを利用するアプリケーションに焦点を当てる．

4.5.3 オープンプロトコル，アプリケーションおよびサービス

▶XMPPおよびJabber

Jabberは，様々なオープンソースクライアントが存在するオープンなインスタントメッセージングプロトコルである．Jabberに基づく多数の商用サービスが存在する．

Jabberは，RFC 3920およびRFC 3921★[36]で定義されているように，XMPP（Extensible Messaging and Presence Protocol）という名前でインターネット標準プロトコルとなっ

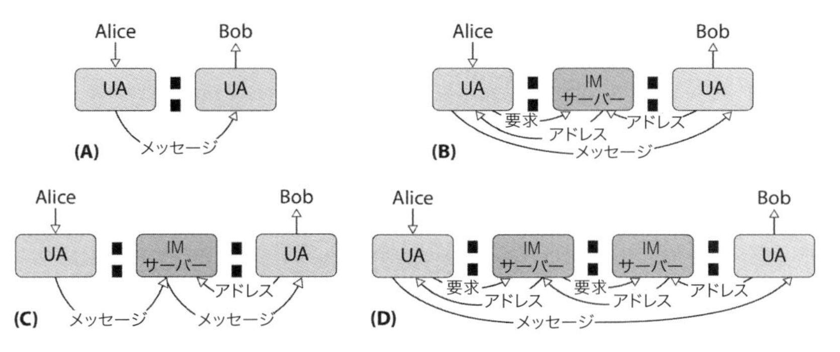

図4.14 インスタントメッセージ接続の設定
A)直接
B)中央サーバー経由
C)メッセージも中央サーバー経由
D)異なるサーバー経由

出典：Wams, J. M. S. and van Steen, M., "Internet Messaging," *The Practical Handbook of Internet Computing*, Singh, M. P (eds.), CRC Press, Boca Raton, FL, 2005.（許諾取得済み）

ポート	5222/TCP, 5222/UDP
定義	RFC 3920 RFC 3921

表4.12 XMPPクイックリファレンス

ている（表4.12）.

Jabberはサーバーベースのアプリケーションである．そのサーバーは，ほかのインスタントメッセージングアプリケーションとやり取りするように設計されている．IRCと同様に，誰でもJabberサーバーを提供できるため，Jabberサーバーネットワークは信頼できるとはみなされていない．

Jabberのトラフィックは TLSで暗号化できるが，これによってサーバーオペレーターの盗聴が防止されるわけではない．しかし，Jabberは実際のペイロードデータを暗号化するAPIを提供している★37.

Jabberは，それ自身で，平文やチャレンジ／レスポンス認証など，様々な認証方法を提供する．しかし，サーバーでほかのインスタントメッセージングシステムへの相互運用性を実現するためには，サーバーはターゲットネットワークのユーザーの資格情報をキャッシュしなければならないため，サーバーオペレーターやサーバーに侵入した攻撃者は様々な攻撃が可能である．

ポート	194/TCP, 194/UDP
定義	RFC 1459

表4.13 IRCクイックリファレンス．コミュニケーションは，パブリックディスカッショングループ（チャネル）と個々のユーザー間のプライベートメッセージングで構成されている★38．

▸インターネットリレーチャット

広く普及しているインターネット上のチャットシステムのうち，インターネットリレーチャット（Internet Relay Chat：IRC）は間違いなく最初のものであった．IRCは学術分野ではまだ利用が多いが，商用サービスにおいての利用は少なくなっている．しかし，IRCのチャネルとサーバーは，匿名で情報やファイルを共有したいと考えている人にとってまだまだ利用可能であり，人気もある．IRCは通常，ターミナルまたはTelnet接続を介して動作し，セッションは理論的に画面上のテキストのみのため，ファイル転送に関するログを残さず，匿名性が高かった（**表4.13**）．

IRCはクライアント／サーバーベースのネットワークである．IRCは暗号化されていないため，スニッフィング攻撃のターゲットとなりやすい．IRCの基本アーキテクチャーは，サーバー間の信頼関係を基盤としているため，独特のサービス拒否攻撃が可能である．例えば，悪意あるユーザーが，サーバーまたはサーバーのグループがほかのサーバーから切断されている間に，チャネルをハイジャックすることができる（ネットスプリット）．

IRCはまた，初心者や技術的に未熟なユーザーに対するソーシャルエンジニアリング攻撃のプラットフォームとなりやすい．

もともとのクライアントはUNIXベースであったが，現在ではWindows，Apple Macintosh，Linuxなど，多くのプラットフォームでIRCクライアントが利用可能である．セキュリティ専門家は，IBM Lotus Instant MessagingやWeb Conferencing（Sametime）などの独自のアプリケーションだけでなく，次のような商用サービスも理解しなければならない．

- 独自のOSCAR（Open System for Communication in Real-Time）プロトコルをベースにしたAOL Instant Messenger☆8およびICQ
- オープンなJabber/XMPPをベースにしたGoogle Talk
- 独自のMSNP（Mobile Status Notification Protocol）をベースにしたMicrosoft MSN Messenger/Windows Messenger☆9

- 独自のプロトコルをベースにしたYahoo! Messenger

これらのアプリケーションとサービスはすべてサーバーベースである．これらのサービス間の相互運用性は，XMPPを利用したサーバーベースにより実現する方法と，マルチプロトコル対応のクライアントにより実現する方法がある．アプリケーションのセキュリティは，プロトコルの強度，実装の品質，オペレーターの信頼性，ユーザーの行動に基づいている．こうしたアプリケーションをビジネスで使用する場合は，セキュリティ上の問題を防ぐために，アーキテクチャーおよびポリシーによる厳格な対策を講じる必要がある．

多くのインスタントメッセージングアプリケーションは，多様な通信チャネルをサポートするように設計され，HTTPを使ってトンネリングでき，技術的な攻撃やソーシャルエンジニアリング攻撃に悪用されうるオンライン通知サービスを提供しているため，セキュリティ対策は非常に重要である．インスタントメッセージング／チャット／IRC技術を採用することによって得られるビジネス上および個人的な利点は多くあるものの，多くのリスクもある．論理的資産（ネットワーク，サーバー，ワークステーション，データおよび知的財産）の完全性を保護しようとする個人と企業の両方がこのリスクに直面している．

▸真正性

インスタントメッセージングやチャットアプリケーションでは，次の方法で簡単にユーザーIDを偽装できる．

- 登録時に紛らわしいIDを選択したり，オンライン中にニックネームを変更したりする．
- アプリケーションがディレクトリーサービスを必要とする場合に，ディレクトリーサービスを操作する．
- 攻撃者のクライアントまたは攻撃対象のクライアントを操作し，誤ったID情報を送信または表示する．

こうしたリスクはあらゆる種類の通信ネットワークに（電子メールにおいても）共通のものであるが，リアルタイムコミュニケーションではユーザーがやり取りを分析する時間が少ないため，さらにリスクが高くなる．同様に，Facebook，Vine☆10，Kik，Twitter，LinkedInなどのソーシャルネットワーキングサービスとサイトがますます成長していることにより，不正なIDを作り，犯罪目的のために他人を欺こうとする機会が増えている．

▶機密性

多くのチャットシステムでは情報が平文で送信される．暗号化されていない電子メールと同様に，ネットワーク上での盗聴により情報を得ることができる．また，チャットアプリケーションの「クローズドルーム」のように，チャットアプリケーションが作り出すプライバシーに対する錯覚や期待により，別の機密性侵害が生じる可能性がある．使用するインフラストラクチャーの種類によっては，チャットシステムのオペレーターなどの特権ユーザーが，すべてのメッセージを平文で読み取ることができるものもある．

インスタントメッセージングクライアントのファイル転送機能は，情報漏洩（特にファイル漏洩）に関して管理されていないチャネルとみなすことができる．管理不能なチャネルと同様なリスクがほかにも多数あるため，これらのリスクを過大に評価すべきではないものの，全体的なリスクは依然として高いままの可能性がある．

▶スクリプティング

IRCクライアントなどのチャットクライアントでは，チャットチャネルへの参加などの管理タスクを簡単に行うためのスクリプトが実行できる．こうしたスクリプトは，比較的単純な保護（サンドボックスではない）あるいは保護されていない環境においてユーザー権限で実行されるため，ソーシャルエンジニアリングやその他の攻撃のターゲットとなりやすい．実行されたコマンドに騙されると，そのコンピュータはほかの攻撃のために開放されたままになる．

▶ソーシャルエンジニアリング

スパムやフィッシングメールと関連するソーシャルエンジニアリング攻撃では，攻撃者は，例えば，特定の企業や社会集団に属していると主張するなど，不当な正当性を主張するために人間の本質と善意を悪用する．さらに，ソーシャルネットワーキングアプリケーションとサービスにより，犯罪や詐欺の目的でグループの正当なメンバーになりすます多くの機会が与えられる．ソーシャルネットワークでは堅苦しさもなく，コミュニティ中心の環境となるため，例えば，相手を信頼している様子を示すために，相手に安全でない行動をとらせるというような社会的プレッシャーがソーシャルネットワークに存在することもある．

インスタントメッセージングやチャットシステムを使用してオンラインサポートやその他の顧客とのやり取りを行うビジネス環境では，真正性(およびその後の否認防止)の欠如が懸念事項である．インスタントメッセージングは，相手の確認をほとんど行わないでコミュニケーションを「ライブ」で行う特性と，ボディランゲージや声の調子のような感情表現を持たない特性が合わさっているため，ソーシャルエンジニアリングに携わる者が利用する主要な手段の1つとなっている．

▶ SPIM

インスタントメッセージングクライアントやソーシャルネットワーキングサイトの普及に伴い，ポップアップウィンドウによる特定の形態のSPIM (Spam over Instant Messaging)がしばらくの間続いた．最も簡単な対策は，サービスを無効にすることである．主要なソーシャルネットワーキングサイトでの現在の被害は，SPIMとスパムであり，名目上内部のメッセージングシステムを介して伝播する．これらのシステムは，インターネットスパムを削減するために，独自のメッセージングサービスを使い，かつ利用を内部のサービスとメンバーのみに制限している．残念ながら，常にそうであるように，詐欺師や犯罪者は，これらのソーシャルネットワーキングサイト内で何千もの偽のアカウントを作り，内部のメッセージングシステムを通じてメンバーを直接攻撃することによって，この防御を回避することを知った．

▶ ファイアウォールのトンネリングとその他の制限事項

ストリーミングオーディオおよびビデオアプリケーションと同様に，企業のファイアウォールは，インターネット上のピアとの直接通信の障害物と認識されてきた．開発者にとって簡単ではあるが，間違いなく不正な解決策は，常に利用可能なプロトコルであるHTTPを使ってトンネリングすることであった．

クライアントによっては，外部サーバーをポーリングすることで内部ネットワークへのアクセスを有効にすることも可能である(この技術は，特定の種類のリモートアクセスソフトウェアで広く利用されている)．HTTPトンネリングの制御は，ファイアウォールまたはプロキシーサーバーで行うことができる．ただし，ピア・ツー・ピア・プロトコルの場合，「デフォルトで拒否」ポリシーが必要である．また，正当な代替手段を提供せずにインスタントメッセージをブロックすることは，ユーザーに受け入れられない可能性が高く，ユーザーにより危険な代替手段を利用させることにつながりかねない．

内部ネットワークへのファイル転送は，特にウイルス拡散に対するポリシーや制限の回避にもつながることに注意すべきである．効果的な対処法は，クライアント上でウイルス対策ソフトのオンアクセススキャンを実行することであり，常に有効化すべきである．

4.5.4 リモートアクセス

▶VPN

▶仮想プライベートネットワーク

仮想プライベートネットワーク（Virtual Private Network：VPN）は，2つのホスト間の暗号化されたトンネルで，インターネットなどの信頼できないネットワーク上で安全な通信を可能にする（図4.15）．リモートユーザーはVPNを使用して組織のネットワークにアクセスし，（VPNの実装にもよるが）物理的にオフィスにいるかのようにほぼ同じリソースを利用できる．高価な専用のポイント・ツー・ポイント接続の代わりに，組織はゲートウェイ間VPNを使用して，サイト間やビジネスパートナーとの間で，インターネットを経由した安全な情報の送信を行う．

▶IPSec認証とVPNの機密性

IPSec（IP Security）は，認証と暗号化のメカニズムを提供することにより，IPで安全に通信するためのプロトコルである．IPv6ではIPSecの実装が必須であり，多くの組織ではIPv4でIPSecを使用している．さらに，IPSecには，エンド・ツー・エンドの保護に適したモードと，ネットワーク間のトラフィックを保護するモードという2つのモードがある．

標準的なIPSecは，ホスト間の認証だけを行う．組織でユーザーの認証が必要な場合は，非標準の独自のIPSecを採用するか，IPSec over L2TP（Layer 2 Tunneling Protocol）を使用する必要がある．後者の方法では，L2TPを使用してユーザーを認証し，IPSecパケットをL2TPでカプセル化する．

IPSecではパケットヘッダー内のIPアドレスの変更を攻撃として解釈するため，IPSecではNATがうまく機能しない．2つのプロトコルの非互換性を解決するために，NAT-Traversal（NAT-T）はIPSecパケットをUDPポート4500でカプセル化する（詳細はRFC 3948を参照）★39．

▶認証ヘッダー

認証ヘッダー（Authentication Header：AH）は，送信者の身元を証明し，送信された

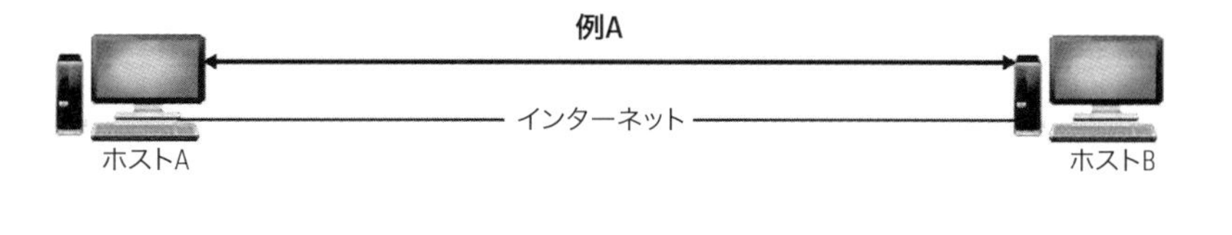

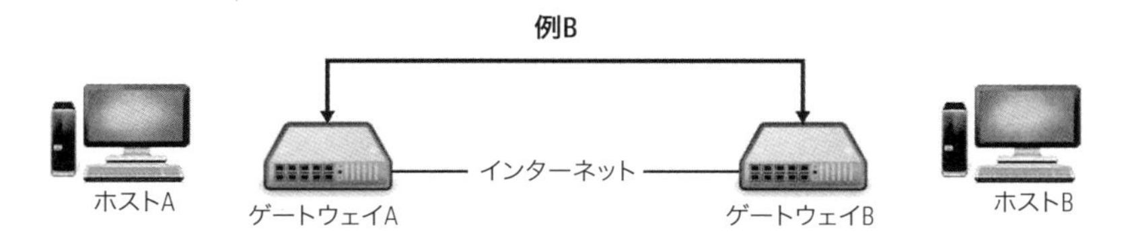

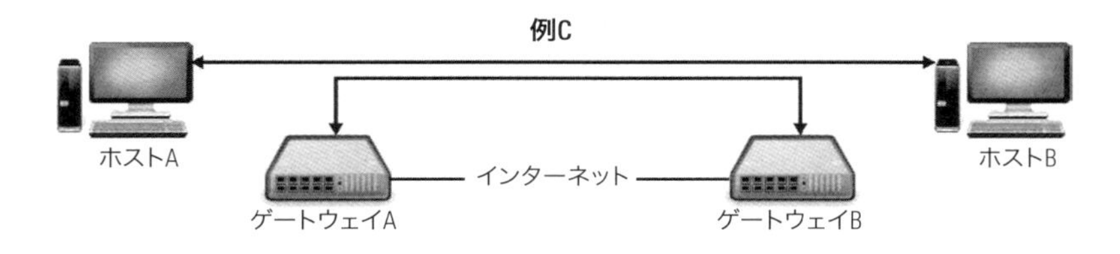

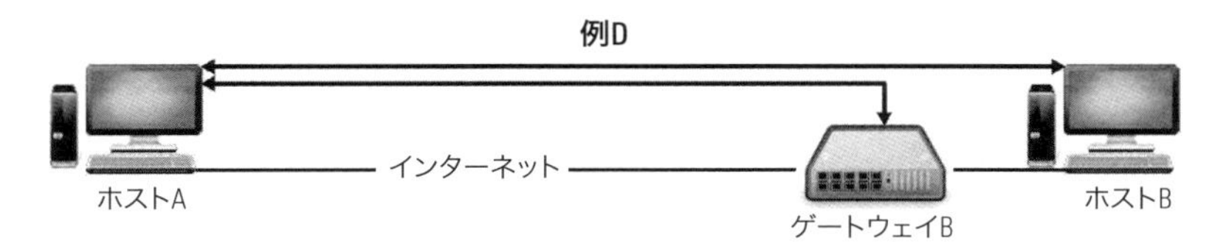

図4.15 VPNのタイプ

- 例Aは，2つのホストがインターネット上で安全なピア通信を確立する．
- 例Bは，典型的なゲートウェイ間VPNを表している．内部のホストの通信のために，VPNをゲートウェイで終端する．
- 例Cは，例Aと例Bの組み合わせで，ゲートウェイ間VPN内でホスト間の安全な通信ができるようになっている．
- 例Dでは，リモートホストがISPに接続してIPアドレスを付与され，通信先のネットワークのゲートウェイとVPNを確立する状況を示している．ホストとゲートウェイ間でトンネルが確立され，内部システムに対してトンネルモードまたはトランスポートモードで通信が確立される．この例では，リモートホストがトンネルヘッダーの前にトランスポートヘッダーを付加する必要がある．また，ゲートウェイは，インターネットから内部システムへのIPSec接続および鍵管理プロトコルを許可する必要がある．

出典：Tiller, J. S., "IPSec Virtual Private Networks," *Information Security Management Handbook, 6th ed.*, Tipton, H. F. and Krause, M. (eds.), Auerbach Publications, Boca Raton, FL, 2005.（許諾取得済み）

データが改ざんされていないことを証明するために使用される．各パケット（ヘッダー＋データ）が送信される前に，共有秘密鍵を使って計算されたパケットの内容のハッシュ値（パケットがルーティングされる時に変更されることが予想されるフィールドを除く）

がAHの最後のフィールドに挿入される．エンドポイントは，セキュリティアソシエーションを確立する際に，使用するハッシュアルゴリズムと共有秘密鍵を取り決める．リプレイ攻撃（正当なセッションを再送信して不正アクセスする）を阻止するために，セキュリティアソシエーション中に送信される各パケットにはシーケンス番号が振られ，AHに格納される．トランスポートモードでは，AHはパケットのIPとTCPヘッダーの間に入る．AHは，機密性ではなく完全性を保証するのに役立つ．暗号化は，ESPを使用して行われる．

▸ESP

ESP（Encapsulating Security Payload：暗号ペイロード）はIPパケットを暗号化し，その完全性を保証する．ESPには4つのセクションがある．

- ESPヘッダー：使用するセキュリティアソシエーションとパケットシーケンス番号が含まれている．AHと同様に，ESPはリプレイ攻撃を阻止するためにすべてのパケットにシーケンス番号が振られる．
- ESPペイロード：ペイロードにはパケットの暗号化された部分が含まれる．暗号アルゴリズムが初期化ベクター（IV）を必要とする場合，IVはペイロードに含まれる．セキュリティアソシエーションを確立する際に，エンドポイントは使用する暗号化方式を取り決める．負荷を減らしてパケットを暗号化する必要があるため，ESPは通常，対称暗号アルゴリズムを使用する．
- ESPトレーラー：暗号アルゴリズムが必要とする場合，パディング（詰め物バイト）を付加して，フィールドを調整する．
- 認証：認証が使用される場合，このフィールドにはESPパケットの完全性チェック値（Integrity Check Value：ICV／ハッシュ値）が含まれる．AHと同様に，エンドポイントがセキュリティアソシエーションを確立する際に，認証アルゴリズムを取り決める．

▸セキュリティアソシエーション

セキュリティアソシエーション（Security Association：SA）は，エンドポイントが通信相手と通信時に使用するメカニズムを定義する．すべてのSAは一方向の通信のみを対象とする．そのため，双方向通信の際にはもう1つのSAを定義する必要がある．SAで定義されるメカニズムには，暗号アルゴリズムと認証アルゴリズム，およびAHプロトコルとESPプロトコルのどちらを使用するかが含まれる．メカニズムをプロトコルで指定するのではなくSAに委ねることで，通信者は状況に応じて適切なメカニズムを使用することができる．

▶トランスポートモードとトンネルモード

エンドポイントは，トランスポートモードまたはトンネルモードのいずれかを使用してIPSecで通信を行う．トランスポートモード（Transport Mode）ではIPペイロードが保護される．このモードは，主にクライアントとサーバーの間などのエンド・ツー・エンドの保護に使用される．トンネルモード（Tunnel Mode）では，IPペイロードとそのIPヘッダーが保護される．保護されたIPパケット全体は，新たなIPパケットおよびヘッダーのペイロードになる．トンネルモードは，ファイアウォール間のVPNなど，ネットワーク間でよく使用される．

▶インターネット鍵交換

インターネット鍵交換（Internet Key Exchange：IKE）により，通信者は互いの身元を証明し，安全な通信経路を確立することができ，IKEはIPSecの認証コンポーネントとして利用される．IKEは2つのフェーズを使用する．

- **フェーズ1**（Phase 1）＝このフェーズでは，通信者は次のいずれかを使用して互いに認証する．
    - **共有秘密鍵**（Shared Secret）＝人が電話，ファックス，暗号化メールなどを利用して交換した鍵．
    - **公開鍵暗号**（Public Key Encryption）＝デジタル証明書が交換される．
    - **改良型公開鍵暗号**（Revised Mode of Public Key Encryption）＝公開鍵暗号の負荷を減らすために，nonce（セキュリティにおける用語で，暗号通信で用いられる，一度だけ使用される数字またはビット列を指す）が通信相手の公開鍵で暗号化され，送信者のIDは，nonceを鍵として対称鍵暗号で暗号化される．

次に，IKEは，一時的なSAと安全なトンネルを確立し，残りの鍵交換を保護する．

- **フェーズ2**（Phase 2）＝フェーズ1終了時に作成されたセキュアなトンネルと一時的なSAを使用して，通信者間のSAを確立する．

▶ HAIPE

HAIPE（High Assurance Internet Protocol Encryptor）はIPSecをベースに，制限の追加や機能の強化が行われたものである．例えば，高品質のハードウェア暗号化を使用してマルチキャストデータを暗号化できる．ただし，同じ鍵をすべての通信デバイスに手動でロードする必要がある．HAIPEは，IPSecの拡張であり，軍事アプリケーションなど，通信に高度なセキュリティが必要なところで利用されている．

▶ トンネリング

▶ PPTP

PPTP（Point-to-Point Tunneling Protocol）は，ほかのプロトコル上で実行されるVPNプロトコルである．PPTPによるエンドポイント間のトンネル確立はGRE（Generic Routing Encapsulation）に依存する．通常，MS-CHAP v2（Microsoft Challenge Handshake Authentication Protocol version 2）によるユーザー認証のあと，PPP（Point-to-Point Protocol）セッションはGREを使用してトンネルを確立する．PPTPは1990年代に大打撃を受けた．暗号学者が，MS-CHAP v1（認証プロトコル）と暗号化実装の欠陥，ユーザーパスワードの暗号鍵としての利用などのプロトコルの脆弱性を発表した．Microsoft社は，改良されたMS-CHAPを認証に使用するなど，前バージョンの脆弱性に対処したPPTP v2をリリースした．それでも，PPTP v2はオフラインのパスワード推測攻撃に対して脆弱である．

PPTPの主要な欠点は，ユーザーのパスワードから暗号鍵を導出していることである．これは暗号化の原則であるランダム性に反しており，攻撃の起点を与えることになりうる．一般的に，パスワードベースのVPN認証は，リモートアクセスに対する2要素認証の推奨に反する．セキュリティアーキテクトとセキュリティ担当責任者は，リモートアクセス技術の導入と使用を計画する際に，PPTPで指摘されている問題などの既知の欠点を考慮する必要がある．

▶ L2TP

L2TP（Layer 2 Tunneling Protocol）は，Cisco Systems社（シスコシステムズ）のL2F（Layer 2 Forwarding）とMicrosoft社のPPTPのハイブリッドである．発信者はPPPを使用し，シリアル回線経由で，インターネットを介してリモートネットワークに接続できる．ダイヤルアップユーザーは，ISPのL2TPアクセスコンセントレーター（L2TP Access Concentrator：LAC）にPPPで接続する．LACは，PPPパケットをL2TPにカプセル化し，リモートネットワークのレイヤー2ネットワークサーバー（Layer 2 Network Server：

ポート	1812/TCP, 1812/UDP 1813/TCP, 1813/UDP
定義	RFC 2865

表4.14 RADIUSクイックリファレンス★41

LNS）に転送する．この時点で，LNSはダイヤルアップユーザーを認証する．認証に成功すると，ダイヤルアップユーザーはリモートネットワークにアクセスできる．

LACとLNSは共有秘密鍵で相互認証が可能であるが，RFC 2661に記載されているように，認証はLACとLNS間のトンネルが確立されている間のみ有効である★40．

L2TP自体は暗号化を提供せず，トンネルモードIPSecなどのほかのプロトコルに任せ，機密性を担保する．

▶ RADIUS

RADIUS（Remote Authentication Dial-in User Service）は，許容レベルのセキュリティとスケーラブルな認証の実現のために，ISPなどのネットワーク環境や，レイヤー3ネットワークアクセスにシングルサインオンが必要な同様のサービスで主に使用される認証プロトコルである（**表4.14**）．さらに，RADIUSは接続時間などの使用量の測定機能を提供する．RADIUS認証は，単純なユーザー名／パスワードの認証情報に基づく．これらの認証情報は，RADIUSサーバーと共有する秘密鍵を使用して，クライアントによって暗号化される．

セキュリティアーキテクトは，RADIUSをリモートアクセスのシステム構成の一部として導入するかどうかを検討する際には，RADIUSの長所と短所を考慮する必要がある．特に，ISPでは，不正アクセス（および帯域幅の不正利用）のリスクとRADIUS導入のコストとのバランスをとらなければならない．幸いなことに，RADIUSは比較的導入が容易で，市場の多くのデバイスがRADIUSプロトコルに対応している．結果として生じる導入コストの削減により，ISPのリスクは相殺される．

逆に，企業ネットワークへのアクセスなど，より高度なセキュリティ認証および認可が必要な場合には，RADIUSは十分に安全でない可能性がある．このような場合，RADIUSに2要素認証を組み合わせてセキュリティを高めることが望ましい．

全体として，RADIUSには次の問題がある．

- RADIUSは多数の暗号解読攻撃のターゲットとなり，リプレイ攻撃が成功する可能性がある．

ポート	161/TCP, 161/UDP 162/TCP, 162/UDP
定義	RFC 1157

表4.15 SNMPクイックリファレンス★42

- RADIUSには完全性保護が欠如している．
- RADIUSでは特定のフィールドのみを暗号化して送信する．

▶ SNMP

SNMP（Simple Network Management Protocol）はネットワークインフラストラクチャーを管理するために設計されている（**表4.15**）．

SNMPアーキテクチャーは，管理サーバー（SNMP用語では「マネージャー［Manager］」と呼ばれる）とクライアント（「エージェント［Agent］」と呼ばれ，通常，ルーターやスイッチなどのネットワーク機器にインストールされる）で構成される．SNMPを使用すると，マネージャーは，エージェントから変数の値を取得したり，変数の値を設定したりすることが可能である．そのような変数には，ルーティングテーブル情報，パフォーマンス監視情報がある．

SNMPは非常に堅牢で，スケーラブルであることが証明されているものの，多くの明確な脆弱性がある．一部の脆弱性は仕様によるものであり，ほかは設定パラメーターに関連するものである．

おそらく最も簡単に悪用されるSNMPの脆弱性は，デフォルト値あるいは簡単に推測できる値に設定されたSNMPパスワードに対する総当たり攻撃である．SNMPパスワードは「コミュニティ名」として知られており，リモートデバイスを管理するためによく使用される．SNMP v1とv2の導入規模と，コミュニティ名を保護するためのセキュリティ強化なしにSNMPを使用するリスクに対して，明確な指示がセキュリティ専門家からないことと相まって，この攻撃は現実的なものであり，潜在的に重要な問題ではあるが，リスクを低減することは容易である．

SNMPは，v2まで認証や伝送におけるセキュリティを提供していなかった．認証は，コミュニティ名と呼ばれる識別子（この文字列はエージェントに設定されている）とコマンドと一緒に送られるパスワードで行われる．マネージャーはコミュニティ名により，エージェントに対して自分自身を証明する．結果的として，パスワードを簡単に傍受することができ，コマンドの傍受や偽造につながる．

上述の問題と同様に，SNMP v2では暗号化もサポートされていなかったため，

ポート	23/TCP
定義	RFC 854 RFC 855

表4.16 Telnetクイックリファレンス[44]

パスワード(コミュニティ名)は平文で送信されていた．SNMP v3では，パスワードの暗号化でこの脆弱性に対処している[43]．

▶リモートアクセスサービス

本セクションでは，Telnet，rlogin，X Window System (X11) といったサービスを説明する．これらは多くのUNIX OSで使用され，NFSおよびNISと組み合わせることにより，シームレスなリモート作業機能を提供することができる．ただし，適切に設定および管理されていない場合は，セキュリティリスクの高い組み合わせとなる．これらは相互信頼に基づいて構築されているため，攻撃時のアクセス権の取得や，水平方向および垂直方向への権限昇格に悪用される可能性がある．これらの認証と伝送は仕様上安全ではない．そのため，改良(X11)や，完全な置換(Telnetやrloginの SSHへの置換)が必要であった．

▶Telnet(TCP/IPターミナルエミュレーションプロトコル)

Telnetは，ほかのホストへのコマンドラインアクセスを提供するために設計されたコマンドラインプロトコルである(表4.16)．Windowsでの実装もあるが，Telnetはもともと UNIXサーバーの世界のものだった．実際, Telnetサーバーは UNIXサーバーに標準装備されている(それを有効にするかどうかはまったく別の問題だが，小規模なLAN環境ではTelnetがいまだに広く使われている)．

- Telnetはほとんどのセキュリティ機能を提供していないので，信頼できない環境での利用には深刻なセキュリティリスクがある．
- Telnetの認証は，ユーザー名とパスワードのみである．
- Telnetは暗号化機能を提供しない．

攻撃者がいったん，通常ユーザーの資格情報を取得すると，コマンド実行だけでなく機器間でのデータのやり取りもできるため，容易に権限昇格が可能となる．Telnetサーバーはシステム権限で実行されているので，それ自体攻撃者の魅力的なターゲットである．Telnetサーバーへの攻撃は，攻撃者がシステム権限を取得する道を開く．

したがって，セキュリティ担当責任者は，インターネット越しおよびインターネット接続機器でのTelnetの使用を中止することが推奨されている．実際，インターネットに接続しているサーバーの一般的な要塞化手順では，UNIXシステムで通常`telnetd`という名前で実行されているTelnetサービスを無効にすることが必要となっている．また，リモートでのサーバー管理が必要な場合にはSSHv2を使用する必要がある．

▶ リモートログイン(rlogin)，リモートシェル(rsh)，リモートコピー(rcp)

最も一般的な形式では，rloginは機器（通常はUNIXサーバー）へのリモートアクセスのために使用されるプロトコルである（表4.17）．同様に，rshは直接，リモートからコマンドの実行が，rcpはリモートの機器との間でのデータコピーができる．

rloginデーモン（`rlogind`）が機器上で実行されている場合，rloginアクセスは，システム全体の設定ファイルまたはユーザーの設定ファイルの2つの方法によって許可される．後者では，ユーザーはシステム管理者によって許可されなかったアクセスを許可することができる．rshとrcpは異なるデーモン（`rshd`）でサービス提供されているが，これらにも同じメカニズムが適用される．

これらの認証は，ホスト名／IPアドレスベースであると考えることができる．rloginはユーザーIDに基づいてアクセスを許可するが，検証はされない．すなわち，アクセス要求が信頼できるホストから行われた場合，リモートクライアントが所有すると主張するIDは無条件に受け入れられる．rloginプロトコルは暗号化せずにデータを送信するため，盗聴や傍受の対象となる．

rloginプロトコルの価値は限定的である．その主な利点であるパスワードなしのリモートアクセスは，主な欠点でもあると考えられる．したがって，信頼できるネットワークでのみ使用する必要がある．rlogin，rshおよびrcpのより安全な代替は，SSHv2である．

▶ スクリーンスクレーパー

スクリーンスクレーパー（Screen Scraper）は，人間向けにディスプレイ上に出力された結果からデータを抽出するプログラムである．スクリーンスクレーパーの正規の利用方法は，古い技術と現代の技術との連携である．この技術の不正な使用方法としては，ユーザーが銀行のWebサイトでPIN（Personal Identification Number：個人識別番号）を入力する際，コンピュータに組み込まれたウイルスやマルウェアによって，その画面をキャプチャーすることが挙げられる．

ポート	513/TCP
定義	RFC 1258

表4.17 rloginクイックリファレンス★45

ポート	80/TCP, 443/UDP
定義	ベンダー独自

表4.18 VNTSクイックリファレンス

▶仮想アプリケーションと仮想デスクトップ

▶仮想ネットワークターミナルサービス(Virtual Network Terminal Service：VNTS)

仮想ターミナルサービス(Virtual Terminal Service)は，サーバーリソースへのリモートアクセスによく使用されるツールである．仮想ターミナルサービスにより，サーバーのデスクトップ環境をリモートワークステーションに転送できる．これにより，リモートワークステーションのユーザーは，サーバーのターミナルインターフェースの前に座っているかのようにデスクトップコマンドを実行できる．表4.18を参照．

Citrix Systems社(シトリックス・システムズ)，Microsoft社が提供している製品や，パブリックドメインのVNCなどのターミナルサービスの利点は，SSHv2やTelnetで利用できるコマンドラインのインターフェースではなく，サーバーのネイティブインターフェースを使用して複雑な管理コマンドを実行できることである．また，ターミナルサービスを使用すると，サーバーに統合された認証サービスと認可サービスをリモートユーザーが利用できるほか，サーバーのすべてのロギング機能や監査機能を利用することもできる．

ターミナルサービスを使用すると，リモートユーザーは，リモート端末上に存在するかもしれない潜在的な悪意あるコードにホストをさらすことなく，そのホストを管理することができる．これは，ターミナルインターフェースだけが転送されるためである．ファイルシステムはシステム間で共有または結合される．様々な仮想ターミナルサービスが異なるポートで実行されるが，セキュリティのためや，最低限の管理でファイアウォールを通過させるために，HTTP-SSLのトンネリングを利用することもある．

ほかのすべての高機能ソフトウェアと同様に，ターミナルサービスに対してベンダーから頻繁に脆弱性の情報が出されるため，パッチの適用が推奨される．残念なことに，仮想ターミナルサービスにパッチを当てることは，Webサーバーとの相互依存性のため，困難な場合がある．同様にWebサーバーは，サーバー上のアプリケーションと相互依存関係にある．

▶在宅勤務

特に，テクノロジー企業でリモートとバーチャルの社員を抱えているのは，通勤なしで高スキルの社員と24時間仕事をするためだけでなく，本社やメインオフィスの近くに住みたくなかったり，住むことができなかったりする社員のニーズを満たすためでもある．Red Hat社（レッドハット）は，分散拠点を多く持ち，効率よく経営を行っている企業の一例である．ノースカロライナ州ローリーの企業拠点とマサチューセッツ州ウェストフォードの開発センターに加えて，多くの有能な人材をバーチャルに雇用している．Red Hat社の企業文化は，リモートで働く社員にとって親しみやすい．セキュリティ専門家が対応しなければならないいくつかの固有の課題が，モバイルの考え方にはある．訪問者の管理，物理セキュリティ，ネットワーク制御などの一般的な問題は，在宅勤務者にはほとんど対処できない．在宅勤務者と組織の間に強力なVPN接続を確立する必要があり，機密情報を保護するためにデバイス全体の暗号化を標準にする必要がある．ユーザーが公共の場所や自宅で働く場合は，次の点も考慮する必要がある．

- ユーザーは，VPNなどのセキュリティを確保する接続ソフトウェアの利用や利用方法について，教育を受けているか．
- どの情報が機密あるいは価値がある情報なのか，なぜ誰かがそれを盗んだり修正したりしたいと思っているのかを，ユーザーは知っているか．
- ユーザーのいる物理的な場所は，仕事の種類や使用している情報の種類に応じて，適切にセキュリティが確保されているか．
- ほかの誰がユーザーのいる場所にアクセスできるか．子どもは信頼できるように見えるかもしれないが，子どもの友人はそうでないかもしれない．

4.5.5 データ通信

ネットワークの物理トポロジーは，ネットワークコンポーネントが互いにどのように接続されているかに関係する．利用可能なプロトコル，エンドノードの使用方法，使用可能な機器，予算上の制約，フォールトトレランスの重要性を評価することにより，ネットワークの適切なトポロジーが決定される．

▸アナログ通信

アナログ信号は，周波数や振幅などの電子的性質を利用して情報を表現する．アナログ録音が典型的な例である．人がマイクに向かって話すと，振動が音響エネルギーから電気的に同等なものに変換される．人の声が大きければ大きいほど，電気信号の振幅は大きくなる．同様に，人の声のピッチが高いほど，電気信号の周波数は高くなる．

アナログ信号は，ツイストペアなどの有線または無線デバイスを介して送信される．例えば，無線通信では，電気信号に変換された人の声が搬送波信号で変調され，送信される．

▸デジタル通信

アナログ通信は複雑な波形を使用して情報を表現するが，デジタル通信では2つの電子状態（オンとオフ）が使用される．慣例により，1はオン状態に割り当てられ，0はオフに割り当てられる．これらの2つの状態からなる電気信号は，ケーブルを介して送信されたり，光に変換されて光ファイバーを介して送信されたり，無線機器を用いて送信されたりする．上述の媒体のすべてにおいて，信号は，オンとオフの2つの状態のうちの1つが連なったものである．

信号の2つの状態には十分な違いがあるので，デジタル通信の完全性を確保する方がより簡単である．デバイスは，デジタル信号を受信すると，どの桁が0で，どの桁が1かを判断することができる（できない場合は，信号が誤っているか，破損していることがわかる）．一方，アナログは複雑な波形であるため，完全性の確保が非常に困難である．

▸ネットワークトポロジー

▸バス型

バス型（Bus）トポロジーは，すべてのノード（デバイス）が接続する中央ケーブル（バス）を備えたLANである．すべてのノードが中心となるバスを介して直接通信する．各ノードは，バス上のすべてのトラフィックをリッスンし，自ノード向けのトラフィックのみを処理する．このトポロジーは，ノードがバス上にフレームを送信する際，バス上の別のフレームと衝突することがないかどうかを判断するために，データリンク層に依存している．**図4.16**にバス型トポロジーを持つLANを示す．

バス型の長所は次のとおりである．

- バスにノードを追加するのが容易である．

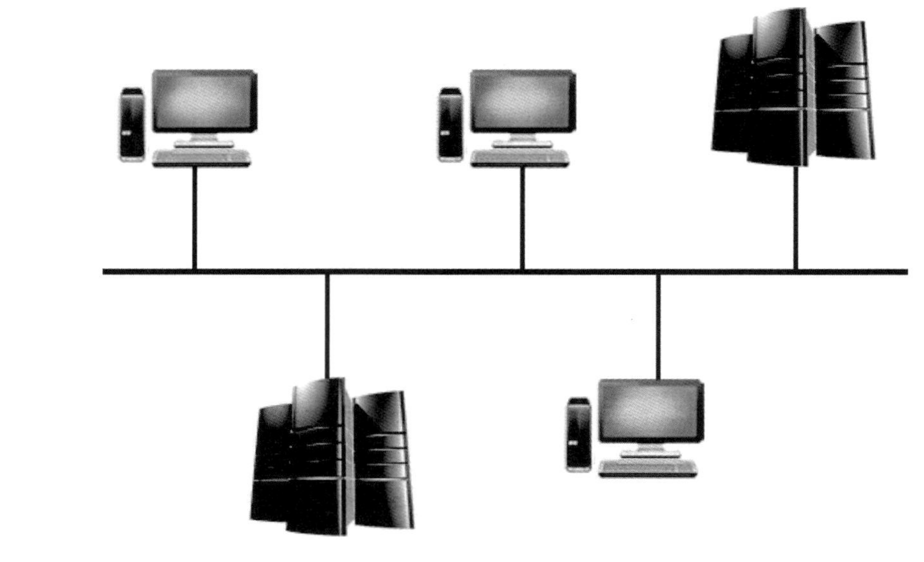

図4.16 バス型トポロジーを持つネットワーク

- ノードの障害が，ネットワークのほかの部分に影響を与える可能性が低い．

バス型の短所は次のとおりである．

- 中心となるバスが1つしかないので，バスの障害がネットワーク全体の動作不能につながる．

▸ツリー型

ツリー型(Tree)トポロジーはバス型に似ている．すべてのノードが中心となるバスに接続する代わりに，デバイスは分岐したケーブルに接続する．バス型のように，すべてのノードは送信されたすべてのトラフィックを受信し，自ノード向けのトラフィックのみを処理する．さらに，データリンク層で，ワイヤー上にフレームがない場合にのみ，フレームを送信する制御を行わなければならない．**図4.17**に，ツリー型トポロジーを持つネットワークを示す．

ツリー型の長所は以下のとおりである．

- ツリーにノードを追加するのが容易である．

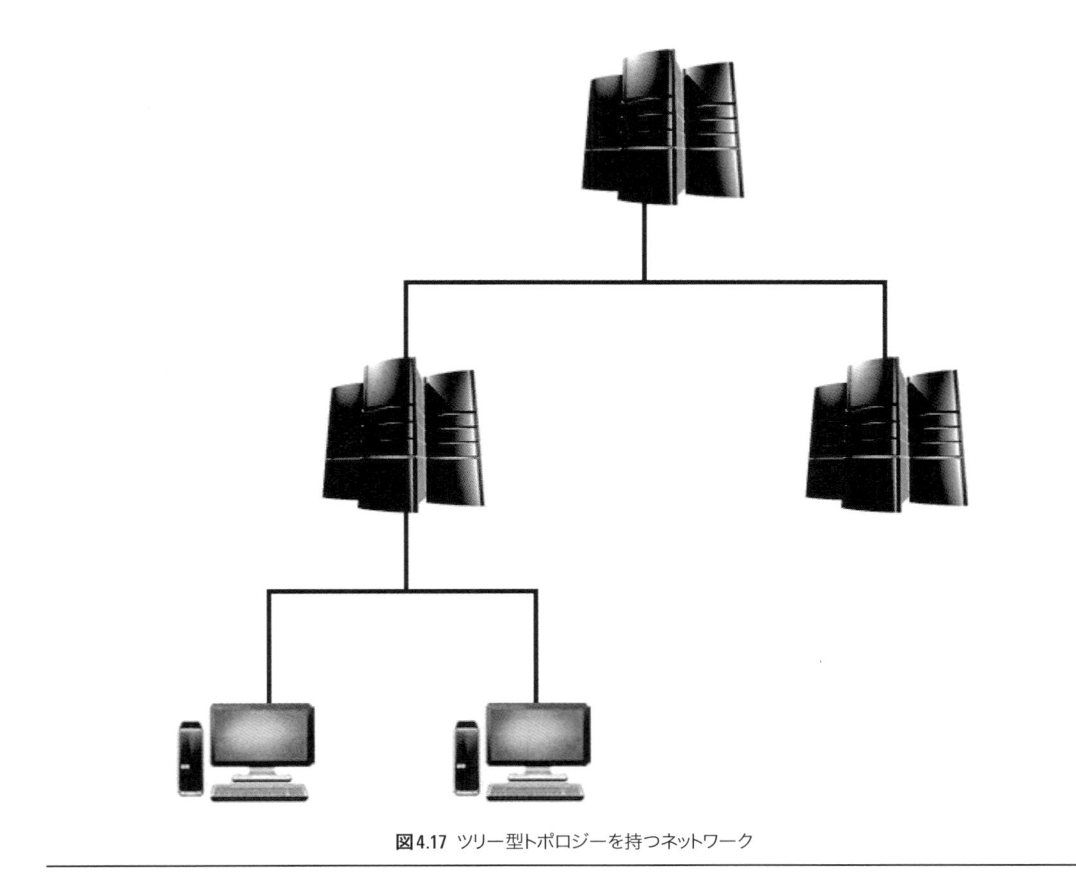

図4.17 ツリー型トポロジーを持つネットワーク

- ノードの障害が，ネットワークのほかの部分に影響を与える可能性が低い．

ツリー型の短所は次のとおりである．

- ケーブルの障害により，ネットワーク全体が動作不能になる可能性がある．

▶ リング型

リング型（Ring）は閉ループトポロジーである．データは，リングがデータ送信を開始した，時計回りまたは反時計回りのいずれか一方向のみに送信される．各デバイスは上流側からのみデータを受信し，その下流のみにデータを送信する．通常，リング型トポロジーでは同軸ケーブルまたは光ファイバーを使用する．**図4.18**に

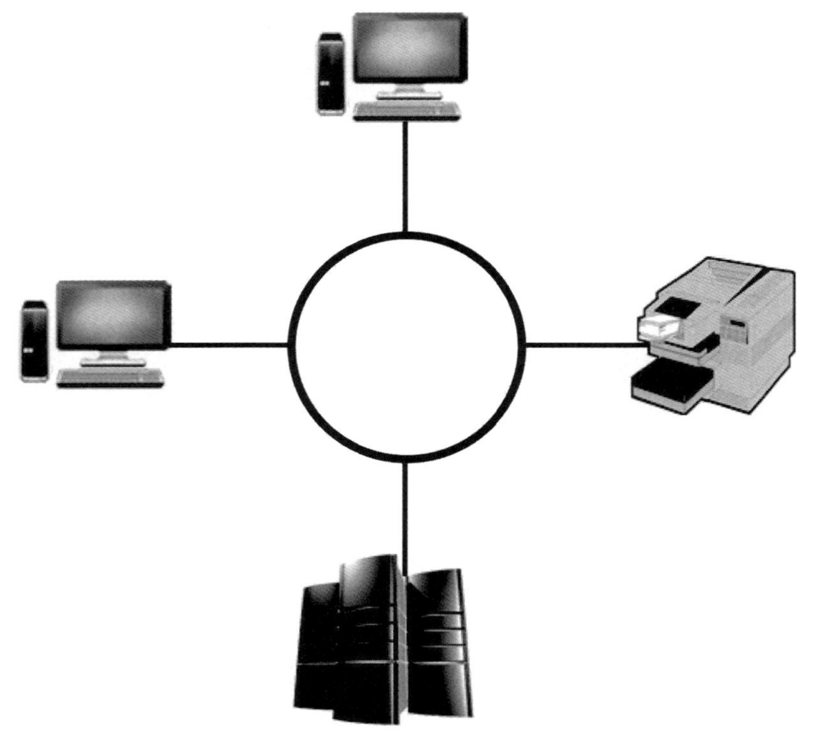

図4.18 リング型トポロジーを持つネットワーク

トークンリングネットワークを示す．

リング型の長所は次のとおりである．

- リング型はトークンを使用するので，ノードが送信できるまでの最大待機時間を予測することができる（すなわち，ネットワークは決定論的である）．
- リングは，LANまたはネットワークのバックボーンとして使用できる．

リング型の短所は次のとおりである．

- シンプルなリングの場合は単一障害点がある．1つのノードに障害が発生すると，リング全体が故障する．FDDIなどの一部のリング型では，フェイルオーバーのために2重リングを使用する．

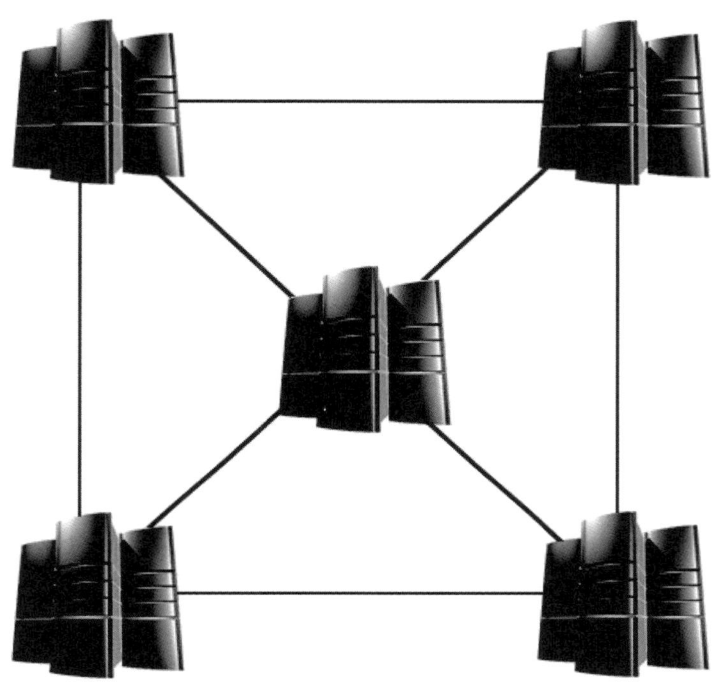

図4.19 メッシュ型トポロジーを持つネットワーク

▶ メッシュ型

メッシュ型（Mesh）ネットワークでは，すべてのノードがほかのすべてのノードに接続される．フルメッシュ型ネットワークは，ノード間の接続が多数必要になるため，通常は高価である．代わりにパーシャルメッシュ型を利用することができる．パーシャルメッシュ型では，選択された（通常，最も重要な）ノードのみがフルメッシュで接続され，残りのノードは少数のデバイスに接続される．例えば，コアスイッチ，ファイアウォール，ルーターおよびそれらのホットスタンバイ機のすべてが，可用性を確保するために接続される．フルメッシュ型ネットワークを**図4.19**に示す．

メッシュ型の長所は次のとおりである．

- メッシュ型ネットワークは高いレベルの冗長性を提供する．

メッシュ型の短所は次のとおりである．

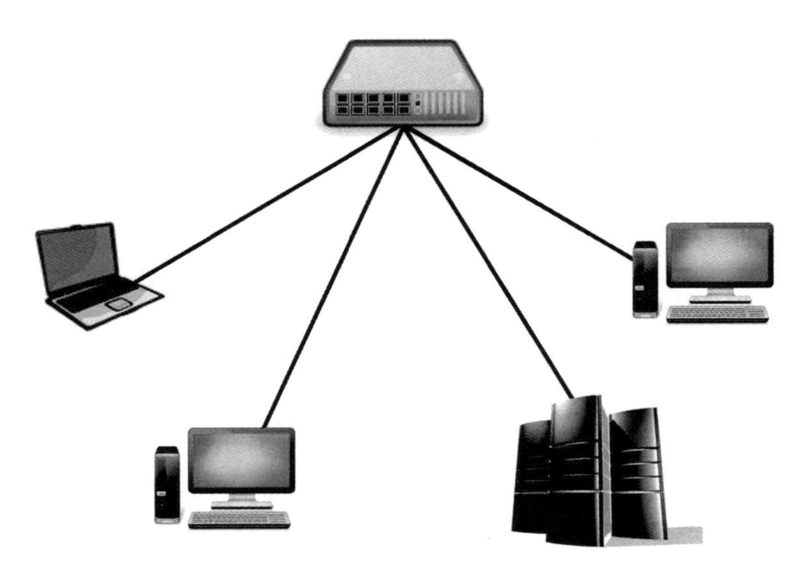

図4.20 スター型トポロジーを持つネットワーク

- 膨大な量のケーブルが必要になるため，メッシュ型ネットワークは非常に高価である．

▸ スター型

スター型(Star)ネットワーク内のすべてのノードは，ハブ，スイッチ，ルーターなどの中心となるデバイスに接続されている．現代のLANは通常，スター型を採用している．図4.20にスター型ネットワークを示す．

スター型の長所は次のとおりである．

- スター型ネットワークは，フルメッシュ型またはパーシャルメッシュ型よりケーブルを必要としない．
- スター型ネットワークは簡単に導入でき，ノードは簡単に追加または削除できる．

スター型の短所は次のとおりである．

- 中心となる接続デバイスが単一障害点である．このデバイスが機能していない場合は，接続されているすべてのノードがネットワーク接続を失う．

セキュリティアーキテクトとセキュリティ担当責任者は，送信者から受信者への情報の送信に関して，様々な点を考慮しなければならない．例えば，情報をアナログまたはデジタルのどちらで表現するのか．受信者数は何人いるのか．送信メディアをほかと共有する場合，どのようにして信号が互いに干渉しないようにすることができるか，といった点である．

▶ユニキャスト，マルチキャストおよびブロードキャスト伝送

ほとんどの通信——特に，ユーザーが直接開始した通信——は，ホスト間で行われる．例えば，ある人がブラウザーを使用してWebサーバーに要求を送信する場合，Webサーバーにパケットを送信する．1つの受信ホストとの通信は，ユニキャスト（Unicast）と呼ばれる．

ホストは，ネットワークまたはサブネットワーク上の全員にブロードキャスト（Broadcast）を送信することができる．ネットワークトポロジーによって，ブロードキャストは1人から数万人の受信者に送信することが可能である．これは，街頭演説者のように騒々しいコミュニケーションの方法である．通常，1つまたは2つの宛先ホストだけがそのブロードキャストに関心がある．その他の受信者は，その処理のためにリソースを浪費することになる．しかし，ブロードキャストには生産的な用途もある．デバイスのIPアドレスを知っているが，デバイスのMACアドレスを知らないルーターを考えてみよう．ルーターは，デバイスのMACアドレスを知るために，ARP（Address Resolution Protocol：アドレス解決プロトコル）要求をブロードキャストする．

ブロードキャストがネットワーク上で何百または何千ものパケットになる可能性があることに注意．攻撃者は，サービス拒否攻撃でこの事象をよく利用する．

パブリックネットワーク，プライベートネットワークは，映画，ビデオ会議，音楽などのストリーミング配信に，これまで以上に頻繁に使用されている．これらのストリームを配信するために広い帯域が必要で，送信者と受信者が必ずしも同じネットワーク上にあるとは限らない．このような場合，関心のあるホストだけにストリームを送信するにはどうしたらいいだろうか．送信者はストリームのコピーをユニキャストで各受信者に配信できる．視聴者がごく少数の場合以外は，ユニキャスト配信は実用的ではない．なぜなら，ネットワーク上で大規模なストリームを複数同時にコピーすると，輻輳が発生する可能性があるからである．ブロードキャストによる配信も可能であるが，ストリームに関心がなくても，すべてのホストが送

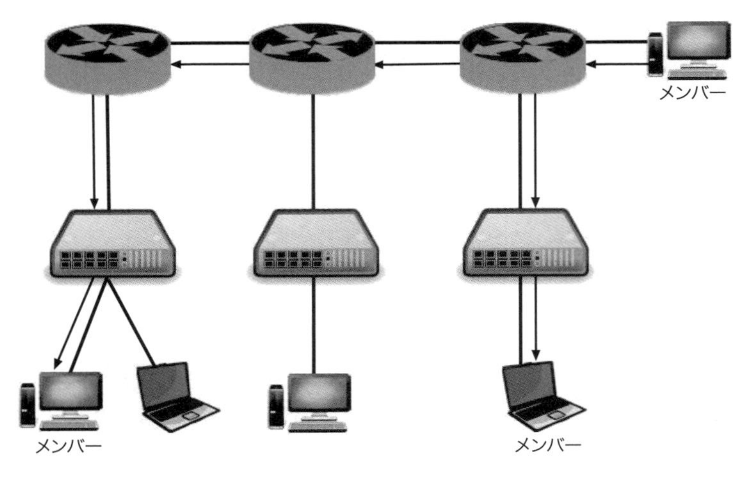

図4.21 マルチキャスト伝送

信を受信することになる．

マルチキャスト（Multicast）は，関心のあるホストだけにストリームを配信するように設計されている．ラジオ放送が，マルチキャストの典型的な例である．特定のラジオ番組を選局する際には，ラジオの周波数をその放送局に合わせる．同様に，目的のマルチキャストを受信するには，対応するマルチキャストグループに参加する．

マルチキャストエージェント（Multicast Agent）は，ネットワーク上でマルチキャストトラフィックをルーティングし，マルチキャストグループを管理するために使用される．マルチキャストをサポートするネットワークとサブネットワークには，少なくとも1つのマルチキャストエージェントが必要である．ホストはIGMPを使用して，特定のマルチキャストグループに参加することを，ローカルマルチキャストエージェントに伝える．また，マルチキャストエージェントは，マルチキャストグループのメンバーであるローカルホストにマルチキャストをルーティングし，隣接するエージェントにマルチキャストを中継する．

ホストがマルチキャストグループから離脱したい場合，ホストはローカルマルチキャストエージェントにIGMPメッセージを送信する．マルチキャストでは信頼性の高いセッションを使用しない．それゆえ，マルチキャストはベストエフォート型（Best Effort）の通信となり，データグラムが受信される保証をしない．例として，同じマルチキャストグループのメンバーであるデスクトップクライアントに，ビデオ会議をマルチキャストするサーバーを考えてみよう（図4.21）．サーバーは，ローカルマルチキャストエージェントにストリームを送信する．次に，マルチキャストエージェントはストリームをほかのエージェントに中継する．すべてのマルチキャストエージェントは，サーバーと同じマルチキャストグループのメンバーであるホストにストリームを送信する．

▶回線交換ネットワーク

回線交換ネットワーク（Circuit-Switched Network）は，エンドポイント間で専用の回線接続を確立する．このような回線は専用のスイッチ接続で構成されている．回線接続が完全に確立されるまで，どちらのエンドポイントも通信を開始しない．エンドポイントは，回線とその帯域幅を占有する．通信事業者は，接続時間を回線交換ネットワークの課金のベースとしている．そのため，このタイプのネットワークは，エンドポイント間で一定の通信がある場合にのみ費用対効果が高い．回線交換ネットワークの例としては，アナログ電話サービス（POTS），ISDN（Integrated Services Digital Network：統合サービスデジタル網）およびPPP（Point-to-Point Protocol）がある．

▶パケット交換ネットワーク

パケット交換ネットワーク（Packet-Switched Network）は，エンドポイント間の専用接続を使用しない．代わりに，データはパケットに分割され，共有ネットワーク上に送信される．各パケットにはメタ情報が含まれているため，ネットワーク上で独立してルーティングされる．ネットワーク機器は，各パケットの宛先への最適な経路を見つけようとする．送受信者が通信している間にネットワークの状態が変化する可能性があるため，パケットは，ネットワークを通過する際に異なった経路を通り，任意の順序で到着する可能性がある．受信したパケットを正しい順序でスタックに渡すのは，宛先エンドポイントの責任である．

▶交換仮想回線と恒久仮想回線

仮想回線（Virtual Circuit）は，専用の物理回線であるかのように動作する回線で，広帯域，マルチユーザーケーブルまたはファイバーでエンドポイント間を接続する．仮想回線には2種類あり，回線の経路がいつ確立されるかによって分類される．恒久仮想回線（Permanent Virtual Circuit：PVC）では，回線の購入時にキャリアが回線の経路を設定する．ネットワーク調整のためのキャリアによる経路変更や，障害などの対応を行わない限り，経路は変更されない．一方，交換仮想回線（Switched Virtual Circuit：SVC）の経路は，回線が使用されるたびにルーターによって動的に設定される．

▶CSMA

この名前が示すように，CSMA（Carrier Sense Multiple Access：搬送波感知多重アクセス）は，データ送信時に送信したい媒体上の信号の有無を利用するアクセスプロトコルである．一度に送信できるデバイスは1つだけであり，ほかのデバイスは送信されたフレームを読めない．どのデバイスが送信できるかを決定する固有のメカニズムがないため，すべてのデバイスで利用できる帯域を競うことになる．このため，CSMAは競合型のプロトコルと呼ばれる．また，デバイスがいつ送信できるかを予測することは不可能であるため，CSMAも非決定論的である．

衝突の処理方法の違いにより，CSMAには2つのバリエーションがある．CSMA/CA（Carrier Sense Multiple Access with Collision Avoidance：搬送波感知多重アクセス／衝突回避）を使用するLANでは，ジャム信号をブロードキャストすることにより，送信する意思を通知する必要がある．デバイスがジャム信号を検出した際には，衝突が起きてしまうためフレームを送信しない．ジャム信号の送信後，デバイスは，すべてのデバイスがその信号を受信するのを確かめたあと，メディア上にフレームを送信する．CSMA/CAは，IEEE 802.11無線標準規格で使用されている．

CSMA/CD（Carrier Sense Multiple Access with Collision Detection：搬送波感知多重アクセス／衝突検知）を使用するLAN上のデバイスは，データを送信する前に回線の状態を確認する．別の送信データが検出されない場合，データは送信される．ほかのデバイスの送信が伝搬する前に，デバイスがデータを送信する可能性がある．この場合，2つのフレームが同時に送信され，衝突が発生する．すべてのデバイスがデータを単純に再送信し，さらなる衝突を発生させる代わりに，各デバイスは再送信する前にランダムな時間待機する．CSMA/CDはIEEE 802.3標準規格の一部である★46．

▶ポーリング

ポーリング（Polling）を使用するネットワークでは，デバイス（スレーブ）がマスターデバイスから要求された時にのみネットワーク上にデータを送信できるようにすることにより，競合を回避する．ポーリングは主に，同期データリンク（Synchronous Data Link）などのメインフレームプロトコルで使用される．また，無線LANのIEEE標準規格のオプション機能であるPCF（Point Coordination Function）でもポーリングを使用する．

▶トークンパッシング

トークンパッシング（Token Passing）では，メディアアクセスに関してより秩序あるアプローチを採る．このアクセス方法では，一度に1つのデバイスだけがLAN上

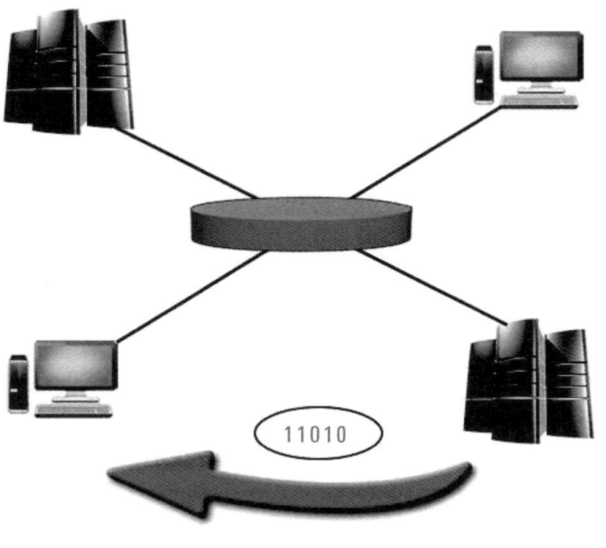

図4.22 トークンパッシングのLAN

で送信できる．そのため，再送信は行われない．

トークン（Token）と呼ばれる特別なフレームがリングを循環する．デバイスがネットワーク上にデータを送信したい場合，デバイスはトークンを所有している必要がある．デバイスは，送信するメッセージを含んだフレームとトークンを置き換え，フレームを隣接デバイスに送信する．各デバイスはフレームを受信すると，自身が受信者でない場合に隣接デバイスに中継する．このプロセスは，受信者がフレームを受け取るまで続く．受信デバイスはメッセージをコピーし，メッセージが受信されたことを示すようにフレームを変更し，フレームをネットワーク上に送信する．

変更されたフレームが送信デバイスに戻ってきた時，送信デバイスはそのメッセージが受信されたことを知る．トークンパッシングは，トークンリングおよびFDDIネットワークで使用される．トークンパッシングを使用するLANの例を**図4.22**に示す．

▸イーサネット（IEEE 802.3）

IEEE 802.3で定義されているイーサネット（Ethernet）は，1980年代のLANの急速な普及に大きな役割を果たした．アーキテクチャーには柔軟性があり，比較的安価で，LANへのデバイスの追加や削除が簡単にできた．今日でも同じ理由から，イーサネットは最も人気のあるLANアーキテクチャーである．イーサネットでサポートされている物理トポロジーは，バス型，スター型，ポイント・ツー・ポイントであるが，論理トポロジーはバス型である．

パケットの衝突の問題のない全二重イーサネット以外では，CSMA/CDを使用する．デバイスは（トークンリングと比較して）最小限のオーバーヘッドでデータを送信できるため，帯域幅を効率的に使用できる．しかし，複数のデバイスがメディア上でデータを送信しようとする場合，デバイスは再送信する必要があるため，衝突による再送回数が多くなり過ぎると，スループットが著しく低下する可能性がある．

イーサネット規格は，伝送媒体として，同軸ケーブル，シールドなしツイストペアおよび光ファイバーをサポートしている．

イーサネットの伝送速度はもともと10Mbpsであったが，10MBのディスクドライブのように，ユーザーはすぐにその容量を超える使い方を見つけ，より高速なLANが必要になった．より広い帯域が求められるようになり，それに対処するために，100BASE-TX（100Mbps，ツイストペア）と100BASE-FX（100Mbps，マルチモード光ファイバー）が定義された．シールドなしツイストペアよりもさらに広い帯域が要求されると，1000BASE-Tが定義され，光ファイバー用には1000BASE-SXと1000BASE-LXが定義された．これらの規格は1,000Mbpsをサポートしている．

▶トークンリング（IEEE 802.5）

もともとIBM社によって設計されたトークンリング（Token Ring）は，IEEEによるいくつかの変更が加えられ，IEEE 802.5として規格化された．アーキテクチャーの名前とは異なり，トークンリングは物理的にはスター型トポロジーを使用する．しかしながら，論理トポロジーはリング型である．各デバイスは，上流の隣接デバイスからデータを受信し，下流の隣接デバイスにデータを送信する．トークンリングは，トークンパッシングを使用して，どのデバイスが送信できるかを調節する．「トークンパッシング」に関するセクションで説明したように，トークンと呼ばれる特別なフレームがLAN上を周回する．データを送信するには，デバイスはトークンを所有していなければならない．

LAN上にデータを送信するために，デバイスはトークンにデータを追加し，それを下流の隣接デバイスに送信する．トークンが自分宛てでない場合，デバイスはフレームを再送する．宛先のデバイスがフレームを受信すると，データをコピーし，フレームに読み取り済みのマークを付け，それを下流の隣接デバイスに送信する．パケットが送信元デバイスに戻ると，パケットが読み取られたことが確認される．その後，送信元デバイスはリングからフレームを取り除く．トークンリングは現在，

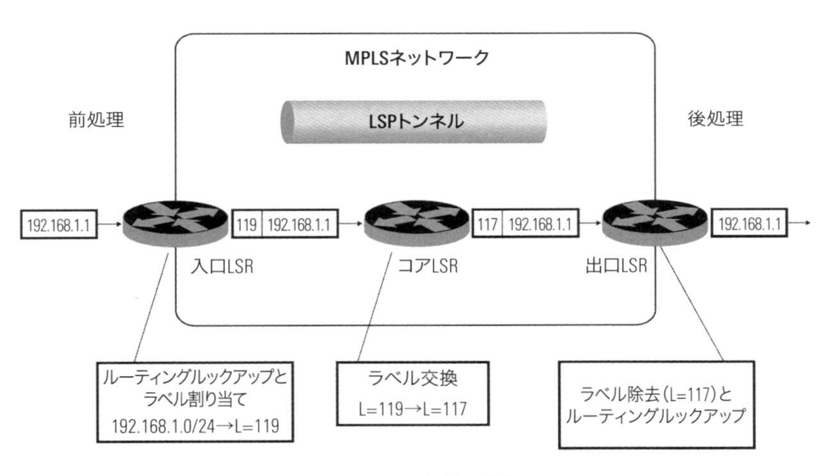

図4.23 MPLS転送の動作

出典：Tan, N.-K., *MPLS for Metropolitan Area Networks*, Auerbach Publications, New York, 2004.（許諾取得済み）

ほとんど見られない「レガシー」な技術と考えられている．稀に見られたとしても，それは利用している組織でアップグレードする理由が今までなかったからである．トークンリングはほぼ完全にイーサネットに置き換えられている．

▶FDDI

FDDI（Fiber Distributed Data Interface）は，2つのリングを使用するトークンパッシング方式のLAN規格である．FDDIは光ファイバーを使用するため，100Mbpsのネットワークバックボーン向けに設計されている．1つのリング（プライマリー）のみが使用され，もう一方（セカンダリー）はバックアップとして使用される．リング内の情報はリング間で互いに反対方向に流れるため，リングは2重反転していると言われる．FDDIもまたレガシーな技術と考えられており，より最新の伝送技術――最初の頃はATM，最近ではMPLS――に取って代わられている．

▶MPLS★47

MPLS（Multi-Protocol Label Switching）は，キャリアのコアネットワークとしてかなりの人気を獲得している（図4.23）．その理由は，MPLSがATMやフレームリレーなどの確立された伝送技術の決定性，スピードおよびQoS制御を，インターネットプロトコルの世界の柔軟性や堅牢性と結びつけるためである（MPLSはIETFで策定され，公開されている）．また，かつて高速かつ広帯域であったATMスイッチより，インターネットバックボーンルーターの方がパフォーマンスに優れてきている．同様に重要な点として，MPLSはパケット指向のトラフィック制御とマルチサービス機能に対してシンプルな仕組みを提供し，さらにスケーラビリティの利点もある．

MPLSは，決定論的な経路制御とIPサービスを結びつけることができるため，しばしば“IP VPN”と呼ばれる．実際，この機能により，VPNタイプのサービスを提供することができる．MPLSルーティング装置自体が侵害されることがなければ，ほかのネットワークのデータを混在させたり，別のネットワークにルーティングしたりすることは論理的に不可能である．MPLSには暗号化機能が含まれていないため，“IP VPN”と呼ばれるMPLSサービスは，実際には，暗号化機能を含んでいない．VPN上のトラフィックはサービスプロバイダーに見えることになる．MPLSサービスが，ネットワークを使用する資産の保証要件に確実に応えられるようにするため，ネットワークアーキテクトとセキュリティアーキテクトは，MPLSの帯域幅および関連するSLA（Service Level Agreement：サービスレベルアグリーメント）を交渉する際に，次のガイドラインを考慮する必要がある．

- **サイトの可用性**（Site Availability）＝必要なすべての場所で特定のMPLSを使用できるようにする．例えば，計画しているリモート接続（オフィス）のエリアすべてでMPLSサービスを利用できるか．
- **エンド・ツー・エンドのネットワーク可用性**（End-to-End Network Availability）＝Tier1キャリア境界を越えるネットワーク要件に対する，MPLSサービスへのピアリング方法について問い合わせる．
- **プロビジョニング**（Provisioning）＝新しいサイトに対する新しいリンクをどのくらい早く使用可能な状況にできるか．

▶LAN

LANは，家庭，オフィスビル，オフィスキャンパスなどの比較的小さなエリアで利用されている．一般に，LANはローカルユーザーのコンピューティングニーズに対応する．LANは，スター型トポロジーまたはインターネット接続されたスター型トポロジーに接続されたワークステーション，サーバー，周辺機器など，最新のコンピューティングデバイスで構成されている．安価で柔軟性が高いため，イーサネットは最も一般的なLANのアーキテクチャーである．多くのLANはダイヤルアップやインターネット接続専用回線，WAN経由のほかのLANへのアクセスなど，ほかのネットワークへの接続を備えている．

▶ TLS/SSL

▶ セキュアシェル

セキュアシェル（Secure Shell：SSH）サービスには，リモートログオン，ファイル転送およびコマンド実行が含まれる．また，暗号化されたSSHトンネルにより，ほかのプロトコルをリダイレクトするポート転送もサポートしている．多くのユーザーは，X WindowやVNC（Virtual Network Computing：仮想ネットワークコンピューティング）などの安全性の低いプロトコルの通信を，SSHトンネル経由で転送し保護する．SSHトンネルは，通信の完全性を保護し，セッションハイジャックやその他の中間者攻撃を防ぐ．

SSHにはSSH1とSSH2という2つの互換性のないプロトコルのバージョンがあり，多くのサーバーで両方をサポートしている．SSH2では完全性のチェックが改善されており（SSH1では脆弱なCRC-32［Cyclic Redundancy Checking：巡回冗長検査］を利用して完全性をチェックしているため，不正なデータ挿入の攻撃を受けやすい），ローカルでの機能拡張およびOpenPGP（Open Pretty Good Privacy）などのデジタル証明書による認証をサポートしている．SSHはもともとUNIX向けに設計されていたが，Windows，Macintosh，OpenVMSなどのほかのオペレーティングシステムでも実装されている．

▶ SOCKS

SOCKSはサーキットレベル型のプロキシーサーバーとしてよく知られており，商用およびフリーウェアとしていくつかの実装がある．SOCKS v5（現在のバージョン）はRFC 1928で定義されているが，これによれば，実装にトラフィックの暗号化を含める必要はないとなっている．ユーザーはSOCKSクライアントを使用してリモートサーバーにアクセスする．クライアントは，ユーザーに代わってリモートサーバーにアクセスするSOCKSプロキシーサーバーへ接続を開始する．暗号化機能がSOCKSプロキシーサーバーに実装されている場合，プロキシーサーバーはVPNとして動作し，SOCKSプロキシーサーバーとリモートサーバー間のトラフィックの機密性を保護する．SOCKSはサーキットレベルで動作するため，ほぼすべてのアプリケーションで使用できる．

SOCKSとSSL VPNの主な利点は，プロキシーサーバーを使用できることである．これはほかの多くのVPNに欠けている機能である．SOCKSサーバーを利用する前に，ユーザー認証を必要とする場合がある．

▶ SSL/TLS VPN

SSL（Secure Sockets Layer）3.0とTLS（Transport Layer Security）1.2は基本的に完全互換性がある．SSLは，もともとNetscape Communications社（ネットスケープ・コミュニケーションズ）によって開発されたセッション暗号化ツールであり，TLS 1.2は，IETFによって標準化された，SSL 3.0のオープンスタンダードである★48．

SSL VPNは，リモートアクセスに対するもう1つのアプローチである．IPSecを中心にネットワーク層でVPNを構築する代わりに，SSL VPNはSSL/TLSを利用してホームオフィスにトンネルを作成する．リモートユーザーは，Webブラウザーを使用して，組織のネットワークにあるアプリケーションにアクセスする．ユーザーはWebブラウザーを使用するが，SSL VPNの利用はHTTPを使用するアプリケーションに限定されない．Javaのようなプラグインを利用して，ユーザーはバックエンドのデータベースや，Webベースでないほかのアプリケーションにアクセスできる．

SSL VPNには，IPSecに比べていくつかの利点がある．Webブラウザーのみを必要とし，ほとんどすべてのネットワークでHTTPによる外部通信が許可されているため，クライアントでの導入はIPSecより容易である．SSL VPNはプロキシーサーバー経由で使用できる．さらに，アプリケーションは，ユーザーが所属するネットワークアドレスなどの判断基準に基づいてアクセス制限を行うことができ，複数の組織でエクストラネットを構築する場合に有用である．

一方，IPSec VPNはネットワークに直接アクセスを許可する．ユーザーは，まるでオフィスにいるかのように，常にアプリケーションやデバイスにアクセスできる．もちろんこれは両刃の剣である．正規ユーザーが内部ネットワーク上の多くのデバイスにアクセスできるのと同様に，IPSec VPNアクセスを乗っ取った侵入者も多くのデバイスにアクセスできてしまう．現在，SSL VPNはネットワーク間のトンネル接続をサポートしていない．IPSec VPNの重大な欠点は，すべてのワークステーションにVPNクライアントをインストールして，更新を管理しなければならないことである．一方，SSL VPNは最新のWebブラウザーを利用して接続を確立することができる．

▶ 仮想ローカルエリアネットワーク

仮想ローカルエリアネットワーク（Virtual Local Area Network：VLAN）により，ネットワーク管理者は，スイッチの物理的な設置場所に依存することなく，ソフトウェアベースのLANセグメントを作成できる．VLAN内のデバイス同士はスイッチを介して通信し，ほかのサブネットワークにルーティングされることはない．これにより，ルーターの遅延によるオーバーヘッドが減少する（ただし，ルーターの高速化に伴い，メリットは少なくなっている）．さらに，ブロードキャストはVLANの外部に転送されないため，ブロードキャストによる輻輳が減少する．

VLANはデバイスの物理的な位置に制限を受けないため，ネットワーク管理が容易になる．ユーザーまたはユーザーグループの物理的な位置が変更された場合，ネットワーク管理者は単にVLAN内のポートのメンバーシップを変更するだけで対応ができる．同様に，追加のデバイスがVLANのメンバーと通信する必要がある場合でも，新しいポートをVLANに簡単に追加することができる．VLANはスイッチのポート，IPサブネット，MACアドレスおよびプロトコルに基づいて設定可能である．

VLANはネットワークのセキュリティを保証するものではないことを覚えておくことが重要である．一見すると，VLAN内の通信はメンバーのデバイスに制限されているため，トラフィックを傍受できないように見えるかもしれない．しかし，悪意あるユーザーが，ほかのVLANからVLAN内のトラフィックを見ることができる攻撃がある（VLANホッピング［VLAN Hopping］）．それゆえ，エンジニアが機密文書を効率的に共有するためにVLANを作成することはできるが，VLANで不正アクセスから文書を保護することはできない．以下は，データリンク層でVLANに対して最もよく行われる攻撃の一覧である．

- **MACフラッディング攻撃**（MAC Flooding Attack）＝これは正確にはネットワーク攻撃ではなく，すべてのスイッチとブリッジの動作に関する制限である．スイッチやブリッジは，受信したすべてのパケットの送信元アドレスを格納する有限のハードウェア学習テーブルを持っている．このテーブルがいっぱいになると，学習できていないアドレスに向けられたトラフィックのフラッディングが永続的に発生する．ただし，パケットのフラッディングは送信元のVLAN内に制限されるため，VLANホッピングは発生しない．この動作は，接続しているスイッチを擬似ダムハブに変更し，フラッディングしたすべてのトラフィックを盗聴したいと考えている悪意あるユーザーに利用される可能性がある．この弱点を利用して，ARPポイズニング攻撃のような実攻撃を行うことができる．ポートセキュリティ，802.1x，ダイナミックVLANの3つの機能を用いて，ユーザーのログインIDやデバイスのMACアドレスに基づいたネットワークへの接続制限を行える．例えば，ポートセキュリティを使用すれば，MACフラッディング攻撃の防止は，1ポートで使用できるMACアドレス数を制限することで対応できる．つまり，送信元ポートとデバイスからのトラフィックが直接結びつけられるため，トラフィックの識別が可能になる．

- **802.1QおよびISLタギング攻撃**（802.1Q and ISL［Inter-Switch Link Protocol］Tagging Attack）＝タギング攻撃は，VLAN上のユーザーが別のVLANに不正にアクセスできるようにする悪意ある攻撃手法である．例えば，Cisco Systems社のスイッチポートがDTP（Dynamic Trunking Protocol）を“auto”に設定されている場合，偽のDTPパケットを受信するとポートがトランクポートとなり，すべてのVLAN宛てのトラフィックを受信する可能性がある．したがって，悪意あるユーザーはそのポート経由でほかのVLANとの通信を開始できてしまう．時には，単純な通常のパケットの受信でも，スイッチポートがトランクポート（例えばネイティブVLANとは異なるVLANのパケットを受信する）として，本来想定していない動作をすることがある．これは，一般に「VLANリーク（VLAN Leaking）」と呼ばれる．前者の攻撃は，信頼されていないすべてのポートでDTPを「オフ」に設定すれば，非常に簡単に防御できる．後者の攻撃は通常，基本設定ガイドラインに従ったり，ソフトウェアをアップグレードしたりすることによって対処できる．
- **Double-Encapsulated 802.1Q/Nested VLAN Attack**＝VLAN番号とVLAN識別情報は，スイッチ内部では特殊な拡張形式で保持される．それにより，転送経路上で情報を損失することなく，エンド・ツー・エンドでVLANによるトラフィック分離を維持できる．しかし，スイッチの外部では，タギングルールはCisco Systems社のISLや802.1Qなどの標準によって規定されている．ISLはCisco Systems社独自の技術であり，デバイス内で使用されるコンパクトな，拡張パケットヘッダーの形式である．すべてのパケットは常にタギングされるため，VLAN識別情報が失われる危険性がなく，セキュリティの弱点もない．一方で，802.1Qを定義したIEEE委員会は，下位互換性のために，いわゆるネイティブVLAN――つまり，802.1Qリンク上の任意のタグに明示的に関連付けられていないVLAN――をサポートすることが望ましいと判断した．このVLANは，802.1Q対応ポートで受信した，すべてのタグなしトラフィックに暗黙的に使用される．この機能は，タグなしトラフィックによる802.1Q対応ポートと古い802.3ポートとの直接通信を可能とするため，価値がある．しかし，これ以外のケースで，ネイティブVLANに関連付けられたパケットが802.1Qリンクを介して送信された場合，VLAN識別情報やCoS（Class of Service，802.1pビット）などのタグの喪失が起こるため，多くの弊害をもたらす可能性がある．これらが唯一の理由であったとしても，つまりVLAN識別情報の喪失やCoSの喪失が理由であったとしても，ネイティブVLANの使用は避けるべきである．VLANが，トランクのネイティブVLANのデバイスから，2重にカプセル化された802.1Qパケットがネットワークに挿入されると，802.1Qトランクは常に外側のタグを取り除いてパケットに変更を加えるため，パケットのVLAN識別情報がエンド・ツー・エンドで保持されなくなる．外側のタグが削除されると，それ以降は内側のタグがそのパケットの唯一のVLAN識別情報となる．したがって，2つの異なるタグを使用してパケットを2重にカプセル化することで，異なるVLAN間でトラフィックを転送できることになる．攻撃者が802.1QネイティブVLAN（デフォルトでは1）内のアクセスポートに接続されている場合，2重にタグ付けされたパケットを挿入してVLANをまたぐトラフィックを引き起こす可能性がある．この攻撃の原理は，攻撃者が2重にタギングされたパケットを注入できるという点にある．スイッチは最初のタグだけを取り除き，2番目のタグに“気がつかない”．パケットが802.1Qトランクを介して別のスイッチに送信された際，トランクのネイティブVLANのパケットであるため，VLANタグは適用されない（パケットが受信されたアクセスポートはネイティブVLANのメンバーである）．パケットが別のスイッチに到達すると，そのスイッチは残りのVLANタグ（すなわち，攻撃者が適用した第2のタグ）を見て，そのタグで指定されたVLANにパケットを転送する．これにより攻撃者は，パケットを別のVLANにホップさせることに成功する．この攻撃の秘訣は，攻撃者が適用する「外側の」タグで，パケットが攻撃者のVLAN——正確に言うと802.1QネイティブVLAN——に属すると識別させる点にある．この場合，アクセスポートにパケットが到達しても，スイッチはパケットを受け取る．最初のタグは削除されるものの，2番目のタグは影響を受けない．パケットが802.1Qトランクで送信される時，パケットはネイティブVLANに属しているため，タグは付けられない．つまり，そのパケットが別のスイッチに到達した際，攻撃者によって適用された2番目のタグが引き続き見えており，2番目のスイッチはこのタグに基づきパケットを間違ったVLANに送る．802.1Q標準では，このようなネイティブVLANの使用を必ずしも強制しているわけではないため，このシナリオは設定の誤りとみなされる．実際，すべての802.1QトランクからネイティブVLANを取り除くことが適切な設定となる．ネイティブVLANを取り除けない場合は，未使用のVLANを選び，それをネイティブVLAN IDとしてすべてのトランクに設定する．そして，ほかの目的でのこのVLAN IDの使用を禁止する．また，コマンド“switchport mode access”と“switchport nonegotiate”が，ユーザーが接続可能なスイッチのインターフェースすべてに適用されていることを確認する．

- **ARP攻撃**（ARP Attack）＝MACアドレスと独立してVLANを実装しているL2デバイスでは，ARPパケット内のデバイスの識別情報を変更しても，VLAN間でのほかのデバイスとの通信方法に影響を与えることはできない．実際，VLANホッピングの試みはすべて阻止される．一方，同じVLAN内では，ARPポイズニング攻撃（ARP Poisoning Attack）またはARPスプーフィング攻撃（ARP Spoofing Attack）は，偽造されたデバイス識別情報でエンドステーションまたはルーターを欺くための非常に効果的な方法である．これにより，悪意あるユーザーが中間者になり，中間者攻撃を実行できる．中間者攻撃は，攻撃対象のデバイスに送信されるARPパケット内で別のデバイス（例えば，デフォルトゲートウェイ）を偽装することにより実行される．これらのパケットは受信者によって検証されないため，偽装された情報でARPテーブルを「汚染（Poisoning）」する．このタイプの攻撃は，攻撃者と攻撃対象デバイス間での直接のL2通信をブロックするか，転送されたARPパケット内の識別情報の正確性を確認できる高度な手段をネットワークに組み込むことにより防止できる．例えば，Cisco製品でARPインスペクション（ARP Inspection）を使用することで，後者を実現できる．
- **マルチキャスト総当たり攻撃**（Multicast Brute Force Attack）＝この攻撃は，L2マルチキャストフレームのストームに対する，スイッチの潜在的な脆弱性またはバグを悪用しようとする．正しい挙動は，そのトラフィックを送信元のVLANに制限することになるが，誤った挙動ではフレームをほかのVLANにリークさせることになる．
- **スパニングツリー攻撃**（Spanning-Tree Attack）＝スイッチの弱点を利用しようとするもう1つの攻撃はSTP（Spanning Tree Protocol）攻撃である．この攻撃は，STPが流れているポートのIDを取得するために，ネットワーク上のSTPフレームの盗聴が必要となる．次に，攻撃者は，自身のスイッチが低い優先順位を持つ新しいルートブリッジであることを伝えるSTP Configuration/Topology Change Acknowledgement BPDU（Bridge Protocol Data Unit）を送信し始める．
- **ランダムフレームストレス攻撃**（Random Frame Stress Attack）＝この最後の攻撃には多くのバリエーションがあるが，一般に，送信元アドレスと宛先アドレスだ

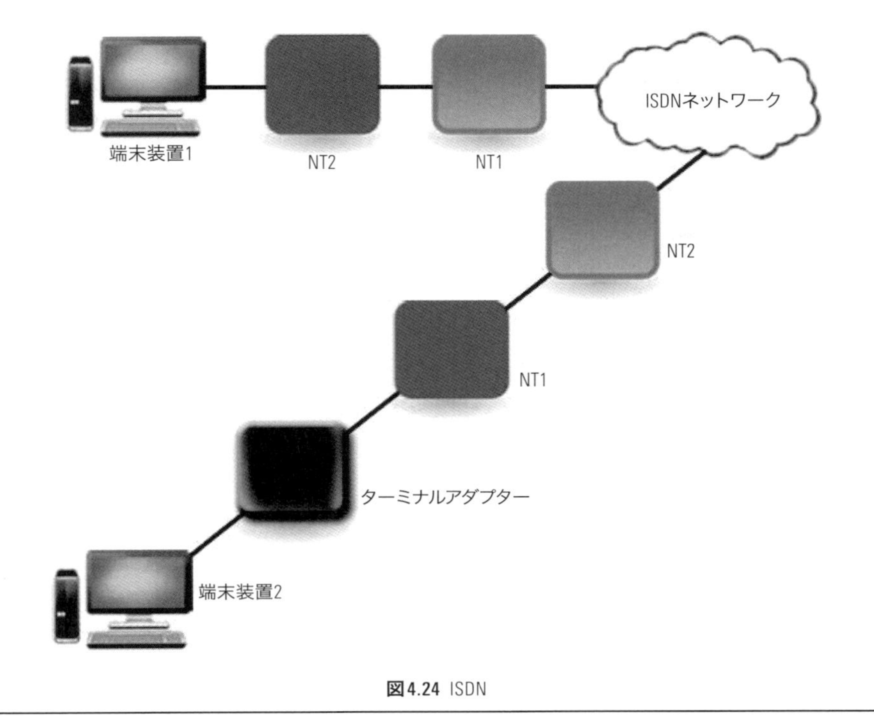

図4.24 ISDN

けを一定に保ちながら，パケットのいくつかのフィールドをランダムに変化させる総当たり攻撃である．

これらの攻撃の多くは古いものであり，特定の状況や設定ミスの問題がネットワークにない限り，効果はないが，セキュリティ担当責任者はこれらの攻撃方法を認識し，どのように攻撃が動作し，適切な対策方法にどのようなものがあるかを理解しておく必要がある．

▶ISDN

DSLやケーブルモデムが利用できる前，利用者はダイヤルアップよりも広帯域のリモートアクセス環境を必要としていた．ISDN（Integrated Services Digital Network：統合サービスデジタル網）は，専用プロトコルと専用機器を使用して，このような帯域を提供する（図4.24参照）．ISDNは2つのタイプのチャネルを使用する．Bチャネル（ベアラ）は音声およびデータ（64kbps）に使用され，Dチャネル（デルタ）はシグナリング

(16kbps)に使用されるが，データ用にも使用できる．Dチャネルは，リモートサイトとの接続の確立，維持および切断のために使用される．音声およびデータトラフィックはBチャネルで送信される．各Bチャネルは，別個の呼をサポートしたり，または多重化して(Bチャネルボンディング[B Channel Bonding])帯域を単一チャネルに結合することができる．

ISDNには，BRI (Basic Rate Interface：基本インターフェース) とPRI (Primary Rate Interface：一次群速度インターフェース)の2種類がある．BRIは，2つのBチャネルと1つのDチャネルをサポートしている．各Bチャネルは別々の64kbps通信か，多重化して1つの128kbps通信として利用できる．

PRIはISDNのハイエンド規格である．すべてのBチャネルをボンディングした場合，ISDNは専用回線の帯域を提供する．北米では，PRIは23個のBチャネルと1個のDチャネルをサポートしており，最大23個の通信，または単一の1.55Mbps通信(フルT1)をサポートする．欧州およびオーストラリアでは，PRIは30のBチャネルと1つのDチャネルをサポートしている．Bチャネルは，30の通信，またはボンディングされた1つの2.0Mbps通信(フルE1)をサポートする．一部の組織では，PRI ISDNを専用回線の低コストバックアップとして使用している．

技術としてのISDNは，寿命を迎えており，多くのサービスロケーションで廃止されてきている．しかし，ISDNは今後しばらくの間，廃止が予定されていないリモート接続アプリケーションの多くで利用されている．このため，ISDNは今後数年，「レガシー」アプリケーションをサポートするために，サービス提供が続けられるだろう．

▸ポイント・ツー・ポイント接続

ポイント・ツー・ポイント接続は多くの場合，WAN経由で2つのエンドポイントを接続する．有線WANでは，ポイント・ツー・ポイント接続に広帯域のファイバーケーブルを使用するが，FDDIとは異なり，トラフィックはエンドポイント専用となる．ポイント・ツー・ポイント回線は高価な選択肢である．

▸T1，T3など

T1キャリアは，北米および日本でよく使用されているWAN方式である．時分割多重化を使用しており，T1は銅線で24チャネルを多重化する．193bitのフレームで，各チャネルはラウンドロビンで8bit (7つのデータと1つの制御ビット)を送信する．同期のための1bitがフレームの先頭に付加される．図4.25にT1フレームを示す．

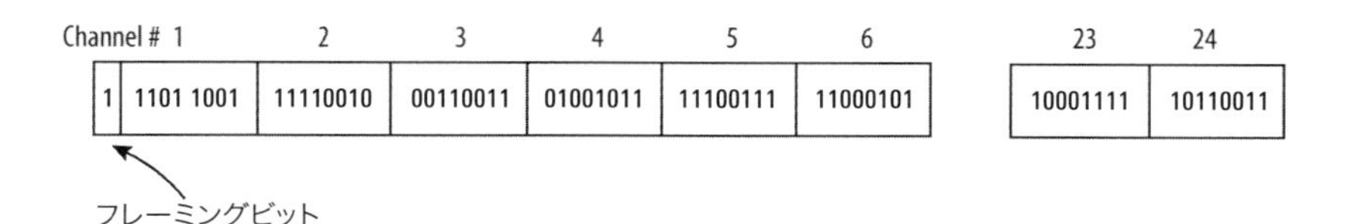

図4.25 T1フレームの構造

チャネル	多重化度	帯域幅(Mbps)
T1	1T1	1.544
T2	4×T1	6.312
T3	7×T2	44.736
T4	6×T3	274.176

表4.19 Tキャリアの帯域幅

毎秒8,000のT1フレームが送信される．従って，伝送速度は1.544Mbps（8,000フレーム/秒×193bit/フレーム）である．

T1回線向けの予算がわずかな組織では，分割T1を利用できる．顧客は，24個未満のチャネルを購入し，T1回線の全キャパシティを利用するよりも安価に回線を利用できる．購入していないチャネルではデータは伝送されない．WAN帯域の増速の需要を満たすため，複数のT1チャネルを多重化し，回線のスループットを高めた．一般に，顧客はT1とT3を使用する．Tチャネルの概要を**表4.19**に示す．

T3回線の全キャパシティを必要としない組織の場合，分割T3を利用してコストを低減できる．分割T1の場合と同様に，購入されていない分割T3のチャネルにはデータは伝送されない．

▸E1，E3など

ヨーロッパで使用されているEキャリアは，Tキャリアと同様の概念を採用している．時分割多重化を使用して，32チャネルが1フレーム内で順に8bitのデータを送信する．E1は毎秒8,000フレーム（T1と同じレート）を送信する．したがって，E1のスループットは2.048Mbpsである．

Tキャリアと同様に，E1チャネルは多重化され，広帯域を提供する．上位レベルの各Eキャリアは，下位レベルの4倍のチャネルを持つ．**表4.20**にE1～E4の帯域幅を示す．

チャネル	帯域幅(Mbps)
E1	2.048
E2	8.848
E3	34.304
E4	139.264

表4.20 Eキャリアの帯域幅

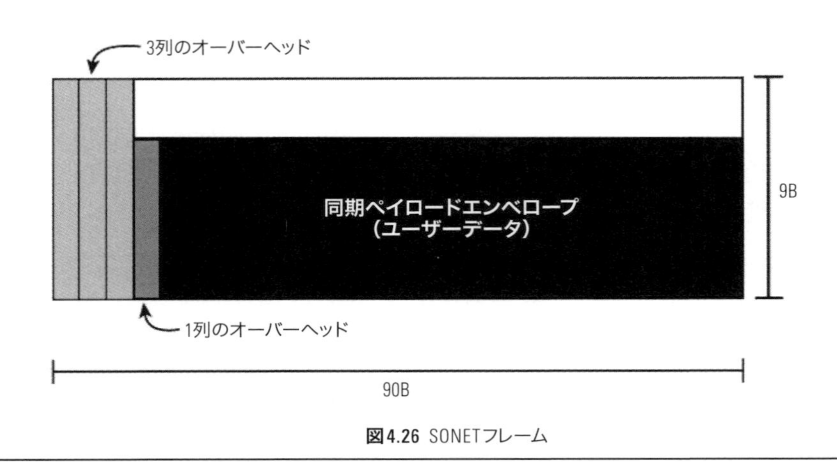

図4.26 SONETフレーム

顧客は通常，E1とE3を使用する．さらに，E1またはE3回線の全キャパシティを必要としない組織では，分割Eキャリア回線を使用できる．

▶OC1，OC12など

SONET (Synchronous Optical Network：同期光ファイバーネットワーク) では，Tキャリアおよび Eキャリアのように，毎秒8,000フレームが送信される．しかし，**図4.26**に示すように，SONETフレームはより大きく複雑である．

SONETフレームは，最初の3列にオーバーヘッドを持つ，90×9Bのマトリックス (810B) で構成される．オーバーヘッドには，ネットワーク管理のための情報と，ユーザーデータの開始点のポインターが含まれる．残りのフレームは，同期ペイロードエンベロープ (Synchronous Payload Envelope：SPE) と呼ばれ，ユーザーデータ専用である．SPEはそのエリア内の任意のバイトから開始できるが，SPEの最初の列はオーバーヘッドとして使用される．

SONETの基本転送速度であるOC-1 (Optical Carrier-1：光搬送波1) は51.84Mbps

OCレベル	帯域幅(Mbps)
OC-1	51.84
OC-3	155.52
OC-9	466.56
OC-12	622.08
OC-18	933.12
OC-24	1244.16
OC-36	1866.24
OC-48	2488.32
OC-192	9953.28

表4.21 OCレベルの帯域幅

(810B/フレーム×8bit/B×8,000フレーム/秒)である．SONET信号の時分割多重化により，より広帯域のSONETのOCレベルを作り出すことができる．**表4.21**に様々なOCレベルの潜在的速度を示す．

▸ DSL

DSL (Digital Subscriber Line：デジタル加入者線)の実装には，次のようないくつかの方法がある．

- **ADSL (Asymmetric Digital Subscriber Line：非対称デジタル加入者線)** ＝下りの伝送速度は，上りの伝送速度よりもはるかに大きく，通常，下りは256～512kbps，上りは64kbpsである．
- **RADSL (Rate-Adaptive Digital Subscriber Line：可変速デジタル加入者線)** ＝上りの伝送速度は，回線品質に基づいて自動的に調整される．
- **SDSL (Symmetric Digital Subscriber Line：対称デジタル加入者線)** ＝上りと下りの伝送速度が同一である．
- **VDSL (Very High-Bit-Rate Digital Subscriber Line：超高速デジタル加入者線)** ＝下り13Mbps，上り2Mbpsなど，ほかのDSL技術よりもはるかに速い伝送速度をサポートする．

DSLのすべての実装には2つの重要な問題がある．

1．CO (中央局)と顧客との間の電話回線の長さに制限がある．正確な値は，ケーブル品質や伝送速度など，いくつかの要因によって決まる．言い換えれば，顧客はCOから極端に離れられない．

2．DSLを使用すると，ユーザーはより長い時間インターネットに接続できる．確かにこれはユーザーにとって非常に便利であるが，インターネットにさらされる時間が長くなると，攻撃を受ける危険性が大幅に増加する．この深刻なリスクを低減するためには，ホストにファイアウォールを導入し，ベンダーのセキュリティパッチを適用し，危険でかつ使用していないプロトコルを無効にすることが不可欠である．

▶ケーブルモデム

DSLと同様，ケーブルモデム（Cable Modem）により，ホームユーザーは高速インターネット接続を楽しむことができる．電話会社を通じてデータを送信する代わりに，ケーブルモデムはケーブルプロバイダーをISPとして使用する．ユーザーは，PCのイーサネットNICを，ケーブルプロバイダーのネットワークに接続されているケーブルモデムに接続する．ほとんどの主要なケーブルプロバイダーは，DOCSIS（Data-over-Cable Service Interface Specifications）に準拠したケーブルモデムを提供しており，それにより互換性が保証される．図4.27を参照．

ケーブルモデムの電源がオンになると，上り用と下り用のチャネルが割り当てられる．次に，ヘッドエンド（ケーブルネットワークのコア）からどのくらい離れているかを判断して，タイミングパラメーターを設定する．ケーブルモデムは，IPアドレスを取得するためにDHCP要求を行う．不正使用からケーブルプロバイダーを保護し，ユーザーのデータがほかのケーブルユーザーによって傍受されるのを防ぐため，モデムとヘッドエンドは暗号鍵を交換する．これ以降，2つのエンド間のすべてのトラフィックが暗号化される．

DSLと同様に，ケーブルモデムにより，ホームユーザーはインターネットに常時接続される．これにより，ケーブルモデムユーザーはDSLユーザーと同じリスクにさらされる．ケーブルモデムのユーザーは，DSLユーザーと同じ予防措置を講じる必要がある．ホームネットワーク上のPCにパーソナルファイアウォールを導入し，ベンダーのセキュリティパッチを適用し，危険でかつ使用していないプロトコルを無効にする．

▶X.25

X.25は，まったく異なる時代のネットワークプロトコルである．1970年代に開

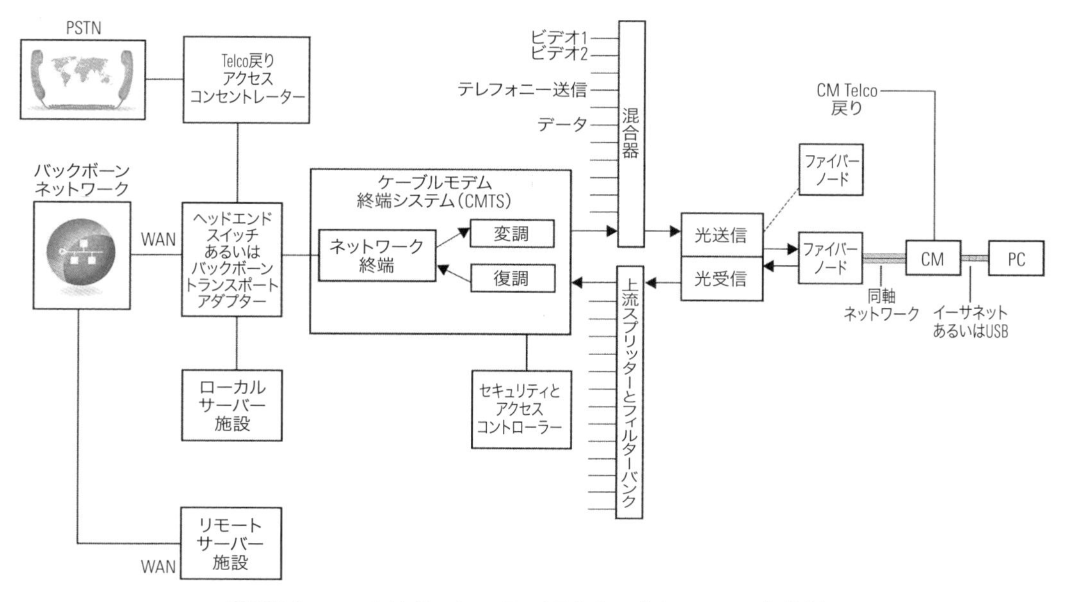

図4.27 Data-over-Cableリファレンスアーキテクチャー(DOCSIS 2.0 RFI仕様後)

出典：Howard, D., *et al.*, "Last Mile HFC Access," *Broadband Last Mile: Access Technologies for Multimedia Communications*, Jayant, N. (eds.), Dekker, Boca Raton, FL, 2005.(許諾取得済み)

発された時，ユーザーは大型コンピュータに接続されたダム端末(基本的にブラウン管モニターとキーボード)を持っていた．また，ネットワークは非常に信頼性が低く，エラーチェックや修正に多くのリソースを費やす必要があった．

X.25によって，ユーザーとホストは，パケット交換ネットワーク経由でモデムを利用し，リモートホストに接続できる．すべてのパケット交換ネットワークと同様に，ユーザーのデータストリームはパケットに分割され，X.25ネットワーク経由で宛先ホストに転送される．ユーザーがWAN上の専用回線を持っているかのように見えるかもしれないが，実際にはパケットの経路は途中で異なることもある．X.25が開発された時のネットワークは非常に信頼性が低かったため，今日の基準と比較しても，かなりオーバーヘッドの多い，厳密なエラーチェックをパケットに実施していた．多くの組織で，X.25に代わる新しい技術をパケット交換に採用している．ISDNと同様に，X.25は今ではほとんどが廃止されており，レガシーアプリケーションをサポートする目的でのみ利用されている．

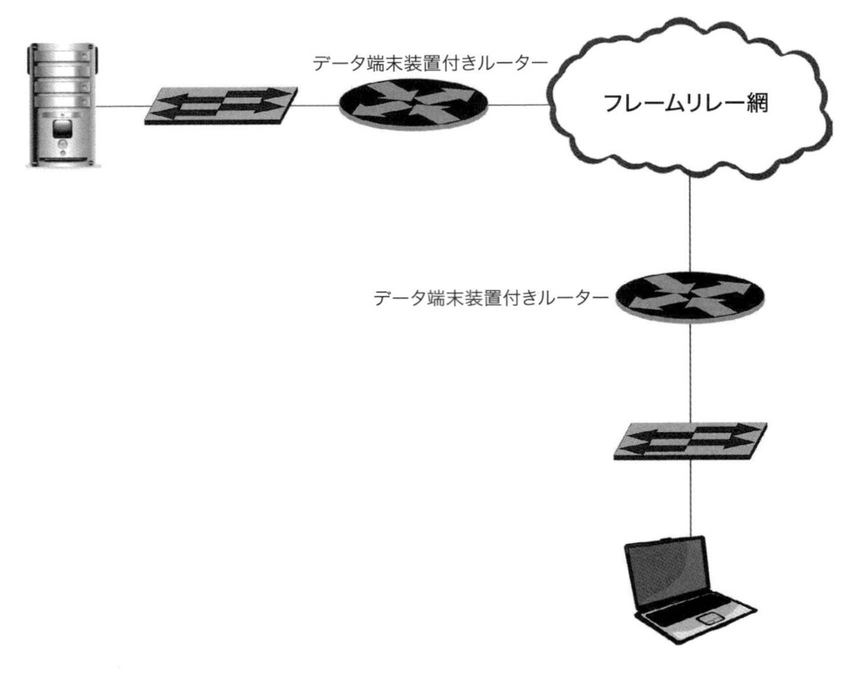

図4.28 フレームリレーネットワーク

▸フレームリレー

フレームリレー（Frame Relay：FR）は，回線交換ネットワークおよびアイドル時間が長い専用線の経済的な代替品である．フレームリレーではパケット交換技術が使用されるため，使用した帯域幅で課金される．そのため，専用線を維持するコストや，接続時間に基づく回線コストよりも安価である．**図4.28**にフレームリレーネットワークを示す．

フレームリレーネットワークの中心は，プロバイダー設備のスイッチで構成されたフレームリレー網である．すべてのフレームリレーの顧客は，信頼できるとみなされている網内のリソースを共有するため，X.25のような厳密なエラーチェックやエラー訂正を必要としない．これにより，X.25よりスループットが大幅に向上する．網内のデバイスはデータ回線終端装置（Data Circuit-Terminating Equipment：DCE）とみなされる．

フレームリレー網に接続するデバイスは，一般に顧客の敷地内にある顧客の所有物で，データ端末装置（Data Terminal Equipment：DTE）とみなされる．エンドポイント間の通信は，恒久仮想回線上または交換仮想回線上で行われ，コネクション指向である．組織は，DTE間の接続がほとんどの時間有効な場合，恒久仮想回線を使用する．時折接続する場合は，接続が完了した時に接続が切断されるため，交換仮想回線の方がコスト効率に優れている．

フレームリレーは，CIR（Committed Information Rate）と呼ばれる，網内で顧客が指定したスループットを保証する機能を提供する．例えば，10kbpsが指定されている場合，プロバイダーは10kbpsの帯域保証を行う．さらに，網内のリソースの許容範囲であれば，プロバイダーはバーストトラフィックを許容する．当然，高いCIRを指定するとより高価となる．

▶ATM

ATM（Asynchronous Transfer Mode：非同期転送モード）は，155Mbpsのスループットを提供する高速ネットワーク上でデータ，音声およびビデオを伝送するように設計されたコネクション指向のプロトコルである．これらは，ATM通信に小さな固定長の53Bセルを使用することにより実現される．

ATMのもう1つの特徴は，仮想回線の使用である．回線のエンドポイント間で転送されるセルは，同じ経路を通過する．回線を開始するために，セルを宛先に送信する．このセルがネットワークを通過すると，セルの経路内のすべてのデバイスが，これから発生するデータ通信に備えて必要なリソースを割り当てる．IPの場合と同様に，ATMはセルの配送を保証しない．

仮想回線は恒久回線または交換回線のどちらでもかまわない．交換仮想回線は，接続が切断されたあとに切断される．一方，恒久仮想回線は，接続が切断されてもアクティブなままである．

トラフィック制御はATMの1機能である．すべての仮想回線は，次のカテゴリーのいずれかに分類される．

- **CBR**（Constant Bit Rate）＝回線のセルは一定のビットレートで送信される．
- **VBR**（Variable Bit Rate）＝回線のセルは，指定された範囲内のビットレートで送信される．これはしばしばバーストトラフィックに使用される．
- **UBR**（Unspecified Bit Rate）＝回線のセルは，ほかのカテゴリーの回線に割り当てられていない帯域幅を割り当てられ，送信される．これは，ファイル転送などのインタラクティブでないアプリケーションに適している．
- **ABR**（Available Bit Rate）＝回線のスループットは，利用可能ネットワーク帯域のモニタリングにより調節される．

4.5.6 仮想ネットワーク

▶ソフトウェア定義ネットワーク

OpenNetworking.orgは，ソフトウェア定義ネットワーク（Software Defined Network：SDN）を，「データ転送プレーンからネットワークコントロールプレーンを物理的に分離し，コントロールプレーンでは複数のデバイスを制御する」と定義している．SDNアーキテクチャーでは，コントロールプレーンとデータプレーンが分離し，ネットワークインテリジェンスとネットワークステートは理論的に一元化され，それを支えるネットワークインフラストラクチャーはアプリケーションに対して抽象化される★49．

SDNの目的は，従来のネットワークトラフィック（有線または無線に適用可能）を，生データ，データの送信方法，データの目的の3要素に分解することである．これは，データ，コントロール，アプリケーション（管理）の各機能，あるいはインフラストラクチャーレイヤー，コントロールレイヤー，アプリケーションレイヤーにマッピングされる「プレーン（Plane）」に焦点を当てることである．図4.29に，SDNアーキテクチャーの3つのレイヤーの概要を示す．

- **インフラストラクチャーレイヤー（データプレーン）（Infrastructure Layer [Data Plane]）**＝ネットワークスイッチ，ルーター，データそのもの，および適切な宛先にデータを転送する処理．
- **コントロールレイヤー（コントロールプレーン）（Control Layer [Control Plane]）**＝インフラストラクチャーレイヤーの状態とアプリケーションレイヤーによって指定された要件に基づいて，トラフィックをどのように流すかを決定する，まさに「中間者」として動作する，デバイスのインテリジェンス．
- **アプリケーションレイヤー（アプリケーションプレーン）（Application Layer [Application Plane]）**＝ニーズと要件が規定するコントロールレベルと連動するネットワークサービス，ユーティリティおよびアプリケーション．

現状では，ネットワークハードウェアが，これらの機能の多く，またはすべてを実施している．SDNの目標は，ネットワークハードウェアのトラフィック処理の負荷を軽減することと，ネットワークハードウェアが関連するアプリケーションのニーズを満たす手段を簡略化することである．例えば，コントロールレイヤーを，ネットワークハードウェア上ではなくサーバー上に実装する，アプリケーションレイヤー

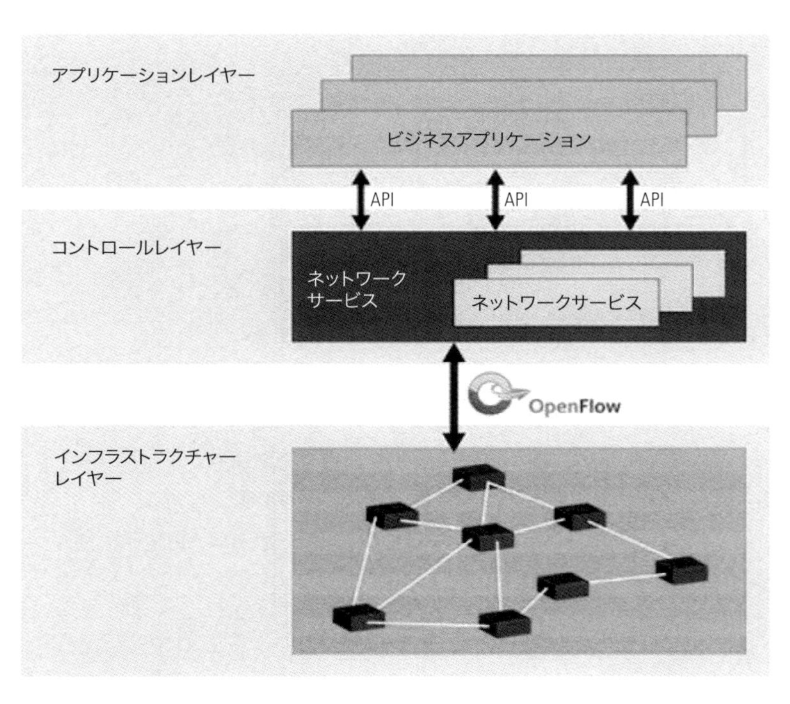

図4.29 SDNの3つのレイヤーの概要

との連携はソフトウェアベースのAPIで実現するなどがある．つまり，ネットワークトラフィックを処理するハードウェアでネットワークトラフィックを管理する必要がなくなるため，ネットワーク環境を柔軟かつ適応性のあるものにすることができる．

SDNの大きなメリットを享受する可能性のある2つのトレンドは，クラウドと仮想化である．これら2つの技術においては，スケーラビリティを確保するトラフィック管理，重要なデータの配信，要求帯域幅の増大，およびネットワークサービスの迅速なプロビジョニングに対する必要性がある．SDNはそのニーズに合致している．SDNによって，ネットワーク専門家およびセキュリティ専門家は，ユーザー，デバイスおよびアプリケーションに基づいたネットワークトラフィックの帯域制御や優先制御を実現する高度なポリシーの適用が可能となる．SDNがクラウドと仮想化のニーズの高まりにどのように対処できるかを以下に示す．

- クラウドアプリケーションは，サーバーの負荷分散をしたり，最速かつ最も効率的な経路でデータを配信するためにネットワークトラフィックを制御したりする場合がある．

- 自動化により，一貫性があり，予測可能なネットワーク環境を構築できるため，ネットワークの信頼性を高め，ネットワーク構成を簡略化するのに役立つ．
- 弱点となっていた，デバイスごとの設定に制限されていたネットワークリソースがない．
- SDNの機能向上のために，ネットワーク担当者はオープンソースのSDN APIを利用したり，開発したりすることができる．

SDNはオープンスタンダードに基づいている．OpenFlowは例の1つで，ONF（Open Networking Foundation：オープンネットワーキング財団）によって定義された★50．OpenFlowは仮想デバイス制御と標準命令セットを利用している．ポリシーをネットワークトラフィックに適用することができ，ユーザーはAPIを利用したり，プログラミングしたりすることができる．

図4.30に技術的観点から見たSDNアーキテクチャーを示す．

▸アーキテクチャーのコンポーネント

次のリストは，アーキテクチャーのコンポーネントの定義と説明である．

- **SDNアプリケーション（SDN Application：SDN App）**＝SDNアプリケーションは，ノースバウンドインターフェース（Northbound Interface：NBI）経由でSDNコントローラーに対して，アプリケーションから見たネットワーク要件と望ましいネットワーク動作に関して，明示的，直接的かつプログラム的にやり取りするプログラムである．さらに，プログラム内部での判断のために，ネットワークに関する抽象化された情報を取得することもある．SDNアプリケーションは，1つのSDNアプリケーションロジックと1つ以上のNBIドライバーで構成される．SDNアプリケーション自体が，ネットワーク制御を抽象化し，別のレイヤーとして外部に公開することもある．この場合，個別のNBIエージェントを介して，1つまたは複数の上位レベル向けのNBIを提供する．
- **SDNコントローラー（SDN Controller）**＝SDNコントローラーは，SDNアプリケーションからの要求を変換し，SDNデータパスに受け渡し，統計情報やイベント情報などを含む，ネットワークに関する抽象化された情報をSDNアプ

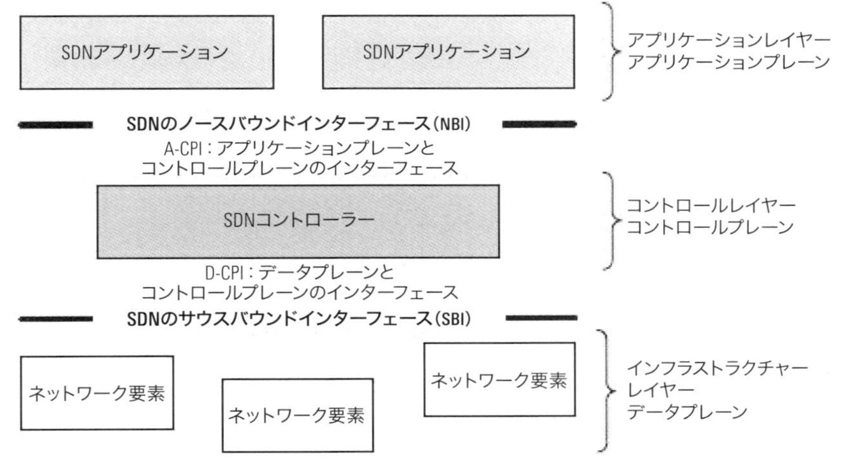

図4.30 技術的観点から見たSDNの3つのレイヤー

リケーションに提供する，論理的に一元化されたシステムである．SDNコントローラーは，1つまたは複数のNBIエージェント，SDNコントロールロジック，およびCDPI（Control to Data-Plane Interface）ドライバーで構成されている．論理的に一元化されたシステムの定義では，以下の機能の実装詳細について，規定も否定もしていない．

- ◦ 複数コントローラーのフェデレーション
- ◦ コントローラーの階層化
- ◦ コントローラー間の通信インターフェース
- ◦ ネットワークリソースの仮想化または分割

- **SDNデータパス**（SDN Datapath）＝SDNデータパスは，広告されたデータ転送およびデータ処理の機能を通して，ネットワークの可視性と完全な制御を提供する論理ネットワークデバイスである．論理構成には，構成する物理リソースのすべて，または一部を含む．SDNデータパスは，CDPIエージェントおよび1つ以上のトラフィック転送エンジンと0以上のトラフィック処理機能のセットを備える．これらのエンジンおよび機能には，データパスの外部インターフェース間での単純なトラフィック転送，データパス内部でのトラフィック処理，トラフィック終端などが含まれる．1つまたは複数のSDNデータパスは，物理ネットワークリソースの組み合わせで構成され，ユニットとして管理される単一の(物理的な)ネットワーク構成に含まれる．SDNデータパスは，複数の物理ネットワーク構成にわたって定義することもできる．この論理的な定義では，以下の機能の実装詳細について，規定も否定もしていない．

　◦　論理から物理へのマッピング
　◦　共有された物理リソースの管理
　◦　SDNデータパスの仮想化または分割
　◦　非SDNネットワークとの相互運用性
　◦　第4層から第7層でのデータ処理機能

- **データプレーンインターフェースに対するSDNコントロール**(SDN Control to Data-Plane Interface：SDN CDPI)＝SDNコントローラーとSDNデータパス間に定められたインターフェースで，トラフィック転送，機能広告，統計レポートおよびイベント通知をプログラム制御する機能を提供する．
- **SDNノースバウンドインターフェース**(SDN Northbound Interface：SDN NBI)＝SDN NBIは，SDNアプリケーションとSDNコントローラー間のインターフェースで，通常はネットワークに関する抽象的な情報をSDNアプリケーションに提供したり，SDNアプリケーションからネットワークの動作とネットワークへの要件の直接表現を可能とする．これは，任意の抽象レベル(緯度)と異なる機能セット(経度)との間で起こりうる．

▸ソフトウェア定義ストレージとVirtual SAN

アナリストグループのIDC社は，“2013 Storage Taxonomy Report”で，あらゆるコモディティリソース(x86ハードウェア，ハイパーバイザー，クラウド)および／または市販のコンピューティングハードウェアにインストールできるストレージソフトウェアスタックとして，ソフトウェア定義ストレージ(Software Defined Storage：SDS)を説明している．

SDSの基本的な前提は，ハイパーバイザーがデータセンターの新しいベアメタルであることである．SDDC(Software Defined Data Center)では，すべてのサービスが仮想レイヤー上に構築されている．そのため，データプレーンおよびコントロールプレーンを明示的に分離するだけでなく，ストレージ作成時まで機能拡張が可能である．すべてのワークロードのニーズを満たすには，柔軟性に欠けるハードウェア構成に依存せず，ハイパーバイザー経由でストレージ機能を利用したり，ポリシーを適用したりする必要がある．様々なハードウェアデバイスの機能を調査するためや，仮想マシン（Virtual Machine：VM）単位で必要に応じて適切な機能や属性を適用するためのサービスメニュー（API）を，ハイパーバイザーとSDSが連携して提供する．

SDSでは，ハードウェアと高機能なソフトウェアの組み合わせにより，スケールアウト型分散クラスターに，リニアかつ制限なしにすべてのx86ノードを追加できる．このスケールアウト型ストレージモデルでは，各x86ノードは，ハードディスクとソリッドステートストレージを内蔵し，これらはすべてのノードおよびすべてのワークロードで利用できる．さらに，スケールアウト機能はストレージ容量だけでなくストレージ制御機構にも適用されるため，システム拡張時のパフォーマンスのボトルネックを回避するのに役立つ．

SDNの場合と同様に，SDSは，物理ストレージハードウェアとストレージ制御の分離を目指している．ストレージ制御にはデータの配置方法や，読み書き操作中にどのストレージサービスを利用するかの決定がある．最終的には非常に柔軟なストレージレイヤーを実現でき，変化するアプリケーションのニーズに柔軟に適応することができる．SDSは，各仮想マシンの完全な可視性を保つ，統一され，一貫性のあるデータファブリックも作成する．

伝統的にエンタープライズで利用可能なストレージサービスには，次のものがある．

- **Dynamic Tiering**＝現在，ストレージシステムは一般的に，高性能なフラッシュストレージと，低速であるが大容量のハードディスクドライブの組み合わせをサポートしている．その結果，ソフトウェアベースのDynamic Tieringにより，ストレージティア間のデータ移行を自動で行い，パフォーマンスを最適化する．最適化のための複雑なルールセットを検討する管理者は必要ない．
- **キャッシング（Caching）**＝主にフラッシュストレージの利用コストを削減するためにキャッシングがますます重要な機能になっている．また，キャッシングにより，サーバーサイドのキャッシュデバイスやハイブリッドストレージなど，新しい種類のストレージが生み出された．しかし，フラッシュストレージの値段が下がったと言っても，従来のハードディスクドライブよりもはるかに高価である．そのため，ストレージベンダーは，アクセス頻度の高いデータをより高速なキャッシュに配置してパフォーマンスを向上させるなどの方法で，フラッシュストレージの利用に注意を払っている．
- **レプリケーション（Replication）**＝ストレージレプリケーションによって，様々なデータ保護（ローカルレプリケーション）と災害復旧（異なる場所間のレプリケーション）が可能になる．そのため，レプリケーションは多くの組織で必須のストレージ機能と考えられている．レプリケーションにより，組織は地理的に離れたデータセンターに設置された異なるストレージシステム間で運用中のデータのコピーが可能となる．

- **QoS**（Quality of Service：サービス品質）＝QoSの目的は，各アプリケーションに対して，予測可能な動作と一定の高い性能を保証することである．これまでITチームは，リソースの競合によるパフォーマンス面でのSLA違反を避けるため，異なる種類のワークロード（Microsoft Exchange, SQLデータベース, VDI［Virtual Desktop Infrastructure：仮想デスクトップ基盤］など）を同一のプラットフォームに混在させないようにしていた．しかし，分散されたコントロールプレーンにより，特定の仮想マシンに対してデータをローカルに格納できるため，パフォーマンスが確保でき，パフォーマンス状況の監視や分析が容易になる．
- **スナップショット**（Snapshot）＝スナップショットにより，特定の時点のストレージのコピーを取得したり，そのコピーから復旧したりすることができる．スナップショットはバックアップを完全に置き換えるものではないが，目標復旧時点（Recovery Point Objective：RPO）を短縮できるため，多くのリカバリー製品にとって重要な要素になっている．
- **重複排除**（Deduplication）＝フラッシュストレージでさえストレージの容量単価は引き続き下落しているが，よい節約方法があれば，多くの人は容量を無駄に利用したいとは思わない．重複排除は，容量の節約を行うよく知られた方法である．重複排除機能によってストレージの必要容量を減らせるため，組織は費用を節約できる．
- **圧縮**（Compression）＝データ重複排除はブロックレベルで機能するが，圧縮はファイルレベルで機能し，ファイルを元のサイズの数分の1に減らすことができる．
- **クローニング**（Cloning）＝クローニングは，管理者がサービス全体を合理化し，改善するのに役立つため，よく利用される機能である．

仮想化やSDNと同様に，抽象化（Abstraction）がSDSの重要な要素である．SDSはストレージリソースがハードウェアから抽象化（または分離［Decoupling］）されていることに依存しているため，仮想化がなければSDSは成立しない．抽象化により，ストレージサービスはソフトウェアメカニズムの追加により拡張される．SDSの特性として，アプリケーションのニーズに基づくデータの格納場所の決定などがある．

また，SDSは，重複排除やシンプロビジョニングなどの重要なストレージサービスも提供する．しかし，これらの機能は仮想化の一部ではない．追加の機能を提供する追加サービスである．

SDSシステムでは，ハードウェアから分離されたストレージサービスの，コントロールプレーンによるポリシーベースの管理が可能になる．この分離の重要性は，複数のハードウェアがシステム環境に追加されるにつれて，より顕著になる．ハードウェア全体が可視化されると，データの配置に，単一のシステムや単一の場所だけではなく，クラウドやオフプレミスのストレージを活用することができるようになる．SDSシステムは，パブリックおよびプライベートのデータセンターにあるハードウェアを利用し，単一あるいは分散されたコントロールプレーンにより管理・制御される．

SDDCとSDSの重要な特性は，ハードウェアの観点からのオープン性に加えて，オープンなAPIによる相互運用にある．APIの使用により，直接操作ではなく自動化によるストレージ管理が可能になり，さらにサードパーティの拡張機能により，ストレージのプロビジョニングが可能になる．例えば，特定のアプリケーションでは特定の種類のストレージが必要な場合があるが，アプリケーションはSDS管理レイヤーで収集された環境情報を使用し，SDSベンダーの公開API経由で必要なストレージをプロビジョニングできる．現在，最も一般的なAPIは，REST（Representational State Transfer）APIと呼ばれている．

SDSストレージクラスターでは，冗長性の高いハードウェアデバイスではなく，ソフトウェアのレジリエンスによってデータの可用性が実現される．実際，ソフトウェアレイヤーは，ハードウェアの障害を予期して設計されているが，ハードウェアリソースの故障を素早く検知，対応し，ストレージ全体のSLAを保つことができる．例えば，SDSシステムでは，高価で遅く，信頼性の低いRAID（Redundant Array of Independent Disks）構成を採用せず，クラスターの様々な場所にデータのコピーを複数格納する，レプリカベースの手法をデータ保護に採用する場合がある．

さらに，ソフトウェアレイヤーでインフラストラクチャー内のほかの仮想化要素を完全に把握することにより，管理者が定義したポリシーに基づき，ソフトウェアレイヤーで，インフラストラクチャーの状況に応じたストレージタイプの選定が可能となる．例えば，応答速度の速いストレージを必要とするアプリケーションにはフラッシュベースを提供し，それほど時間が重要にならないワークロードには，より遅くてコストが安いハードディスクドライブベースのストレージを提供する．SDSと仮想化によって提供される抽象化レイヤーにより環境のあらゆる面を見ることができ，それにより，ワークロード管理の自動化ができる．SDSによりストレージファブリックを様々なワークロードに適応させることができるため，I/O要求の高いアプリケーションにはSLAが保証されたストレージリソースが提供される．これにより，データセンターのストレージコンポーネントは，ほかの技術と同等の柔軟性を持つ．

SDSベースのストレージシステムは，いくつかのタイプのデータ保護およびデータ可用性メカニズムを持つ．

- **インテリジェントなデータ配置**（Intelligent Data Placement）＝データ保護は，データが物理ディスクに書き込まれ，アプリケーションにデータの書き込みが知らされた瞬間に始まる．SDSシステムでは，ハードウェアベースのRAIDメカニズムでデータを保護しないため，データの配置と保護は非常に重要である．SDSでは，データの配置が何度も行われることがある．
- **コントローラー**（Controller）＝SDSでは，ソフトウェアベースのコントローラーが，ディスクからのデータの読み書きや，アプリケーションや仮想マシンでのデータの継続利用に対して責任を担う．ソフトウェアコントローラーは多くの場合冗長化されているため，障害が発生した場合でも高いレベルの可用性を維持できる．
- **ソフトウェアRAID**（Software RAID）＝SDSによってハードウェアベースのRAIDシステムは不要となるが，ソフトウェアベースのRAID構成は利用できる．SDSのコンセプトに準拠するため，ソフトウェアベースのコントローラーによってRAID構成が完全にサポートされること，企業が要求する容量とパフォーマンスを満たすだけの拡張性を持つことが必要となる．

セキュリティ専門家がSDS技術の特徴を明確に把握するために，VMware社（ブイエムウェア）のVirtual SANがどのように実装されているかを簡単に見ていく．VMware Virtual SANはハイパーバイザー統合型ストレージ（Hypervisor-Converged Storage）ソフトウェアであり，サーバー側のフラッシュディクスとハードディスクを抽象化してプール化し，ハイパーバイザーレイヤーで，高性能かつ高レジリエンスの永続的なストレージティアを作成する．

ハイパーバイザー統合型ストレージ

Virtual SANはvSphereカーネルに組み込まれている．vSphere上で実行されている仮想マシンおよびアプリケーションと下層のストレージインフラストラクチャー機能の把握のため，スタックで独自実装を行っている．そのため，カーネルとの密接な統合が重要なポイントとなっている．スタックでのVirtual SANの独自実装により，I/Oデータパスを最適化し，仮想アプライアンスや外部デバイスよりも優れたパフォーマンスを提供する．

仮想マシンを中心としたポリシーベースの管理と自動化

ストレージ要件は，個々の仮想マシンまたは仮想ディスクにストレージポリシーとして定義できる．Virtual SANは，SLAに基づいたストレージポリシーに対応したストレージリソースをプロビジョニングする．サーバー管理者は，SPBM（Storage Policy Based Management）を使用して，各アプリケーションまたは仮想マシンからのパフォーマンス，可用性および容量への要求に基づいたストレージポリシーを作成できる．Virtual SANはストレージリソースのプロビジョニングと管理の自動化のために，ストレージポリシーとストレージリソースとの整合性をとる．Virtual SANは，クラスター内の各仮想マシンに割り当てられたQoSポリシーに合わせて，ストレージを自動的にリビルド，リバランスする．

サーバーサイドでのリード／ライトキャッシュ

Virtual SANは，エンタープライズグレードのサーバーサイドSSD（Solid State Drive）フラッシュを利用し，ディスクI/Oを高速化することにより，ストレージのレイテンシーを最小限に抑える．Virtual SANは，ライトバッファーとリードキャッシュの両方にフラッシュを活用することにより，仮想マシンのパフォーマンスを大幅に向上させる．リードキャッシュでは，キャッシュヒット時のリードレイテンシーを低減するため，アクセス頻度の高いディスクブロックのリストを作成する．ライトバッファーは不揮発性バッファーとして機能し，ハードディスクへの書き込みよりもはるかに高速にAckを返すことにより，ライトレイテンシーを低減する．

組み込みのフォールトトレランス機能

Virtual SANは，分散RAIDとキャッシュミラーリングを利用して，ディスク，ホスト，ネットワークの障害の際にデータが失われないようにする．Virtual SANのSPBM機能により，仮想マシンごとに可用性を定義でき，管理者はレジリエンスを最大限に高めることができる．管理者が仮想マシンごとにストレージポリシーを設定する際，Virtual SANクラスター内でどれくらいのホスト，ネットワーク，ディスクの障害に仮想マシンが耐えられるようにするかを設定できる.

停止時間を発生させない，きめ細かなスケールアップおよびスケールアウト

既存のホストにディスクを追加(スケールアップ)するか，新しいホストをクラスターに追加(スケールアウト)することで，簡単かつ停止時間を発生させずにVirtual SANデータストアの容量を拡張できる．パフォーマンスも，新しいホストまたは既存のホストにフラッシュドライブ(PCIeカードを含む)を同時に追加することにより，サービスを中断することなく同時に向上させることができる.

ハードウェアへの非依存性

Virtual SANは，すべての主要なサーバーベンダーのハードウェアに導入できる，ハードウェアに依存しないソリューションである．これにより，構成，オペレーティングシステムおよび磁気ディスクが異なったハードウェアの混在環境で柔軟に利用できる.

▶ PVLAN，仮想ネットワーク，ゲストOS

プライベートVLAN (Private VLAN：PVLAN) はVLAN規格の能力を拡張したものである．ネットワーク設計とセキュリティ設定に関連する様々な機能を，別水準でのトラフィックの分離により提供する.

VLANは，複数の物理スイッチで行うのと同様の方法でLANを論理的に分離する．例えば，4つの物理スイッチがあり，各スイッチは会社内の別々の部門に接続されているとする．スイッチ間で相互接続していなかったり，ルーティングデバイスを設置していなければ，各部門内のデバイスは相互にトラフィックを送信できず，一般的には異なるサブネットに属することになる．VLANは，物理的にではなく，論理的にこの機能を利用してデバイスを分離する．部門ごとに別々のVLANを作成し，部門のデバイスを接続する物理ポートのVLANを正しく設定する．しかし，物理LANと同じ規定がVLANにも適用されることに注意する必要がある．つまり，VLAN間で通信するためにはルーティングデバイスが必要であり，各VLAN内のデバイスには別々のサブネットを割り当てる必要がある.

PVLAN：VLANの機能を拡張する

PVLAN機能は，VLAN規格の機能を拡張したものである．PVLANはさらに次のグループに分けることができる.

- **プライマリー PVLAN** (Primary PVLAN) ＝より小さいグループに分割される元のPVLANはプライマリーと呼ばれ，すべてのセカンダリー PVLANはプライマリー PVLAN内にのみ存在する．
- **セカンダリー PVLAN** (Secondary PVLAN) ＝セカンダリー PVLANはプライマリー PVLAN内にのみ存在する．各セカンダリー PVLANには特定のVLAN IDが関連付けられており，通過する各パケットには通常のVLANと同様にVLAN IDがタグ付けされ，物理スイッチは各パケットにタグ付けされたVLAN IDに基づいて動作（隔離，コミュニティまたはプロミスキャス）を決める．

セキュリティ専門家は，ホストが同じグループに属していたとしても，関連付けられたグループのタイプによっては，互いに通信することができないという事実に注意することが重要である．

3種類のセカンダリー PVLAN

- **プロミスキャス** (Promiscuous) ＝プロミスキャスセカンダリーPVLANのポートに接続されたノードは，同じプライマリーに属するほかのセカンダリーVLANに接続された任意のノードと通信できる．ルーターは通常，プロミスキャスポートに接続される．
- **隔離** (Isolated) ＝隔離セカンダリー PVLANのポートに接続されたノードは，プロミスキャスPVLANに接続されたノードとのみ通信できる．
- **コミュニティ** (Community) ＝コミュニティセカンダリー PVLANのポートに接続されたノードは，同じセカンダリー PVLAN内のほかのポートに接続されたノードおよびプロミスキャスPVLANに接続されたノードと通信できる．

図4.31に，PVLANのトラフィックフローを示す．
セキュリティ専門家が認識すべき追加事項を以下に示す．

- プロミスキャスPVLANは，プライマリーVLANとセカンダリーVLANの両方で同じVLAN IDを持つ．
- コミュニティPVLANおよび隔離PVLANのトラフィックには，関連するセカンダリー PVLANのタグが付けられる．
- PVLAN内のトラフィックはカプセル化されない（プライマリー PVLANパケット内にセカンダリー PVLANをカプセル化することはない）．

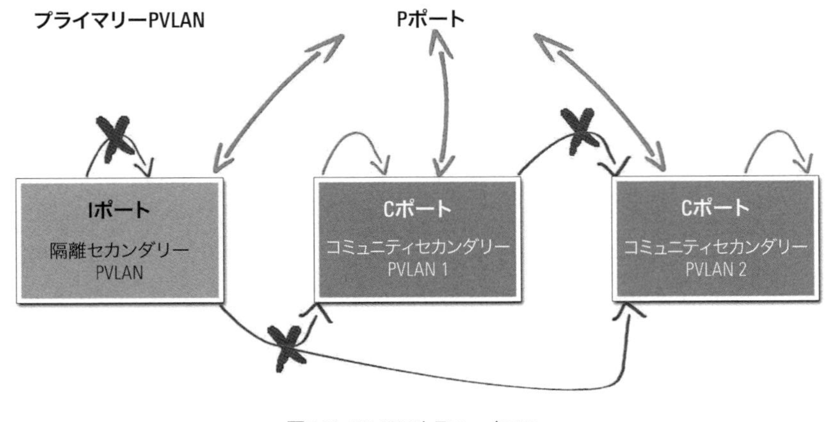

図4.31 PVLANのトラフィックフロー

- 同じPVLAN内の異なるホスト上の仮想マシン間のトラフィックは，物理スイッチを経由する．したがって，セカンダリーPVLAN間で通信ができるよう，物理スイッチはPVLAN対応で，かつ適切に設定されている必要がある．
- スイッチはVLANごとにMACアドレスを検出する．これはPVLANでは問題となることがある．これは，各仮想マシンが物理スイッチから複数のVLANに属しているように見えたり，要求への応答が別のVLANに返るので，要求に対する応答がないように見えたりするからである．そのため，PVLANが接続されている物理スイッチはPVLANに対応している必要がある．

これまでPVLANを扱ったことがないセキュリティ専門家は，以下のベンダー製品を確認するとよい．以下にカテゴリーごとにリストアップする．

- ハードウェアスイッチ
  - Arista Networks社（アリスタ・ネットワークス）＝データセンタースイッチ
  - Cisco Systems社＝Catalyst 2960-XR，3560および上位の製品ラインのスイッチ
  - Juniper Networks社（ジュニパーネットワークス）＝EXスイッチ
  - Brocade Communications Systems社（ブロケード・コミュニケーションズ・システムズ）☆11＝BigIron，TurboIronおよびFastIronスイッチ
- ソフトウェアスイッチ

    - Cisco Systems社＝Nexus 1000V
    - VMware社＝vDSスイッチ
    - Microsoft社＝Hyper-V 2012 R2
- その他のPVLAN対応製品
    - Cisco Systems社＝FWSMファイアウォール
    - Marathon Networks Services社（マラソン・ネットワークス・サービシーズ）＝PVTDプライベートVLANの導入と運用アプライアンス

▶仮想ネットワークとは何なのか（なぜセキュリティ専門家が理解する必要があるのか）

仮想ネットワークは，相互にデータを送受信できる1つ以上の仮想マシンで構成されている．各仮想マシンは，ネットワークに接続されたコンピュータを表し，ESXiサーバー上に構築される．

VMwareでは，仮想ネットワークと物理ネットワークの間の接続を確立するためにスイッチが使用される．ESXとESXiでは，標準スイッチと分散スイッチの2種類のスイッチが利用される．

標準スイッチ

ネットワーク標準スイッチ（仮想スイッチ［Virtual Switch：vSwitch］）は，仮想マシンを仮想ネットワークに接続する役割を担う．vSwitchは，いくつかの制限はあるものの物理スイッチと同様に動作し，仮想マシン同士の通信を制御する．

vSwitchは，ホストサーバーに関連付けられた物理NIC（pNIC）を使用して，仮想ネットワークと物理ネットワークを紐付ける．VMwareでは，これらのpNICはアップリンクアダプターとも呼ばれる．アップリンクアダプターは，vmnics（仮想ネットワークアダプター）と呼ばれる仮想オブジェクトを使用して，vSwitchと接続する．

vSwitchが仮想ネットワークと物理ネットワーク間の接続の橋渡しを始めると，ホストサーバー上の仮想マシンは，物理ネットワークに接続されているすべてのネットワークに対応したデバイスとの間でデータの送受信を開始できる．すなわち，仮想マシンは仮想ネットワークの通信のみに限定されなくなる．

VMwareでは，1つまたは複数のアップリンクアダプターが関連付けされたvSwitch，あるいはアップリンクアダプターが関連付けされていないvSwitchを利用して仮想ネットワークを作成する．割り当てられたpNICがないvSwitchはinternal vSwitchと呼ばれ，ESXiホスト外のほかの仮想マシンまたは物理マシンと通信することはできない．internal vSwitchは，仮想アプライアンスなど，マシンを外部ネットワークから隔離する必要がある際に使用される．

vSwitchに接続するには，仮想マシンに仮想NIC（vNIC）が割り当てられている必要がある．物理マシンにネットワークアダプターがなければネットワークに接続できないのと同様である．実際，仮想環境外にある物理マシンが仮想マシンに割り当てられたvNICからデータを受信する場合，物理マシンには，その情報が仮想化されたネットワークアダプターから送信されたものなのか，物理ネットワークアダプターから送信されたものなのかの判断がつかない．vNICは，pNICと同様に，MACアドレスとIPアドレスの両方を持つ．

各仮想マシンはポートを介してvSwitchと接続する．vSwitchは，1つまたは複数のポートグループで構成されており，ポートグループでは仮想スイッチと接続された仮想マシン間のトラフィックをどのように処理するかを設定する．管理者は，トラフィックシェーピング，帯域制限，NICフェイルオーバーなどの設定をポートグループに対して行う．

分散スイッチ

分散仮想スイッチ（Distributed Virtual Switch：DvSwitch）は，複数のESXiホストにまたがるネットワークの管理を簡素化する．DvSwitchは，vSwitchと同じ機能を備えているが，大きな違いが1つある．vSwitchは同時に複数のホストサーバーに割り当てることはできないが，DvSwitchは割り当てが可能である．そのため，データセンター内の複数のホストに対して，同じvSwitchを作成することなく，単一のDvSwitchを作成することにより，対象のESXiサーバーすべてに関連付けができる．

ローカルのホストから管理できるvSwitchとは異なり，DvSwitchはその固有のアーキテクチャーゆえに，vCenter Server経由で作成および管理する必要がある．DvSwitchは，コントロールプレーンと入出力（I/O）プレーンで構成されている．コントロールプレーンはvCenter Serverにあり，DvSwitch，NICボンディング，アップリンクアダプターおよびVLANの設定を行う．一方，I/Oプレーンまたはデータプレーンは，“隠された”仮想スイッチで，各ホストサーバーに組み込まれている．

DvSwitchは，分散ポートグループまたはdvPortグループと呼ばれるポートグループに対応している．dvPortグループは標準ポートグループと同じ基本機能を提供するが，管理者がdvPortグループを使用している場合は，アウトバウンドトラフィックシェーピングだけでなく，インバウンドトラフィックシェーピングも利用できる．

仮想化されたネットワークインフラストラクチャーと連携して既存のセキュリティアーキテクチャーやポリシーに組み込むために，仮想ネットワークの設定方法とその構成要素を理解する必要がある．VMwareのESXiオペレーティングシステムで仮想ネットワークをどのように設定するのかを見てきたので，仮想化環境を自分で設定し，基本的なネットワーク接続を設定してみよう．VMwareのネットワーキングのアプローチをすでに調査しているため，この機会に，Windows Server 2012/2012 R2 Hyper-Vの展開を通して，Microsoft社の仮想化のアプローチを見ることもできる．

詳細なチュートリアルについては，**付録E**を参照のこと．

4.6 ネットワーク攻撃

攻撃はネットワーク自体に向けられることがある．つまり，ネットワークの可用性，あるいはほかのサービス（特にセキュリティサービス）が危険にさらされている．過去にはネットワーク自体は攻撃の対象にならないと考えられていたが（図4.32），これはもはや当てはまらない．IPコンバージェンスが普及し，多くの組織にとってネットワークは，ビジネスの物理的および論理的要素の両方を制御する中枢システムを担っている．物理的要素には，大規模生産システムの制御・管理を担うデータや通信，ポンプ，溶鉱炉，ボイラー，燃焼室，および重大な物的損害や人命の喪失を引き起こす可能性があるその他の「物理的」な要素の安全制御システムの制御・管理を担うデータや通信が含まれる．また，物理的要素には，建物のアクセス制御，物理的な脅威を監視・記録し，緊急時にセキュリティスタッフに警告を発するカメラや構内通話装置も含まれる．論理的要素に含まれるのは，電子メールやファイルなどのネットワークを流れるデータだけではない．電話やテレビなどの情報サービスも，同一ネットワーク上のものは論理的要素に含まれる．特定のアプリケーションを攻撃することなく，現代の組織や企業のネットワークを壊滅させたり，制御したりすることは，利用するすべてのアプリケーションを攻撃するのと同等の被害をもたらす．

4.6.1 攻撃手段や攻撃経路としてのネットワーク

ここでは微妙に異なる2つの状況を区別する必要がある．1つ目は，例えば情報収集など，攻撃者が特定のネットワーク特性を利用して攻撃を行う場合で，2つ目は攻撃者がネットワークを介して攻撃を行う場合である．本節では，主にネットワークを介して行われる攻撃に焦点を当てる．ただし，ネットワーク上のアプリ

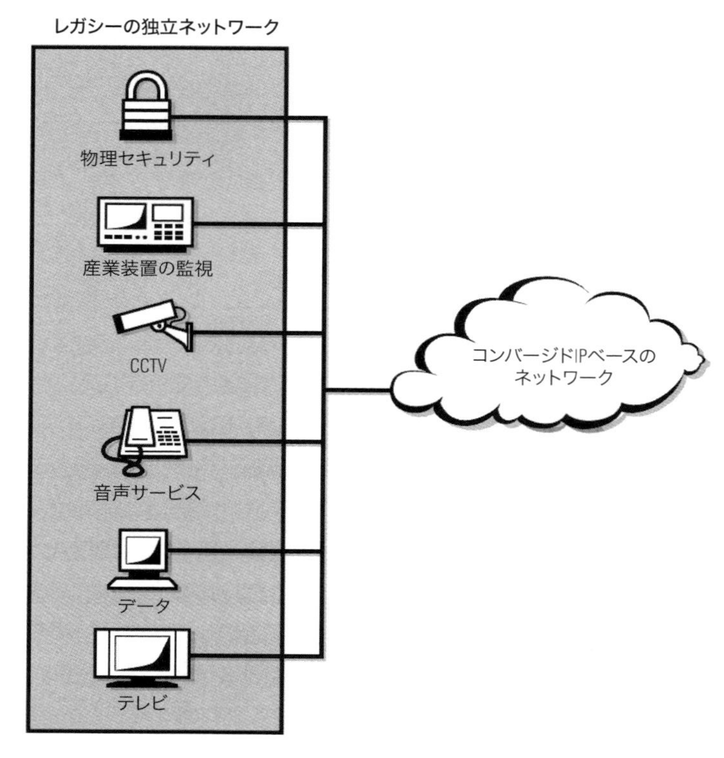

図4.32 コンバージドIPベースのネットワーク

ケーションや資産への影響が及ぶ，ネットワーク自体に対する攻撃についても，引き続き議論する．

ネットワークの悪用は，必ずしもネットワーク自体の欠陥によるものではない．例えば，ウイルス感染の場合，インターネットに接続されたユーザーのラップトップが侵害される可能性がある．このような場合，ネットワークのアーキテクチャーの不備をつかれたのは事実であるが，ネットワークのインフラストラクチャー自体とネットワークに施されたセキュリティ対策は技術的に破られたわけではない．

4.6.2 防衛の要塞としてのネットワーク

ネットワークは，ITセキュリティを支える最も重要な要素ではないにしても，企業の重要な情報と知識を保護するためのきわめて重要な要素である．したがって，企業全体にわたる，強固で首尾一貫したネットワークセキュリティアーキテクチャーの実装が最も重要である．ほかでも説明されているように，セキュリティ対策は一般的に，社会的活動，組織的活動，手続き的活動，技術的活動，およびこれらの活動を実施するにあたって必要なコントロール活動を含む情報セキュリティマネジメントシステム（Information Security Management System：ISMS）を中心に定められる．

セキュリティ対策は組織のセキュリティポリシーに基づいて行われ，一般的に，構成管理と変更管理，監視とログ分析，脆弱性とコンプライアンスのテストとスキャン（ネットワーク上でのスキャンによる検出を含む），セキュリティのレビューと監査，バックアップと復旧，セキュリティ意識啓発と訓練が含まれる．これらのセキュリティ対策は組織にとって，バランスがとれ，適切で，手頃な価格である必要があり，また，ビジネス目標，リスクの受容水準，目標とする保証レベルに見合っている必要もある．セキュリティ専門家が考慮すべき重要な項目は次のとおりである．

- **セキュリティドメインの定義**（Definition of Security Domains）＝これは，リスクレベルや組織の管理方法に基づき定義できる．よくある傾向として，分権化された組織がITおよびネットワークのセキュリティをローカルで管理したことにより，セキュリティのレベルが異なる例がある．
- **セキュリティドメインの分離**（Segregation of Security Domains）＝Bell-LaPadulaモデル，Biba完全性モデル，Clark-Wilsonモデルなど形式化したモデルを考慮しつつ，リスク／ベネフィット評価に準じてトラフィックフローを制御する．
- **インシデントレスポンス能力**（Incident Response Capability）＝以下を含むが，これに限定されるものではない．
  - ビジネスクリティカルなトラフィックの一覧（例えば，電子メール，ファイルやプリントサーバー，DNSやDHCP，VoIPなどの電話による通信，建物のアクセス制御トラフィックや施設管理トラフィックなどがある．最新の建物の制御，物理セキュリティ制御およびプロセス制御はIP上に集約されている）．
  - 重要度の低いトラフィック（HTTPやFTPなど）の一覧．
  - 欠陥に素早く対処する方法（例えば，ネットワークの一部を遮断する，特定の種類のトラフィックをブロックするなど）．
  - 対応管理プロセス．
  - 主回線の過負荷時または障害時の緊急対応あるいは回線接続の冗長化．アプリケーションやユーザーへのサービスを停止することなく，負荷／トラフィックの変動に自動的に対応する代替回線を用意する．

4.6.3 ネットワークセキュリティの目標と攻撃手法

セキュリティ目標は各組織に固有のものであり，いくつかの重要なテーマは区別され，それぞれの組織によって異なる優先順位が付けられる．しかし，多くの場合，ここでリストされた優先順位が選択される．相互運用性や，特に使いやすさなどの多くの補助的な目標は，重要なテーマの底流にある．ユーザーは，ネットワーク（特にネットワークセキュリティ）に対して，完全に透過的であり，ビジネスプロセスを妨げないことを求め，利用制限を簡単には受け入れない．

ネットワークセキュリティはほかのすべてのセキュリティ対策のエンドポイントである（ファイアウォールだけが組織を保護する）とよく誤解されている．これは誤った認識である．境界防御（ネットワークのエッジを守る）は，セキュリティ専門家が企業内に策定する必要のある，全体的なソリューションセットまたはエンタープライズセキュリティアーキテクチャーの一部に過ぎない．境界防御（Perimeter Defense）は，「多層防御（Defense in Depth）」として知られる，より広い概念の一部である．多層防御では，セキュリティはエッジだけでなく，ホスト，アプリケーション，ネットワーク要素（ルーター，スイッチ，DHCP，DNS，無線アクセスポイント），人，運用プロセスを含む多層の取り組みでなければならないとされている．図4.33を参照．

さらに，多層の防御措置で実際には攻撃を防げないかもしれないが，攻撃が失敗したあとで防御方法を考えるよりもはるかに優れている．攻撃検出方法，攻撃対応方法，攻撃からの復旧戦略を定めたとしても，攻撃は止められない．理想的には，攻撃に対抗するために，ネットワークセキュリティもプロアクティブでなければならない．攻撃に先立って攻撃を阻止したり，あるいは自己防衛として攻撃を阻止したりすることにより，インフラストラクチャーに対する攻撃を予期し，防御する必要がある．これには，脅威インテリジェンス，ネットワーク境界やその周辺のアクティブな監視，上流ネットワークでのセキュリティ対応の依頼や攻撃ツールの無効化に関する対応能力が必要である．

プロアクティブなセキュリティ対応は，意欲とリソースを備えた組織であれば自主的に実施できる．DDoS攻撃，スパム／フィッシング，ボットネット攻撃など，外部からの脅威を想定した上流ネットワークでのセキュリティ対策は，通信事業者やISPと協力し，簡単かつ手頃な価格で実現可能である．最も効果的なプロアクティブなネットワーク防御（Proactive Network Defense）は，攻撃ツールが展開され，自身が攻撃対象となる前に，攻撃ツールを無効化する対応能力と関連する（図4.34）．このような戦術は，以前は精度が低く，法的にも疑わしいものであると考えられてきたが，

図4.33 多層防御

ネットワークベースの攻撃に関連するセキュリティリスクのレベルが高まるにつれ，米空軍が率いる米国戦略防衛司令部や世界中のほかの多くの国々で攻撃的セキュリティ対策の採用が進んでいる．

▶機密性

電気通信およびネットワークセキュリティの文脈において，機密性（Confidentiality）は，権限のない者に開示しないことを意味する．機密性に対する攻撃は，今日では最も一般的な攻撃の1つである．なぜなら，情報は多種多様な（ほとんどは犯罪的な）方法で売却または悪用され，犯罪者に利益をもたらすからである．企業内のほぼすべてのデジタル情報が流通するネットワークは，情報に対するアクセス制御をバイ

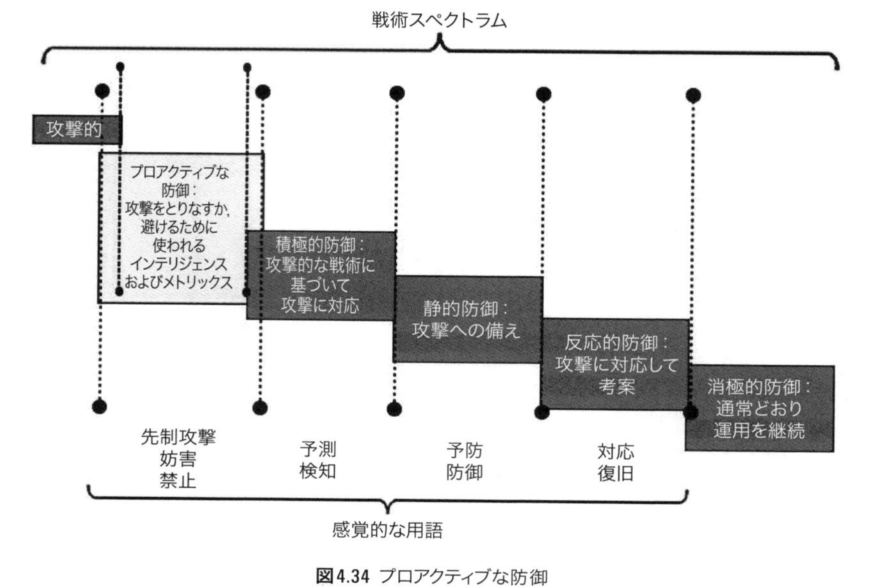

図4.34 プロアクティブな防御

パスし，ネットワーク上を流れる情報へのアクセスを可能とするため，攻撃者にとって魅力的な攻撃対象である．取得できる情報の中には，パケットのペイロード情報だけでなく，パスワードなどの資格情報もある．逆に，攻撃者はネットワーク上を流れている情報ではなく，通信が行われたという事実だけに興味があるかもしれない．機密性に対して広く行われている攻撃は，「盗聴」として知られている．

▶ 盗聴(スニッフィング)

ネットワーク上の情報にアクセスするには，攻撃者は最初にネットワーク自体にアクセスする必要がある．盗聴(Eavesdropping)を行うコンピュータは，ネットワーク上の正当なクライアントかもしれないし，許可されていないコンピュータかもしれない．盗聴者がネットワークの一部になる(例えばIPアドレスを取得する)必要はない．ネットワーク上で見えない(そしてアドレスを持たない)ままである方が，攻撃者にとって好都合である．これは，物理的な接続が不要な無線LANでは，特に簡単に実現できる．

盗聴対策には，ネットワークレベルまたはアプリケーションレベルでのネットワークトラフィックの暗号化，通信発生時刻の特定を防ぐためのトラフィックの埋め込み，情報ソースを匿名化するための通信経路の変更，メッセージ分割，情報が信頼されたネットワークドメインのみを通過させるなどの通信経路の指定がある．

▸完全性

電気通信およびネットワークセキュリティの文脈において，完全性（Integrity）は，破壊または変更（故意または偶発的）に関連する特性をいう．ネットワークはトラフィックの完全性をサポートし，保護する必要がある．多くの点で，傍受に対する保護と機密性の保護のために講じられた対策は，メッセージの完全性も保護する．完全性に対する攻撃は，攻撃自体が最終的な目的ではなく，機密性や可用性を侵害するための移行ステップの攻撃である．

メッセージの変更は，上位のネットワーク層（アプリケーション内）で頻繁に行われるが，ネットワークは，メッセージの傍受，改ざん（中間者攻撃），リプレイ攻撃に対する堅牢性やレジリエンスを実現するために構築される．これらを実現する方法には，メッセージの暗号化，チェックサムの確認，さらに攻撃者が改ざんしたメッセージをネットワークに送信するために必要なアクセス権の取得を防御する，クライアントに対するネットワークへのアクセス制御がある．

逆に言うと，SMTP，HTTP，さらにDNSなどの多くのプロトコルは，認証機能を提供しない．その結果，攻撃者は偽の送信者情報を使って，既存のゲートウェイ経由で外部からネットワークにメッセージを容易に送信できる．アプリケーションが，基盤となるプロトコルのセキュリティ機能や真正性を当てにできないという事実は，ネットワーク設計における共通要因となっている．

▸可用性

電気通信およびネットワークセキュリティの文脈において，可用性（Availability）は，ネットワークサービスの稼働時間，通信速度およびレイテンシーに関するサービスの特性をいう．特に，高度な統合ネットワークでは，複数の資産（データ，音声，物理セキュリティ）が同じネットワーク上に乗っているため，サービスの可用性は最も疑う余地のないビジネス要件である．このような理由から，ネットワークの可用性も攻撃者にとって主要な攻撃対象となっており，セキュリティ専門家が対処する必要がある重要なビジネスリスクの1つとなっている．本章では様々な可用性の脅威とリスクについて説明しているが，可用性に対して広く行われている攻撃は「サービス拒否」として知られている．

OSIモデル（第4層）のトランスポート層への攻撃には，まとめると，パケットの操作，パケットの中身の公表，またはパケット通信の妨害がある．これらの攻撃は，例えば，（スニファー攻撃の場合と同様に）パケットのペイロードを読み込んだり，変更したりすることによって起こる（これは中間者攻撃で起こる可能性がある）．サービスの中断はほかのレイヤーでも実行できるが，ICMPを利用したトランスポート層での攻撃が一般的になってきている．

▸ドメインを巡る紛争

ドメイン名には，取得したドメイン名が一時的に使用不能になったり，永久に喪失したりするリスクが存在するため，商標のリスクの対象となる．ドメイン名に対するリスクは企業にとって，ITに関連する災害の中では，インターネット内での存在を完全に失うことに相当する可能性がある．したがって，ドメイン名に対する様々な商標論争の懸念がある企業では，主要なWebおよび電子メールアドレスで使用しているドメイン名について，事業継続計画を策定すべきである．このような事業継続計画には，必要な際にすぐに利用可能な，当該の商標に関連のない第2のドメイン名（親会社の商標に基づくドメイン名など）を準備しておくことが含まれる．

サイバースクワッティングや，似ているドメイン名の不正使用（よくあるスペルミスを含んでいたり，異なるトップレベルドメイン配下で，同じ名前のセカンドレベルドメインを使用したりする）は，ドメインの利用範囲が拡大し続けるにつれ，より頻繁に発生する．この種の不正から企業を守る唯一の方法には，ありがちな類似のドメイン名の登録，もしくは商標訴訟がある．虚偽情報の公開だけでなく，電子メールの損失や暴露など，ドメインの不正利用に関連する残存リスクは常に存在する．

▸オープンメールリレーサーバー

オープンメールリレーサーバー（Open Mail Relay Server）は，メールサーバーがサービス提供していない（つまり，DNSのMXレコードで指定されていない）ドメインからのSMTP接続を許可するSMTPサービスである．オープンメールリレーは一般的に，間違ったシステム管理と考えられている．図4.35を参照．

オープンメールリレーは，攻撃者が自分の身元を隠すことができるため，スパム配信の主要ツールとなっている．オープンメールリレーサーバーからのメールをブロックするために使用できるオープンメールリレーサーバーのブラックリストが多数存在する．言い換えれば，こうしたホストからのメールはスパムである可能性が高いため，正当なメールサーバーはメールを受け取らない．スパムフィルタリングを行う指標の1つとしてブラックリストを使用することにはメリットがあるが，そ

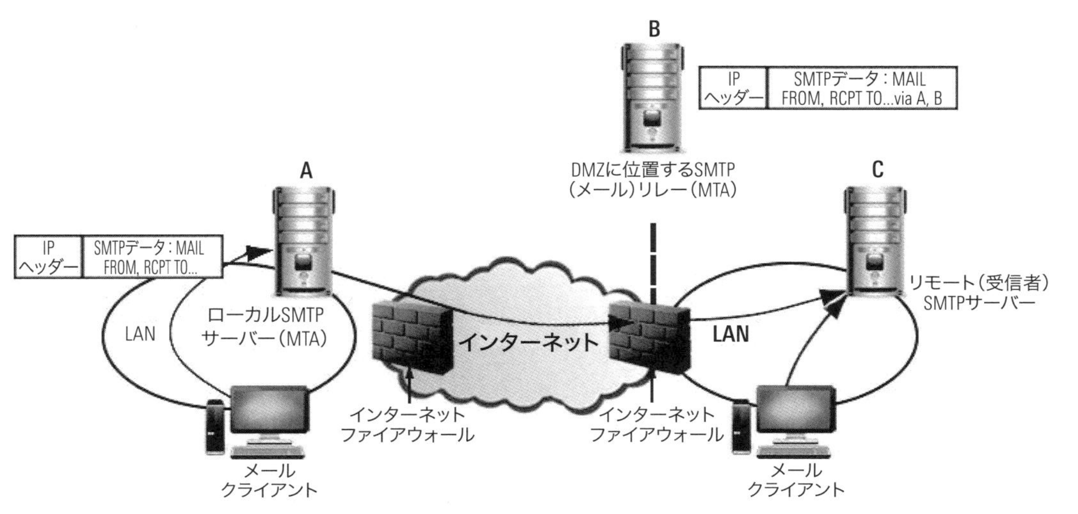

図4.35 代表的なSMTPによるメッセージ交換

出典：Young, S. and Aitel, D., *Hacker's Handbook: The Strategy behind Breaking into and Defending Networks*, Auerbach Publications, Boca Raton, FL, 2004.（許諾取得済み）

れを唯一の指標として使用するのは危険である．一般的に，ブラックリストは民間の組織や個人によって運営されており，独自のルールに基づいてリストを作成している．リストの作成元は思いつきでポリシーを変更することができる．また，何らかの理由により作成元が一晩でなくなってしまう可能性もある．そして，リストの運用について責任を負うことは稀である．

▸スパム

スパム（Spam）は，通話や手紙と違って，低コストという電子メールのメリットがある．少しの追加費用と報復に対して低リスクで，スパムを大量に送信することができる．長年にわたり，スパム送信はプロフェッショナル化し，高い収益を上げるビジネスになっている．これは，スパマーが高度に組織化され，体系化されていることを意味する．一般的に，スパムは電子メールに限定されない．ニュースグループ，Webログ（ブログ），またはインスタントメッセージング（インスタントメッセージングスパム［Spam over Instant Messaging：SPIM］）や音声チャネル（IP電話スパム［Spam over Internet Telephony：SPIT］）でも起こる可能性がある．

スパムは，不正ビジネス，詐欺ビジネスの促進や怪しいWebサイトの宣伝に利用されることがよくある．スパムはしばしば，個人的な名前や電子メールアドレスを含めるなどして個人的に送られたものに見せかけたり，他人向けの重要な電子メールを誤って受信したように見せかけたりする方法で作成される．スパムは，不正な手段を使ってばらまかれる．

スパムはほとんどの場合，存在しない（偽の）送信者アドレス，または不正に取得されたアドレスから送信され，アドレスの本来の所有者の知らないところで，または所有者の許可なしにスパムを送信するために使用される．スパムは，オープンメールリレーを利用して送信することができる．

ウイルスに感染してバックドアを仕掛けられたホスト（ゾンビネットワーク［Zombie Network］）から送信されるスパムが増えてきている．これは，セキュリティ上の欠陥が悪用されて起こるが，スパマーが悪用を行う犯罪集団であることもある．ユーザーが受け取るスパムの平均量は，自分宛ての通常のメール数を軽く上回っている．したがって，電子メールゲートウェイにスパムフィルターを実装して，ネットワークとサーバーのキャパシティの確保，メール受信者の作業時間の確保，重要な電子メールが誤って破棄されるリスクの低減を行うことが一般的になってきている．

スパムを抑制する最も一般的な方法は，電子メールゲートウェイでの電子メールフィルタリングである．様々なアルゴリズムに基づいてスパムを処理する多種多様な製品がある．単純なキーワードに基づくフィルタリングは技術的に陳腐化しているとみなされる可能性がある．なぜなら，この方法ではフォールスポジティブが発生しやすく，スパム発信者はメッセージ内のコンテンツやキーワードを操作するだけで，簡単にこのタイプのフィルターを回避できるからである．統計分析や電子メールのトラフィックパターン分析に基づいて処理を行う，より高度なフィルターが市場に出ている．フィルタリングは，電子メールサーバー（メール転送エージェント［Mail Transfer Agent：MTA］）またはクライアント（メールユーザーエージェント［Mail User Agent：MUA］）で実施することができる．

メールサーバーの管理者は，サーバーへの過剰な接続に対して接続数を制限したり，応答速度を遅くしたり設定できる（タールピット［Tar Pit］）．スパム送信元のブラックリストを直接ブロックするリストとして利用したり，複数のスパム判定指標の1つとして利用したりするようにメールサーバーを設定できる．組織は，メールサー

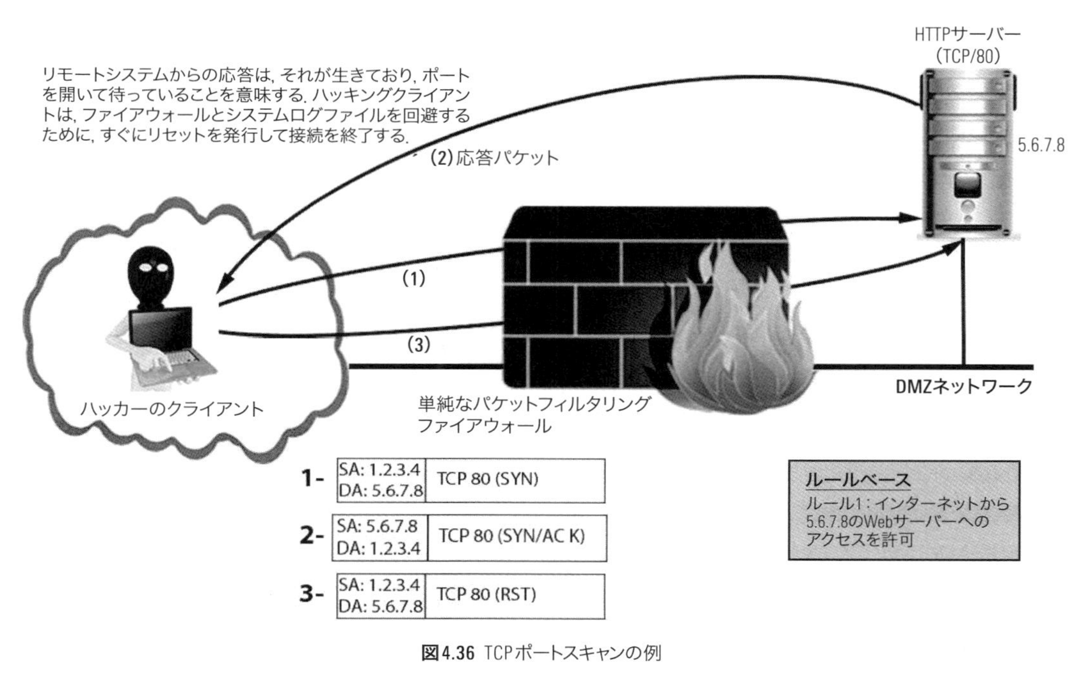

図4.36 TCPポートスキャンの例

出典：Young, S. and Aitel, D., *Hacker's Handbook: The Strategy behind Breaking into and Defending Networks*, Auerbach Publications, Boca Raton, FL, 2004.（許諾取得済み）

バーがスパムの温床にならないように事前の対策を講じる必要がある．すなわち，スパムの中継点にならないように，メールサーバーとホストのセキュリティ対策を実施する必要がある．

故意または不注意に関わらず，スパムを送信した組織は，メールやインターネットの利用が部分的または完全に遮断され，悲惨な結末を迎えたり，悲惨な報いを受けたりする可能性がある．

4.6.4 スキャン技術

▶ポートスキャン

ポートスキャン（Port Scanning）は，機器上のTCPサービスを調査する行為である（図4.36）．接続を確立するためのハンドシェイクを実施し，ポートスキャンを実行する．ポートスキャン自体は攻撃ではないが，攻撃者はターゲットシステム上の潜在的に脆弱なサービスの存在をポートスキャンにより調査できる．

ポートスキャンは，応答のタイミング，ハンドシェイクの詳細などの応答特性を評価することにより，オペレーティングシステムの検出にも使用できる．ポートスキャンを防ぐには，ネットワーク接続を制限する方法がある（例えば，ホスト型またはネットワーク型ファイアウォールの利用，またはアプリケーションレベルでの接続可能なソースアドレスリストの作成）．

▶FIN，NULLおよびXMASスキャン

ステルススキャン方式のFINスキャン（FIN Scanning）では，接続のクローズ要求をターゲットマシンに送信する．そのポートでリッスンしているアプリケーションがない場合は，TCP RSTまたはICMPパケットが返信される．この攻撃は，UNIXに対してのみ通用する．WindowsはRFC 793に準拠せず，異なる動作をするため（FINパケットに対して常にRSTで応答するため，オープンポートの判定ができない），スキャンの影響を受けない★51．システムをステルスモードにするファイアウォール（すなわち，FINパケットに対するシステム応答の隠蔽）も存在する．NULLスキャン（NULL Scanning）では，TCP接続を確立するTCPパケットにフラグがセットされない．XMASスキャン（XMAS Scanning）では，TCP接続を確立するTCPパケットのすべてのTCPフラグがセットされる（または，クリスマスツリーのように「点灯」）．TCPフラグのセット以外，FINスキャンと同様に動作する．

▶TCPシーケンス番号攻撃

データパケットの損失を検出して訂正するために，TCPは，送信される各データパケットにシーケンス番号を付ける．送信の成功が報告されなかった場合，パケットは再送される．トラフィックを盗聴することにより，シーケンス番号が予測でき，第三者は正しいシーケンス番号を持つ偽のパケットをデータストリームに挿入することができる．この種の攻撃は，例えばセッションハイジャックに使用することができる．シーケンス番号のランダム性を高めることによる，TCPシーケンス番号攻撃（TCP Sequence Number Attack）に対する防御方法がRFC 1948で提案されている★52．

▶攻撃の方法論

セキュリティ攻撃は，アタックツリーを用いてモデル化される．アタックツリー（Attack Tree）は，攻撃者の目標，防御側のリスク，防御システムの脆弱性に基づいて作成される．アタックツリーはセキュリティー攻撃に特化した形式のディシジョン

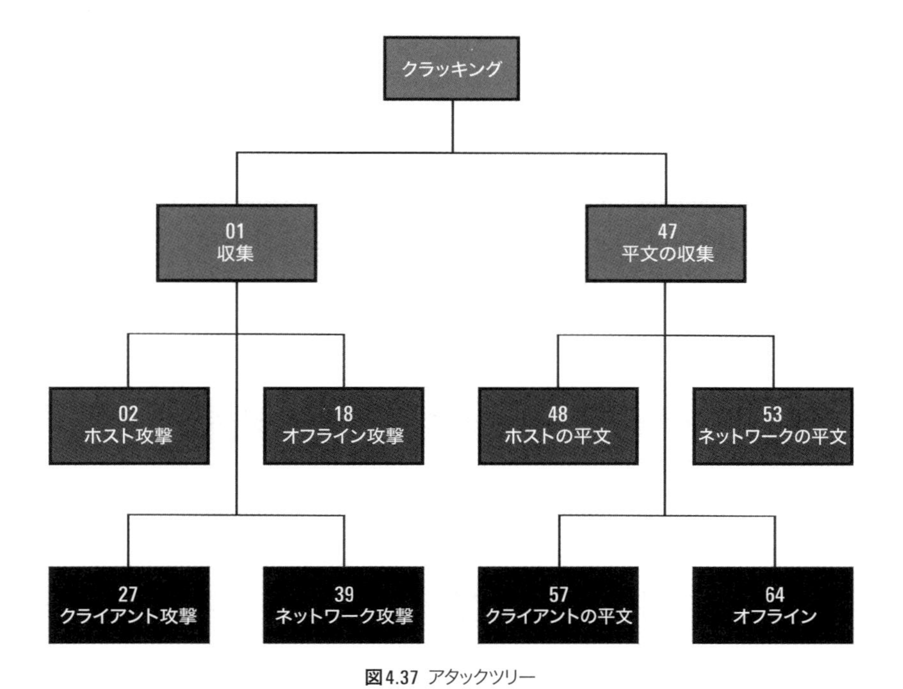

図4.37 アタックツリー

出典：Houser, D. D., "Blended Threat Analysis: Passwords and Policy," *Information Security Management Handbook, 6th ed.*, Tipton, H. F. and Krause, M. (eds.), Auerbach Publications, Boca Raton, FL, 2006.（許諾取得済み）

ツリーで，システムセキュリティを評価するために使用できる（**図4.37**）．以下の方法論では，アタックツリー自体（防御側の見解）ではなく，攻撃者が攻撃目標に対してどのようにツリーをたどるのかについて説明する．

▸ターゲットの収集

攻撃は通常，ディレクトリーサービスの調査やネットワークスキャンなど，攻撃対象となりうるターゲットのリストを作成するための情報収集と調査から始まる．したがって，セキュリティアーキテクトとセキュリティ担当責任者は協力してネットワーク上で利用可能な情報を制限し，可能な限り攻撃者の情報収集を困難にすることが重要である．これには，ネットワークセキュリティゾーンの分割（内部ノードはネットワーク内部にのみ表示される）の導入，ネットワークアドレス変換，人や資産のディレクトリー情報へのアクセス制限，隠蔽経路の使用，ありふれた特権ユーザー名の不使用などがある．重要なのは，これらの秘匿対策それぞれが，固有のセキュリティ的な価値を持っているのではないということである．攻撃者の活動を遅らせる役割は果たすが，それ以上のセキュリティ対策は行わない．そのため，これらの措置は遅延戦術（Delaying Tactics）と呼ばれている．

▸ターゲットの分析

第2のステップで，攻撃者は，アクセス権を取得できるセキュリティ上の欠陥が特定されたターゲットに存在するかどうかを調査する．攻撃のタイプによっては，欠陥の存在を調べるスキャンがすでに実行されている場合もある．例えば，サーバーのスキャンの際にバッファーオーバーフロー攻撃に脆弱かどうかを調べるような場合である．ターゲットの収集フェーズで利用可能なツールは，一般に，最初のターゲット分析を自動的に行う機能を持つ．

セキュリティ専門家が採用できる最も効果的な防御方法は，脆弱性の影響を最小限に抑えることである．例えば，なるべく早急なソフトウェアパッチの適用や，効果的な構成管理の実践などがある．さらに，攻撃者に対して，ターゲット分析の実行をより困難にする対策を講じる必要がある．例えば，システム管理者は，攻撃者が収集できるシステム情報（システムの種類，ビルド，リリースなど）を最小限に抑え，システムへの攻撃をより困難にする必要がある．

▸ターゲットへのアクセス

次のステップで，攻撃者は，システムへの何らかのアクセス権を取得する．これは，通常のユーザーとしてのアクセス権の場合もあれば，ゲストとしてのアクセス権である場合もある．攻撃者は，既知の脆弱性をついたり，よくある脆弱性攻撃ツールを利用したりして攻撃する．また，ソーシャルエンジニアリング攻撃を使用してセキュリティ機能を完全に迂回し，攻撃してくることもある．

不正アクセスのリスクを低減するには，既存ユーザーの権限が適切に管理され，アクセスプロファイルが最新化され，使用されていないアカウントがブロックまたは削除されていることを確認する必要がある．アクセス監視を行い，監視ログを定期的に分析する必要がある．しかし，ほとんどのマルウェアには，オペレーティングシステムの権限管理を無効化するルートキットが付属している．

▸ターゲットの獲得

攻撃の最終レベルで，攻撃者はシステム上で権限昇格を行い，システムレベルのアクセス権を得ることができる．ここでも，既存またはカスタムの攻撃ツールや攻撃テクニックによる既知の脆弱性の悪用が，主とした技術的な攻撃ベクターである．しかし，ソーシャルエンジニアリングのようなほかの攻撃ベクターも考慮に入れる必要がある．

権限昇格に対する対策は，性質上，アクセス権の取得に対する対策と似ている．ただし，攻撃者は権限昇格によってシステムを完全に制御できるため，システム自体の補助的な管理機能（ログファイルの分析による異常な動作の検出など）はあまり効果的ではなく，信頼性も低い．したがって，ネットワーク（ルーター，ファイアウォール，侵入検知システム）のログが，セキュリティ担当責任者にとって非常に貴重である．実際，ログには非常に価値があるため，セキュリティイベント管理（Security Event Management：SEM），時にはセキュリティイベント／インシデント管理（Security Event and Incident Management：SEIM）として知られているITセキュリティの分野が発展してきた．

攻撃者からのアクセスやシステムに侵入するバックドアへのアクセスの痕跡である，許可されていないシステム変更の存在を検出するために，ホスト型またはネットワーク型侵入検知システムを利用できる．ただし，侵入検知システムを有効な状態に保つためには，攻撃を検知するシグネチャーの更新が必要であり，侵入検知システムの有効性は，更新されるシグネチャーの品質と即時性に依存することに注意が必要である．ホスト型侵入検知システム（定期的なスナップショットやファイルハッシュなど）の出力は，完全性を保証するために，対象システムが上書きできないように格納する必要がある．

最後に，さらに重要なことを説明する．攻撃者は，あとで攻撃対象にアクセスするために遠隔からのシステム制御機能を維持したり，スパム送信やほかの攻撃への足がかりなど，ほかの目的のために攻撃対象を使用したりすることを考えている．そうした目的のために，攻撃者は，あらかじめ作成された「ルートキット（Rootkit）」を利用して，長く攻撃対象の管理を維持することができる．このようなルートキットは，攻撃対象へのアクセスを可能にするだけでなく，従来の簡単な検査から自身の存在を隠し，見つけられなくする．

昨今，侵害されたシステムは，「ボット（Bot）」と「ボットネット（Botnet）」により，不正に遠隔操作されている．ウイルスに感染して「ボット」とみなされている機器は，インターネット上の闇の組織により事実上制御されるゾンビ（Zombie）である．ボットとボットネットはスパムメールの最大の配信元であり，「ボットハーダー（Bot Herder）」により制御され，きわめて効率よくDoS攻撃を行う．これらはどちらもシステムオーナーが気づかないうちに実行されている．図4.38を参照．

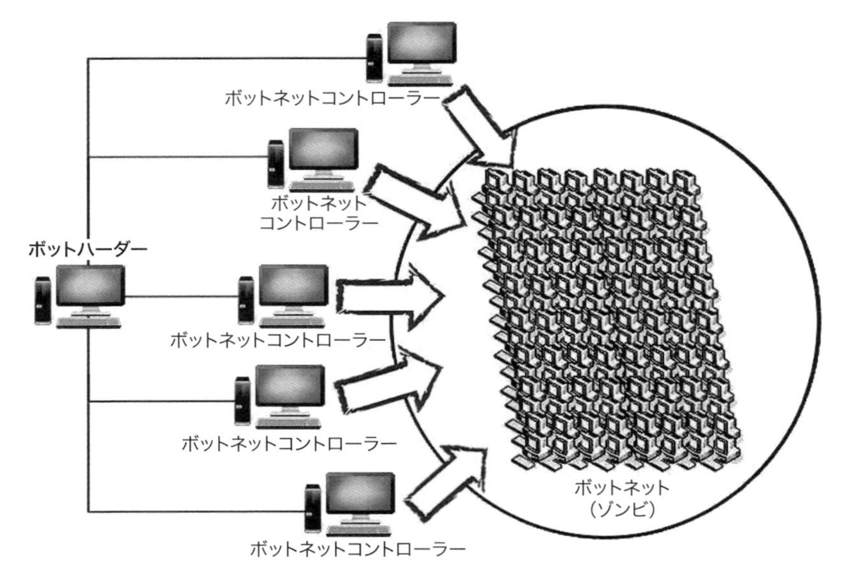

図4.38 ボットネットのアーキテクチャー

▸ネットワークセキュリティツールとタスク

セキュリティ担当責任者は，ツールにより，仕事をより簡単に行うことができる．ツールはプロセスを自動化し，時間の節約とエラーの削減をもたらす．例としては，サーバーが正しく設定されているかを評価するスキャナーや，リスク分析のための入力情報を収集するためのツールがある．ただし，ツールの収集と使用にかまけて，ネットワークセキュリティをおろそかにするような罠に陥ってはならない．

▸侵入検知システム

侵入検知システム（Intrusion Detection System：IDS）はアクティビティを監視し，不審なトラフィックを検出した時にアラートを送信する．図4.39を参照．IDSには，サーバーとワークステーションのアクティビティを監視するホスト型IDS（Host-Based IDS）と，ネットワークアクティビティを監視するネットワーク型IDS（Network-Based IDS）の2種類がある．通常，ネットワークIDSサービスは，スタンドアロンデバイスまたはネットワークシャーシ内の独立したブレードである．ネットワークIDSのログにアクセスするには，分離された管理コンソールを利用する．管理コンソールもアラームとアラートを通知する．

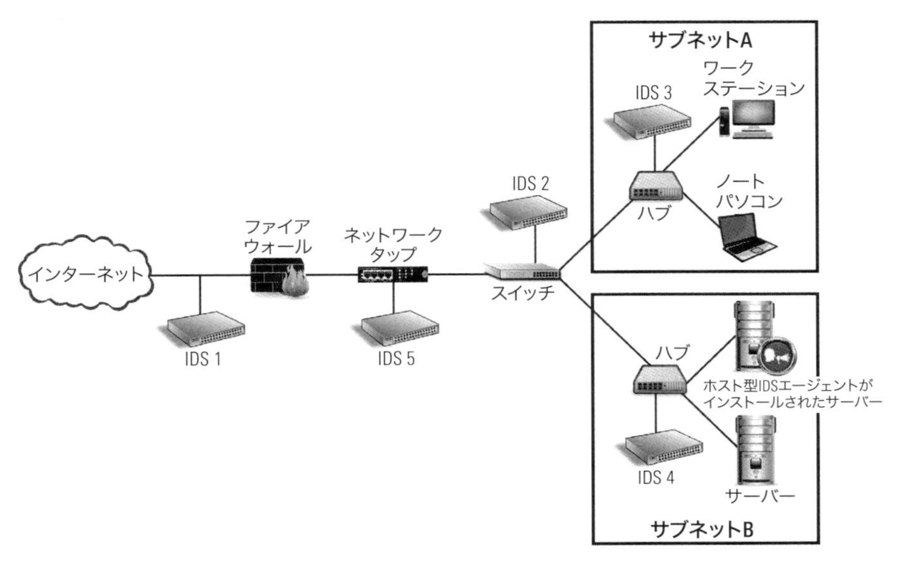

図4.39 IDSのアーキテクチャー

現在，IDSの導入と使用には2つのアプローチがある．ネットワーク上のアプライアンスは，シグネチャー（ウイルス対策ソフトウェアに類似）に基づいて攻撃のトラフィックを監視するアプローチもあれば，しばらくの間ネットワークのトラフィックを監視し，どのトラフィックパターンが正常であるかを学習し，異常検出時にアラートを発するアプローチもある．もちろん，IDSは，2つのアプローチのハイブリッドを採用することもできる．

アプローチとは関係なく，IDSの有効性は，組織がIDSをどのように使用するかによって決まる．その名前にも関わらず，IDSソリューションでは防御策を講じることができないため，侵入を検知するためにIDSを使用すべきではない．防御を行う代わりに，攻撃の前兆に見られる興味深い異常トラフィックを検出し，アラートを送信する．例えば，午前3時に給与情報にネットワークアクセスしようとしているエンジニアリング部門のユーザーの行動は，非常に興味深く，たぶん通常のものではない．また，ネットワーク利用の急増も検出例として挙げられる．

これらは，組織がネットワークの正常な状態を把握していることを意味する．しかし，最近のネットワーク構成の複雑さおよび変化の多さを考えると，口で言うほど優しいものではない．この複雑さゆえ，今日の企業で導入されている多くのIDSサービスは，単に「動いている」だけで，実際に意図された形で動作するように設定されていない．セキュリティ専門家は，IDSを正しく設定し，効果を最大限に発揮するために必要な知識とリソースを持ち合わせているかどうかや，IDSサービスを管理する最良の方法が信頼できるマネージドセキュリティサービスプロバイダーに委託することか，あるいはSplunkのような大規模のSEIMサービスと連携させることかを判断する必要がある．“Snort”は無料かつオープンソースのIDSである．さらに，多くの商用ツールが利用可能である．

4.6.5 セキュリティイベント管理

▶セキュリティイベント／インシデント管理

SEM（セキュリティイベント管理：Security Event Management）/SEIM（セキュリティイベント／インシデント管理：Security Event and Incident Management）は，個々のサーバーや関連機器などの様々なソースからログおよびイベント情報を収集・分析し，結果のレポーティングや可視化を行うソリューションである．同様に，ITインフラストラクチャー全体では，ログおよびイベント情報の集中管理ができる．SEM/SEIMはログを収集するだけでなく，ログ分析や不審な挙動に対するアラート送信（電子メール，ポケットベル，警報音など）も行う（図4.40）．

SEM/SEIMソリューションの概念は必ずしも新しいものではなく，少なくとも2000年過ぎから登場していた．しかし，このソリューションは非常に複雑で，ベンダー（ビルダー）とインテグレーターの両方に多大なスキルを必要とする．これは，SEM/SEIMシステムが様々なアプリケーションとネットワーク要素（ルーター／スイッチ）のログとフォーマットに幅広く対応する必要があるためである．これらのログを1つのデータベースに統合し，単一のログファイルだけでは発見できない不正な動作の手がかりを見つけるためにイベントの関連付けを行う．

ログとイベントの集約と統合には，ログやイベントのデータを異なるサーバーやアレイから中央の場所に転送するために，追加のネットワークリソースが必要になることがある．これらのセキュリティ情報がフォレンジック以上に重要な場合には，できるだけリアルタイムにデータの転送を実行する必要がある．

SEM/SEIMシステムは，セキュリティインテリジェンスサービス（Security Intelligence Service：SIS）から非常に大きなメリットを得られる．セキュリティアプライアンスからの出力は難解であり，また，脅威予測をするために必要な現実世界での情報が欠けている．競争の激しい市場でビジネスを行いながら，企業に関連するインテリジェンスを収集し続けることは困難である．SISは，関連するすべてのソースから収集した情報

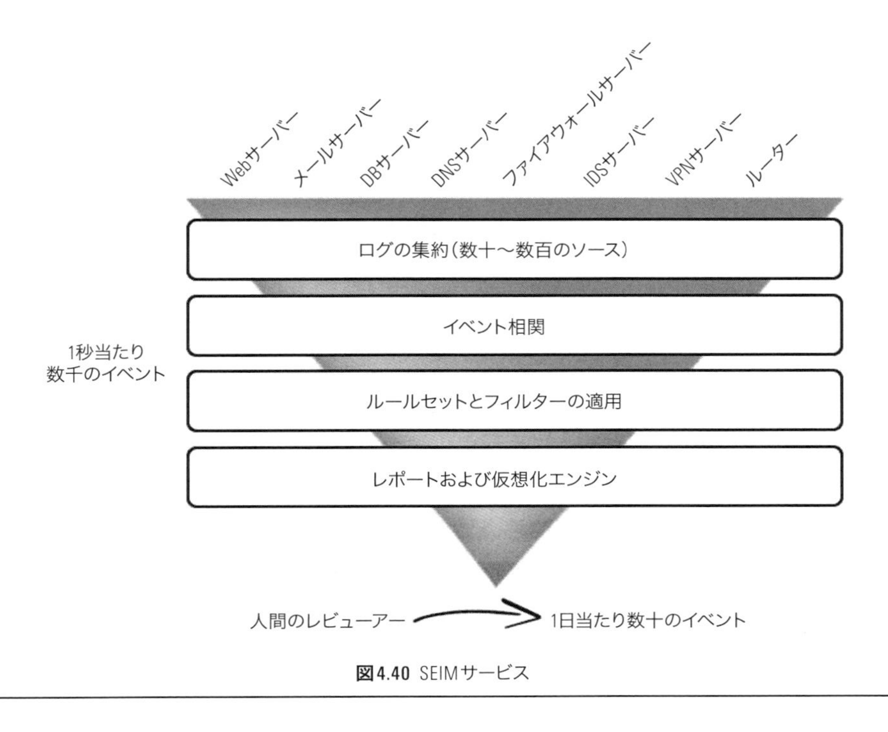

図4.40 SEIMサービス

とあらゆる分析方法を使用し,「セキュリティのビジネス」だけでなく,「ビジネスのセキュリティ」の指針となる,正確かつタイムリーなインテリジェンスを作成し,提供する.SISは,正確なセキュリティメトリックス(サイバーおよび物理),市場分析,技術予測に基づいており,現実のイベントと相関し,ビジネス意思決定者に時間と精度を与える.SISは,ダークスペースとダークWebを監視するプロアクティブなサイバー防御システムからの情報を提供する.

▸スキャナー

セキュリティ担当責任者は,ネットワークスキャナーをいろいろな目的で使用できる.

- ネットワーク上のデバイスおよびサービスの発見.例えば,新規デバイスまたは認可されていないデバイスが接続されているかどうかを確認する.逆に,このタイプのスキャンは,サービスの潜在的な脆弱性に関するインテリジェンス収集に使用できる.

- 特定のポリシーに対するコンプライアンスのテスト．例えば，特定の設定（サービスの停止）が適用されていることを確認する．
- 例えば，ペネトレーションテストの一部として，また攻撃の準備としての脆弱性診断．

▶ディスカバリースキャン

例えば，サブネット内のすべてのアドレスにpingパケット（pingスキャン）を送信するなど，ディスカバリースキャン（Discovery Scanning）は非常に簡単な方法で実行できる．さらに高機能な検出方法では，応答デバイスのオペレーティングシステムとサービスも検出される．

▶コンプライアンススキャン

コンプライアンススキャン（Compliance Scanning）は，ネットワークから，またはデバイス上で実行することができる（例えばセキュリティヘルスチェックとして）．ネットワークから実行される場合，通常，デバイスのオープンポートとオープンサービスの調査が含まれる．

▶脆弱性スキャンとペネトレーションテスト

脆弱性スキャン（Vulnerability Scanning）は，一般に，サーバー上で使用されているポートとアプリケーションを調べ，パッチレベルを特定することによって脆弱性の状態を調査する．脆弱性スキャンは，攻撃の手段として利用可能かどうかに基づいて脅威を判断する．新しい脆弱性が公開されたり，悪用されたりした際には，ソフトウェアベンダー，ウイルス対策ベンダー，独立ベンダー，またはオープンソースコミュニティから対応するスキャンツールを入手できる．企業環境でスキャンを実行する際には，その負荷によってオペレーションが中断したり，アプリケーションやサービスが停止したりしないように注意する必要がある．

ペネトレーションテスト（Penetration Testing）は，脆弱性スキャン後のステップであり，見つかった脆弱性を実際に悪用したり，試したりする．脆弱性があると判断されても，調査してみると，実際には脆弱ではないことがよくある．例えば，あるポートで動作するサービスにパッチが適用されていないように診断では見えるかもしれないが，ペネトレーションテストの結果，セキュリティ管理者が脆弱性を低減する対処設定を行っていることがわかる．

ペネトレーションテストは，実行されている資産をダウンさせる危険性が常に高いため，システムオーナーがテストに関連するリスクを評価して，受容していない限り，運用システム上で実行すべきではない．また，資産所有者からの明確な免除をテスト前にもらっておく必要がある．

▶ スキャンツール

ここでは，利用可能な多くのスキャンツールの機能を詳細に記述しない．しかし，次のツールは一般的であり，把握しておく価値がある．

- **Nessus**＝脆弱性スキャナー
- **Nmap**＝機器上で実行されているサービスの特定や，オペレーティングシステムなど機器の特徴の特定を可能にするディスカバリースキャナー

さらに，多くの商用ツールが存在する．

▶ ネットワークタップ

「ネットワークタップ（Network Tap）」または「スパン（Span）」は，ネットワークを流れるすべてのデータを，分析や蓄積のためにリアルタイムで選別し，コピーするデバイスである．**図4.41**を参照．ネットワークタップは，ネットワーク診断や保守のために，またはインシデントや疑わしいイベントに対するフォレンジック調査のために導入できる．ネットワークタップは一般的に設定可能で，物理層から上のすべての層で機能する．言い換えると，タップは，パケット内のすべてのペイロード情報を含む，第1層（イーサネットなど）以上のすべてのデータをコピーできなくてはならない．さらに，タップはトラフィックデータ内のパケット一つひとつをすべて取得するか，特定の送信元から特定のアプリケーション宛てのトラフィックのみ取得するかを設定することができる．

取引記録の保持や不正検出に関する法的要件への準拠の目的で，ますますネットワークタップが導入されている．データ，音声，インスタントメッセージングをやり取りする情報機器やその他の通信機器が，IPネットワーク上に統合されている世界では，あとで分析が必要になった場合に備えて，すべてのトラフィックの完全なコピーを保持しておく必要がある．ネットワークタップには様々な種類があり，様々な商用ベンダーから入手できる．

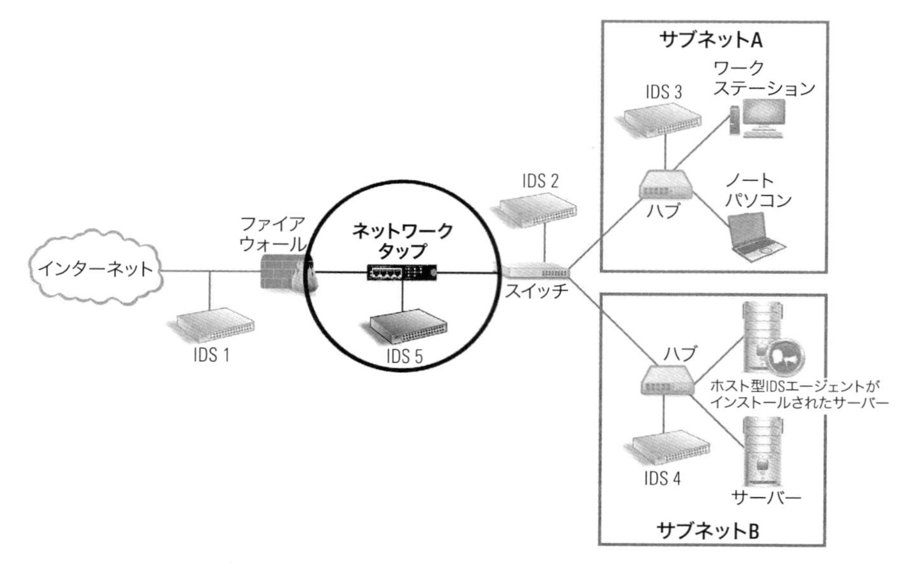

図4.41 ネットワークタップは，「モニター」または「プロミスキャス」モードでネットワーク上に位置するデバイスで，イーサネットフレームに至るまで，すべてのネットワークトラフィックのコピーを作成する．

出典：Macaulay, T., *Securing Converged IP Networks*, Auerbach Publications, Boca Raton, FL, 2006.（許諾取得済み）

4.6.6 IPフラグメンテーション攻撃および細工されたパケット

▶ Teardrop

Teardrop攻撃（Teardrop Attack）では，ターゲットホストでパケットを再構築する際に，負のフラグメント長が計算されるように，フラグメント化されたIPパケットを構築する．ターゲットホストのIPスタックにおいてフラグメント長が適切な範囲内にあることを確認できない場合，ホストがクラッシュしたり，不安定になったりする可能性がある．この問題は，ベンダーのパッチで簡単に修正される．

▶ オーバーラッピングフラグメント攻撃

オーバーラッピングフラグメント攻撃（Overlapping Fragment Attack）は，フラグメント化されたパケットの最初のフラグメントのみを検査するパケットフィルターを欺く攻撃である．この攻撃ではまず，パケットフィルターを通過する無害な最初のフラグメントパケットを送信する．それに続くフラグメントパケットで，最初のフラグメントを悪意あるデータで上書きする．その結果，有害なパケットがパケットフィルターをバイパスし，攻撃対象ホストに到達する．この問題の解決策は，TCP/IPスタックでフラグメントを互いに上書きしないようにすることである.

▸ソースルーティングの悪用

IPではパケットの経路をルーターだけが決められるのではなく，送信者も経路を明示的に指定することができる．攻撃者は，パケットを転送しないように設定されたマルチホームコンピュータのネットワークインターフェース間でソースルーティングを悪用して，パケットが転送されるようにすることができる．これにより，外部の攻撃者が内部ネットワークにアクセスできる.

ソースルーティングはIPデータグラムの送信者によって指定されるが，ルーティングの経路は通常，ルーターが決定する．最適な解決策は，ホスト上でソースルーティングを無効にし，ソースルーティングパケットをブロックすることである.

▸Smurf攻撃とFraggle攻撃

どちらの攻撃も，ブロードキャストを利用してDoS攻撃を行う．Smurf攻撃（Smurf Attack）はICMPエコー要求を悪用してDoS攻撃を行う.

Smurf攻撃では，攻撃者は送信元を攻撃対象のアドレスに偽装したICMPエコー要求を送信する．ネットワークのブロードキャストアドレスに送信されたパケットは，ネットワーク上のすべてのホストに転送される．ICMPパケットには攻撃対象のアドレスが送信元として含まれているため，ICMPエコー応答が大量に攻撃対象のホストに送信され，DoS攻撃が発生する.

Fraggle攻撃（Fraggle Attack）は，ICMPの代わりにUDPを使用する．攻撃者は，送信元を攻撃対象のアドレスに偽装したポート7のUDPパケットを送信する．Smurf攻撃と同様に，ネットワークのブロードキャストアドレスに送信されたパケットは，ネットワーク上のすべてのホストに転送される．攻撃対象のホストは，ネットワークからの応答パケットで打ちのめされる.

▸NFS攻撃

NFS v2とv3には，セキュリティの観点からいくつかの欠点がある．これらの欠点は，認証メカニズムがかなり基本的であることと，ファイルシステムプロトコルが何らかの方法で状態管理をしなければならないことに起因する．したがって，ファイルロックなどの回避策を，ステートレスなプロトコルであるNFSに実装する必要がある．クライアント，サーバー，またはネットワークの観点から見て，攻撃者にはNFSを攻撃する機会が多くある.

NFS接続の最初の手順は，サーバーからファイルシステムツリーを公開（エクスポート）することである．これらのツリーは，管理者が任意に選択できる．アクセス権は，クライアントのIPアドレスと公開されるディレクトリーツリーに基づいて付与される．ツリー内では，サーバーファイルシステムの権限がクライアントユーザーに割り当てられる．これにはいくつかのリスクがある．

- 公開を意図していないファイルシステムのエクスポート，あるいは不適切な権限でのエクスポート（例えば，誤って設定してしまう場合，またはユーザーが作成したUNIXファイルシステムのハードリンクがあった場合）．サーバーのルートファイルシステムの一部にアクセスできるようになっている場合は，特に問題である．パスワードファイルにアクセスし，そこに含まれる暗号化されたパスワードを，市販のツールによって復号されてしまうというシナリオが容易に想像できる．エクスポートされたファイルシステムツリーのレビューを定期的に実施することが適切な対策となる．
- 権限のないクライアントの使用．NFSはIPアドレスまたは（間接的に）ホスト名を利用してクライアントを識別するので，IPスプーフィングまたはDNSスプーフィングによって，許可されたクライアントとは異なるクライアントの使用が比較的簡単である．少なくとも，サーバーのホスト名は，DNSではなくファイル（UNIXでは/etc/hosts）を利用して解決すべきである．
- サーバーとクライアント間でのユーザーIDのマッピングの不整合．NFSではユーザーIDを唯一の認証情報としているため，サーバー管理者が管理していないクライアント機器を攻撃に利用できる．クライアント機器の管理者権限を持った攻撃者であれば，サーバー上のユーザーIDと一致するユーザーをクライアント機器に作成できる．サーバーおよびクライアント上のユーザーIDを同期することが重要である（例えば，NIS/NIS+を使用して同期）．
- スニッフィングとアクセス要求のなりすまし．NFSトラフィックは，デフォルトでは暗号化されていないため，ネットワークスニッフィングや中間者攻撃によって傍受される可能性がある．NFSはRPC呼び出しごとに認証しないため，スニッフィングなどで適切なアクセストークン（ファイルハンドル）を取得していればファイルにアクセスできる．NFS自体は適切な対策を提供しないが，セキュアNFSを使用すれば対策ができる★53．
- SetUIDファイル．NFS経由でアクセスされるディレクトリーは，ローカルディレクトリーと同じ方法で使用される．したがって，UNIXシステムでは

SUIDビットが設定されたファイルをクライアント機器上で特権昇格に利用できる．したがって，NFSではSUIDビットを無効にする必要がある．

▶NNTPのセキュリティ

セキュリティの観点から見て，NNTP（Network News Transfer Protocol）の主な欠点は認証にある．情報の公開はまさに意図したものであるため，メッセージの機密性はそれほど重要ではない．しかしながら，送信者の適切な識別と認証は，大きな問題として残っている．

初めに考えられた解決策の1つは，PGP（Pretty Good Privacy）でメッセージに署名することであった．しかし，デジタル署名が必須条件ではなく，またデジタル署名は暗黙の否認の問題解決には向かないため，偽装や偽装されたIDの利用を防ぐことはできなかった．さらに悪いことに，NNTPはすでに公開された記事を取り消す仕組みを提供している．当然のことながら，記事の取り消しを行う制御メッセージにも同じ認証に関する脆弱性が存在し，中程度のスキルを持つユーザーでも自由にメッセージを削除できる．

関連して，NNTPフィードは10年以上にわたってスパムに悩まされてきた（本当のところは，Usenetスパムが経済的に成り立つようになってから）．この問題に対処する多くのメカニズムが考案されている．すべての技術的対策は，主に社会的自己制御の仕組みに対する追加機能に過ぎないと言うことができる．不要な情報に対するUsenetでのもともとの対処方法は，ユーザーによるクライアント側でのブラックリストの整備，いわゆるkillfilesであった．

一部のニュースグループは，主に熱狂的な参加者による乱用を防止するため，モデレーターによる管理がなされている．当然，このメカニズムはスパムに対しても機能するが，ニュースグループのモデレーターの負荷は増加する．時間の経過とともに基準が定められ，明確に定められた基準（同一または類似のメッセージの過度の繰り返しやクロスポスト）によって，スパムに分類されたメッセージをキャンセルの正当な対象とするようになった．認証の問題はNNTPでは適切に対処されてきておらず，また対処することも望まれていないかもしれない．社会の構成要素としてのUsenetは，ある意味で，匿名または仮名で投稿できることに依存している可能性がある．

▶Fingerユーザー情報プロトコル

Fingerは，ユーザーが最後にログインした時間に関する情報，およびユーザーが現在システムにログインしているかどうかについての情報を提供する識別サービス

ポート	79/TCP
定義	RFC 742 RFC 1288

表4.22 Fingerクイックリファレンス[★54]

である(表4.22).「fingerされた」ユーザーは，自分のホームディレクトリーにある2つのファイル(.projectファイルと.planファイル)の情報が表示される．

1971年に開発されたFingerは，UNIXのデーモンfingerdとして実装されている．Fingerはいくつかの理由で使われなくなってきている．

- Fingerは，多数のセキュリティ悪用の対象となっている．
- Fingerの利用にはプライバシーとセキュリティ上の懸念がある．ソーシャルエンジニアリング攻撃のために簡単に悪用される可能性がある．
- 今日では，ユーザー自身の情報の共有(初期のUNIXネットワークにおいては重要な社会的側面であった)は，Webページで行われる．

事実上，Fingerプロトコルは時代遅れになっている．そのため，ほかに選択肢がない状況でのみ使用するように限定すべきである．

▶NTP

NTP(Network Time Protocol：ネットワークタイムプロトコル)はネットワーク内のコンピュータの時刻を同期させる(表4.23)．時刻同期は，運用安定性(例えば，NIS運用時)にとって非常に重要であるだけでなく，ログファイルなどの監査証跡の整合性と一貫性を維持するためにも重要である．NTPの簡易版としてSNTP(Simple Network Time Protocol)がある．これはNTPと比べてリソースの消費量は少ないが，同期の正確性では劣る．セキュリティの観点から見た場合，NTPに必要なことは，攻撃者がローカルタイムサーバーを操作して，クライアントまたはネットワーク全体の時刻情報を変更するのを防ぐことである．

NTPへのアクセスはIPアドレスにより制限できる．NTP v3以降では，対称暗号による認証が利用可能になっているが，NTP v4では公開鍵暗号に置き換えられている．

偶然あるいは故意に発生する時刻のずれに対してネットワークを堅固にするためには，ネットワークに独自のタイムサーバーと専用の高精度クロックが必要になる．一般的な対策として，1つの外部タイムサーバーだけに依存するのではなく，複数

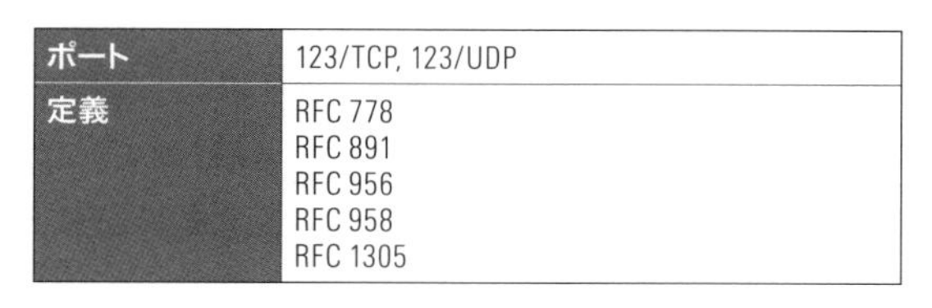

ポート	123/TCP, 123/UDP
定義	RFC 778 RFC 891 RFC 956 RFC 958 RFC 1305

表4.23 NTPクイックリファレンス

の信頼できるタイムサーバーとネットワークの時刻を同期させることが挙げられる．これにより，攻撃者に単一のソースを操作されてもネットワークの時刻のずれは生じない．同期ずれを検出するために，タイムスタンプの同期を保証する，NTPの標準のロギング機能が利用できる．

4.6.7 サービス拒否攻撃／分散型サービス拒否攻撃

ネットワークに対する最も簡単な攻撃は，大量のトラフィックや「細工された」トラフィックを送信してネットワークを混乱させ，停止させたり，使い物にならないほどネットワークを遅くしたりすることである．図4.42を参照．

対策にはファイアウォールの多層化，ファイアウォールでのフィルタリング，ルーターやスイッチでの適切なフィルタリング，内部ネットワークへのアクセス制御（Network Access Control：NAC），冗長化された（多様化された）ネットワーク接続，負荷分散，帯域保証（QoS，少なくとも攻撃の直接のターゲットとなっていないシステムを保護するため），上流のルーターでの攻撃トラフィックのブロックなどがあるが，これがすべてではない．攻撃者は，攻撃をはぐらかすためにIPアドレスまたはDNS名を変えることがあることを念頭に置く必要がある．また，攻撃を実行している間に，攻撃元が数千のユニークなIPアドレスになることもある．事前に必要な合意を交わしていたり，必要な関係を構築している場合や，SLAの一部に含まれている場合には，上流のサービスプロバイダーと通信事業者の協力を得ることが最終的には最も効果的な対策となる．

多くのプロトコルには，少なくともサービス拒否攻撃（Denial-of-Service［DoS］Attack）の影響を軽減する基本的なデータ保護機能が含まれていることに注意しておくことは有益である．データ保護機能を提供するプロトコルには，一定の制限内でパケットロスに対処するTCPから，一時的な接続停止に対して堅牢性を備えている（ストア・アンド・フォワード方式［Store and Forward］）SMTPなどの上位プロトコルまである★55．

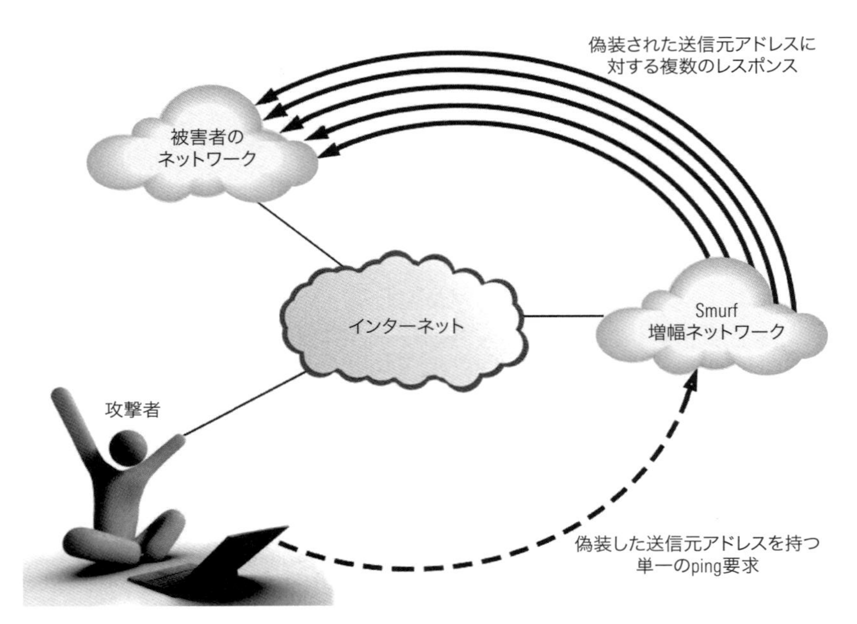

図4.42 サービス拒否攻撃．攻撃者は，偽装したpingパケットを使用して，攻撃を仲介する脆弱なネットワークを利用して，ネットワークを停止させる．

DoS攻撃を行うのにかかるコストを最小限に抑えるために，攻撃者は様々な方法を採れる．

- **分散型サービス拒否攻撃**（Distributed Denial-of-Service［DDoS］Attack）＝「ボットネット（Botnet）」と呼ばれるリモート制御されたホスト（通常はウイルスやその他のマルウェアによって侵害されたワークステーション）のネットワークが使用されて，攻撃対象は広範囲のIPアドレスからトラフィックを受けるため，防御するのが非常に難しい．攻撃者とネットワークサービスプロバイダーの両方に関係するこのタイプの攻撃のマイナス面は，上流ネットワーク回線を圧迫し，意図していないターゲットにも攻撃の影響が及ぶことである．

  DDoS攻撃は，恐喝の手段として使用されているが，政治の道具（イニシエーターによってオンラインデモンストレーションと呼ばれている）としても使用され，ユーザーは政治活動家に，ある特定の時間に，特定のWebサイトを頻繁にリロードするようにそそのかされる．

対策は従来のDoS攻撃と同様であるが，単純なIPやポートのフィルタリングでは対応できない可能性がある．

▶SYNフラッド

SYNフラッド攻撃（SYN Flood Attack）は，TCP接続の初期ハンドシェイクに対するDoS攻撃である．偽装されたランダムなIPアドレスから新しい接続要求が短時間の間に発生し，攻撃対象のホストのコネクションテーブルが飽和する．

対策には，ベンダーの指定に従ってバックログテーブルのサイズなどのOSパラメーターを調整することが挙げられる．別の解決策としては，TCP/IPスタックの変更が必要になるが，偽装されたパケットをすぐに識別できるようにTCPシーケンス番号を変更するSYNクッキー（SYN Cookie）の利用がある★56．

このアプローチの主な発明者であるDaniel J. Bernstein（ダニエル・J・バーンスタイン）は，「TCPサーバーによる初期TCPシーケンス番号の選択」と定義している．サーバー側で生成される初期シーケンス番号とクライアント側で生成される初期シーケンス番号の違いは以下のとおりである．

- **上位5bit**（Top 5 bits）＝t mod 32．ここで，tは64秒ごとに増加する32bitの時間カウンターである．
- **次の3bit**（Next 3 bits）＝クライアントから送信されたMSS（Maximum Segment Size：最大セグメントサイズ）に対して，サーバー側で選択したMSSのエンコード．
- **下位24bit**（Bottom 24 bits）＝サーバーが選択した，クライアントのIPアドレスとポート番号，サーバーのIPアドレスとポート番号およびtの秘密関数．

SYNクッキーを使用するサーバーは，SYNキューが溢れても，新たな接続をドロップする必要はない．その代わりに，まるでSYNキューが大きくなったかのようにサーバーはSYN+ACKを返す．サーバーはACKを受信すると，秘密関数が最新のtの値で正しく動作しているかを確認し，エンコードされたMSSからSYNキューエントリーを再構築する．

最も広く使われているSYNフラッド攻撃方法の1つに，先に説明したボットネットの利用がある．ボットネットは，数千ものSYN要求を同時にホストに送信する機能を備え，ホストだけでなく，ホストが接続しているネットワークにも負荷をかける．ネットワーク接続のないホストは外部から接続できないため，停止しているのと変わらない．このような状況では，ホスト側で設定できる対策はない．SYNフラッドは流行の攻撃かもしれないが，単一の悪意あるホストから，なりすましたIPアドレスを使用して狡猾に実行されているわけではない．SYNフラッド攻撃は純粋な総当たり型の攻撃の応用とされている．

対策としては，OSのネットワークスタックを堅牢にしてOSを保護する方法などがある．これは通常，システムのユーザーまたはオーナーが管理を担う部分ではなく，ベンダーが管理を担う部分である．

最後に，企業は，ネットワークを企業の災害復旧計画と事業継続計画に含める必要がある．少なくとも稼働しているLANインフラストラクチャーがなければサービスが復旧しないことが多いため，LANに対する高い復旧目標の設定と，適切な事業継続計画の策定が必要となる．WANは通常アウトソーシングされているため，事業継続計画として，別のプロバイダーからのバックアップ回線の取得，電話またはDSL回線の調達などが挙げられる．

4.6.8 なりすまし

▶IPアドレスのなりすましとSYN-ACK攻撃

パケットが偽装された送信元アドレスで送信され，攻撃対象は別のホストに応答を送信する．攻撃者は偽装されたアドレスを利用し，TCPセッションを開始するために必要な3ウェイハンドシェイクを悪用する．ホストは通常，SYNオプションを設定したパケットを送信し，リモートホストとのセッションを開始する．リモートホストはSYNとACKオプションを設定したパケットで応答する．3ウェイハンドシェイクは，セッションを開始したホストがACKオプションを設定したパケットで応答することにより完了する．

攻撃者は，存在しないホストの送信元アドレスを偽装し，SYNオプションを設定したセッション開始のパケットを送信することにより，DoS攻撃を開始する．攻撃対象は，偽装された送信元アドレスにSYNとACKオプションを設定したパケットを送信することによって応答し，最後のパケットが送信され，ハンドシェイクが完了するのを待つ．攻撃対象は存在しないホストにパケットを送信したため，もちろん，SYNとACKオプションを設定したパケットは届くことがない．攻撃者が偽装したアドレスから大量のSYNパケットを送信した場合，攻撃対象では未完了(半開き)のセッション数が増え，限界に達すると，正当なネットワーク接続も拒否してしまう．

このシナリオは，プロトコルの欠陥を利用している．攻撃が成功するリスクを低減するため，ベンダーは未完了セッションの数が限界に達する可能性を減らすパッチをリリースしている．さらに，ファイアウォールなどのセキュリティデバイスでは，送信元アドレスが内部ネットワークになっているパケットが外部インターフェースから到達した場合，それをブロックできる．

▶電子メールのなりすまし

SMTPには適切な認証メカニズムがないため，電子メールのなりすましは非常に簡単である．これに対する最も効果的な対策は社会的なものとなるが，一方で，受信者は不審なメールを確認したり，単純に無視したりすることができる．電子メール送信者アドレスのなりすましは非常に簡単で，メールサーバーのポート25番へのTelnetコマンドを用いた接続と，いくつかのSMTPコマンドの発行によって実行できる．電子メールのなりすましは，スパム送信者のIDを隠蔽する手段として頻繁に使用されるが，一方で，スパムメールの送信者とされている者も実際にはスパムメールの被害者であり，彼らのメールアドレスはスパマーに収集されたり，売られたりしている．

▶DNSスプーフィング

Webサーバーのアドレスを IPアドレスにマッピングするなど，ドメイン名の問い合わせを解決するには，ユーザーのワークステーションは階層化されたDNSサーバーに対して一連の問い合わせを行う必要がある．このような問い合わせ（クエリー）には，再帰問い合わせ（Recursive Query；要求を受け取ったネームサーバーは，それを転送して，結果を返す）と反復問い合わせ（Iterative Query；要求を受け取ったネームサーバーは，参照先を返す）がある．

DNSサーバー（ネームサーバー）のキャッシュ（以前のクエリーに関連する情報で，将来のクエリーに対して再利用し，応答スピードと効率を高めるために格納される）に偽のレコードを挿入して，クライアントへの応答を改ざんするキャッシュポイズニング（Cache Poisoning）を狙う攻撃者は，ポイズニングしたいネームサーバーにクエリーを送信する必要がある．攻撃者は，ネームサーバーがすぐに解決のためのクエリーを送信することを知っている．

最初の攻撃方法では，攻撃者はキャッシュサーバーに，自身が管理するサーバーがプライマリーネームサーバーに設定されているドメインのクエリーを送信する．このクエリーへの応答には，クエリーのリクエストに含まれていなかった追加の情報が含まれており，攻撃対象のDNSサーバーはその情報をキャッシュしてしまう．2番目の攻撃方法は，反復問い合わせでも使用できるが，最初の攻撃方法とは似ていない方法である．IPスプーフィングを使用して，攻撃者は権威(正しい)ネームサーバーが応答する前に，自分が送信したクエリーに応答する．

いずれの攻撃方法も，攻撃者は電子的な方法でネームサーバーのキャッシュに誤った情報を挿入する．このネームサーバーはキャッシュされた情報を使用するだけでなく，このサーバーに問い合わせを行ったほかのサーバーに偽の情報を伝播する．DNSのキャッシュ機能の特性上，DNSサーバーへの攻撃および対策には，常に(ドメインの)ゾーンで定められた一定の遅延が発生する．

DNSプロトコルの仕様には，内在する以下の2つの主要な脆弱性がある．1つは，再帰問い合わせでリクエストされていない情報もDNSサーバーが応答してしまうことである．もう1つは，DNSサーバーが情報を認証しないことである．これらの脅威への対処策や低減策は，部分的にしか成功していない．

最近のバージョンのDNSサーバーソフトウェアは，クエリーに合致していない応答を無視するようにプログラムされている．認証機能の実装も提案されているが，より強力な(あるいは何らかの)認証機能をDNSに導入しようとする試み(例えば，DNSSEC [DNS Security Extensions]の使用)は，広く受け入れられていない．認証機能の提供は上位のプロトコル層に委譲されている．DNSでは真正性を担保できないため，真正性を保証する必要のあるアプリケーションは，自身で機能を実装し，解決する必要がある．

多くの組織におけるDNSセキュリティ問題の根本的な解決策は，組織が保有するドメイン専用のDNSサーバーを構築し，それらを十分に監視することである．また，内部ネットワークと内部ユーザーからのクエリーのみを受け付ける「内部」DNSサーバーを構築することによっても，外部ユーザーが内部ネットワークに侵入するための足がかりとしてDNSサーバーを悪用することがかなり困難になる．

▶DNSクエリーの操作

技術的には，以下の2つの攻撃手法は，DNSの弱点に直接関連するものではない．しかし，名前解決を操作しようとする攻撃手法であるため，DNSのコンテキストでそれらに言及する価値はある．

「ファーミング(Pharming)」はDNSレコードの操作である．例として，ワークステーション上の「hosts」ファイルの使用がある．hostsファイル(多くのUNIX上では/etc/hosts，Windows上ではC:¥Windows¥System32¥drivers¥etcに存在する)は，DNSサーバーへのクエリーが発行される前に，最初に参照されるリソースである．ホスト名localhostとIPアドレス127.0.0.1(ループバックインターフェース，RFC 3330で定義されている）が常に含まれ，ほかのホスト名とIPアドレスとのマッピングが含まれている場合もある★57．ウイルスまたはマルウェアは，ウイルスパターンファイルのダウンロードを防止するために，hostsファイルに無効なウイルス対策ソフトベンダーのIPアドレスを追加するかもしれない．あるいは，インターネットバンキングサイトのIPアドレスを，ユーザーを騙してログイン情報を取得しようとする悪質な詐欺師のサイトのIPアドレスに置き換えるかもしれない．DNSファーミングのさらなる発展形は，DNSサーバー自体を侵害し，DNSサーバーを利用するすべてのユーザーを，ワークステーション自体を侵害することなく詐欺師のWebサイトにリダイレクトさせるというものである．

ソーシャルエンジニアリング攻撃では，DNSのクエリーを技術的に操作するわけではなく，フィッシングメールやWebブラウザーのアドレスバーに表示されているDNSアドレスを誤って解釈するようにユーザーを騙す．電子メールまたはHTML文書でユーザーを騙す1つの方法は，実際のリンク先を，リンクの表示とは異なるアドレスにすることである．また，別の方法として，ASCII文字セット（つまりラテン文字）に非常によく似た非ASCII文字セット（例えば，Unicode [ISO/IEC 10646：2012]文字★58）をユーザーに使わせる方法がある．国際化ドメイン名の普及に伴い，この方法はよく使われるようになっている．

▶情報開示

中小企業のネットワークでは，DNSゾーンを分割しない（すなわち，イントラネットからしかアクセスできないホストの名前がインターネットから見える）．サーバー名を知っても誰でもアクセスできるわけではないが，ゾーン情報は攻撃者に，存在しているホスト（少なくともサーバーに関して），ネットワーク構成，組織構成やサーバーのオペレーティングシステム（OSがホスト名の一部である場合など）などの詳細を提供するため，攻撃計画作成の手助けになったり，計画作成を容易にしたりする．

したがって，組織は可能な限り分割されたDNSゾーンを使用し，機器の命名規則を外部に知らせるようなゾーン使用を控える必要がある．加えて，ドメインの管理者および請求先の情報を格納したドメインレジストラーのデータベース（Whoisデータベース）は，情報とメールアドレスの収集の魅力的なターゲットになりうる．

▶名前空間に関連するリスク

これまで述べてきた技術的なリスクのほかに，厳密にはセキュリティに関連するものではないが，同等の情報流出につながる多くのリスクが存在する．

4.6.9 セッションハイジャック

セッションハイジャック(Session Hijacking)は，パケットをデータストリームに不正に挿入する行為である．これは通常，シーケンス番号攻撃に基づいており，シーケンス番号は推測または傍受されたものである．様々な種類のセッションハイジャックが存在する．

- **IPスプーフィング**(IP Spoofing)＝TCPシーケンス番号攻撃に基づいて，攻撃者は送信者IPアドレスを偽装し，推測したシーケンス番号を持つパケットをストリームに挿入する．攻撃者は挿入されたコマンドに対する応答を見ることができない．
- **中間者攻撃**(Man-in-the-Middle [MITM] Attack)＝攻撃者はパケットを傍受して正規のパケットをデータストリームから削除し，それを自分のパケットに置き換える．実際には，通信している両者は，お互いに通信するのではなく，攻撃者と通信することになる．

IPスプーフィングに対する対策は，第3層で実行できる(「IPアドレスのなりすましとSYN-ACK攻撃」を参照)．TCPセッションでは最初の認証しか実行しないため，アプリケーション層での暗号化を使用して，中間者攻撃を防御する．

▶SYNスキャン

従来のTCPスキャンが広く知られ，ブロックされるようになったため，様々なステルススキャン技術が開発された．TCPハーフスキャン(TCP Half Scanning；TCP SYNスキャン[TCP SYN Scanning]とも呼ばれる)では，TCP接続を完了させない．代わりに，ハンドシェイクの初期ステップのみが実行される．これにより，スキャンを発見されにくくする．例えば，このスキャンはアプリケーションログファイルに残らない．ただし，ファイアウォールを適切に設定することにより，TCP SYNスキャンを発見し，ブロックすることができる．

Summary
まとめ

「通信とネットワークセキュリティ」のドメインにおける私たちの議論は，プライベートネットワークとパブリックネットワークおよび媒体を利用した通信の機密性，完全性，可用性を提供するために使用される仕組み，通信方法，通信フォーマットおよびセキュリティ対策に焦点を当てている．ネットワークセキュリティは，すべてのセキュリティコントロールや保護手段と同様に，先を見越して対処することにより，最も効果を発揮する．影響が表面化し，危機的な状態になってからコントロールや保護手段を適用した場合．ネットワークセキュリティポリシー，プロシージャー，技術を計画的に導入し，管理した場合と比べて，必ずコストがかさみ，効果は低下するだろう．セキュリティ専門家は，可能な限り多くのオプションを用意して危機に臨み，最善のソリューションを適用する必要がある．

新技術の早期導入やIPバックボーンへの技術の統合により，「従来の」ネットワーク境界の消滅がビジネス要件となるにつれ，使いやすさとセキュリティの両立には常に苦労がつきまとう．ネットワークの内部がネットワーク境界と同程度のレジリエンスを持つこと，ツールの使用には適切なプロセスと組み合わせること，ネットワークの可用性がセキュアな設計の成功の重要な尺度になること——以上3点がセキュアな設計の基本原則である．以前にも増して，ネットワークへの攻撃は，可用性を侵害することだけでなく，機密性と完全性に対するステルス攻撃によりネットワーク上の情報と「意味のある情報をやり取りする」機器を不正利用することも目的となっている．

セキュリティ専門家は，今日企業が直面している脅威に対抗して自分のスキルと能力を磨き続ける必要がある．エンドユーザーのネットワークへのアクセス頻度やモバイル環境での利用が高まるにつれ，ネットワークセキュリティのエンドポイント境界が絶えず変化しているため，このことが重要な課題となっている．今日の企業に対して行われる攻撃が高度化していくのに伴って，セキュリティ専門家は，高度化した攻撃に対応して企業を守り続けるために，懸命かつ賢明に働く必要がある．

注

★1——OSI参照モデルの高位レベルの概要については次を参照.
http://en.wikipedia.org/wiki/OSI_model
★2——TCP/IPモデルの高位レベルの概要については次を参照.
http://en.wikipedia.org/wiki/TCP/IP_model
★3——次を参照.
http://www.ecma-international.org/activities/Communications/TG11/s020269e.pdf
★4——1977年にOSIモデルを作成するために設立された作業部会ISO SC16にて，OSI参照モデルアーキテクチャーを作成したHubert Zimmermann（ヒューバート・ツィンマーマン）の原著論文については，次を参照.
Zimmermann, Hubert, “OSI Reference Model – The ISO Model of Architecture for Open Systems Interconnection,” http://citeseerx.ist.psu.edu/viewdoc/download?doi=10.1.1.136.9497&rep=rep1&type=pdf
★5——次を参照.
http://tools.ietf.org/html/rfc1058
★6——次を参照.
RFC 1723, http://tools.ietf.org/html/rfc1723
RFC 4822, http://tools.ietf.org/html/rfc4822
★7——次を参照.
http://tools.ietf.org/pdf/rfc1131.pdf
★8——次を参照.
RFC 1583, http://tools.ietf.org/html/rfc1583
RFC 2328, http://tools.ietf.org/html/rfc2328
★9——次を参照.
http://tools.ietf.org/html/rfc792
★10——IGMP v3のRFCについては次を参照.
http://tools.ietf.org/html/rfc4604
★11——次を参照.
http://tools.ietf.org/html/rfc4271
★12——次を参照.
http://tools.ietf.org/html/rfc3118
★13——次を参照.
http://insecure.org/sploits/ping-o-death.html
★14——次を参照.
http://www.sans.org/reading-room/whitepapers/threats/icmp-attacks-illustrated-477
★15——ダウンロードするには次を参照.
Very Simple Network Scanner Download, http://www.softpedia.com/progDownload/Very-Simple-Network-Scanner-Download-112841.html
Download the Free Nmap Security Scanner for Linux/Mac/Windows, http://nmap.org/download.html
★16——Firewalkの最新のバージョン（version 5.0）については次を参照.
http://packetfactory.openwall.net/projects/firewalk/
★17——FirewalkのNmap用ホストルールスクリプトをダウンロードするには次を参照.
http://nmap.org/nsedoc/scripts/firewalk.html
★18——以下のRFCのリストは，DNSに関して提案された，すべての追加機能の詳細である.

RFC 1101, DNS Encoding of Network Names and Other Types
RFC 1183, New DNS RR Definitions
RFC 1706, DNS NSAP Resource Records
RFC 1982, Serial Number Arithmetic
RFC 2181, Clarifications to the DNS Specification
RFC 2308, Negative Caching of DNS Queries (DNS NCACHE)
RFC 4033, DNS Security Introduction and Requirements
RFC 4034, Resource Records for the DNS Security Extensions
RFC 4035, Protocol Modifications for the DNS Security Extensions
RFC 4470, Minimally Covering NSEC Records and DNSSEC On-Line Signing
RFC 4592, The Role of Wildcards in the Domain Name System
RFC 5155, DNS Security (DNSSEC) Hashed Authenticated Denial of Existence
RFC 5452, Measures for Making DNS More Resilient against Forged Answers
RFC 6014, Cryptographic Algorithm Identifier Allocation for DNSSEC
RFC 6604, xNAME RCODE and Status Bits Clarification
RFC 6672, DNAME Redirection in the DNS
RFC 6840, Clarifications and Implementation Notes for DNS Security (DNSSEC)
RFC 6944, Applicability Statement: DNS Security (DNSSEC) DNSKEY Algorithm Implementation Status

★19――LDAPv3の情報に関しては，以下のRFCを参照.
LDAP: Lightweight Directory Access Protocol (LDAP): Technical Specification Road Map [RFC 4510]
インターネットのプロトコルの一種であるLDAPv3の技術的な仕様の詳細は，この文書(RFC 4510)と以下に記す文書から構成される.
LDAP: The Protocol [RFC 4511]
LDAP: Directory Information Models [RFC 4512]
LDAP: Authentication Methods and Security Mechanisms [RFC 4513]
LDAP: String Representation of Distinguished Names [RFC 4514]
LDAP: String Representation of Search Filters [RFC 4515]
LDAP: Uniform Resource Locator [RFC 4516]
LDAP: Syntaxes and Matching Rules [RFC4 517]
LDAP: Internationalized String Preparation [RFC 4518]
LDAP: Schema for User Applications [RFC 4519]

★20――NIS+が提供するサービスはセキュリティ上重要であるため，NIS+は安全に動作するように設計されている．その1つは，受信したRPC NISリクエストをどの程度検査するかを決定する「セキュリティレベル」の概念である．0～2の3つのセキュリティレベルが存在する．レベル0では，NIS+サーバー(`rpc.nisd`)は受信したリクエストの正当性を判断するための認証を実行しない．このオプションは，デバッグの目的で提供される．レベル1では，RPC `AUTH_UNIX`(クライアント提示UIDとGID)がリクエストの認証に使用される．最も安全なレベルであるレベル2では，受信したリクエストを暗号的に認証するために`AUTH_DES`が使用される．残念ながら，システムがすべてのリクエストに対して暗号化認証を要求するセキュリティレベル2で動作している場合でも，`rpc.nisd`デーモンは認証されていないRPC呼び出しを受け付ける．これらの呼び出しにより，リモートクライアントは，NIS+サーバーからシステムの機密に関わる状態情報を取得することができる．リモートの攻撃者は，NIS+の構成情報(サーバーのセキュリティレベルとディレクトリーオブジェクトの一覧を含む)を利用することができ，また，NIS+サーバー上の有効なプロセスIDを判断することができる．さらに，リモートクライアントが使用できるRPC呼び出しを使用すると，攻撃者はNIS+サーバーのログを無効にしたり，NIS+キャッシュを操作したりすることができる．これにより，攻撃者はNIS+サーバー上のサービスを低下させたり，停止させたりすることができる．NIS+の有効なプロセスIDをリモートから確認できることは，攻撃者がUNIXアプリケーションによって生成される乱数を予測することができるようになることを意味するため，深刻である．多くの場合，UNIXアプリケーションは，プロセスIDと現在時刻を，直接もしくは乱数生成器のシードとして使用して，乱数を生成する．

★21——次を参照．
http://jap.inf.tu-dresden.de/index_en.html《リンク切れ》

★22——http://www.inl.gov/technicalpublications/Documents/3375141.pdf, p.8.《リンク切れ》

★23——http://csrc.nist.gov/publications/nistir/ir7442/NIST-IR-7442_2007CSDAnnualReport.pdf

★24——"Yokogawa Security Advisory Report"の全文は次を参照．
http://www.yokogawa.com/dcs/security/ysar/YSAR-14-0001E.pdf

★25——http://ics-cert.us-cert.gov/sites/default/files/Monitors/ICS-CERT_Monitor_%20Jan-April2014.pdf《リンク切れ》

★26——次を参照．
http://www.ietf.org/rfc/rfc3720.txt
以下はiSCSIに関する追加のRFCの一覧である．
RFC 3721, Internet Small Computer Systems Interface (iSCSI) Naming and Discovery
RFC 3722, String Profile for Internet Small Computer Systems Interface (iSCSI) Names
RFC 3723, Securing Block Storage Protocols over IP (Scope: The Use of IPsec and IKE to Secure iSCSI, iFCP, FCIP, iSNS and SLPv2)
RFC 3347, Small Computer Systems Interface Protocol over the Internet (iSCSI) Requirements and Design Considerations
RFC 3783, Small Computer Systems Interface (SCSI) Command Ordering Considerations with iSCSI
RFC 3980, T11 Network Address Authority (NAA) Naming Format for iSCSI Node Names
RFC 4018, Finding Internet Small Computer Systems Interface (iSCSI) Targets and Name Servers by Using Service Location Protocol Version 2 (SLPv2)
RFC 4173, Bootstrapping Clients Using the Internet Small Computer System Interface (iSCSI) Protocol
RFC 4544, Definitions of Managed Objects for Internet Small Computer System Interface (iSCSI)
RFC 4850, Declarative Public Extension Key for Internet Small Computer Systems Interface (iSCSI) Node Architecture
RFC 4939, Definitions of Managed Objects for iSNS (Internet Storage Name Service)
RFC 5046, Internet Small Computer System Interface (iSCSI) Extensions for Remote Direct Memory Access (RDMA)
RFC 5047, DA: Datamover Architecture for the Internet Small Computer System Interface (iSCSI)
RFC 5048, Internet Small Computer System Interface (iSCSI) Corrections and Clarifications

★27——転送テーブル(Forwarding Table)とも呼ばれる転送情報ベース(FIB)は，ルーターが入力インターフェースのパケットを転送する際，送信先の適切なインターフェースを見つけるために，ネットワークブリッジ，ルーティング，および同様の機能で広く使われている．
ルーティングテーブル(Routing Table)とも呼ばれるルーティング情報ベース(RIB)とは対照的に，FIBは宛先アドレスの高速検索用に最適化されている．以前の実装では，実際の転送で最も頻繁に使用される経路のサブセットのみがキャッシュされていた．これは，最も頻繁に使用されるサブセットがある企業ではうまく機能した．しかし，インターネット全体にアクセスするために使用されるルーターは，小さなキャッシュをリフレッシュするたびに著しい性能低下が発生し，RIBと1対1で通信するFIBが実装されるようになった．

RIBは，ルーティングプロトコルやその他のコントロールプレーン方式による効率的な更新のために最適化されており，ルーターが学習した一連の経路が含まれている．FIBは，TCAM（Ternary Content Addressable Memory）などの高速なハードウェアによるルックアップメカニズムで実装することもできる．しかし，TCAMは非常に高価であり，補完的な内部経路を備えた完全なインターネットルーティングテーブルを運ばなければならないルーターよりも，比較的少数のルートを持つエッジルーターでより多く使用される傾向がある．

RIBは，少なくとも3つの情報フィールドで構成される．

1．ネットワークID：すなわち，宛先ネットワークID
2．コスト：すなわち，パケットが送信される経路のコスト値
3．ネクストホップ：ネクストホップまたはゲートウェイは，最終宛先までの途中でパケットが送信される次のステーションのアドレスである

★28——次を参照．
http://www.ietf.org/rfc/rfc2543.txt

★29——次を参照．
http://www.ietf.org/rfc/rfc3261.txt

★30——次を参照．
http://www.ietf.org/rfc/rfc3325.txt

★31——次を参照．
http://community.arubanetworks.com/t5/Community-Tribal-Knowledge-Base/Analysis-of-quot-Hole-196-quot-WPA2-Attack/ta-p/25382

★32——http://tools.ietf.org/html/rfc6960

★33——Cory Janssen, "What Is a Bastion Host? - Definition from Techopedia," http://www.techopedia.com/definition/6157/bastion-host, Accessed January 15, 2015.

★34——TIA/EIA-568は，EIA（Electronic Industries Alliance：米国電子工業会）の一部であるTIA（Telecommunications Industry Association：米国電気通信工業会）の電気通信規格のセットである．この規格は，電気通信製品およびサービスのための商用ビルディングケーブルに対応している．2014年の時点で，標準は，2001年の改訂B，1995年の改訂A，および1991年の最初の版を置き換えて，改訂Cになったが，現在は廃止されている．TIA/EIA-568の最も有名な機能は，8コンダクター100Ω平衡ツイストペアケーブルのピン／ペア割り当てである．これらの割り当ては，T568AとT568Bと呼ばれている．IEC規格のISO/IEC 11801は，ネットワークケーブルにも同様の標準を提供している．

★35——次を参照．
http://tools.ietf.org/html/rfc1918

★36——次を参照．
http://www.ietf.org/rfc/rfc3920.txt
http://www.ietf.org/rfc/rfc3921.txt

★37——Jabber開発SDKとAPIの概要については次を参照．
https://developer.cisco.com/site/collaboration/jabber/overview.gsp《リンク切れ》

★38——http://www.ietf.org/rfc/rfc1459.txt

★39——http://tools.ietf.org/html/rfc3948

★40——http://tools.ietf.org/html/rfc2661

★41——RADIUSに関する完全なRFC一式については次を参照．
http://tools.ietf.org/html/rfc2865
http://tools.ietf.org/html/rfc3575
http://tools.ietf.org/html/rfc5080

http://tools.ietf.org/html/rfc6929

★42——SNMPに関するRFCについては次を参照.
http://tools.ietf.org/html/rfc1157
http://tools.ietf.org/html/rfc3410
http://tools.ietf.org/html/rfc3411
http://tools.ietf.org/html/rfc3412
http://tools.ietf.org/html/rfc3413
http://tools.ietf.org/html/rfc3414
http://tools.ietf.org/html/rfc3415
http://tools.ietf.org/html/rfc3416
http://tools.ietf.org/html/rfc3417
http://tools.ietf.org/html/rfc3418
http://tools.ietf.org/html/rfc3584

★43——SNMPの全バージョンに関する優れた概説については次を参照.
http://www.ibr.cs.tu-bs.de/projects/snmpv3/

★44——http://tools.ietf.org/html/rfc854
http://tools.ietf.org/html/rfc855

★45——http://tools.ietf.org/html/rfc1258

★46——IEEE 802.3標準規格の最新版をダウンロードするには次を参照.
http://standards.ieee.org/about/get/802/802.3.html

★47——MPLSに関するIETFワーキンググループについては次を参照.
http://datatracker.ietf.org/wg/mpls/documents/

★48——1996年のSSL 3.0ドラフトは，RFC 6101の歴史的文書としてIETFによって発行された．次を参照.
http://tools.ietf.org/html/rfc6101
TLS 1.2は，2008年8月にRFC 5246で定義された．これは，以前のTLS 1.1仕様に基づいている．主な違いは次のとおり.

- 擬似乱数関数（Pseudorandom Function：PRF）のMD5-SHA-1の組み合わせは，暗号スイート指定のPRFを使用するオプションとともに，SHA-256に置き換えられた.
- “finished message”のハッシュにおけるMD5-SHA-1の組み合わせは，暗号スイートで定めるハッシュアルゴリズムを選択できるようにするともに，SHA-256に置き換えられた．しかし，“finished message”のハッシュのサイズは96bitに切り詰められる.
- デジタル署名におけるMD5-SHA-1の組み合わせ利用が，ハンドシェイク中にネゴシエートされた単一種類のハッシュに置き換えられた．デフォルトはSHA-1である.
- クライアントとサーバーが，受け入れるハッシュと署名アルゴリズムを指定できるようになった.
- 主にガロア／カウンターモード（Galois/Counter Mode：GCM）およびAES暗号化のCCM（CTR with CBC-MAC）モードで使用される，認証された暗号のサポートが拡張された.
- TLS拡張の定義とAES暗号スイートが追加された.

すべてのTLSバージョンは，TLSセッションがSSL v2.0の使用を決してネゴシエートしないように，SSLとの下位互換性を取り除くため，2011年3月のRFC 6176でさらに修正された.
次を参照.
http://tools.ietf.org/html/rfc5246
http://tools.ietf.org/html/rfc6176

★49——次を参照.
https://www.opennetworking.org/sdn-resources/sdn-definition

★50——次を参照.
https://www.opennetworking.org/sdn-resources/onf-specifications/openflow

★51——http://tools.ietf.org/html/rfc793

★52——http://tools.ietf.org/html/rfc1948

★53——セキュアNFS（SNFS）は，各RPCリクエストを認証する安全なRPCに基づいて安全な認証と暗号化を提供する.

★54——http://tools.ietf.org/html/rfc742
http://tools.ietf.org/html/rfc1288

★55——ストア・アンド・フォワード方式の概念とは，データが到着したあと，エンドポイントに確実に配送するために，エンドポイントから上流へのデータパケットを受信したら，必要に応じて一定の期間，そのデータをキューイングするものである.

★56——Bernstein, Daniel J., "SYN Cookies," N. P., 1996. Web. 30 June 2014.
http://cr.yp.to/syncookies.html

★57——http://tools.ietf.org/html/rfc3330

★58——ISO/IEC 10646：2012標準をダウンロードするには，次を参照.
http://standards.iso.org/ittf/PubliclyAvailableStandards/index.html

訳注

☆1——2010年にOracle社（オラクル）に吸収合併された.

☆2——現在は，Micro Focus International社（マイクロ・フォーカス・インターナショナル）の1部門となっている.

☆3——Microsoft社が提供していたサービスで，現在はSkype for Businessに改称されている.

☆4——Google社（グーグル）が提供していたサービスで，2017年に終了した．現在はGoogle HangoutsでVoIPサービスが提供されている.

☆5——1フィートは30.48cmなので，50フィートは15.24m.

☆6——1インチは2.54cm.

☆7——米連邦地方裁判所の命により，2010年10月，ソフトウェアの配布とサポートが停止した.

☆8——2017年12月15日にサービスを終了した.

☆9——その後，Windows Live Messengerに名称を変更したが，現在，インスタントメッセージングサービスはSkypeに統合されている.

☆10——2013年にサービスを開始した動画共有サービス．2017年1月にサービスを停止した.

☆11——2017年，Broadcom社（ブロードコム）に買収された.

レビュー問題
Review Questions

1．OSI参照モデルにおいて，イーサネット（IEEE 802.3）はどの層で説明されるか．

A．第1層：物理層

B．第2層：データリンク層

C．第3層：ネットワーク層

D．第4層：トランスポート層

2．ある顧客がコストを最小に抑えるために，ISPから固定IPアドレスを1つだけ注文した．すべてのコンピュータが同じパブリックIPアドレスを共有するために，ルーターに設定しなければならないのは以下のうちどれか．

A．VLAN

B．PoE

C．PAT

D．VPN

3．ユーザーが，一部のインターネットWebサイトにアクセスできなくなったと報告している．ネットワーク管理者がネットワーク通信の問題の原因となっているリモートルーターを迅速に切り分けて，問題が適切な担当者に報告できるようになるのは，次のうちどれか．

A．Ping

B．プロトコルアナライザー

C．Tracert

D．Dig

4．Annは新しい無線アクセスポイント（WAP）を設置し，ユーザーが接続できるように設定した．しかし，接続はされるが，ユーザーはインターネットにアクセスできない．問題の原因の可能性が**最も**高いのは，次のどれか．

A．信号強度が低下し，レイテンシーがホップカウントを増加させている．

B．誤ったサブネットマスクがWAPに設定されている．

C．信号強度が低下し，パケットロスが発生している．

D．ユーザーが誤った暗号化タイプを指定し，パケットが拒否されている．

5．ネットワーク型侵入検知システム（NIDS）の最適な配置はどれか．
A．ネットワーク管理者にすべての不審なトラフィックのアラートを出すネットワーク境界
B．ビジネスクリティカルなシステム（DMZや特定のイントラネットセグメントなど）を持つネットワークセグメント
C．ネットワークオペレーションセンター（NOC）
D．外部サービスプロバイダー

6．次のエンドポイントデバイスのうち，コンバージドIPネットワークの一部とみなされる可能性が**最も**高いのはどれか．
A．ファイルサーバー，IP電話，セキュリティカメラ
B．IP電話，サーモスタット，暗号ロック
C．セキュリティカメラ，暗号ロック，IP電話
D．サーモスタット，ファイルサーバー，暗号ロック

7．ネットワークのアップグレードが完了し，WINSサーバーをシャットダウンした．NetBIOSネットワークトラフィックをもはや許可しないことが決定された．次のうち，どれがこの目標を達成するか．
A．コンテンツフィルタリング
B．ポートフィルタリング
C．MACフィルタリング
D．IPフィルタリング

8．ネットワークの境界防御の一部であるべきなのは，次のデバイスのうちどれか．
A．境界ルーター，ファイアウォール，プロキシーサーバー
B．ファイアウォール，プロキシーサーバー，ホスト型侵入検知システム（HIDS）
C．プロキシーサーバー，ホスト型侵入検知システム（HIDS），ファイアウォール
D．ホスト型侵入検知システム（HIDS），ファイアウォール，境界ルーター

9．無線LANの主なセキュリティリスクは，次のうちどれか．
A．物理アクセス制御の欠如

B．明らかに安全でない標準
C．実装上の弱点
D．ウォードライビング

10. パスベクター型ルーティングプロトコルは，次のうちどれか．
A．RIP
B．EIGRP
C．OSPF/IS-IS
D．BGP

11. IPSecについて述べているものはどれか．
A．認証と暗号化のメカニズムを提供する．
B．否認防止のメカニズムを提供する．
C．IPv6とともにのみ導入される．
D．サーバーに対するクライアント認証だけが行われる．

12. セキュリティイベント管理（SEM）サービスが実行する機能は，次のうちどれか．
A．アーカイブのためにファイアウォールログを収集する
B．疑わしい活動を調査するためにセキュリティデバイスやアプリケーションサーバーからのログを収集する
C．ユーザーのシステム認証と物理アクセス許可とを突合するために，サーバーと物理エントリーポイントのアクセス制御ログをレビューする
D．セキュリティ会議およびセミナーの調整ソフトウェア

13. DNS（Domain Name System）の主な弱点は次のどれか．
A．サーバーの認証が欠けているため，レコードの真正性が失われる．
B．レイテンシーの問題．レコードが期限切れになってからリフレッシュされるまでの間にレコードを挿入できる．
C．単一のリレーショナルデータベースではなく，シンプルで分散した階層型データベースであることから，一定の時間，不一致が検出されなくなる可能性がある．
D．DNSアドレスがデジタル署名されていないために，電子メール内のアドレスはDNSでアドレスの妥当性をチェックせずになりすまされてしまうという

事実.

14. オープンメールリレーに関する以下の説明のうち，誤っているものはどれか.

A. オープンメールリレーは，自分が扱うドメイン以外のドメインからの電子メールを転送するサーバーである.

B. オープンメールリレーは，スパムを配布するための主要なツールである.

C. オープンメールリレーのブラックリストを使用すると，電子メール管理者がオープンメールリレーを特定し，スパムをフィルターする安全な方法が提供される.

D. オープンメールリレーは，悪いシステム管理の証拠として広く考えられている.

15. ボットネットの特性について述べているものは，次のうちどれか.

A. 内部通信専用のネットワーク

B. 企業ネットワーク向けの自動セキュリティ警告ツール

C. 不正な理由のためにリモートから制御される，分散し，侵害されたマシンのグループ

D. ウイルスの一種

16. 災害復旧テストでは，顧客からの支払いを受けるために複数の請求担当者を一時的に立てる必要がある．これは，可能であればセキュリティ対策が実施されている無線ネットワーク上で行う必要があると判断されている．このシナリオで使用する必要があるのは，次のうちどれか.

A. WPA2，SSID有効，および802.11n

B. WEP，SSID有効，および802.11b

C. WEP，SSID無効，および802.11g

D. WPA2，SSID無効，および802.11a

17. 2本のツイストペア銅線で上りも下りも1.544Mbpsの速度で伝送するのは，xDSLの種類のうち次のどれか.

A. HDSL

B. SDSL

C. ADSL

D．VDSL

18. 相当量の電磁放射と電力の変動を伴う重工業エリアで新しいネットワークが必要になったとする．トラフィックの劣化がほとんど許容されないこうした環境では，どのメディアが最も適しているか．

A．同軸ケーブル

B．無線

C．シールド付きツイストペア

D．光ファイバー

19. 産業制御システムで使用されるModbusなどのマルチレイヤープロトコルについて述べているものはどれか．

A．多くの場合，IPv6のような独自の暗号化とセキュリティ機能がある．

B．ルーティングインターフェースの制御用として，最新のルーターで使用されている．

C．今日のIPネットワーク上でネイティブに動作するように設計されていないため，その性質上安全ではない．

D．大部分が廃止され，IPv6やNetBIOSなどの新しいプロトコルに置き換えられた．

20. フレームリレーとX.25ネットワークは，以下のうちどれに含まれるか．

A．回線交換サービス

B．セル交換サービス

C．パケット交換サービス

D．専用デジタルサービス

★ ★ ★

1. In the OSI reference model, on which layer can Ethernet (IEEE 802.3) be described?

A. Layer 1—Physical layer

B. Layer 2—Data-link layer

C. Layer 3—Network Layer

D. Layer 4—Transport Layer

2. A customer wants to keep cost to a minimum and has only ordered a single static IP address from the ISP. Which of the following must be configured on the router to allow for all the computers to share the same public IP address?

   A. VLANs

   B. PoE

   C. PAT

   D. VPN

3. Users are reporting that some Internet websites are not accessible anymore. Which of the following will allow the network administrator to quickly isolate the remote router that is causing the network communication issue, so that the problem can be reported to the appropriate responsible party?

   A. Ping

   B. Protocol analyzer

   C. Tracert

   D. Dig

4. Ann installs a new Wireless Access Point (WAP) and users are able to connect to it. However, once connected, users cannot access the Internet. Which of the following is the **MOST** likely cause of the problem?

   A. The signal strength has been degraded and latency is increasing hop count.

   B. An incorrect subnet mask has been entered in the WAP configuration.

   C. The signal strength has been degraded and packets are being lost.

   D. Users have specified the wrong encryption type and packets are being rejected.

5. What is the optimal placement for network-based intrusion detection systems (NIDS)?

   A. On the network perimeter, to alert the network administrator of all suspicious traffic

   B. On network segments with business-critical systems (e.g., demilitarized zones (DMZs) and on certain intranet segments)

   C. At the network operations center (NOC)

   D. At an external service provider

6. Which of the following end-point devices would **MOST** likely be considered part of a converged IP network?

   A. file server, IP phone, security camera
   B. IP phone, thermostat, cypher lock
   C. security camera, cypher lock, IP phone
   D. thermostat, file server, cypher lock

7. Network upgrades have been completed and the WINS server was shutdown. It was decided that NetBIOS network traffic will no longer be permitted. Which of the following will accomplish this objective?

   A. Content filtering
   B. Port filtering
   C. MAC filtering
   D. IP filtering

8. Which of the following devices should be part of a network's perimeter defense?

   A. A boundary router, A firewall, A proxy Server
   B. A firewall, A proxy server, A host-based intrusion detection system (HIDS)
   C. A proxy server, A host-based intrusion detection system (HIDS), A firewall
   D. A host-based intrusion detection system (HIDS), A firewall, A boundary router

9. Which of the following is a principal security risk of wireless LANs?

   A. Lack of physical access control
   B. Demonstrably insecure standards
   C. Implementation weaknesses
   D. War driving

10. Which of the following is a path vector routing protocol?

   A. RIP
   B. EIGRP
   C. OSPF/IS-IS
   D. BGP

11. It can be said that IPSec

A. provides mechanisms for authentication and encryption.

B. provides mechanisms for nonrepudiation.

C. will only be deployed with IPv6.

D. only authenticates clients against a server.

12. A Security Event Management (SEM) service performs the following function:

A. Gathers firewall logs for archiving

B. Aggregates logs from security devices and application servers looking for suspicious activity

C. Reviews access controls logs on servers and physical entry points to match user system authorization with physical access permissions

D. Coordination software for security conferences and seminars

13. Which of the following is the principal weakness of DNS (Domain Name System)?

A. Lack of authentication of servers, and thereby authenticity of records

B. Its latency, which enables insertion of records between the time when a record has expired and when it is refreshed

C. The fact that it is a simple, distributed, hierarchical database instead of a singular, relational one, thereby giving rise to the possibility of inconsistencies going undetected for a certain amount of time

D. The fact that addresses in e-mail can be spoofed without checking their validity in DNS, caused by the fact that DNS addresses are not digitally signed

14. Which of the following statements about open e-mail relays is incorrect?

A. An open e-mail relay is a server that forwards e-mail from domains other than the ones it serves.

B. Open e-mail relays are a principal tool for distribution of spam.

C. Using a blacklist of open e-mail relays provides a secure way for an e-mail administrator to identify open mail relays and filter spam.

D. An open e-mail relay is widely considered a sign of bad system administration.

15. A botnet can be characterized as

A. An network used solely for internal communications.
B. An automatic security alerting tool for corporate networks.
C. A group of dispersed, compromised machines controlled remotely for illicit reasons.
D. A type of virus.

16. During a disaster recovery test, several billing representatives need to be temporarily setup to take payments from customers. It has been determined that this will need to occur over a wireless network, with security being enforced where possible. Which of the following configurations should be used in this scenario?
A. WPA2, SSID enabled, and 802.11n.
B. WEP, SSID enabled, and 802.11b.
C. WEP, SSID disabled, and 802.11g.
D. WPA2, SSID disabled, and 802.11a.

17. Which xDSL flavor delivers both downstream and upstream speeds of 1.544 Mbps over two copper twisted pairs?
A. HDSL
B. SDSL
C. ADSL
D. VDSL

18. A new installation requires a network in a heavy manufacturing area with substantial amounts of electromagnetic radiation and power fluctuations. Which media is best suited for this environment is little traffic degradation is tolerated?
A. Coax cable
B. Wireless
C. Shielded twisted pair
D. Fiber

19. Multi-layer protocols such as Modbus used in industrial control systems
A. often have their own encryption and security like IPv6.
B. are used in modern routers as a routing interface control.
C. are often insecure by their very nature as they were not designed to natively operate

over today's IP networks.

D. have largely been retired and replaced with newer protocols such as IPv6 and NetBIOS.

20. Frame Relay and X.25 networks are part of which of the following?
   A. Circuit-switched services
   B. Cell-switched services
   C. Packet-switched services
   D. Dedicated digital services

第5章 アイデンティティとアクセスの管理

「アイデンティティとアクセスの管理」のドメインの概要について説明を始める前に，本章における重要な概念について理解しておくことが必要となる．これらの概念は，アクセスの管理の仕組み，重要なセキュリティ規律となる理由，本章で説明する個々のコンポーネントが全体的なアクセスの管理にどのように関係しているかを理解するための基盤となる．最も基本的で重要な点は，「アクセス制御(Access Control)」という用語が意味するものを正確に定義することである．本章および本書では，以下の定義を使用している．

> アクセス制御とは，許可されたユーザー，プログラムまたはほかのコンピュータシステム(すなわち，ネットワーク)のみが，コンピュータシステムのリソースを観察，変更，またはほかの方法で所有することを許可するプロセスである．また，一部のリソースの使用を許可されたユーザーに限定するためのメカニズムでもある．

要約すると，アクセス制御とは組織の資産を保護するために連携するメカニズム，プロセスまたは技術の集合である．許可のない活動による暴露のリスクを減らし，許可された人，プロセスまたはシステムに，情報やシステムへのアクセスを限定することにより，脅威から保護し，脆弱性を低減するのに役立つ．

「アイデンティティとアクセスの管理」は，CISSP共通知識体系(Common Body of Knowledge：CBK)内の1つのドメインであるが，情報セキュリティの最も一般的かつ遍在的な要素となる．アクセス制御は，組織のすべての運用レベルに関わる．

- **施設**（Facilities）＝アクセス制御は，その施設内の人員，機器，情報およびその他の資産を保護するために，組織の物理的なロケーションへの侵入およびその周囲での不審な行動を防ぐ．
- **サポートシステム**（Support Systems）＝サポートシステム（電源，HVAC［Heating, Ventilation, Air-Conditioning：暖房，換気，空調］の各システム，水，消火制御など）へのアクセスは，悪意あるエンティティがこれらのシステムを侵害し，組織の人員や重要なシステムをサポートする能力を損なうことがないようにコントロールする必要がある．
- **情報システム**（Information Systems）＝現代のほとんどの情報システムとネットワークには，アクセス制御のための機能が多層に存在し，これらのシステムとそれに含まれる情報を損害や誤用から保護している．
- **人員**（Personnel）＝管理者，エンドユーザー，顧客，ビジネスパートナーおよび組織に関連しているすべての人は，適切な人員同士が相互にやり取りでき，正規のビジネス関係を保持していない人々に干渉されないようにするために，何らかの形でアクセス制御を行う対象となる．

さらに，組織やその情報システムへのすべての物理的および論理的エントリーポイントには，何らかのタイプのアクセス制御が必要となる．セキュリティの実践を通して，アクセス制御が普及した性質と重要性を考えると，適切なセキュリティ管理を可能にするアクセス制御の4つの主要な属性を理解する必要がある．具体的には，アクセス制御により，管理者は以下を行うことができる．

- システムまたは施設にアクセスできるユーザーを特定する．
- それらのユーザーがアクセスできるリソースを特定する．
- それらのユーザーが実行できる操作を特定する．
- それらのユーザーの行動に対して説明責任を果たす．

これら4つの領域のそれぞれは相互に関連しているが，効果的なアクセス制御戦略を定義するために必要な個別のアプローチを表している．本章の情報は，特定のシステム，プロセスまたは施設に適用される各属性を満たすために，セキュリティ専門家が適切な措置を決定する際の支援となるものである．

AIC3要素（AIC Triad）：情報セキュリティの目標の中で共通する課題は，機密性，完全性および可用性（より一般的にはCIAと呼ばれる）の中核セキュリティ原則の少なくとも1つ(3つすべてではない)に対処することである.

- **機密性**(Confidentiality)=参照する必要のない人や権限のない人に情報を不正に開示しないようにするための取り組みを意味する.
- **完全性**(Integrity)=システムおよび情報の不正または不適切な変更を防止するための取り組みを意味する. また, システムに置くことができる信頼の量とそのシステム内の情報の正確さを指す. 例えば, 多くのシステムやアプリケーションでは, システムに入力されるデータを構文やセマンティックの正確性によってチェックし, 全体的な整合性に影響を及ぼす運用エラーや処理ミスを起こさないようにする.
- **可用性**(Availability)=サービスと生産性の中断を防ぐための取り組みを意味する.

情報セキュリティの目標は, 組織の資産の機密性−完全性−可用性を継続的に確保することである. これには, 物的資産(建物, 設備, そしてもちろん人)と情報資産(企業データや情報システムなど)の両方が含まれる. アクセス制御は, システムと情報の機密性を確保する上で重要な役割を果たす. 物的資産および情報資産へのアクセスを管理することは, その資産を誰が閲覧, 使用, 変更または破棄できるかをコントロールすることになり, データの公開を防止するための基本となる. さらに, 特定のエンタープライズリソースに対するアクセス許可や権限を管理することで, 貴重なデータやサービスが悪用されたり, 不正に流用されたり, 盗難されたりすることを防ぐことになる. これはまた, 適切な法や業界のコンプライアンス要件に準拠するために個人情報を保護する必要がある多くの組織にとっても重要な要素となる.

アクセスを制御する行為は, 本質的にビジネス資産の完全性を保護する機能と利点を提供することになる. 権限のない, または不適切なアクセスを防止することにより, 組織はデータとシステムの完全性をより確実にすることができる. 組織が, 特定のリソースへのアクセス権を持つユーザーや, そのユーザーが実行できるアクションに対するコントロールがない場合でも, 情報やシステムが望ましくない影響によって変更されないようにするための代替コントロールがいくつかある. アクセス制御(具体的には, アクセスアクティビティの記録)は, データやシステム情報を, 誰があるいは何が変更し, 資産の完全性に影響を与えた可能性があるかを判断できる可視性も提供する. アクセス制御を使用して, エンティティ(個人やコンピュータシステムなど)とエンティティの貴重な資産に対してのアクションを整合させることができ,企業はセキュリティの状態をより把握することができる．

アクセス制御プロセスは，組織内のリソースの可用性を確実にするための取り組みとともに行われる．貴重な資産，特に長期間にわたって利用可能でなければならない資産に対する最も基本的なルールの1つは，その特定の資産を使用する必要があるユーザーのみがその資産にアクセスできるようにすることである．こうすることで，リソースを使用する必要性のない人が，リソースをブロックしたり，混雑させたりしないようにすることができる．このため，ほとんどの組織では，従業員やその他の信頼できるユーザーのみが，施設や企業ネットワークにアクセスできるようになっている．さらに，リソースを使用する必要性のあるユーザーのみにアクセスを制限することにより，悪意あるエージェントがアクセスして資産に損害を与えたり，不必要なアクセス権を持つ悪意のない個人が偶発的な損害を与えたりする可能性を低くすることができる．

トピックス

- 資産への物理アクセスおよび論理アクセス
  - 情報
  - システム
  - デバイス
  - 施設
- 人とデバイスの識別と認証
  - アイデンティティ管理の実装（例えば，SSP，LDAP）
  - 1要素認証／多要素認証（例えば，要素，強度，エラー）
  - 説明責任
  - セッション管理（例えば，タイムアウト，スクリーンセーバー）
  - アイデンティティの登録と証明
  - フェデレーションID管理（例えば，SAML）
  - 資格情報管理システム
- サービスとしてのアイデンティティ
- 第三者アイデンティティサービス
- 認可メカニズム
  - ロールベースのアクセス制御（Role-Based Access Control：RBAC）
  - ルールベースのアクセス制御
  - 強制アクセス制御（Mandatory Access Control：MAC）
  - 任意アクセス制御（Discretionary Access Control：DAC）
- アクセス制御攻撃
- アイデンティティとアクセスのプロビジョニングのライフサイクル

目 標

(ISC)[2] メンバーの候補者に向けた情報(試験概要)によると，CISSPの候補者は次のことができると期待されている．

- 資産への物理アクセスおよび論理アクセスを制御する．
- 人やデバイスの識別と認証を管理する．
- アイデンティティをサービスとして統合する．
- 第三者アイデンティティサービスを統合する．
- 認可メカニズムを実装し，管理する．
- アクセス制御攻撃を防止または低減する．
- アイデンティティとアクセスのプロビジョニングのライフサイクルを管理する(例えば，プロビジョニング，レビューなど)．

5.1 資産への物理アクセスと論理アクセス

情報および情報システムの適切なセキュリティの維持は，基本的な経営責任である．財務，プライバシー，安全，防衛を扱うすべてのアプリケーションには，何らかの形のアクセス制御が含まれている．アクセス制御は，正当なユーザーの許可された活動を決定し，ユーザーがシステム内のリソースにアクセスするすべての試みを仲介することに関係する．いくつかのシステムでは，ユーザーの認証が成功したあとに完全なアクセスが許可されるが，ほとんどのシステムではより洗練された複雑な制御が必要となる．認証メカニズム（パスワードなど）に加えて，アクセス制御は認可がどのように構成されているかにも関係する．場合によっては，権限は組織の構造を反映している場合があるが，それ以外の場合は，様々な文書の機密性レベルとその文書にアクセスするユーザーのクリアランスレベルに基づいている場合もある．

アクセス制御システムは，誰が，あるいは何がネットワークにアクセスできるかを制御するように設計された，物理的または電子的システムである．物理アクセス制御システムの最も簡単な例はドアに鍵をかけることであり，これにより人々をドアの一方に制限することができる．電子的な場合は，ネットワークセキュリティを制御し，どのユーザーがコンピュータシステム上のリソースの使用を許可されるかを制限する．場合によっては，物理アクセス制御システムが電子アクセス制御システムと統合されている場合もある．例えば，ドアは，磁気カード，RFID（Radio Frequency Identification）キーフォブまたは何らかの種類のバイオメトリックソリューションによって，ロック解除されてもよい．カードアクセス制御システムは，ドアの読み取り装置となる．ワイプできる磁気ストライプを備えたカードは，最も一般的なタイプの電子ドア制御の1つである．ホテルなどではしばしばこのシステムを使用し，一時的なルームキーの作成に使用している．高セキュリティを必要とする研究室およびその他の施設では，カード制御システムを使用し，人物の2重の身元確認手段としてカードを利用している場合もある．

建物内のドアにおける鍵の場合と同様に，組織の規模と必要なセキュリティのレベルに応じて，すべてのドアを1つの鍵で開けることができたり，それぞれに異なる鍵を使用したりするなど，建物内の物理アクセス制御システムを連携または標準化することができる．電子システムを使用することで，管理者は各ユーザーのアクセス権限を厳密に定義し，システム内で即時に更新することができる．これは，鍵の権限を付与または取り消すよりもはるかに便利である．機密データを扱う企業では，特にネットワークセキュリティも重要となる．コンピュータネットワークにまたがるアクセス制御システムは通常，中央で管理され，各ユーザーには一意の識別情報が与えられる．管理者は，管理ソフトウェア内の設定を使用して，人員にそれぞれ必要なアクセス権限を付与する．

これらのシステムを導入する場合，セキュリティ専門家はシステムの使用者とその使用方法を考慮する必要がある．ゲストを含む多数のユーザーが区域に入る状況では，段階的なセキュリティレベルが推奨される場合がある．例えば，大規模なスタッフと顧客基盤を持つ銀行は，一般の顧客は金庫に到達できず，無許可のスタッフが現金自動預け払い機にアクセスできないように複数のアクセス制御システムを導入する必要性がある．一方，小規模企業では，建物内のすべてのドアを開けられる単一の鍵を全従業員に配布することで十分かもしれない．

施設のアクセス制御は，企業の資産を保護し，誰がアクセス権を与えられたのか，いつアクセスが許可されたのかを示す履歴を提供する．場合によっては，物理アクセス制御システムは時刻と在室記録も提供する．また，真に統合された環境では，単一の資格情報を使用して，物理アクセス制御，時刻と在室記録，および論理アクセス制御の3つのアプリケーションの機能を提供することができる．

論理アクセス制御（Logical Access Control）は，ユーザーによる情報へのアクセスを制限し，システム上のアクセス形式を適切なものに限定する保護メカニズムである．論理アクセス制御は，しばしばオペレーティングシステムに組み込まれているか，アプリケーション管理プログラムやデータベース管理システムなどの主要ユーティリティの「ロジック」の一部となっている場合がある．また，オペレーティングシステムにインストールされているアドオンのセキュリティパッケージで実装することもできる．このようなパッケージは，PCやメインフレームを含む様々なシステムで利用できる．さらに，論理アクセス制御は，コンピュータとネットワークとの間の通信を規制する特殊なコンポーネントに存在する場合もある．論理アクセス制御は組織にとって非常に有益なものであるが，システムにそれらを追加することで自動的にシステムがより安全になるわけではない．適切に構成されていない，あるいは不適切な設定の制御メカニズムは，この技術の実装および管理に伴う複雑さに十分対応できないため，有害な影響を及ぼす可能性がある．

アクセスモード（Access Mode）の概念は，論理アクセス制御の基本となる．多くのタイプの論理アクセス制御の効果は，特定のアクセスモードで特定の個人による特定の情報リソースへのアクセスを許可／拒否することである．一般的なアクセスモードの概要を次に示す．

- **読み取り専用**(Read Only)＝情報の参照，コピー，および通常印刷は可能となるが，削除，追加，変更などの操作は一切行えない．
- **読み取りと書き込み**(Read and Write)＝ユーザーは，情報の参照，印刷のほかに，追加，削除，変更を行うことができる．論理アクセス制御は，ユーザーが1つのフィールドの情報に対して読み取り専用能力を有するが，関連するフィールドに書き込む能力を有するように読み出し／書き込みの関係をさらに精緻化することができる．一例は，ユーザーに割り当てられたアクションアイテムに対しては読み取りのみを許可し，アクションアイテムの下のスペースに更新や追加などの応答を書き込むことのできるアプリケーションである．
- **実行**(Execute)＝システム上のアプリケーションプログラムに関してユーザーが行う最も一般的なアクティビティは，それらを実行することである．ユーザーは，ワードプロセッサー，スプレッドシート，データベースなどを使用するたびにプログラムを実行する．ただし，ほとんどのユーザーにとって，プログラムは理解できない形式で表示されるため，通常，読み取り／書き込み機能は必要ない．一方で，ソフトウェア開発者にとっては，作業しているコードを読み書きできる能力を持つことが重要となる．

論理アクセス制御における最も複雑で困難な点は，その管理である．論理アクセス制御における管理(Administration)には，システムへのユーザーアクセスの実装，監視，変更，テストおよび終了が含まれ，難しい作業となる．管理には，誰が何にアクセスし，どの能力を与えられているかについて，実際に決定を行う作業は含まれない．これらの決定については，経営陣とともに検討され，その責任はデータオーナーが担うことになる．アクセスに関する決定は，組織のポリシー，従業員の仕事の定義とタスク，情報の機密性，ユーザーの「知る必要性」の決定など，その他の多くの要因によって導き出される必要があり，論理アクセス制御の要求および承認プロセスの手順および書式も作成される必要がある．

ある特定のユーザーのアクセスに関する決定がどのように行われたかに関わらず，その実装と運用は管理機能を介して行われる．管理には，集中型，分散型またはハイブリッド型の3つの基本的なアプローチがある．

集中管理(Centralized Administration)とは，ユーザーがデータにアクセスして必要な作業を実行できるように，1つの構成要素によりアクセス制御が構成されていることを意味する．ユーザーの情報処理のニーズが変更されるごとに，アクセス制御の設定は，確立された手順および適切な権限によって，要求が承認されたあとに中央による管理を介してのみ変更することができる．

集中管理の主な利点は，情報を非常に厳密に管理できることである．なぜなら，変更を加える権限はごく少数の担当者のみが保持するからである．各ユーザーのアカウントは一元的に監視でき，そのユーザーが組織を辞める場合，そのユーザーのすべてのアクセスを終了させることが容易に遂行できる．比較的少数の担当者がプロセスを監督するため，一貫性のある統一された手続きおよび基準を維持することが比較的容易となる．

集中管理とは対照的に，分散管理（Decentralized Administration）とは，情報へのアクセス制御の設定がファイルのオーナーまたは作成者によって制御されることを意味する．分散管理の利点は，情報に対して説明責任を持ち，それに最も精通していて，誰がそれに関連して何ができるのかを最も的確に判断できる担当者の手元に制御があることである．しかし，1つの欠点は，ユーザーのアクセスおよび能力を付与するための手順および基準に関して，作成者やオーナー間で一貫性を保つことが難しいことである．もう1つの欠点は，要求が一元的に処理されない場合，システム上のすべてのユーザーアクセスに関するシステム全体のビューを作成することが，はるかに難しくなることである．異なるデータオーナーは，利害の衝突を招き，組織の最善の利益にならないアクセスの組み合わせを誤って実装する可能性があり，また，従業員の異動や退職の際にアクセスを適切に終了させることを確実にすることが困難となる．

ハイブリッド手法では，一部の情報に対して集中管理が実行され，ほかの情報には分散管理が許可される．典型的な例を挙げると，中央管理が，最も幅広く，最も基本的なアクセス制御に責任を持ち，ファイルのオーナーや作成者が，アクセスの種類やその制御下にあるファイルに対するユーザーの能力の変更を制御することである．例えば，新しい従業員が部門に雇われた場合，中央管理者は彼が割り当てられた機能要素，職務分類および彼が働くために雇われた特定のタスクに基づいて，一連のアクセスを提供することになる．彼は，組織全体のSharePointドキュメントライブラリーやプロジェクトステータスレポートファイルへの読み取り専用アクセス権を持つ一方で，彼の部門の週間アクティビティレポートには読み取り／書き込み権限を与えられている．また，特定のプロジェクトを離れると，プロジェクトマネージャーはそのファイルへの彼のアクセスを簡単に終了することができる．

物理アクセス制御（Physical Access Control）は，空間的なアクセシビリティに関するものである．建物，部屋，フロアへのアクセスを許可／制限することにより，特定の空間へのアクセスを制御することになる．これらの空間へのアクセシビリティは，通常，鍵やトークンによって制御される．これらは物理的に所有しているものであり，ほかの人に貸与することも可能である．場合によっては，パスワードやユーザー名（あなたが知っているもの）を使用する場合もある．勤務時間中にパスワードでアクセスできるようにアクセスポイントを設定することができるが，営業時間外のアクセスには，有効なトークンの提示とパスワードまたはPIN（Personal Identification Number：個人識別番号）の両方が必要となる．これらの空間は，区域またはセルに細分化することができる．この場合，それぞれのセルまたは区域内に入ることが許可されるべきであるかは，システムによってさらに制限される．物理アクセス制御システムがこのように設定されている場合，個人が自らの身分証明書を提示することなく，テールゲーティング（Tailgating：共連れ）によりドアを出入りすることを防ぐことが重要となる．もしテールゲーティングが発生した場合，アクセス制御システムは，そのユーザーがまだ区域内にいると仮定し，彼または彼女が，自身の鍵またはトークン，カードなどのアクセス許可証を，ほかの誰かに「パスバックした」可能性があると判断する．その後，それらの鍵などによる，あらゆるシステムへのアクセスを許可しないようになる．この機能はアンチパスバックソリューション（Anti-Passback Solution）と呼ばれる．

高度なセキュリティの構成では，アクセス制御システムのアーキテクチャーの一部であるデュアルカストディ（Dual Custody）またはデュアルキーエントリー（Dual Key Entry）と呼ばれる機能もある．これは，アクセスが許可されるためには，特定の時間内に2つの有効な鍵を提示する必要がある機能である．このソリューションは，大量の現金，薬品または証拠が保管されている場合の保管庫などでよく使用される．物理的空間へのアクセスを提供するだけでなく，アクセス制御システムが空調，照明，アラーム作動および消灯パネルおよび監視カメラ（CCTV）制御ユニットなどの保護を行うように設計されている場合もある．アクセス制御ソリューションは，火災，爆発の脅威，またはほかの緊急事態のような特定の警報などのイベントによっても変化する可能性がある．

アクセス制御トークン（Access Control Token）には，様々な技術や形態が利用されている．トークンに格納された情報は，トークンが読み取り装置に提示されることで，情報を読み取り処理するために，システムに送信される．トークンは，スワイプ，挿入，読み取り装置の上または近くに置く必要があり，読み取り装置はトークン内の情報をシステムに送信する．これは通常，トークンをシステムに属するものとして識別する何らかの情報と，トークン自体を識別する固有のもので構成される．システムは，読み込まれたトークンについて，時間，日付，曜日，休日，または妥当性確認を制御するために使用されるほかの条件に基づき，アクセスが許可／拒否されるかどうかを決定することになる．

バイオメトリック読み取り装置を使用する場合には，網膜，指紋，手の形状，音声など，システムに登録されている生物学的属性がトークンまたは鍵となる．これらの生物学的属性はユーザー自身のものである．ほとんどのバイオメトリック読み取り装置はPINを必要とする．これは，生物学的属性の標本化された読み取り値に保存されたデータを索引付けするために使用される．バイオメトリックシステムは，ソーシャルサービスや国民IDアプリケーションのように，人がデータベースにすでに存在するかどうかを判断するためにも使用することができる．

バイオメトリックシステム（Biometric System）の動作は，簡略化すると，大きく3段階のプロセスによって記述することができる．このプロセスの第1ステップは，バイオメトリックデータの計測または収集である．このステップでは，計測機器ごとに異なる様々なセンサーを使用して，計測を容易にしている．第2のステップは，観察されたデータを，テンプレート（Template）と呼ばれるデジタル表現を用いて変換し，記述することである．この手順は，計測機器やベンダー間でも異なっている．第3のステップでは，新たに取得されたテンプレートが，データベースに記憶された過去のデータと比較される．比較の結果は，「一致」または「不一致」であり，アクセスの許可，警報などのアクションに使用される．

一致／不一致の宣言は，類似しているが同一ではない，取得されたテンプレートに基づいて行われ，閾値により一致宣言をもたらすために必要な類似度を決定する．バイオメトリックデータの受諾または拒絶は，一致スコアが閾値を上回るか，下回るかに依存する．閾値は，バイオメトリックアプリケーションの要件に応じて，どの程度厳格に確認を行うかを調整することができる．また，いくつかのバイオメトリックシステムでは，指の温かさや瞬きの検出などの生死検出メカニズムが採用されている．生死検出は，生きている人間の特性のみをバイオメトリックシステムで使用できるようにし，なりすまし攻撃（例えば，偽のバイオメトリックサンプルの使用）を検出できるようにするために使用される．

物理アクセス制御は人間に限定されるとは限らない．自動車は，運転者から独立して扱われるアクティブなアクセス制御装置を有することがある．これにより，駐車場，燃料，重量の識別を可能にし，車両が特定の条件において適切な速度制限で動作しているかどうかを確認することさえ可能となる．

アクセス制御システムを実装する計画のある組織は，アクセス制御のポリシー，モデルおよびメカニズムという3つの抽象的な事項を考慮する必要がある．アクセス制御ポリシー(Access Control Policy)は，どのようにアクセスを管理するか，誰がどのような状況下で情報にアクセスするかを特定する上位レベルの要件となる．例えば，ポリシーは組織単位内または組織単位をまたがったリソース使用に関連する場合がある．また，知る必要性，能力，権限，義務または利益相反の要素に基づいている場合もある．上位レベルではアクセス制御ポリシーは，システムが提供する構造の観点から，ユーザーのアクセス要求を変換するメカニズムを通じて実施される．アクセス制御リスト(Access Control List)は，アクセス制御メカニズムの典型的な例である．アクセス制御モデル(Access Control Model)は，ポリシーとメカニズムの間の抽象化のギャップを埋める．メカニズムレベルでのみアクセス制御システムを評価して分析するのではなく，通常，アクセス制御システムのセキュリティプロパティを記述するためにセキュリティモデルが書かれている．セキュリティモデルは，システムによって執行されるセキュリティポリシーの正式な提示であり，システムの理論上の限界を証明するのに役立つ．ファイルの作成者が他人へアクセスを委譲できる任意アクセス制御は，モデルの最も簡単な例の1つである．

物理アクセス制御システム(Physical Access Control System：PACS)は，今日の多くの企業で使用されている．米国国土安全保障省(Department of Homeland Security：DHS)の最高セキュリティ責任者オフィス(Office of the Chief Security Officer：OCSO)の物理アクセス制御課(Physical Access Control Division：PHYSD)は，PACSを運用している．PACSは，主にネブラスカ・アベニュー・コンプレックス(Nebraska Avenue Complex：NAC)の首都圏(National Capital Region：NCR) DHS本部(Headquarter：HQ)施設で，物理アクセスデバイス，侵入検知，ビデオ監視を制御および管理するために使用されるセキュリティ技術統合アプリケーションスイートである．

DHSによれば，「PACSにより，セキュリティ担当者は単一の集中管理された場所から複数のエントリーポイントを同時に管理および監視することができる．PACSはNCRのDHS HQ施設(主にNAC)でアクセス制御機能と侵入検知機能を実行し，電子アクセスポイントとアラームの管理の仕組みとして機能する一連のアプリケーションで構成されている．PACSは，自動化されたトランザクションレポートを作成し，いつ，どこで，どのような活動が行われたかをレポートすることができる．

DHS HQ施設(主にNAC)で使用されるPACSアプリケーションは，4つの領域に分かれている．4つのアプリケーションとプロセスはすべて，PACS管理者の指示に従って，独立して動作する．

1．**身元確認**(Identification)＝PACSでは，人間の個人識別情報(Personally Identifiable Information：PII)の登録が必要になる．これらを使用して，DHS施設への物理アクセスを許可することができる．PACSセンサーは，PIV(Personal Identity Verification：個人識別情報検証)カードに関する情報を読み取り，個人がアクセスを許可されているかどうかを検証する．

2．**訪問者管理**(Visitor Management)＝PIVカードを発行されていない訪問者や建設業者およびサービス業者は，アクセスが許可される前に識別される必要がある．このため，アクセスが必要な個人は，DHSフォーム11000-13「訪問者プロセス情報」で要求された情報を提供することにより，識別が行われる．OCSO要員は，フォーム上の情報をPACSビジター管理機能に入力する．この情報は，国家犯罪情報センター(National Crime Information Center：NCIC)を検索して，犯罪記録や逮捕令状があるかどうかを判断するために使用される．NCICチェックの結果はPACSに入力される．逮捕令状のような不適格な情報がない場合，訪問者はアクセスを許可されることになる．外国人訪問者(米国国外の市民および非法定恒久居住者)によるアクセス要求は，DHS国外訪問者管理システム(Foreign National Visitor Management System：FNVMS)を通じて処理される．

3．**駐車許可管理**(Parking Permit Management)＝最高総務責任者オフィス(Office of the Chief Administrative Officer：OCAO)は，PACSを使用して，NACの駐車許可証を発行し，追跡する．OCAOの人員はPACSにアクセスして，駐車許可証を受け取る資格があるかどうかを判断する．適格と判断された個人は，一般調達局(General Services Administration：GSA)駐車申込書(Form 2941)を提出する必要がある．駐車許可証発行時に，OCAO要員は，PACSに許可証所有者の氏名と電子メールアドレス，許可証番号とその種類，発行日および有効期限を設定する．

4．**アラーム監視と侵入検知**(Alarm Monitoring and Intrusion Detection)＝PACSアラーム監視アプリケーションにより，OCSOの担当者は侵入検知システム(Intrusion Detection System：IDS)を使用して監視する．すべてのIDSアラームの起動，または通信や停電などのその他の問題の記録が，PACSで作成される．PACSのIDSは，OCSOが人やデバイスの不正侵入を検出できるように，各種センサー，ライトおよびその他のメカニズムで構成されている．PACS IDSスイートによって収集される唯一のPIIは，警報システムのオン／オフ切り替え権限が与えられた個人の氏名と，アラームを有効／無効にするためにア

ラームキーパッドに入力される，対応したPIN番号である．」★1

NISTIR（National Institute of Standards and Technology, Interagency Report）7316「アクセス制御システムの評価（2006年9月発行）」は，計画策定においてアクセス制御システムが持つべき要件と機能を理解するための非常に重要なガイダンスを提供している★2．セキュリティ専門家は，上述のような詳細で堅牢なPACSシステムを実装することはないかもしれないが，実際にはセキュリティ専門家は，PACSシステムに関する以下の課題を深く理解しておく必要がある．

1．PACSが取り組むべき根本的な原因
2．PACSソリューションのエンタープライズ内への展開をサポートするセキュリティアーキテクチャー
3．PACSシステムの管理と運用に取り組むために必要なポリシー
4．PACSシステムの監視と維持に必要なリソースとメトリック
5．PACSシステムを効果的に使用するために必要な訓練と意識啓発プログラム

システムの規模や複雑さが増すにつれて，複数のコンピュータに分散して構成しているシステムでは，アクセス制御が特に重要な事項になる．これらの分散システムは，組織のポリシーをサポートするために統合される必要のある複数のアクセス制御メカニズムを使用する可能性があるため，開発者にとって大きな課題となる．例えば，管理者が指定した規則を適用できるロールベースのアクセス制御がよく使用される．SQL（Structured Query Language）などの一般的なデータベース管理システムの設計には，ロールベースおよびルールベースのアクセス制御がよく使用される．分散アクセス制御の実装に特に役立つサービスには，LDAP（Lightweight Directory Access Protocol），機能ベースのKerberos，およびXML（Extensible Markup Language）ベースのXACML（Extensible Access Control Markup Language）などがある．

セキュリティ専門家は，権限のない，または望ましくない個人にアクセス権が付与されていなければ，アクセス制御システムが安全であると言われることを理解する必要がある．アクセス制御システムの安全を保証するために，セキュリティ専門家はアクセス制御構成（例えば，アクセス制御モデル）が，権限のない個人へのアクセス権の漏洩をもたらさないことを確実にしなければならない．

5.2 人とデバイスの識別と認証

ここまでは，アクセス制御の原則と制御環境の設計に焦点を当ててきた．以下のセクションでは，特定のアクセス制御と基本的な制御戦略に関する詳細について説明する．

- 識別，認証および認可
- アクセス制御サービス
- アイデンティティ管理
- アクセス制御技術

5.2.1 識別，認証および認可

識別（Identification）は，個人またはシステムの一意のアイデンティティ（ID）の表明であり，すべてのアクセス制御の出発点となる．適切な識別がなければ，適切な制御を誰にどのように適用するかを決定することは不可能である．識別は，すべての活動と制御が特定のユーザーまたはエンティティのIDに関連付けられているため，アクセス制御を適用する上で重要な第一歩となる．

適切な識別の下流への影響には，説明責任（保護された監査証跡付き）と個人の活動をトレースする能力が含まれる．また，権利と特権のプロビジョニング，システムプロファイル，システム情報，アプリケーションおよびサービスの可用性も含まれる．識別の目的は，その一意のユーザーインスタンスに基づいて，適切なコントロールにユーザーを結びつけることである．例えば，一意のユーザーが認証によって識別され，妥当性が確認されると，インフラストラクチャー内のユーザーのIDは，事前定義された特権に基づいてリソースを割り当てるために使用されることになる．

認証（Authentication）とは，ユーザーのアイデンティティを検証するプロセスである．ユーザーがアクセスを要求し，ユニークなユーザー識別情報を提示する際には，ユーザーはそのユーザーだけが持っている，または知っているいくつかの個人データセットを提供する．アイデンティティとそのユーザーのみが知る情報，あるいは，そのユーザーのみが所有している情報の組み合わせにより，ユーザーアイデンティティが，期待されたエンティティ（例えば，人）によって使用されていることを検証することができる．これにより，ユーザーとシステムの間の信頼が確立され，特権の割り当てが行われることになる．

認可（Authorization）はプロセスの最終ステップである．ユーザーが識別されて適切に認証されると，ユーザーがアクセスできるリソースを定義して監視する必要がある．認可は，ユーザーが必要とする特定のリソースを定義し，ユーザーが持つ可能性のあるリソースへのアクセスの種類を決定するプロセスである．例えば，Rae（レイ），Andy（アンディー），Matthew（マシュー）はすべて同じシステムで識別され，認証される可能性があるが，Raeは給与情報へのアクセスのみが許可される．Andyは製品ソースコードへのアクセスのみが許可され，Matthewは内部のWebサイトへのアクセスが許可される．

これら3つの重要な概念の関係はシンプルなものである．

- 識別は一意性（Uniqueness）を提供する
- 認証は妥当性（Validity）を提供する
- 認可はコントロール（Control）を提供する

▸識別方法

最も一般的な識別形式は，単純なユーザー名，ユーザーID，アカウント番号またはPINである．これらは，システム内のユーザーエンティティへの割り当ておよび関連付けのポイントとして使用される．しかし，識別の対象は人間のユーザーに限定されず，オブジェクト，モジュール，データベースまたはその他のアプリケーションにアクセスし，一連のサービスを提供する必要のあるソフトウェアおよびハードウェアサービスを含む場合がある．機密性の高いリソースへの要求をアプリケーションが確実に行えるようにするため，システムは証明書やワンタイムセッション識別子などのデジタルIDを使用して，アプリケーションを識別することができる．組織により使用される一般的な識別方法がいくつかあり，使用される種類はプロセスまたは状況によって異なる．

▸識別バッジ

識別バッジ（Identification Badge）は，組織内で最も一般的な物理的な識別と認可の形式である．これは，バッジ保有者が正式に認められ，組織内で特定の地位を有することを表している．ほとんどのバッジには，組織の名前やロゴ，バッジ保有者の名前，顔写真が含まれている．場合によっては，バッジ印刷のコストのために，組織は従業員のみにパーソナライズされたバッジを配布し，訪問者または派遣要員には，おそらく色が異なる一般バッジが与えられ，施設内で許可されているが，その組織には属していないことを示す場合がある．

識別バッジの通常の運用では，ユーザーが企業の構内で常にバッジを着用する必要性を求めている．従業員と警備員は，バッジを確認し，バッジの画像をバッジの着用者に照らして確認することで，合法的に敷地内にいるかどうかを判断することができる．名前，写真，バッジ保有者がすべて一致しない場合，従業員は警備員を呼び出すか，バッジ保有者を施設外に排除する必要がある．

残念ながら，このようなプロセスは，通常多くの場合で失敗する．ほとんどの人々は，たとえ警備員でさえ，バッジとその保有者を綿密に確認しないためである．朝の出社の混雑時に，ほとんどの従業員はバッジを空中で振って，バッジを持っていることを示すことで，入館が許可される．これは普遍的な問題ではない（例えば，政府や軍の施設では一般に，バッジ保有者とその資格に細心の注意を払っている）が，識別バッジは絶対確実なセキュリティメカニズムではないと結論づけるのがきわめて一般的である．

別のタイプのバッジであるアクセスバッジ（Access Badge）は，より強力なセキュリティメカニズムを提供することができる．アクセスバッジは，セキュリティで保護された，施設内の区域に入るために使用され，バッジに格納された情報を読み取るバッジ読み取り装置とともに使用される．中央モニタリング施設はバッジ情報を読み取り，その情報をその区域で認可された職員のリストと照合し，アクセスの可否を決定する．アクセスバッジにおける失敗は，特定の人物と物理的に結びついていないために起こる．従業員はしばしば，セキュリティで保護された場所に一時的にアクセスする必要があるほかの人とバッジを共有することがある．確かに組織によって承認されておらず，ほとんどの場合，セキュリティポリシーに反するが，この習慣は広く一般的である．この問題に対処するため，多くの組織では識別バッジとアクセスバッジを組み合わせて，バッジ保有者と個々のIDカードとの間に強い結びつきを提供している．

▸ユーザーID

共通のユーザーID（ほとんどの情報システムへの標準エントリーポイント）は，そのシステムのすべてのユーザーの中で，特定のユーザーを一意に識別する方法をシステムに提供している．1つのシステム上に2人のユーザーが同じユーザーIDを持つことはできない．これは，アクセス制御システムの混乱を招き，個人の活動を追跡できなくなることを意味する．ユーザーIDは認証コードではなく，システムのIDとしてのみ使用する必要がある．ユーザーIDは，ユーザーがそのIDによって識別されることをシステムに示しているだけであり，このユーザーが，そのIDでシステムにアクセスしたり，任意のシステムリソースにアクセスしたりする正当な権利を持つことを示すわけではない．ユーザーIDがパスワード，セキュリティトークン，デジタル証明書などのほかの認証メカニズムと組み合わされることにより，ユーザーの正当性が判断され，アクセスが許可／拒否されることが可能となる．

▸アカウント番号／PIN

ユーザーIDと同様に，アカウント番号は，システムまたはエンタープライズ内の特定のユーザーに対して固有のIDを提供する．通常の多くのユーザーは，金融サービスのアプリケーションや取引の際にアカウント番号を使用することがある．このような取引では，PIN（Personal Identification Number：個人識別番号）は，ユーザーがその口座番号を使用する正当な権利を有しているかどうかを判断し，その口座の情報にアクセスするために必要な認証情報を提供する．

▸MACアドレス

ネットワークに参加するすべてのコンピュータには，そのネットワークに固有の識別方法がなければならない．適切なコンピュータと関連付けられたネットワーク接続を介して，情報は送受信することができる．現在使用されているマシンアドレスの最も一般的な形式は，MAC（Media Access Control：メディアアクセス制御）アドレスである．MACアドレスは，世界的にユニークであると考えられる48bitの番号（通常は16進形式で表される）である．つまり，世界中のすべてのネットワーク機器に固有のMACアドレスが割り当てられていることになる．ネットワークコンピューティングの初期段階では，MACアドレスは製造時にデバイスのハードウェアに組み込まれ，エンドユーザー（または攻撃者）によって変更されることはなかった．この場合，MACアドレスは特定のデバイスを高い確度で識別（および認証）するためのよい方法となっていた．しかし，残念なことに最新のネットワーク対応デバイスのほとんどは，MACアドレスをソフトウェアで設定することが可能である．つまり，デバイスへの管理アクセス権を持つユーザーは，そのデバイスのMACアドレスを任意のものに変更できる★3．このため，MACアドレスはもはや強力な識別子または認証方法とみなしてはいけない．

▸IPアドレス

TCP/IP（Transmission Control Protocol/Internet Protocol：伝送制御プロトコル／インターネットプロトコル）ネットワークプロトコルを使用するコンピュータには，IPアドレスが割り当てられている．MACアドレスはシステムの物理的な位置を識別する方法を提供しているが，IPアドレスはIPネットワーク上のデバイスの論理的な位置を提供する．IPアドレスは，サブネットワーク（Subnetwork）またはサブネット（Subnet）と呼ばれる論理グループに編成され，デバイスのIPアドレスは，そのデバイスと同じサブネット上で，すべてのシステムの中で一意でなければならないが，異なるサブネット上のデバイスが同一のIPアドレスを持つことができる状況がある．MACアドレスの場合と同様に，デバイスのIPアドレスは，システム管理者によってソフトウェアで割り当てられる．したがって，IPアドレスは，システムの非常に強い識別指標とはならない．1つのデータポイントとしてIPアドレスを使用して，システムに固有のネットワークロケーションまたはIDを絞り込むことは可能であるが，そのような目的でIPアドレスを単独で使用することは誤りである．

▶ RFID

RFID（Radio Frequency Identification）技術は，無線信号を使用して，人，車両，商品，資産などの様々なオブジェクトを識別，追跡，分類，検出する非接触の自動識別技術である．これらは，（磁気ストライプ技術で見られるような）物理的な接触や（バーコード技術で見られるような）視覚的な接触は必要がない．RFID技術は，数メートルの距離にわたって，無線対応スキャンデバイスのネットワークを介して物体の動きを追跡することができる．RFIDタグと呼ばれるデバイスはこの技術の重要な要素であり，RFIDタグは通常，少なくとも2つの構成要素を有している．

1．無線信号を変調／復調し，ほかの機能も実行するための集積回路
2．信号を送受信するためのアンテナ

RFIDタグは，限定された処理を行うことができ，記憶容量は少ない．RFIDタグは，時には強化された「電子バーコード」と考えられることもある．

集積回路を持たないRFIDタグは，チップレスRFIDタグ（Chipless RFID Tag）と呼ばれ，RFファイバー（RF Fiber）としても知られている．これらのタグは，読み取り装置の信号の一部を反射するファイバーまたは材料を使用し，固有の戻り信号を識別子として使用する．RFID技術を利用するシステムは，次の典型的な3つの主要要素から構成される．

1．物体識別データを保持するRFIDタグまたはトランスポンダー

2．タグデータを読み書きするRFIDタグ読み取り装置またはトランシーバー
3．タグの内容に関連するレコードを格納するバックエンドデータベース

各タグには一意の識別コードが含まれている．RFID読み取り装置は，タグを励磁するために低レベルの高周波磁界を放出する．タグは，読み取り装置のアクセスに応答し，その存在を電波でアナウンスし，その固有の識別データを送信する．このデータは，読み取り装置によってデコードされ，ミドルウェアを介してローカルアプリケーションシステムに渡される．ミドルウェアは，読み取り装置とRFIDアプリケーションシステムとの間のインターフェースとして機能する．システムは，ホストデータベースまたはバックエンドシステムに保管されている情報を使用して，識別コードを検索し，一致させる．このようにして，読み取り装置によって受信され，データベースによって処理された結果に応じて，さらなる処理のためのアクセシビリティまたは許可を付与／拒否することができる．

RFID技術のもう1つの採用は，電子パスポートプロジェクトにおける政府によるものである．いくつかの国で，従来の紙のパスポートは，小さな集積回路が組み込まれたパスポートに徐々に置き換えられている．顔認識，指紋または虹彩スキャンなどのバイオメトリック情報は，電子パスポートに格納することもできるが，RFIDタグによりシステムに提供する情報に紐付けて，セキュアなデータベースに記録として格納し，参照されることが多い．電子パスポートプロジェクトは，もともと米国が開始し，ビザ免除プログラム（Visa Waiver Program：VWP）に参加しているすべての国に，集積回路を備えた電子パスポート（e-Passport）を発行するように要請した★4．プログラムの主な目的は，自動化された身元確認と，より大きな国境保護とセキュリティの強化であった．

RFIDタグは，誰が要求信号を送信しても，それを送信する人に関わらず，受信して応答するという点で「ダム」デバイスとみなされる．この特性により，タグデータへの不正アクセスや改ざんのリスクが生じることになる．そのため，企業内にRFID技術の導入を決定する前に，セキュリティ専門家は，こうしたリスクを認識して慎重に検討する必要がある．言い換えれば，保護されていないタグは，盗聴，トラフィック分析，なりすまし，またはサービス拒否攻撃に対して脆弱である．

- **盗聴（Eavesdropping；またはスキミング［Skimming］）**＝タグと読み取り装置から送信された無線信号は，ほかの無線受信機によって数メートル離れても検出される．したがって，正当な送信が適切に保護されていない場合，不正なユー

ザーがRFIDタグに含まれるデータにアクセスすることが可能である．自分のRFID読み取り装置を持っている人は，適切なアクセス制御がないタグに要求信号を送信し，タグの内容を盗聴することができる．

- **トラフィック分析**（Traffic Analysis）＝タグデータが保護されていても，トラフィック分析ツールを使用して，時間とともにタグ応答を予測し，追跡することができる．データを相関させて分析することで，移動，社会的相互作用，金融取引のイメージを作り出すことができる．トラフィック分析の濫用は，プライバシーに直接的な影響を与えることになる．
- **なりすまし**（Spoofing）＝盗聴またはトラフィック分析から収集されたデータに基づいて，タグのなりすましを行うことが可能である．例えば，ノートブックコンピュータやパーソナルデジタルアシスタント上で実行される「RFDUMP」と呼ばれるソフトウェアパッケージを使うと，タグが適切に保護されていない場合，ユーザーはほとんどの標準スマートタグで読み取り／書き込みタスクを実行できる★5．このソフトウェアにより，侵入者は既存のRFIDタグデータを，偽装されたデータで上書きすることもできる．有効なタグを偽装することにより，侵入者はRFIDシステムを欺くことができ，タグのIDを変更して，不正または検出されないという利点を得ることができる．
- **サービス拒否攻撃／分散型サービス拒否攻撃**（Denial-of-Service Attack/Distributed Denial-of-Service Attack）＝大量の内部RFIDデータがビジネスパートナー間で共有されると，セキュリティと信頼性に関する問題が大幅に増加することになる．大量のタグの破損により，RFIDインフラストラクチャーに対するサービス拒否攻撃が発生する可能性がある．例えば，攻撃者がタグへのパスワードアクセスを得られる場合，RFIDタグに実装された“`kill`”コマンドを使用して，タグを永続的に無効にすることができる．さらに，攻撃者は，RFIDシステムによって使用される周波数を妨害するために，不正な高出力無線周波数送信機を使用して，システム全体を停止させる可能性がある．
- **RFID読み取り装置の完全性**（RFID Reader Integrity）＝場合によっては，RFID読み取り装置は物理的な保護が不十分な場所に置かれる場合がある．許可されていない侵入者は，近くにある同様の性質の隠れた読み取り装置を設定して，読み取り装置が送信している情報にアクセスしたり，読み取り装置自身を侵害したりして，完全性に影響を及ぼす可能性がある．許可されていない読み取り装置は，適切なアクセス制御なしでタグにアクセスして，プライバシーを侵害する可能性がある．その結果，読み取り装置によって収集され，

RFIDアプリケーションに渡された情報は，不正な人間によってすでに改ざん，変更され，または盗難されている可能性もある．RFID読み取り装置は，ウイルスのターゲットとなる可能性がある．2006年には，RFIDウイルスが可能であることが研究者により示されている．RFIDタグを使用してSQLインジェクション攻撃を行い，バックエンドのRFIDミドルウェアシステムを侵害する可能性があることを示すために，概念実証用の自己増殖型RFIDウイルスが作成された★6．

- **個人のプライバシー**（Personal Privacy）＝RFIDは小売業や製造業で使用されるようになってきており，衣服や電子機器などの商品の幅広い品目レベルのRFIDタグ付けにより，個人のプライバシーに関する一般の懸念が高まっている．人々は，それらのデータがより直接的なマーケティングの対象となっているかどうか，またはRFIDチップによって物理的に追跡されるかどうか，その使用方法を心配している．個人識別IDを固有のRFIDタグにリンクすることができる場合，個人は知らないうちに同意なしで，プロファイルを作成されたり，追跡されたりする可能性がある．例えば，RFIDタグが埋め込まれた衣服を洗濯しても，長年の摩耗に耐えるように特別に設計されているため，チップを取り外すことはできない．1つまたは複数の埋め込みRFIDタグがあれば，個人が購入し，所有するすべてのものを識別し，番号を付けて追跡することが可能となる．RFID読み取り装置は，これらのRFIDタグが信号を受信するのに十分近くにある場合，これらのRFIDタグの存在を検出することができる．

最終的な分析としては，RFID技術は製造業およびコンシューマ業界で大きな進歩を遂げており，在庫および製品の追跡コストを削減するのに役立っている．RFIDバッジの導入と使用を計画する際には，セキュリティ専門家は，プライバシーと侵害に対する価値とリスクを考慮する必要がある．

▸電子メールアドレス

近年，特に電子商取引やポータルサイトでは，識別メカニズムやユーザーIDとして個人の電子メールアドレスを使用することが徐々に普及してきている．この理由の1つは，電子メールアドレスがグローバルに一意であるためである．ユーザーの電子メールアドレスが「sayge@smail.com」の場合，ほかの誰もが電子メールの送受信にそのアドレスを正当に使用することはできない．その前提に基づいて，多くのWebサイトでは，ユーザーの電子メールアドレスが一意のユーザーIDとして使用されており，ユーザーは認証用のパスワードを選択することができる．この規約を使用しているWebサイトは，管理または情報を伝える目的で，その電子メールアドレスを使用してユーザーに電子メールを送信する．現在使用されている一般的なメカニズムの1つは，電子メールアドレスをユーザーIDとして入力することにより，サイトに新しいユーザーを登録させることである．サイトはそのメールアドレスに確認メールを送信し，登録プロセスを完了する前にユーザーからの返信を待つことになる．このプロセスの前提にある理論は，入力されたアドレスで指定された電子メールアカウントにユーザーがアクセスできるということは，そのユーザーが正当であるという確度が高いことである．

しかし，この仮定は多くの状況で有効ではない可能性がある．電子メールアドレスの一意性は，規約によってのみ実施されているためである．他人の電子メールアドレスを識別子として使用することを妨げる技術的な制限はなく，前述の検証メカニズムにも関わらず，特定の電子メールアドレスの正当性を正式に検証する方法や，特定の個人がそのアドレスの所有者であることを正式に検証する方法がないためである．さらに，今日使用されている最も一般的な電子メールシステムでは，送信者の電子メールアドレスを偽装（または改ざん）するのが比較的容易である．スパマー，不正行為者，フィッシング犯罪者は，攻撃の起源を隠す手段として，この方法を定常的に使用している．電子メールアドレスを識別情報として使用することは，覚えやすく便利であるが，識別方法として使用する場合には，その正当性を絶対に信用すべきでなく，ほかの認証方法を使用して，特定のユーザーにそのアドレスの使用を結びつけるべきである．この方法を賢明な選択で確実にするために，セキュリティアーキテクトとセキュリティ担当責任者の両方が注意深く検討する必要がある．例えば，Webサイトに戻る際にユーザーを「識別」することができるソフトウェアベースのCookieのような単純なメカニズムに依存することは，通常，上述した電子メールアドレスよりもアイデンティティの保護または妥当性を提供しないことになる．しかし一方で，SAMLトークンなどの技術を使用してユーザーのアイデンティティを確認することにより，以前のメカニズムでは満たすことができない追加のセキュリティと保護を提供できる可能性がある．

▶ユーザー識別ガイドライン

アイデンティティに関して3つの基本的なセキュリティ特性がある．一意性（Uniqueness），非記述性（Non-Descriptiveness），安全な発行（Secure Issuance）の3つである．まず第一かつ最も重要なのは，システム上の各エンティティが明白に識別できるように，ユーザーIDは一意でなければならないことである．ユーザーは多数の一意の識別子を持つことが可能であるが，アクセス制御環境内ではそれぞれ固有のものである必要がある．相互にやり取りがなく，情報の共有もなく，同じリソースへのアクセスを提供することもないような複数の異なるアクセス制御環境が存在する場合には，識別子の重複が可能である．例えば，職場のユーザーIDが「mary_t」で，企業インフラストラクチャー内で彼女を識別して認証することができる．同時に，彼女はユーザーIDが「mary_t」のインターネットサービスプロバイダー（ISP）に個人用の電子メールアカウントを持つことができる．これが可能なのは，企業のアクセス制御環境がISPのアクセス制御環境と相互作用しないためである．ただし，複数のシステムで同じIDを使用すると，潜在的な危険性が存在する．ユーザーは，パスワードなどの特定の属性も複製することで，それらを記憶する労力を最小限に抑える可能性がある．攻撃者がMaryのISPのIDとパスワードを検出した場合，職場でも同じIDとパスワードを使用していると結論づけるかもしれない．したがって，IDの重複は，ある環境下で可能となるが，企業にとって基本的なリスクとなる可能性がある．

ユーザーIDは一般的に非記述的で，ユーザーの情報をできるだけ少なくするよう可能な限り努力する必要がある．また，IDはユーザーの関連する役割または職務機能を露呈してはならない．一般的な事例は，「agordon」や「adam.gordon」など，ユーザーの名前を変形したユーザーIDを発行することである．このスキームが攻撃者によって識別されると，可能なバリエーションを列挙して，組織内のほかの有効なユーザーIDを発見することが容易になる．加えて，ユーザーの職務を，ユーザーIDの基礎として決して使用しないことである．ユーザーIDが「CFO」と命名された場合，攻撃者はそのユーザーがCFOで，重要なシステムへの特権的アクセス権があるとの前提に基づき，そのユーザー1人に攻撃のエネルギーを集中させることができる．しかし，これは実際には，かなり頻繁に実践されていることである．「admin」，「finance」，「shipment」，「Web master」などのユーザーIDを使用するのは比較的一般的である．これらのIDの命名は，組織により自発的に好んで行われている．

一方で，簡単に変更できないIDがいくつか存在している．最も一般的なのはユーザー名「root」である．これは，UNIXシステム上で無制限のアクセス権を持つ管理者アカウントに与えられた名前である．攻撃者を含むすべての人は，ユーザー名「root」が何を表しているかを認識しており，「root」のパスワードを取得することがどのような意味を持つかを理解している．残念ながら，ほとんどのUNIXシステムでは，「root」ユーザーIDの変更やその役割の隠蔽は不可能となっている．Microsoft社（マイクロソフト）のオペレーティングシステムでは，デフォルトの管理者アカウントである「administrator」アカウントのユーザー名（UNIXの「root」にほぼ相当）を，ほかの非記述的な別の名前に変更することが可能であり，ベストプラクティスとみなされている．セキュリティ専門家は，アカウントを見つけるために使用できる追加の「識別子」（セキュリティ識別子［Security Identifier：SID］と相対識別子［Relative Identifier：RID］）があることを認識する必要がある．

すべてのWindowsユーザー，コンピュータまたはサービスアカウントには，SIDという一意の英数字で構成された識別子を持っている．認証，認可，委任，監査などのWindowsセキュリティ関連のプロセスは，SIDを使用してセキュリティプリンシパルを一意に識別することになる．SIDはシステムプロセスによって使用されるため，SIDの形式はユーザーまたは管理者にはなじまないものである．例として，評価環境のActive Directory（AD）システムから取得したサンプルのSID（S-1-5-21-4035617097-1094650281-2406268287-1981）を分析すると，このサンプルSIDの場合は以下となり，すべてのSIDフィールドは特定の意味を持っている．

- **S**＝最初のSは，次の文字列をSIDとして識別するためのものである．
- **1**＝SID仕様のリビジョンレベルまたはバージョンである．これは現在，変更されておらず，常に1となる．
- **5**＝識別子の権限値．これは，SIDを発行したトップレベルの権限があらかじめ定義された識別子となる．これは通常5で，`SECURITY_NT_AUTHORITY`を表す．
- **21-4035617097-1094650281-2406268287**＝このセクションは，ドメインまたはローカルコンピュータの識別子（この例では，ドメイン識別子）である．これは，SIDを作成した権限（コンピュータまたはドメイン）を識別する48bitの文字列となる．
- **1981**＝SIDの最後の部分は相対識別子（RID）である．RIDは，SIDを発行したローカルまたはドメインのセキュリティ機関（Security Authority）に対応するセキュリティプリンシパルを一意に識別するものとなる．ユーザーが作成した，すべてのグループまたはユーザーは，デフォルトで，RIDが1000以上の値になる．

ADドメインアカウントのSIDは，すべてのWindowsドメインコントローラー（Domain Controller：DC）で実行されるドメインのセキュリティ機関によって作成される．各サーバーやPCのローカルアカウントのSIDは，すべてのWindowsコンピュータで実行されるローカルセキュリティ機関（Local Security Authority：LSA）サービスによって作成される．

SIDの重要な特性は，時間と場所における一意性である．SIDは，作成された環境（ドメイン内またはローカルコンピュータ上）で一意となる．また，ユーザーオブジェクトを作成して，削除してから同じ名前で再作成しても，新しいオブジェクトは元のオブジェクトと同じSIDを持つことはなく，元のユーザーオブジェクトのSIDも，そのドメインでは再使用されないため，時間的にも一意である．これは，ドメインセキュリティ機関がすべての発行および失効したSIDを追跡し，再利用を許可しないためである．

よく知られているSIDは，一般ユーザーまたは汎用的グループを識別するSIDのグループで，これらの値は，すべてのWindowsオペレーティングシステムで一定である．よく知られているSIDは次のとおりとなる★7．

SID：S-1-0
名前：Null Authority
説明：識別子機関．

SID：S-1-0-0
名前：Nobody
説明：セキュリティプリンシパルなし．

SID：S-1-1
名前：World Authority
説明：識別子機関．

SID：S-1-1-0
名前：Everyone
説明：たとえ匿名ユーザーおよびゲストでも，すべてのユーザーを含むグループ．メンバーシップは，オペレーティングシステムによって制御される．

SID：S-1-5-21ドメイン-500
名前：Administrator
説明：システム管理者のユーザーアカウント．デフォルトでは，システム全体を完全に制御できる唯一のユーザーアカウントとなる．

SID：S-1-5-21ドメイン-501
名前：Guest
説明：個別のアカウントを持たない人のユーザーアカウント．このユーザーアカウントにはパスワードは必要ない．デフォルトでは，Guestアカウントは無効になっている．

SID：S-1-5-21ドメイン-502
名前：KRBTGT
説明：鍵配布センター（Key Distribution Center：KDC）サービスが使用するサービスアカウント．

SID：S-1-5-21ドメイン-512
名前：Domain Admins
説明：メンバーがドメインを管理する権限を持つグローバルグループ．デフォルトでは，Domain Adminsグループは，ドメインコントローラーを含め，ドメインに参加しているすべてのコンピュータのAdministratorsグループのメンバーとなる．Domain Adminsは，グループのメンバーによって作成されたオブジェクトのデフォルトのオーナーとなる．

上述の既知のSID/RIDの組み合わせに基づいて，セキュリティ専門家はビルトインの管理者アカウントが常に500というRIDで識別されていることに留意する必要がある．このため，管理者アカウントを判別しにくくするためにアカウントの名前を変えたとしても，そのRIDから，管理者アカウントであることが判断できるため，これらの構造を理解することはセキュリティ専門家やセキュリティ担当責任者にとって価値がある．同時に，この知識は名前を変更したアカウントの正体を識別しようとしている攻撃者にとっても重要なものとなる．

明らかに，「root」や「administrator」などの高い権限のシステムアカウントは，攻撃者のターゲットとなり，その役割を隠すことは困難である．ただし，企業全体で広範な権限を持つ通常のユーザーアカウントは，攻撃者がターゲットとして識別することを困難にできる可能性がある．したがって，ユーザーの名前，職務または役割に依存しないユーザーIDを確立すると，ユーザーの真の特権がマスクされることになる．理想的には，ユーザーIDをランダムに割り当てるか，攻撃者によるIDの推測と列挙を防ぐために，ランダム化された要素を含める必要がある．名前の変更はベストプラクティスであり，これにより，アクセス時の基本的な試行を防ぐことが一定レベルで可能となるが，この効果はSIDを特定することで無効となる．ユーザーの負担とリスクを対比させ，適切なレベルの防衛を確実にするためには，多層防御を実践する必要がある．

最後に，識別子を発行するプロセスが安全であり，文書化されていなければならない．識別子の品質は，その発行方法の質に部分的に基づく．IDが不適切に発行された場合，セキュリティシステム全体が信頼されない可能性がある．識別子は，アクセスを獲得する際の最初の，そしておそらく最も重要なステップである．組織は，すべてのID要求に対する適切な文書化と承認を含むIDを発行するための安全なプロセスを確立する必要がある．そのプロセスはまた，ユーザーの管理者やアクセスしようとするシステムのオーナーへの通知を考慮する必要がある．組織は，ユーザーIDを安全にエンドユーザーに配布する必要がある．これは，密封された封筒による通知や，より複雑にデジタル署名され，暗号化された通信チャネルを使用する場合などがある．なお，これらのプロセス全体を確実にログに記録し，文書化して，プロセスを検証および監査できるようにしておく必要がある．

5.3 アイデンティティ管理の実装

アクセス制御のポリシー，基準，プロセスが定義されると，次に，組織のアクセス制御のニーズをサポートする様々な技術コンポーネントを実装する．本節では，セキュリティ専門家が効果的なアクセス制御管理サービスをエンタープライズセキュリティアーキテクチャーの一部として実装するために検討する必要がある技術オプションについて説明する．

アイデンティティ管理技術は，組織のITシステムのユーザーに関する，分散し，重複し，時には相反するデータの管理を簡素化しようとするものである．包括的なアイデンティティ管理ソリューションの基礎は，ユーザーID，認証およびアクセス情報の管理を，複数のシステムにわたって一貫して統合し，効率化するための適切なプロセスと技術の実装である．一般的な企業は，多様なデータおよびアプリケーションサービスの収集に様々なアクセス要件を有する多数のユーザーを持っている．これらのユーザーをインフラストラクチャー全体にわたって確立されたポリシー，プロセスおよび権限に結びつけるにあたって，一貫性と監視を確実に行うために複数の種類の技術が利用される．アイデンティティ管理ソリューションで利用される技術には次のものが含まれるが，これらに限定されない．

- パスワード管理
- アカウント管理
- プロファイル管理
- ディレクトリー管理
- シングルサインオン

5.3.1 パスワード管理

パスワードは今日使用されている最も一般的な認証技術であるため，パスワード管理（Password Management）はセキュリティ専門家の主な関心事となる．パスワードの使用に関連するポリシー，基準，複雑さは，企業全体で一貫した方法で管理する必要がある．パスワードは時間の経過とともに侵害される可能性があるため，ユーザーが定期的にパスワードを変更することが賢明な対応となる．近年，多くのシステムでは，あらかじめ定義された間隔でユーザーがパスワードを変更しなければならないように構成することが可能となっている．これにより，あるパスワードが侵害された場合に，その侵害されたIDを通じた損害の量を，次の変更間隔までの期間に制限することになる．ほとんどのエンタープライズ組織では，30～90日間隔でパスワードを変更するようにしている．セキュリティ上の理由から変更間隔は短い方が望ましいが，長い期間の方が，ユーザーにとっては頻繁にパスワードを再記憶する必要がないため，利便性が高くなる．その他のセキュリティ上の問題と同様に，パスワードの更新についての最適な間隔は，ビジネスニーズとセキュリティニーズの間のバランスをとることである．

ユーザーが複数のパスワードを使用している場合，異なる日付で期限が切れる複数の異種システムで，それぞれのパスワードを書き留めて保管する傾向がある（例えば，デスクトップ上の「password.txt」ファイルやキーボードの下の付箋）．また，同じパスワードを複数のシステムに使用する傾向がある．企業全体のアイデンティティ管理ソリューションに組み込まれたパスワード管理システムが存在していない場合，ユーザーは利便性の問題から複数のシステムに対して同じパスワードを設定するか，3〜4組のパスワードを単純に使い回す．このため，攻撃者がパスワードを推測して悪用することも容易となってしまう．セキュリティ担当責任者とセキュリティ専門家は，ユーザーを教育し，パスワード管理へのアプローチに関してより積極的になるようにツールを提供することで，協力し合ってこの問題に対応することができる．

セキュリティ担当責任者は，パスワード管理ソフトウェアや一意の複数のパスワードを設定して管理するアプリケーションを選び，ユーザーに提供することが可能である．セキュリティ専門家は，セキュリティ担当責任者が提供するソフトウェアとアプリケーションを管理し，運用するために必要なポリシーを策定する必要がある．両者が協力することで，パスワードの使用，再利用および管理に対してのユーザーの行動に望ましい影響を与えることが可能となる．

パスワードを推測しようとする攻撃者から保護するため，多くのシステムには，複数回の不正なパスワードの試行に対して，パスワードロックアウトメカニズムが組み込まれている．このようなシステムでは，ユーザーがシステムに複数回ログインしようとして失敗した場合（3回から5回の試行が一般的である），IDはロックされ，ユーザーはサポート担当者に連絡してロックの解除を申請する必要がある．このプロセスの利点は，攻撃者がパスワードを推測した場合に，実際のユーザーのパスワードと一致してログオンされてしまう可能性を制限することである．一方，欠点は，ユーザーがパスワードを忘れた場合，ヘルプデスクを頻繁に呼び出すことで，特にそのシステムを長期間利用していない場合に起こる．実際，ほとんどのヘルプデスクサービスでは，パスワードリセットコールが最も多い依頼事項となっている．このため，ヘルプデスクへのパスワードリセットの依頼回数を大幅に減らすことができるプロセスや技術は，組織において多大なコストダウンを実現できる利点がある．

パスワード管理システムは，企業全体で一貫したパスワード管理を行うために設計されている．このシステムは通常，複数のシステム間でパスワードを同期することが可能となる中央のツールの配備によって実現されている．パスワード管理システムには，ユーザーの定期的なパスワード管理タスクを支援する機能も存在する．例えば，パスワードを忘れたり，失敗した試行回数が一定数を超えてIDがロックアウトされたりしたユーザーには，パスワードを再設定するユーティリティへの特定のアクセス権を得るための代替認証メカニズムが提供される．組織が多要素認証トークンを発行して，部分的にユーティリティへのアクセスを提供することは一般的であり，これによりユーザーは，ほかの潜在的に古いシステムや統合されていないシステムでアカウントやパスワードを自己管理することができる．ほかの代替方法には，パスワードをリセットするための音声応答ユニットや，ユーザーの身元を検証するための個人的な質問の使用，または対面での検証が含まれる．代替認証メカニズムが存在しない場合，パスワード管理システムは通常，管理者またはサポートスタッフにより，忘れられた，あるいは無効なパスワードのリセットを迅速に行うことになる．

パスワード管理システムに共通するもう1つの特徴は，大規模なインターネットサイトで通常採用されている自己登録プロセスである．これらのサイトで使用される自己登録プロセスでは，回答がそのユーザーのプライベートに限定される個人データの質問を組み込むことで，アカウント管理やパスワードリセットでの管理者またはヘルプデスク担当者の介入を不要にしている．

5.3.2 アカウント管理

アクセス制御において，最もコストが高く，時間がかかり，潜在的にリスクを伴う側面の1つは，ユーザーアカウントの作成，変更および廃止である．多くの組織では，新しいシステムアクセスルールの迅速な設定，責任の変更を反映するためのユーザー特権の調整，ユーザーが組織を辞めた際のアクセスの終了を確実に行うために，多くのリソースを消費している．

Webベースの環境においては，この問題に対処するためにWebベースのアクセス管理ツールを使用できるが，ほとんどの企業のシステムは，均一でなく複数の異なる種類やバージョンのシステム，アプリケーションで構成されており，それぞれ潜在的に異なるアカウント管理戦略，機能およびツールを使用している．例えば，ERP (Enterprise Resource Planning) システム，オペレーティングシステム，ネットワーク機器，メインフレームおよびデータベースサーバーは通常，そのすべてを単一の集中型アカウントディレクトリーと対話させ，機能させることが困難である．仮にこのような統合を技術的に実現できたとしても，システム内で利用可能な制御の程度に限界がある場合もある．

その結果，アカウント管理 (Account Management) プロセスは，各システムで直接実行することになる．アカウント管理システムは，複数のシステムにわたってユーザーIDの管理を効率化することができる．通常，これらのアカウント管理システムには，集中型のクロスプラットフォームセキュリティ管理を可能とするために，次の機能のうちの1つ以上が含まれている．

- 複数のシステムへのユーザーアクセスを同時に管理するための中心的な機能．これにより，すべてのシステム間の一貫性が保証され，これらのシステムに対するアクセスを別々に管理するための負担が低減される．これはまた，潜在的に不適切なアクセスを招く，ユーザーデータの誤った手動入力のリスクを低減することになる．
- 新規，変更または終了に関するシステムアクセスをユーザーが要求できるワークフローシステム機能．これらの要求は承認のために適切な人物に自動的にルーティングされる．要求が承認されることにより，アカウントの作成とほかのリソースの割り当てが起動される．
- 複数のシステムとディレクトリー間でのデータ――特にユーザーレコード――の自動レプリケーション機能．これにより，ユーザーのアクセス許可が環境全体に均一かつ迅速に伝播され，個々のシステムへの手動設定によるエラーの可能性が低減される．
- バッチによる変更をユーザーディレクトリーにロードする機能．大量のユーザー変更をデータベースにロードする場合が多くある．これは，組織再編，大規模な従業員採用，または大規模な従業員解雇の結果として生じる可能性がある．これらの変更を一括してロードする機能は，変更を個別にロードするよりも時間を節約し，精度を向上させることになる．
- ポリシーに基づき，ほかのシステム（例えば，人事システムや社内ディレクトリーなど）での情報の変更を契機にアクセス権を自動的に作成，変更，削除する機能．人間の介在や手動設定をなくすことで，変更はより迅速に行われ，更新前の古い情報に基づいた不適切なアクセス許可が悪用される機会を減らすことができる．

アカウント管理システムの実装における最大の障害の1つは，本格的な導入に必要な時間とコストである．大規模なエンタープライズ環境を完全に展開するには，文字どおり数年かかることもある．アカウント管理システムの複雑さは，システムを展開する最良の方法を決定するためのプロジェクトチームに大きな負担もかける．そのため，実装チームは，本格的な展開に進む前に小規模な範囲から始めて，経験と実績を積み上げていくべきである．

インターフェースの問題は，多くの組織にとって重大な阻害要素となる可能性がある．完全に自動化されたアカウント管理システムは，エンタープライズ内の各システム，アプリケーション，ディレクトリー（数百になる場合もある）とのインターフェースが必要となるが，それぞれ独自の技術プラットフォームに基づいており，アカウント管理サービスとのインターフェースが設計されていないものがほとんどである．これらすべてのインターフェースを構築するプロセスは，専任チームのプログラマーのリソースを消費し，時間もかかることになり，結果としてコストの上昇をもたらす作業となる．

セキュリティ担当責任者は，セキュリティアーキテクトやセキュリティ専門家と協力して，ユーザー情報に関して，どのリポジトリーが「信頼できる」リポジトリーとみなされるかについて，合意を得る必要がある．一部の組織では，人事データベースをリポジトリーとみなし，ほかの組織はLDAPシステムを使用する．さらに，一方では，正式な思考過程もなく，システムが指定されない場合もある．この場合のセキュリティ上の課題は，ユーザーアカウントの廃止の際にもたらされる．ユーザーが何らかの理由で組織を辞める時，そのユーザーに関連するすべての情報をリストアップし，管理する中央システムに指定することが非常に重要な作業となる．グループやロールベースのメンバーシップなど，企業全体のシステムアクセスと同様に，このシステムを通じて対処する必要がある．信頼できる中央のリポジトリーがなければ，セキュリティ担当責任者は，組織の有効なポリシーに従ってユーザーが適切に廃止されたことの妥当性確認ができない．さらに，セキュリティ専門家は，組織のセキュリティポリシーの遵守や，遵守しなければならない可能性のある最も重要な法的基準や規制要件について，妥当性を確認することができない．

5.3.3 プロファイル管理

プロファイル（Profile）とは，特定のIDまたはグループに関連付けられた情報の集合である．ユーザーIDおよびパスワードに加えて，ユーザープロファイルは，名前，電話番号，電子メールアドレス，自宅住所，生年月日などの個人情報を含む．プロファイルは，特定のシステムに関する特権および権利に関する情報も含むことができる．ただし，ユーザーに固有の情報は時間の経過とともに変化し，その変更を管理するプロセスは，アイデンティティ管理プロセス全体の重要な要素となる．プロファイルに変更が必要な場合，そのプロセスは管理しやすく，変更は，社内ディレクトリーや，ユーザーがログインする個々のシステムなどの主要システムに自動的に伝播させる必要がある．ほとんどの顧客関係管理（Customer Relationship Management：CRM）システムには，管理者による，またはセルフサービスの方法を使用して，ユーザープロファイルを管理するための機能が含まれている．この機能は，一部のアクセス管理システムやパスワード管理システムでも利用できる．新しいデータが，機密性のないデータ，または妥当性確認をする必要のないデータである場合，これらのプロファイルの一部分をユーザー自身が入力して管理できるようにすると，利便性が向上する．これにより，これらの変更を実装するためのコストと時間を削減し，その精度を向上させるのに役立つ．

5.3.4 ディレクトリー管理

社内ディレクトリーは，企業エンティティに関するデータを集中管理するために設計された包括的なデータベースである．典型的なディレクトリーは，ユーザー，グループ，システム，サーバー，プリンターなどに関する情報を格納するオブジェクトの階層を含んでいる．ディレクトリーは，データを部分的または全体的にほかのディレクトリーサーバーに複製することにより，データを1つまたは複数のサーバーに格納し，スケーラビリティと可用性を確保する．アプリケーションは通常，LDAPなどの標準ディレクトリープロトコルを使用して，ディレクトリーに格納されたデータにアクセスする．

ディレクトリーサービスの主な利点は，多くのアプリケーションで使用できるユーザーデータの一元化されたコレクションを提供することで，情報の複製を避けてアーキテクチャーを単純化することである．ディレクトリーを使用することにより，各システムに独自のユーザーリスト，認証データなどを管理させるのではなく，ユーザーに関するデータを共有するように複数のアプリケーションを構成することができる．これにより，ユーザーデータがシステム間で共有され，全体管理が簡素化され，環境内の統一されたセキュリティコントロールを促進することができる．

アイデンティティ管理を簡素化するためのディレクトリーとその利用における重要な制限事項は，レガシーシステムとの統合の難しさである．メインフレーム，古いアプリケーションおよび旧式のシステムでは，ユーザー管理に外部システムを使用する機能をネイティブでサポートしていないことがよくあるため，インターフェース機能や変換コードの開発が必要になる．これらのインターフェースは，開発が困難で高価であり，場合によっては技術的に不可能であるため，ディレクトリーサービスを使用して企業全体のリソースを管理する能力を低下させる可能性がある．

5.3.5 ディレクトリー技術

企業向けの集中ディレクトリーサービスの使用を検討する場合に考慮すべきいくつかの技術がある．これらの技術はすべて国際標準でサポートされており，ディレクトリーサービスを必要とするほとんどの製品は，それらのうちの1つ以上とネイティブなインターフェースを持っている．最も一般的なディレクトリー標準は，X.500，LDAP，Active DirectoryおよびX.400である．

▸X.500

X.500通信プロトコルセットは，1980年代後半と1990年代初頭に国際電気通信連合 電気通信標準化部門（International Telecommunication Union Telecommunication Standardization Sector：ITU-T）によって開発された★8．これはもともとISO/IEC 9594-1：2008として知られていたが，ISO/IEC 9594-1：2014に改訂された★9．X.500プロトコルスイートは，通信ネットワークで使用するための電子ディレクトリーを開発するための標準的な方法を促進する手段として，通信会社によって開発された．このスイートはもともとOSI（Open Systems Interconnection）ネットワーク通信モデルで動作するように開発されていたが，現在の実装ではTCP/IP上でも動作させることができる．X.500は，実際には4つの別々のプロトコルで構成されている．

- ディレクトリーアクセスプロトコル（Directory Access Protocol：DAP）＝これは，X.500ディレクトリーで使用される主要なプロトコルである．
- ディレクトリーシステムプロトコル（Directory System Protocol：DSP）
- ディレクトリー情報シャドウイングプロトコル（Directory Information Shadowing Protocol：DISP）
- ディレクトリー操作バインディング管理プロトコル（Directory Operational Bindings Management Protocol：DOP）

X.500ディレクトリーの情報は，階層的な情報データベースとして編成されている．データベースのキーフィールドは，識別名（Distinguished Name：DN）と呼ばれる．DNは，特定のエントリーを参照するX.500データベースの完全なパスを提供する．X.500は，相対識別名（Relative Distinguished Name：RDN）の概念もサポートしている．RDNには，フルパスコンポーネントが添付されていない特定のエントリーの名前が表示される．

▸ LDAP

X.500は，ディレクトリー情報を管理するための包括的なプロトコルスイートであるが，実装が複雑で，管理が複雑となる．もともとは，運用のためにOSIプロトコルスタックの実装が必要であった．そのため，TCP/IP環境で動作する，より簡単なディレクトリーが望まれ，1990年代初めに，LDAP（Lightweight Directory Access Protocol）が開発された．X.500のDAPに基づいて，LDAPは企業のためのディレクトリーサービスのより容易な実装を提供する．

LDAPは，ディレクトリーエントリーに対して階層ツリー構造を使用する．X.500と同様に，LDAPエントリーはDNとRDNの概念をサポートする．DN属性は通常，エンティティのDNS（Domain Name System）名に基づいている．データベース内の各エントリーには，それぞれに関連付けられた様々な属性を示す一連の名前と値のペアがある．LDAPエントリーの一般的な属性は以下を含んでいる．

- **DN**＝識別名
- **CN**＝一般名（Common Name）
- **DC**＝ドメインコンポーネント（Domain Component）
- **OU**＝組織単位（Organizational Unit）

LDAPはクライアント／サーバーアーキテクチャーで動作し，クライアントはLDAPサーバーへアクセスを要求し，サーバーはその要求の結果をクライアントに返す．これにより，クライアントからLDAPサービスの接続と切断，ディレクトリーエントリーの検索，ディレクトリー内の情報の比較，ディレクトリー情報の追加，削除または変更を行うことができる．LDAPは通常，TCPポート389を使用し，セキュリティで保護されていないネットワーク接続で実行される．高度なセキュリティが必要な場合，LDAPプロトコルのversion 3では，通信を暗号化するためにTLS（Transport Layer Security）の使用がサポートされている★10．

▸ Active Directoryドメインサービス（ADDS）

一般にADまたはADDSと呼ばれるActive Directoryドメインサービス（Active Directory Domain Service）は，Microsoftベースの環境におけるLDAPの実装である．追加のプラグインサービスを使用することで，LDAPディレクトリーは，UNIX，Linux，さらにはメインフレーム環境を含むほかの多くのシステムでも利用できる．ADDSは，エンタープライズ全体のレベルでユーザーとシステムサービスのために集中的な認証と認可の機能を提供することができる．ADDSの実装には，企業全体の組織のセキュリティおよび構成ポリシーを執行する機能もある．そのため多くの組織では，ADDSを使用してユーザーレベルおよびシステムレベルのセキュリティポリシーを統一し，高度に監査可能な方法で展開することができる．

ADDSは，その命名構造にLDAPを使用する．LDAPと同様に，ADDSは階層フレームワークを使用して情報を格納する．ADDSディレクトリーは，フォレストとツリーに編成されている．フォレスト（Forest）とは，すべてのオブジェクトとその関連する属性のコレクションであり，ツリー（Tree）はフォレスト内の1つ以上のADDSセキュリティドメインの論理的なグループである．ADDS内のドメインは，DNS名で識別される．ADDSデータベース内のオブジェクトは，組織単位でグループ化することができる．

▸ X.400

X.400は，メッセージ処理システム（Message Handling System：MHS）として知られている電子メールの交換のためのITU-Tガイドラインのセットである．X.400は，もともと1980年代初頭に開発され，OSIベースのネットワークで動作するように設計されていた．X.500と同様に，現在使用されているほとんどのX.400システムには，TCP/IPベースの環境でも実行できる機能がある．

X.400プロトコルは，メッセージ転送とメッセージ格納の2つの主要機能をサポートしている．X.400アドレスはセミコロンで区切られた一連の名前／値のペアで構成されている．アドレス指定の典型的な要素は次のとおりとなる．

- **O**＝組織名（Organization Name）
- **OU**＝組織単位名（Organizational Unit Name）
- **G**＝名前（Given Name）
- **I**＝イニシャル（Initial）
- **S**＝姓（Surname）
- **C**＝国名（Country Name）

セキュリティ機能の実装は，X.400仕様の初期段階から含まれており，初期の実装では，メッセージのプライバシーとメッセージの完全性に関する機能が含まれていた．これらの機能は現在，最も一般的なメッセージングプロトコルであるSMTPよりはるかに早くX.400で実装されていた．しかし，X.400ベースのシステムは当初，世界中の多くの地域で普及したが，近年はSMTPベースの電子メールシステムによって置き換えられている．

▶シングルサインオン

シングルサインオン（Single Sign-On：SSO）とは，1つまたは複数のシステムにアクセスする際の統一されたログインエクスペリエンス（エンドユーザーの視点から）を表す用語である．シングルサインオンは，多くの場合，「サインオンの削減（Reduced Sign-on）」または「フェデレーションID管理（Federated Identity Management）」と呼ばれることがよくある．いくつかのネットワークエンタープライズシステムは，ユーザーに対し，日々の仕事のために様々な異なるコンピュータシステムまたはアプリケーションへのアクセスを提供する．このような広範で異なるアクセスでは，利用可能なリソースごとにユーザーIDとパスワードを必要とする場合がある．SSOにより，多くのシステムに頻繁にログインするユーザーは，1つのマスターシステムにサインインしたあと，自分自身を識別して認証するよう繰り返し要求されることなく，ほかのシステムにアクセスできるようになる．SSOを提供する多くの技術的ソリューションがあるが，ほとんどは集中ディレクトリーサービスなどのユーザーデータの集中化に関連している．前述のように，多くのレガシーシステムは，ユーザーを識別して認証するための対外的な手段をサポートしていない．したがって，これらのシステムのSSOソリューションは，様々なアプリケーションの外に資格情報を格納し，アプリケーションの起動時に自動的にユーザーの代わりに入力する必要がある．図5.1に，一般的なSSOシステムのアーキテクチャーを示す．

従来のSSOシステムでは，一連のアプリケーションに関連付けられたユーザーIDやパスワードなど，ユーザーの資格情報の中央リポジトリーを提供している．ユーザーは，アプリケーションプログラムを利用する際に，SSOクライアントソフトウェアに1度だけ認証情報について適切なキーストロークを入力することで，様々なアプリケーションを起動することができる．この際に，SSOクライアントソフトウェアは，ユーザーが自分のユーザーIDとパスワードを入力するようにシミュレートすることで，ユーザーの認証をサポートすることができる．ただし，従来のSSOソリューションでは，いくつかの制限と課題がある．まず，ほとんどのSSOシステムで使用しているユーザー情報の管理方法をアプリケーションが完全に認識していないため，ユーザーがアプリケーション内でパスワードを変更する必要がある場合は，SSOシステムでパスワードを変更する必要がある．ユーザーはアプリケーションに保存されたパスワードを変更する必要があるが，パスワードがSSO

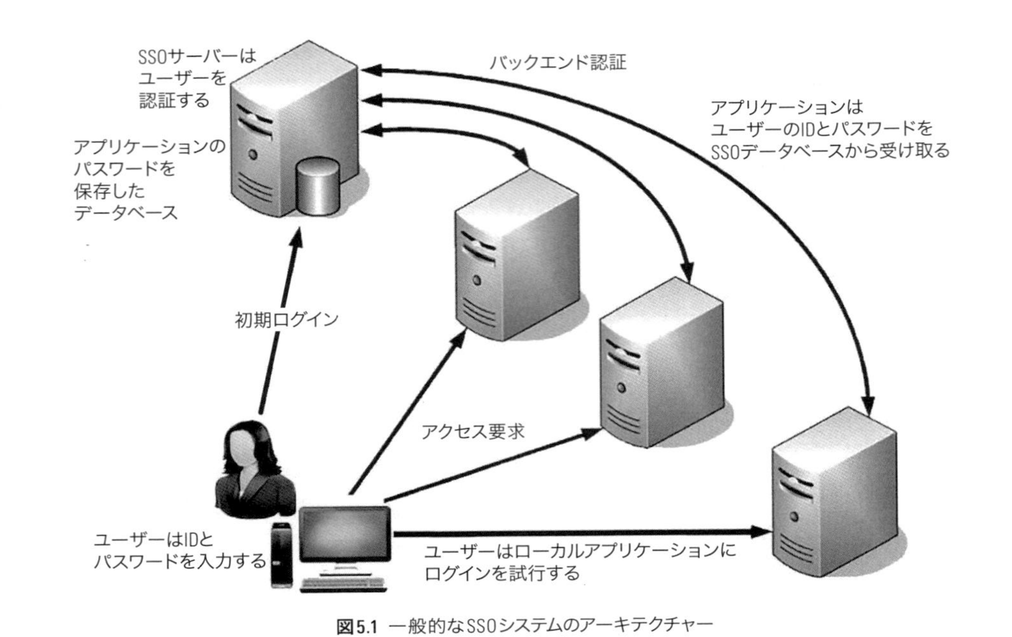

図5.1 一般的なSSOシステムのアーキテクチャー

システムに同期されていないため，変更されたパスワードをSSOシステムにも保存して，双方の間の同期を維持する必要がある．

今日，これらのソリューションの多くは，PINで保護されたスマートカードを利用して，複数のユーザー情報をカードのメモリーに格納している．ユーザー認証情報がロードされたスマートカードは，ユーザーが認証情報を要求されたことを検出するシステムソフトウェアと結合されている．認証要求が検出されると，ユーザーは新しいアプリケーションの認証データを学習するか，それを無視するかを選択することができる．学習するように指示された場合，システムは，そのアプリケーションの識別情報と認証情報をユーザーから収集し，スマートカードに安全に保管し，ユーザーの代わりにアプリケーションのフィールドに入力することになる．その時点から，ユーザーはスマートカードのロックを解除するためのメインSSOパスフレーズだけを覚える必要がある．このパスフレーズにより，システムはそのアプリケーションの識別および認可材料のコレクションにアクセスすることが可能となる．ユーザーの資格情報を中央のシステムまたはディレクトリーに保存するソリューションもある．プライマリーSSOシステムによって認証されると，ユーザーの資格情報はダウンストリームユースのためにエンドシステムに提供される．

SSOソリューションには次のような多くの利点がある．

- **効率的なログオンプロセス**（Efficient log-on process）＝ユーザーは記憶する必要のあるパスワードが少なくなり，ジョブを実行する際に中断されることが少なくなる．
- **複数のパスワードを必要としない**（No need for multiple passwords）＝SSOシステムを導入すると，ユーザーのための単一の資格情報が使用される．個々のシステムでは依然として固有のパスワードが必要となるが，ユーザーには1つのマスターSSOパスワードのみとなる．
- **ユーザーはより強力なパスワードを作成することができる**（Users may create stronger passwords）＝記憶するパスワードの数を減らして，頻繁に変更することができる，非常に強力な単一のパスワードまたはパスフレーズを記憶することができる．
- **SSOシステム全体にスタンダードを適用することが容易にできる**（Standards can be enforced across entire SSO system）＝非アクティブタイムアウトや認証試行回数の閾値などのアクセス制御ポリシーや基準は，SSOシステムが対象となるすべてのアプリケーションにわたり管理するため，容易に導入することができる．これにより，非アクティブタイムアウトは，ユーザーがワークステーションから離れた際など，長時間にわたってログオンしたままにした場合に，侵入者が，ワークステーションを利用しユーザーのセッションを継続するのを防ぐ．認証試行の閾値は，本物のユーザーIDとパスワードの組み合わせを総当たり（すべての組み合わせを試す）によって取得しようとする侵入者から保護するために使用される．特定の回数の無効な認証試行（通常3～5回）のあと，アカウントはロックされる．
- **集中管理**（Centralized administration）＝ほとんどのSSOソリューションは，管理者に対してエンタープライズをサポートするための中央管理インターフェースを提供する．

導入コストは，SSOを展開する上での制限事項となる．大規模な環境や複雑な環境では，スマートデバイスの価格や，単純にSSOソフトウェア自体に多くのコストがかかることがある．ソリューションが，ユーザーのログイン時にそのIDとパスワードを収集する集中型SSOシステムに基づいている場合，システムの継続的な可用性を保証するために追加コストが必要になる．ユーザー全体がSSOシステムを利用してエンタープライズアプリケーションにアクセスしている環境下でシステムに障害が発生した場合(従来の単一障害点の例), 企業活動全体が停止してしまう.

集中型SSOシステムのより一般的な懸念の1つは, ユーザーの資格情報のすべてが単一のパスワード, つまりSSOパスワードによって保護されているという事実である. 誰かがそのユーザーのSSOパスワードを解読すると, そのユーザーのすべての鍵を効率的に所有できることになる. 同様に, 多くのSSOシステムでは, すべてのユーザー資格情報と認証情報が単一のデータベースに格納されている. したがって, SSOシステムへの攻撃に対して可能な限り堅牢にすることが重要な事項となる. さらに, 可能な限り迅速に問題を検出し, 対処するために, SSOシステムに対して強力な監視および検出機能を実装する必要もある.

唯一のプラットフォームを組み込むことも困難な要素となる. 企業レベルのSSOアーキテクチャーは複雑で, 効果的なものとするためには意味のある統合が必要となる. 大規模なエンタープライズでは, 様々なオペレーティングシステム上で実行される, 数千とは言わないまでも, 数百のアプリケーション(それぞれが独自のユーザー管理手法を使用している)を利用することは珍しくない. したがって, セキュリティ専門家は, SSOソリューションの開発と展開に着手する前に, 有意な計画と分析に携わることが必要となる.

▸スクリプトベースのシングルサインオン

統合されたSSOソリューションが利用できないか, 実用的でない場合, または組織内で使用されている多くのカスタマイズされたアプリケーションがある場合, 組織はカスタマイズされた複数のスクリプトを開発することによって, 独自のソリューションを実装できる. これらのスクリプトは, アプリケーションを操作し, ユーザーと同じように対話し, 必要に応じてユーザーID, パスワードおよびその他の認証情報を投入する. スクリプトは, ユーザーに代わって, アプリケーションとのすべてのログインと認証のやり取りを管理する. SSO機能を必要としている組織で, 古い技術が普及していたり, 最新のSSOシステムのインターフェースに対応していない, 高度にカスタマイズされたアプリケーションが使われていたりして, 採りうるオプションが制限されている場合に, このアプローチは有効となる. 独自のシステムを開発することで, 組織はニーズに合わせてカスタマイズされた高度なサービスを作成できる. 残念なことに, このようなシステムの開発コストとシステムの継続的な保守コストは非常に高くなる可能性がある. 加えて, このようなシステムは管理が非常に複雑になり, 保守上の課題が増えることがある. さらに,セキュリティ担当責任者は，この種の開発に起因する潜在的なセキュリティの影響を認識する必要がある．開発の際には，セキュアな開発慣行の遵守が実行されなければならない．さらに，スクリプトベースのSSOソリューションは，注意が払われなければ，セキュアでない方法で実装される可能性がある．その結果，セキュアでない方法やメカニズムを使用した資格情報の伝送や格納が可能になり，資格情報の機密性と完全性が損なわれる可能性がある．

▶Kerberos

Kerberos（ケルベロス）という名前はギリシア神話に由来する．それは，Hades（ハデス）への入口を守った3頭の犬についての神話である．Kerberosセキュリティシステムは，認証，認可，監査の3つの要素でネットワークを保護する．Kerberosは基本的にネットワーク認証プロトコルである．Kerberosは，秘密鍵暗号を使用して，クライアント／サーバーアプリケーションに強力な認証を提供するように設計されている．

Kerberosは，ユーザーがネットワーク上の各アプリケーションに一意のIDを必要とする，オープンな分散環境で有効となる．Kerberosは，ユーザーが自身で誰であるかの主張や，ユーザーが使用するネットワークサービスが許可プロファイルに含まれているか否かを検証する．Kerberosはアクセス制御において次の4つの基本的な要件を有している．

- **セキュリティ（Security）**＝ネットワークの盗聴者が，ユーザーを偽装するために使用できる情報を取得できないようにすべきである．
- **信頼性（Reliability）**＝ユーザーに対して，必要な時にリソースを利用できるようにする必要がある．
- **透過性（Transparency）**＝ユーザーは認証プロセスを認識することなく，可能な限り負担をかけないものでなければならない．
- **スケーラビリティ（Scalability）**＝サービスは多数のクライアントとサーバーをサポートする必要がある．

▶Kerberosプロセス

Kerberosは，要求元のシステム（プリンシパル），エンドポイントの宛先サーバー（アプリケーションまたは情報リソースが常駐するサーバー），および鍵配布センター（Key Distribution Center：KDC）という3つのシステム間の相互作用に基づいている．プリンシパル(Principal)とは，ユーザーワークステーション，アプリケーション，サービスなど，Kerberosサーバーとやり取りするすべてのエンティティである．KDCは，認証トランザクションにおける2つの機能(認証サーバー[Authentication Server：AS]およびチケット許可サーバー[Ticket-Granting Server：TGS])を提供する．

Kerberosは，対称暗号と，参加者間で共有される秘密鍵に基づいている．KDCは，ネットワーク上のすべてのプリンシパルの秘密鍵のデータベースを保持している．KDCは，ASとして機能している間，事前に交換された秘密鍵を介してプリンシパルを認証する．プリンシパルが認証されると，KDCはTGSとして動作し，TGSによって妥当性確認された電子データであるチケットをプリンシパルに提供し，ネットワーク上のプリンシパル間の信頼関係を確立する．例えば，KDCはネットワーク上のサーバーおよびワークステーションという2つのプリンシパルの秘密鍵を保持し，どちらもKDCを信頼している．ワークステーションのユーザーがASの認証によりチケットを受け取ると，サーバーとKDCの間の信頼関係があるため，そのチケットはサーバーによって受け入れることができる．

プリンシパルは，KDC内に秘密鍵とともに，レジストレーションプロセスにより事前に登録される．ユーザーまたはシステムがKerberosレルム(Realm：領域)に追加されると，最初の信頼できる通信に使用される共通鍵であるレルム鍵が提供される．レルムへの導入中に，KDCとの将来の通信をサポートするための固有の鍵が作成される．例えば，Windowsワークステーションがドメインに参加したり，Linuxワークステーションがレルムに参加したり，ユーザーがドメインに参加したりすると，KDCによって管理されるレルム鍵を介して一意の鍵が作成され，共有される．ユーザーの場合，Kerberosはユーザーのパスワードのハッシュを一意のユーザー鍵として利用するのが一般的である．

ユーザーがKerberosレルムに組み込まれると，そのユーザーはASによって認証される．この時点で，システムはユーザーを認証し，TGSはチケット許可チケット(Ticket-Granting Ticket：TGT)を提供する．TGTの所持は，クライアントが認証を正常に完了し，KDCネットワーク上でサービスチケット(Service Ticket：ST)の要求権を有することを示している．TGTは特定の期間――通常は8時間から10時間――の間有効となる．有効期限が切れた場合，ユーザーはKDCに再認証する必要がある．ただし，一度TGTが発行されると，Kerberosレルム内のほかのシステムとやり取りする時に，パスワードやその他のログオン要素は使用されない．

図5.2に示すように，クライアント(ユーザーが作業しているワークステーションまたはアプリケーション)は，ASへ認証を要求する．クライアントが認証されると，TGTとセッ

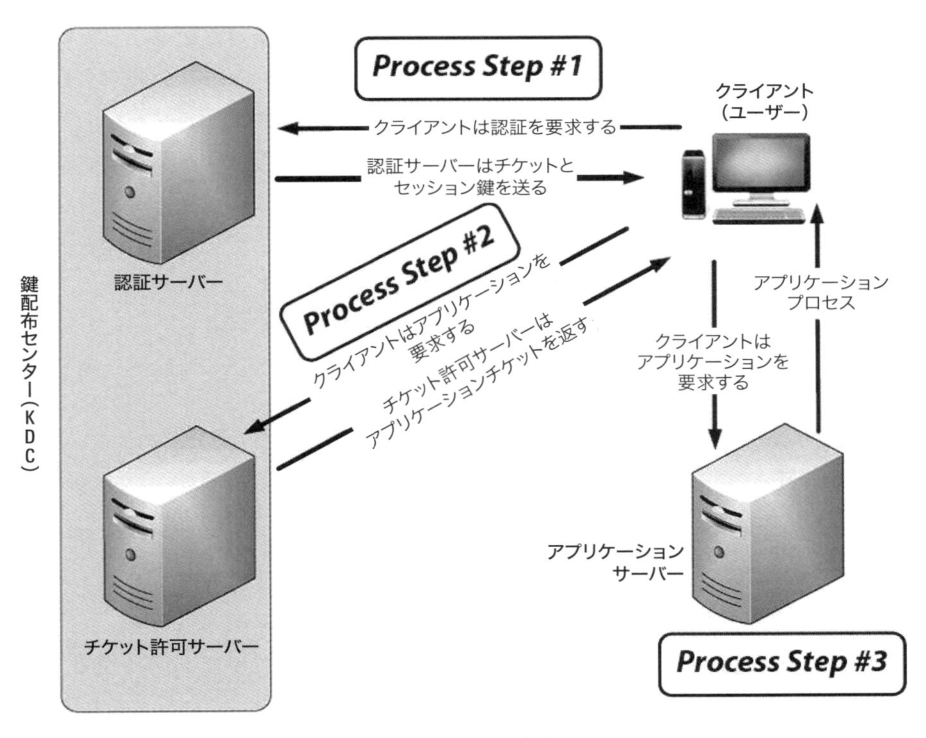

図5.2 Kerberosアーキテクチャー

ション暗号化鍵を受信する．その後，クライアントは，TGSからのチケットを要求することによって，アプリケーションサーバーへのアクセスを要求することができる．クライアントは，認証プロセス中に受け取ったチケット(TGT)を生成して，アプリケーションサーバーへのチケットを受け取る必要がある．TGTの有効性を確認すると，TGSはクライアントとアプリケーションサーバーの間で使用される一意のセッション鍵を生成し，クライアントの秘密鍵とアプリケーションサーバーの秘密鍵の両方でセッション鍵を暗号化する．KDCはデータをSTにパックしてクライアントに送信する．クライアントが正当なものであれば，セッション鍵を復号して，暗号化されたアプリケーションサーバーの鍵とともにアプリケーションサーバーに送信することができる．アプリケーションサーバーは，クライアントからチケットを受信し，セッション鍵を復号する．すべてが完了すると，クライアントとアプリケーションサーバーは認証され，共有されたセッション鍵が作成され，それらの間の暗号化された通信に使用できる．

クライアントとアプリケーションサーバーがKDCとの秘密鍵を確立している場合，KDCは，一意のセッション鍵を生成し，セキュアなやり取りを要求するシステムからの格納済み秘密鍵で暗号化することができる．クライアントは，アプリケーションサーバーに対するDoS（Denial-of-Service：サービス拒否）攻撃を避けるために，最初にSTを受信する．そうしないと，サーバーは暗号化されたセッション要求でオーバーロードしてしまう．セッション鍵は，クライアントの秘密鍵とアプリケーションサーバーの秘密鍵で2回，効果的に暗号化される．これにより，両方のシステムが（正しい秘密鍵を所持することによって）自身を認証し，一意のセッション鍵を取得する．それぞれがセッション鍵を持つことにより，次の対称暗号化通信で使用できる一致した鍵を持つことができる．

Kerberosチケットについて覚えておくべき重要なポイントがいくつかある．

- ユーザーは従来のログオンプロセスで一度認証され，メッセージ暗号化によって検証され，STを要求して取得する．TGTが有効である限り，ユーザーは再認証する必要はない．
- ユーザーがASに対して認証されると，ユーザーは単にTGTを受信する．TGTはそれ自体，アクセスを許可するものではない．これは，あなたがあなたの国の合法的市民であることを証明するパスポートの所持に似ており，必ずしもあなたに自動的に別の国に入る能力を与えるとは限らない．したがって，ユーザーがTGTを取得することは，リソースへのアクセスを合法的に要求することができるということであり，自動的にそのアクセスを受け取ることを意味していない．
- TGTは，ユーザーがTGSにSTを要求し，暗号化プロセスを介してユーザーを認証し，ユーザーがターゲットリソースシステムに提示するためのSTを構築することを可能にする．
- STを所有していることは，ユーザーが認証されてアクセスが提供されることを意味する（ユーザーがアプリケーションサーバーの認可基準を満たしたと仮定して）．

Kerberosプロセスは，とても時間に敏感であり，時刻の同期を保証するためにNTP（Network Time Protocol）デーモンを使用する必要がある．同期化された時刻のインフラストラクチャーを維持できないと，認証に失敗する可能性がある．これは，DoS攻撃の魅力的な攻撃手法になる．

Kerberosの主な目標は，ネットワークを介したシステム間のプライベート通信を確保することである．しかし，暗号鍵を管理する際には，秘密鍵の所持に基づいて通信中の各プリンシパルを認証し，セッション鍵へのアクセスを許可する．Kerberosは洗練されたソリューションであり，幅広い認証プロセスの基礎として多くのプラットフォームで使用されている．

完璧なソリューションが存在しないように，Kerberosの使用に関連していくつかの課題がある．最初に，システム全体のセキュリティが慎重に実装されている必要がある．認証資格情報の寿命を制限することで，資格情報が再利用される脅威を最小限に抑えることができる．KDCは物理的に保護されている必要があり，Kerberos以外のアクティビティを許可しないように制限する必要がある．さらに重要なことに，KDCは単一障害点になる可能性があるため，バックアップ計画と継続計画によりサポートされる必要がある．Kerberosアーキテクチャーに複数のKDCを配置し，各システムが障害を起こした場合にインフラストラクチャーをサポートするため，鍵などのプリンシパル情報を共有することは珍しくない．Microsoft WindowsベースのADDS環境では，すべてのドメインコントローラーはKDCである．複数のドメインコントローラーを配置することにより，1台のKDCがオフラインとなったり，使用できなくなったりしても，単一障害点にはならないアーキテクチャーとなっている．

秘密鍵とセッション鍵の鍵長も非常に重要である．例えば，鍵が短すぎると，総当たり攻撃に対して脆弱となる．反対に，鍵が長すぎると，チケットやネットワークデータを暗号化して解読する際にシステムが過負荷となる．なお，Kerberosのアキレス腱は，暗号化プロセスが最終的にパスワードに基づいているという事実である．したがって，Kerberosは従来のパスワード推測攻撃の犠牲となる可能性がある．

実環境でKerberosを実装する上で最も大きな障害の1つは，使用するアプリケーションにKerberosシステムコールを埋め込む必要があることである．このプロセスは，アプリケーションの「Kerberos化（Kerberizing）」と呼ぶことができる．「Kerberos化」により，アプリケーションはKerberos環境に接続し，暗号鍵とチケットを交換し，ほかのKerberos対応デバイスやサービスと安全に通信を行うことができる．必要なシステムコールは，すべてのアプリケーションの作成時にコンパイルする必要があるKerberosライブラリーの一部であり，一部のアプリケーションでは，問題を引き起こす可能性がある．例えば，企業がカスタム開発するアプリケーションでは，そのソースコードにKerberosライブラリーの呼び出しを追加することは可能であるが，市販の（COTS［Commercial-Off-The-Shelf］とも呼ばれる）ソフトウェアに依存する環境では現実的ではない．Kerberosの呼び出しをアプリケーションに組み込むことができない組織では，Kerberosを使用する能力が制限されることになる．

▶境界ベースのWebポータルアクセス

LDAPなどのディレクトリーが組織にある場合，Webアクセス管理（Web Access Management：WAM）に関連付けられたWebポータルを使用して，複数のWebベースのアプリケーションでユーザーID，認証および認可データを迅速に管理することができる．これらのソリューションは通常，各アプリケーションのポータルをホストするWebサーバー上のプラグインサービスを使用して，関連するWebアプリケーションのサインオンプロセスを置き換えることができる．ユーザーが初めてWebポータル環境で認証すると，ポータル（より具体的にはWAM）は，ユーザーがアプリケーション間を移動する際にそのユーザーの認証状態を維持する．さらに，これらのシステムは通常，ユーザーグループの定義と，管理対象システム上のグループによるアクセス特権を管理する機能を可能にすることができる．

これらのシステムは，効果的なユーザー管理とWeb環境でのシングルサインオンを提供する．一般に，これらの仕組みはアクセス制御環境全体またはレガシーシステムの包括的な管理をサポートしていない．それにも関わらず，WAMは多くのインターネットユーザーが複数のWebベースのアプリケーション群にアクセスするのを管理するのに役立つため，Web環境における重要なソリューションを提供することができる．このため，WAMツールは，選択されたアプリケーショングループに対して多数のユーザーを効率的に管理する方法を探し求めている組織で，急速に採用が進んでいる．

▶フェデレーションID管理

シングルサインオンサービスは，ユーザーと組織にとって，大きな生産性の恵みをもたらす．また，適切に実装することで，サービスを実装する組織のアプリケーションセキュリティを向上させることもできる．ただし，多くのシングルサインオンの実装では，通常，単一のエンタープライズ内の複数のアプリケーション間でユーザーを管理する必要がある．ユーザーは全員同じ組織の一員であり，単一のセキュリティインフラストラクチャーでIDとアクセス特権を検証および管理できる．組織は，各ユーザーのIDと認証情報を管理し，そのプロセスのセキュリティと完全性に責任を負うことになる．

しかし，複数の組織間で同じアプリケーションとユーザーを共有する必要性が，より一般的になってきている．例えば，自動車メーカーとその部品供給業者は，お互いのシステムや情報を共有する必要がある．製造元のユーザーは，在庫レベルの確認，発注，注文状況の確認のためにサプライヤーにアクセスする必要がある．サプライヤーのユーザーは，製造元のシステムにアクセスして部品要件を確認し，注文状況情報を更新し，契約条項を管理する必要がある．この種のアクセスを提供するために，各企業は通常，社内システムへのアクセスをプロビジョニングする前に，他社ユーザーのIDの認証と検証を管理する必要がある．残念ながら，各社は他社の従業員記録にアクセスすることはできない（また，すべきでない）ため，他社の従業員の人事情報を追跡し，有効な従業員であるかどうかを判断することは容易にできない．

このような問題の解決策は，フェデレーションID管理（Federated Identity Management）のインフラストラクチャーを使用することである．フェデレーション環境では，フェデレーション内の各組織は，ユーザーID，認証および認可情報のプロビジョニングと管理のための共通のポリシー，基準および手順のセットと，これらのユーザーがアクセスしなければならないシステムに対するアクセス制御の共通プロセスに参加することになる．その後，各参加組織はほかの組織との信頼関係を確立し，組織のいずれかのユーザーが認証されると，フェデレーションに参加しているほかの組織のシステムからリソースにアクセスできるようになる．これは，すべての組織がセキュリティとアクセス制御のプロビジョニングについて合意した基準を共有しているためである．各組織は，他方が同じプロセスを保持し，「ホーム」組織のユーザーが通過するのと同じ厳格な審査プロセスを，「外部」組織のユーザーが経ることを信頼している．

フェデレーションID管理システムは，メンバー組織のプロセスを連携させるための2つの基本プロセスのうちの1つを使用する．1つは相互認証モデル（Cross-Certification Model）である．このモデルでは，各組織は，ほかのすべての参加組織が信頼に値することを個別に証明しなければならない．組織はお互いのプロセスと基準を見直し，適切な注意（Due Diligence）を払う努力を傾けることによって，ほかの組織が自社の基準を満たしているかどうかを判断する．この検証と認証プロセスが完了すると，組織はほかの組織のユーザーを初めて信頼することができる．**図5.3**は，相互認証信頼モデルを図示したものである．

相互認証モデルは参加組織の規模によっては十分な場合もあるが，この計画を実行する前に考慮すべき欠点がいくつか存在する．第1の問題は，参加組織の数が一定数を超えれば，管理されなければならない信頼関係の数が急速に増加することである．例えば，2つの企業（AとB）の相互認証では，2つの信頼関係を管理する必要がある（AによるBの信頼とBによるAの信頼）．3つの企業（A，B，C）が参加すると，信頼

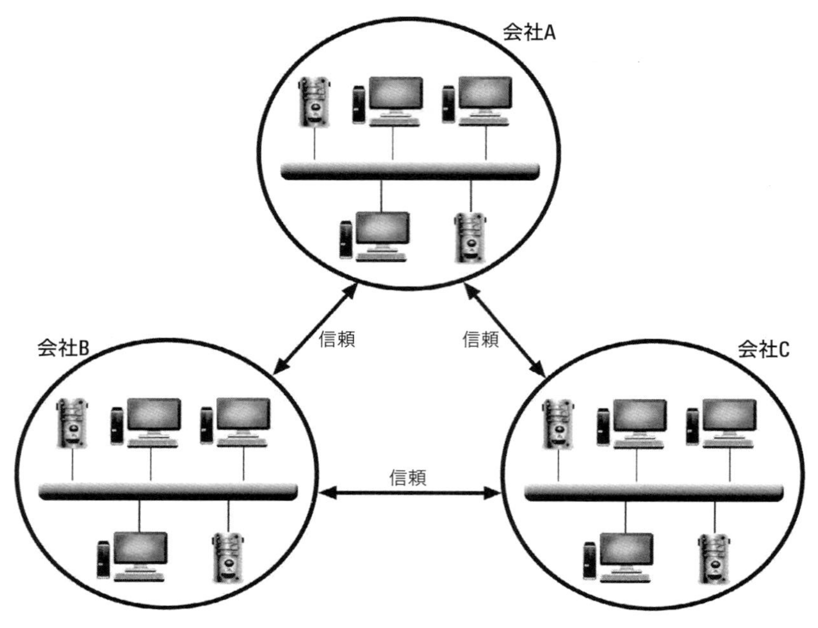

図5.3 相互認証信頼モデル

関係の数は6つに増加する(AによるBの信頼，BによるAの信頼，AによるCの信頼，CによるAの信頼，BによるCの信頼とCによるBの信頼)．参加者数が5に増えると，20の信頼関係が管理されなければならない(これは読者のための数学的練習として残す)．それに伴い，参加しているほかの組織の信頼性を検証するプロセスが行われる．検証プロセスは綿密でなければならず，完遂にはかなりの時間とリソースが必要となる．したがって，相互認証モデルの参加者数が一定の数を超えて増加すると，モデルの複雑さは多くの組織にとって，管理するのに負担がかかりすぎるか，高価なものとなる可能性がある．

相互認証モデルの代替案は，信頼できる第三者モデル(Trusted Third-Party Model)またはブリッジモデル(Bridge Model)である．このモデルでは，参加企業のそれぞれが，すべての参加企業の検証と適切な注意(Due Diligence)のプロセスを管理する第三者の基準と実践に同意する．第三者が参加組織を検証すると，ほかのすべての参加者によって自動的に信頼できるとみなされる．のちに，参加者の1人のユーザーが別の参加者のリソースにアクセスしようとすると，その組織は，アクセスが許可される前に信頼できる第三者によってユーザーが認証されたことだけを確認する必要が

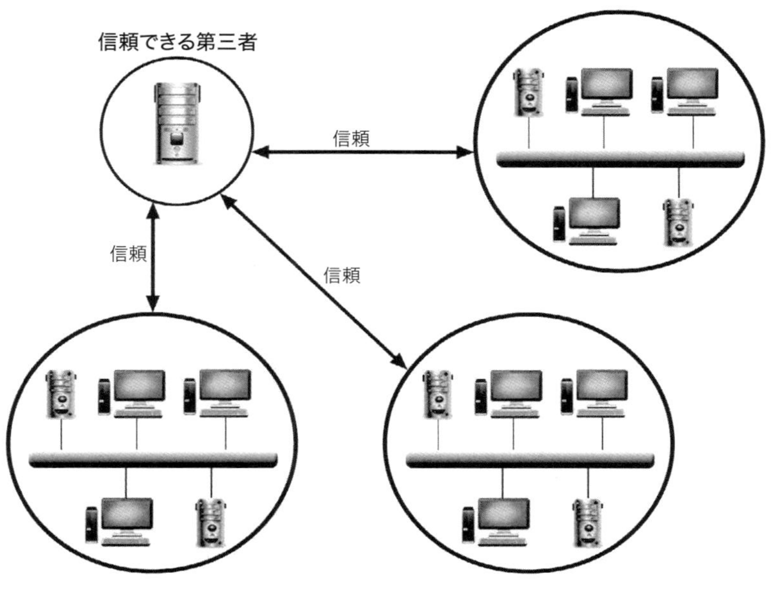

図5.4 第三者認証信頼モデル

ある．第三者は事実上，身元確認の目的で参加組織間の架け橋として機能する．信頼できる第三者モデルは，多数のほかの組織と連合する必要がある組織にとって，優れたソリューションとなる．**図5.4**は，一般的な第三者認証モデルを図示している．

SAML（Security Assertion Markup Language）2.0は，セキュリティドメイン間で認証および認可データを交換するためのSAML OASIS（Organization for the Advancement of Structured Information Standards：構造化情報標準促進協会）標準のバージョンである★11．SAML 2.0はXMLベースのプロトコルで，アサーションを含むセキュリティトークンを使用してプリンシパル（エンドユーザー）に関する情報を，アイデンティティプロバイダーであるSAMLオーソリティと，サービスプロバイダーであるWebサービスとの間で伝達する．SAML 2.0では，シングルサインオン（SSO）などのWebベースの認証および認可シナリオが可能となる．

SAML仕様では，プリンシパル（エンドユーザー），アイデンティティプロバイダー（Identity Provider：IdP），サービスプロバイダー（Service Provider：SP）の3つのロールが定義されている．SAMLを使用する場合，エンドユーザーはSPにサービスを要求する．SPは，IdPにアイデンティティアサーションを要求し，取得する．このアサーションに基づいて，SPはアクセス制御を決定することができる．言い換えれば，接続されたエンドユーザーに対して，何らかのサービスを実行するかどうかを決定することができる．

アイデンティティアサーションをSPに配信する前に，IdPは，エンドユーザーを認証するために，エンドユーザーからユーザー名とパスワードなどの情報を要求する．SAMLは，3者間のアサーション，特にIdPからSPに渡されるアイデンティティを伝達するメッセージを指定する．SAMLでは，1つのIdPがSAMLアサーションを多くのSPに提供できる．同様に，1つのSPは，多くの独立したIdPからのアサーションに依存して信頼することができる．SAMLは，いくつかの既存標準に基づいて構築されている．

- **XML** (Extensible Markup Language)＝ほとんどのSAML交換は，SAMLという名前のルートでもあるXMLの標準化された方言で表現される．
- **XMLスキーマ** (XML Schema)＝SAMLアサーションおよびプロトコルは，XMLスキーマの使用を指定（一部）している．
- **XML署名** (XML Signature)＝SAML 1.1とSAML 2.0の双方は，認証とメッセージの完全性のために（XML署名標準に基づく）デジタル署名を使用している．
- **XML暗号化** (XML Encryption)＝SAML 2.0は，XML暗号化を使用して，暗号化された名前識別子，暗号化された属性およびアサーションの要素を提供している（SAML 1.1には暗号化機能がない）．
- **HTTP** (Hypertext Transfer Protocol：ハイパーテキスト転送プロトコル)＝SAMLは，通信プロトコルとしてHTTPに大きく依存している．
- **SOAP**＝SAMLはSOAP，特にSOAP 1.1の使用を指定している．

SAMLはXMLベースであり，非常に柔軟な標準である．2つのフェデレーションパートナーは，SAMLアサーション（メッセージ）ペイロード内の任意のアイデンティティ属性を，それらをXMLで表すことができる限り，共有することが選択できる．この柔軟性により，SAMLアサーションフォーマットなどのSAML標準が，WS-Federationなどのほかの標準に組み込まれている．エンタープライズのSAML IDフェデレーションユースケースは一般に，既存のアイデンティティ管理システムとWebアプリケーション間でIDを共有することを中心に展開される．SAMLシナリオには，ユーザーの身元を「主張する」IdPと，「アサーション」を受けてID情報をアプリケーションに渡すSPの2つのアクターがある．アイデンティティ管理システテムとフェデレーションサーバー間の相互作用は「ファーストマイル」統合（“First Mile” Integration）と呼ばれ，フェデレーションサーバーとアプリケーションの相互作用は「ラストマイル」統合（“Last Mile” Integration）と呼ばれている．

例えば，Windows Azure Active Directoryは，SAML 2.0 Webブラウザーシングルサインオン（SSO）プロファイルをサポートしている．Windows Azure Active Directoryに対してユーザーを認証するように要求するには，クラウドサービス（サービスプロバイダー）がAuthnRequest（認証要求）要素をWindows Azure Active Directory（アイデンティティプロバイダー）に渡すために，HTTP Redirectバインディングを使用する必要がある．Windows Azure Active Directoryは，HTTP Postバインディングを使用して，Response要素をクラウドサービスに送信する．

▶1回の無制限アクセス

一部の組織では，ユーザーのアクセスを厳重に管理したり，リソースを非常に細かく制限したりする必要がない場合がある．例えば，公共サービス組織は，寄稿者がアクセスできるいくつかのサービスまたはWebサイトを有することがある．あるいは，組織は各アプリケーションを個別に識別または認証する必要はなく，すべての従業員が使用できる，イントラネットの特別な領域を持つことがある．影響を受けるアプリケーションの中には，認証をまったく必要としないものもある．このような状況では，組織は1回の無制限アクセス（Once In-Unlimited Access：OIUA）モデルを採用することが可能となる．このモデルでは，ユーザーは一度認証されると，モデルに参加しているすべてのリソースにアクセスすることができる．これは通常，シングルサインオンがユーザーの背後で認証とアクセス制御を管理するという点で，純粋なシングルサインオンモデルとは異なる．OIUAモデルでは，初期認証の背後にあるシステムに認証メカニズムが存在しない．ユーザーが最初にシステムにアクセスできるという事実は，ユーザーが許可されていることを意味する．初期認証の管理方法は実装ごとに異なる．場合によっては，組織のイントラネットにアクセスするのと同じくらい簡単に，ユーザーが最初にネットワークに接続すれば，そこにいることが認められるという前提である．

OIUAモデルには明らかな欠点が1つある．それは，ユーザーがシステムにアクセスする前にユーザーの識別と認証が適切に処理されていることを，各参加システムの一部が前提としていることである．多くのOIUAシステムでは，認証サービスとバックエンドアプリケーションの間で渡される証明書やトークンが存在しないため，ユーザーの正当性の真の検証が欠けている．組織のイントラネットにアクセスできる契約者やサポート担当者などの権限のない個人は，正規の従業員と同じように簡単にOIUAシステムにアクセスできる．組織によっては，システムのタイプにより，これらの影響を受けることが問題にならない場合がある．それでもやはりセキュリティ専門家は，OIUAモデルの使用を承認する前に，各参加システムに含まれている情報と，ユーザーがシステムにアクセスできるようにする組織リソースのタイプを完全にチェックすることが望ましい．このモデルが正当なビジネス目的を果たす場合，関連するシステムは，サービスをユーザーに提供する前にOIUAシステムから（論理的および物理的に）隔離する必要がある．

5.3.6 1要素認証／多要素認証

認証要素は，次の3つのタイプのいずれかになる．

- **あなたが知っているもの**（Something You Know）＝パスワードまたはPIN
- **あなたが持っているもの**（Something You Have）＝トークンまたはスマートカード
- **あなたが何であるか**（Something You Are）＝指紋などの生体情報（バイオメトリックス）

1要素認証（Single Factor Authentication）は，認証プロセスが要求された時に，3つの利用可能な要素のうちの1つを使用することになる．認証されることを望んでいるサブジェクトは，その要素を提供しなければならない．つまり，IDを確認してシステムに認証されるために，パスワードを提示するか，スマートカードをスワイプするか，指をスキャンする必要がある．

多要素認証（Multi-Factor Authentication）は，自分が誰かであるとユーザーが主張していることについて保証を与える．人のアイデンティティを決定するために使用される要素が多くなればなるほど，真正性の信頼はますます高まる．多要素認証は，複数の要素を組み合わせることで達成される．一般に，少なくとも2つの要素を組み合わせることは多要素認証と呼ばれるが，最も安全なシステムでは，真の多要素による解決に3つの要素すべてを使用する必要がある．1つのタイプの認証を繰り返し使用しても，多要素認証を満たさない．例えば，2つのパスワードを使用した認証は，多要素を構成していない．この場合のパスワードはどちらも「あなたが知っているもの」の一部であり，両方ともこのカテゴリー1つを満たすのみである．

今日のエンタープライズで多要素認証がどのように使用されているかの一例は，

Amazon Web Services（AWS）プラットフォームが顧客対応ソリューションのために設計したものに見ることができる．Amazon.com社（アマゾン・ドット・コム）によると，AWS Multi-Factor Authentication（MFA）は，ユーザー名とパスワードに，別の保護層を追加する単純なベストプラクティスとなる．MFAを有効にすると，ユーザーがAWS Webサイトにサインインする場合，ユーザー名とパスワード（最初の要素＝知っているもの）とAWS MFAデバイスの認証コードの入力を求められる（2つ目の要素＝持っているもの）．まとめると，これらの複数の要素によって，AWSアカウントの設定とリソースに対するセキュリティが強化される．次のセクションの表に，使用可能なMFAフォーム要素を示す．

▶MFAフォーム要素

▶仮想MFAアプリケーション

スマートフォンのアプリケーションは，使用しているスマートフォンの種類に固有のアプリケーションストアからのみインストールできる．以下のリストには，様々なスマートフォンの種類別にアプリケーションの名前が記されている．

Android	AWS仮想MFA；Google Authenticator
iPhone	Google Authenticator
Windows Phone	Authenticator
Blackberry	Google Authenticator

多要素認証の使用についての別の例は，米国国土安全保障大統領令12（Homeland Security Presidential Directive 12：HSPD 12，2004年8月27日付）の要件に記載されている．

「主題：連邦従業員および請負業者のための共通の識別基準のポリシー

- テロ攻撃の可能性のある連邦政府やその他の施設の安全を確保するアクセスのために使用される識別形式の品質やセキュリティについての幅広いバリエーションは排除する必要がある．したがって，連邦政府により従業員と請負業者（請負業者従業員を含む）に発行される，政府全体にわたる安全で信頼性の高い識別のための必須の基準を確立することが，セキュリティを強化し，政府の効率を高め，アイデンティティ不正を減らし，個人のプライバシーを保護するための米国のポリシーである．」★12

この指令では，政府全般にわたる安全で信頼性の高い識別形式のための必須の基準の確立が求められている．すでにいくつかの組み合わせで議論されている認証要素の使用は，指令で要求されている特定の要件を確実に満たすことになる．このケースでは，「あなたが持っているもの」という要素を具体的に実装することは，多要素認証ソリューションが何を必要としているかをより理解しようとするセキュリティ専門家のためのよいケーススタディとなる．

	仮想MFAデバイス	キーフォブMFAデバイス（ハードウェア）	ディスプレイカードMFAデバイス（ハードウェア）
デバイス	以下の表を参照	デバイスの購入	デバイスの購入
物理的なフォームファクター	すでに保持しているスマートフォンやタブレット，コンピュータで，Open TOTP（Time-Based One-Time Password）標準をサポートするアプリケーションを利用する★13	Gemalto社（ジェムアルト），サードパーティによって提供される，耐タンパ性能のあるキーフォブデバイス	Gemalto社，サードパーティによって提供される，耐タンパ性能のあるディスプレイカードデバイス
機能	1つのデバイスで複数のトークンをサポートする	同様のタイプのデバイスは金融機関や大企業IT組織で使用されている	キーフォブデバイスと似ているが，クレジットカードのように財布に収まり，便利である

▸トークン

トークン（Token）は，申請者が自分の身元を証明し，システムまたはアプリケーションに対して認証するために使用され，ソフトウェアベースまたはハードウェアベースのものがある．トークンには，請求者がトークンをコントロールしていることを証明するために使用される秘密が設定されている．トークンシークレット（Token Secret）は，非対称鍵または対称（単一）鍵に基づいている．非対称鍵モデルでは，秘密鍵はトークンに格納され，公開鍵とペアになって，所有権を証明するために使用される．対称鍵は，申請者と返答者との間で直接共有され，安全なチャネル（HTTPSなど）を介して直接照合が可能となる．

トークン認証データ（Token Authenticator）を生成するには，チャレンジまたはnonce（数字またはビット文字列を1回だけ使用する）などのトークン入力データが必要な場合がある．トークン入力データは，ユーザーによって提供されてもよいし，トークン自体の機能（例えば，時計を使用したワンタイムパスワード［One Time Password：OTP］デバイス）であってもよい．トークンをアクティブ化し，認証データの生成を許可するには，PINなどのトークンアクティベーションデータ（Token Activation Data）が必要な場合がある．

攻撃者は，トークン所有者を偽装し，認証プロトコルを侵害するために，トークンのコントロールを取得しようとする．トークンは，紛失，破損，盗難または複製される可能性がある．例えば，所有者のコンピュータへのアクセスを取得した攻撃者は，ソフトウェアトークンのコピーを試みる可能性がある．ハードウェアトークンは盗まれたり，改ざんされたり，複製されたりする可能性がある．

▸ソフトトークンの実装

ソフトウェアトークン（ソフトトークン）は，デスクトップ，ラップトップ，モバイル機器などの汎用的なコンピュータに格納される．これは，第2の認証要素（例えば，PIN，パスワードまたはバイオメトリック）を使用することでアクティブ化される．ソフトトークンは一般に，ハードウェアトークンよりも実装が簡単で，管理が容易であり，ハードウェアトークンに伴う物理的なセキュリティリスクを回避する．ただし，ソフトトークンは，コンピュータに格納されているデータやアプリケーションと同様のセキュリティレベルであり，コンピュータウイルス，中間者攻撃，フィッシングなどのソフトウェア攻撃の影響を受ける．多要素認証を使用したリモートアクセスにおいて，ソフトトークンは，セキュリティ保護された情報へアクセスするリモートネットワーク認証で使用するために，ソフトトークンとそのソフトウェアを保護する次の要件が実装されている場合に「あなたが持っているもの」として受け入れられることになる．

- **秘密鍵はエクスポート不可能でなければならない**＝ローカルの鍵リポジトリーに格納された暗号鍵を使用するソフトトークンソフトウェアは，その鍵をエクスポート不可能としてマークする必要がある．これにより，権限のないシステムにインストールするための鍵のエクスポートを防止できる．長期秘密鍵のファイルは，管理者やアプリケーションからのアクセスのみに制限することで保護される．
- **平文（暗号化されていない）形式で鍵を保存しない**＝ソフトトークンが共有秘密鍵を使用している場合，アプリケーションの外部で読み込んだり，コピーできる形式で鍵を保存したりしてはならない．少なくともテキストファイルは，ソフトトークンソフトウェアを機能させようとするシステムのユーザーのみが読めるようにする必要があるが，テキストファイルを使用すると，鍵を別のシステムにコピーされる可能性が大幅に増加する．
- **シードレコードと初期パスフレーズを配布するには，伝送中に複製されないよ**

うに機密チャネルが必要になる＝ソフトトークンのソフトウェアのインストールには通常，トークン生成エンジンをインストールして，初期化する2つの情報（シードレコード，パスフレーズ）が必要となる．これら2つの情報は，権限のないユーザーによって取得された場合，そのソフトウェアの不正なインストールを許可し，許可されたユーザー以外の者によって使用される可能性がある．

- **トークンのアクティブ化は，ユーザーがソフトトークンソフトウェアを使用するたびに行う必要がある**＝パスワードやその他のアクティベーションデータの入力は，認証ごとに必要になる．ID受け入れ当事者（システム）がチャレンジした場合，ほかの要素（パスワード）の入力は，厳密に手動によるユーザー入力が行われるように制限される必要がある．手動でのユーザー入力なしでトークンを生成するために，PINまたはパスワードをソフトウェアに格納するような実装はすべきでない．
- **トークンの時間制限は2分以内でなければならない**＝ソフトウェアによって生成されたトークンには，時間による使用制限が必要となる．この短い時間ウィンドウは，リモートアクセスを開始するのに十分でなければならず，ほかのシステムとのトークンの共有やトークンの盗難を防止する．
- **ソフトトークンソフトウェアのパスワードは，IRS（Internal Revenue Service：内国歳入庁）Publication 1075 Exhibit 8（2010年版）などのパスワード管理ガイドラインに従うべきである**＝ソフトトークンソフトウェアにおけるパスワード管理要件は，パスワード管理ガイドラインに記載された複雑さ，サイズ，変更間隔，再利用ガイドラインに従う必要がある．これにより，トークンを生成するために使用されるパスワードは，ユーザーごとに容易に推測されず，一意であることが保証される★14．
- **ソフトトークンへのすべてのアクセスを監査する**＝成功／失敗したリモートアクセスが試行された時，ソフトトークンソフトウェアにアクセスした監査ログを取得する必要がある．監査証跡には，PINやパスワードを推測する試みが記録され，ソフトウェアアクセスと成功／失敗したリモートアクセス接続とを関連付けると，ソフトトークンソフトウェアの改ざんまたは複製の試みを明らかにすることができる．
- **ソフトトークンを使用する前に，必ず最新バージョンのマルウェア防止ソフトウェアをインストールする**＝ソフトトークンソフトウェアへのアクセスに使用されるPINまたはパスワードを不正に取得する可能性があるキーロギングソフトウェアまたはその他のマルウェアのインストールを識別し，防止するために，マルウェア防止ソフトウェアをインストールする必要がある．

- **常にFIPS 140-2認証済み暗号モジュールを使用する**＝暗号化機能を実行する暗号モジュールは，FIPS（Federal Information Processing Standards）140-2 Level 1を満たすように認証される必要がある★15．

さらに，セキュリティ専門家が以下のセキュリティコントロールを実装することで，ソフトトークンソフトウェアが侵害される可能性を減らすことができる．

- **PKIは推奨の鍵管理プラットフォームとなる**＝公開鍵基盤（Public Key Infrastructure：PKI）は，すべての暗号操作で非対称（公開／秘密）鍵ペアを使用する．PKIでは，申請者は秘密鍵を開示せずにシステムに自身を証明することができる．対称鍵は，認証するために開示する必要があるため，時間の経過とともに侵害される可能性が高くなる．
- **利用可能なTPM（Trusted Platform Module）を使用する**＝TPMはローカルのハードウェア暗号化エンジンであり，暗号鍵のための安全なストレージとなる．TPM鍵ストアに鍵を格納することにより，鍵にアクセスするための認証を求めるTPMシステムによって鍵への直接アクセスは遮断される．
- **トークンを発行する前に自己確認を実行する**＝リモートアクセスのためにトークンが与えられる前に，実行可能ファイル，DLLおよびINIファイルを含むソフトウェアファイルについて，ハッシュまたはソフトウェアの正当性を確認するほかのメカニズムを使用して比較を行い，ソフトウェアの妥当性確認を実行しなければならない．

▸ハードトークンの実装

ハードウェアトークン（ハードトークン）は，アイデンティティを認証するために使用される，強化された専用デバイスに資格情報を格納する非ソフトウェアの物理トークンである．ハードトークンを紛失したり，盗まれたりした場合，物理的なセキュリティ攻撃（すなわち，直接的な物理アクセス）の影響を受けやすい．多要素認証では，「あなたが持っているもの」のトークンに対して，以下のタイプのハードトークンを使用できる．各トークンタイプには，安全な情報にアクセスするリモートネットワーク認証で使用するための実装要件が関連付けられている．

- **ルックアップシークレットトークン**(Look Up Secret Token)＝秘密のセットを格納する物理的なトークンで，認証プロトコルのプロンプトに基づいて秘密を検索するために使用される．これの例はグリッドカードである．トークン認証データは，少なくとも64bitのエントロピーを持たなければならない．
- **帯域外トークン**(Out-of-Band Token)＝プライマリー認証チャネルとは別のチャネルを介して受信される1回だけ使われるトークンで，プライマリーチャネルを使用して認証プロトコルに提示される．その一例は，携帯電話でSMSメッセージを受信するものである．トークン認証データは，少なくとも64bitのエントロピーを持たなければならない．
- **ワンタイムパスワードデバイス**(One-Time Password Device)＝1回だけ使用するパスワード(例えば，シーケンスベースまたは時間ベース)の生成を提供するハードウェアデバイスである．ワンタイムパスワードは通常，デバイスに表示され，手動で認証プロトコルに入力され，「あなたが知っているもの」または「あなたが何であるか」のいずれかによってアクティブ化される．例として，30〜60秒ごとにコードを生成するトークンや，押された時にコードを生成するボタンが付いたトークンがある．これには，携帯電話やモバイル機器上で実行されるワンタイムパスワード生成アプリケーションも含まれる．検証機能を実行する暗号モジュールは，FIPS 140-2認証済みで，ワンタイムパスワードは，FIPS認定のブロック暗号またはハッシュ関数を使用して生成され，パーソナルハードウェアデバイスに格納されている対称鍵とnonceを結合する必要がある．ワンタイムパスワードの有効期間は制限する必要がある．
- **暗号化デバイス**(Cryptographic Device)＝すべての暗号操作と秘密鍵の保護専用の非プログラマブルロジックと不揮発性ストレージを含むハードウェアデバイスである．その一例は，いくつかのX.509証明書とすべての暗号機能の処理を含むFIPS 201スマートカードである．認証ごとに，アクティベーションデータ(例えば，パスワード，PIN)の入力を必要とする★16．

共有秘密ファイルの暗号鍵が，FIPS 140-2認証済みのハードウェア暗号化モジュールに保持された鍵の下で暗号化されるように，共有秘密ファイルも暗号化されなければならない．

大規模な多要素認証ソリューションの一部であるセキュアなトークンベースの認証モジュールを構築するために，セキュリティ専門家は上述のすべてのガイダンスを理解し，そのガイダンスをエンタープライズセキュリティアーキテクチャーに統合する必要がある．そのアーキテクチャーは，指示されているビジネス要件をサポートする多要素認証ソリューションをエンタープライズに提供するために，少なくとも1つの追加認証要素を含むものとなる．これに関してセキュリティ専門家が検討すべきもう1つの優れたリソースは，NIST（National Institute of Standards and Technology）SP 800-63-1「電子認証ガイドライン」（2011年12月）である★17.

▸バイオメトリックス

バイオメトリックデバイス（Biometric Device）は，指紋，手の形状，音声または虹彩パターンなど，個人の生物学的特徴の測定に依存する．バイオメトリック技術は，個人に固有のデータであり，偽造は困難である．選択された個々の特徴は，デバイスのメモリーまたはカードに保存され，保存された参照データが提示されたテンプレートと比較・分析される．提示されたテンプレートと格納されたテンプレートとの1対1または1対多の比較を行うことができ，一致が見つかった場合にアクセスを許可することができる．

しかし，バイオメトリックシステムの負の側面は，定期的に失敗したり，高い拒否率を示したりすることである．システムの読み取り装置の感度によっては，読み取り装置の不慮の損傷や意図的な妨害の影響を受けやすくする可能性がある．一部のシステムは，ユーザーの安全性または健康リスクとして認識される場合がある．また，システムの中には，適切な操作のためにユーザーのスキルを必要とするものもあれば，複数の理由から経営者により受け入れられないものもある．

バイオメトリック識別には，次の2つのタイプの障害がある．

- **本人拒否**（False Rejection）＝正当なユーザーを認識できない．バイオメトリックスにより保護された区域をもっと安全に保つ効果があるとも主張できるが，スキャナーが認識できないためアクセスを拒否される正当なユーザーは負の感情を持つ場合がある．
- **他人受入**（False Acceptance）＝あるユーザーを別のユーザーと混同したり，正当なユーザーとして偽装者を受け入れたりすることによって，誤った認識をする．

本人拒否率や他人受入率は，一致を宣言するための閾値（どれくらい近いのが十分か）を変更することで調整できるが，一方の率を下げると，もう一方の率が増加することになる．

▸ バイオメトリック読み取り装置

バイオメトリック読み取り装置（Biometric Reader）は，ある人物の個人的な生物学的メトリックスを検証する．バイオメトリック読み取り装置は，認証デバイスに加えて，またはPINコードとともに使用される．この種のセキュリティ技術は，政府のSCIF（Sensitive Compartmented Information Facility）やデータセンターなどの高いセキュリティが要求される区域で使用されている．

いくつかの種類のバイオメトリック読み取り装置が大量生産されることにより，バイオメトリックスは従来のカード読み取り装置のコストに近づいている．バイオメトリックスキャナーは一般にほかの読み取り装置ほど高速ではないが，これらの技術は進化し続けている．

▸ 指紋

指紋読み取り装置技術は，指紋のループ，弓状およびその他の特徴をスキャンし，格納されたテンプレートと比較する（図5.5）．一致が見つかるとアクセスが許可される．指紋認証（Fingerprint Authentication）技術の利点は，それが容易に理解できるということである．欠点は，指に切れ目や傷が現れたり，グリースやその他の媒体が指やスキャニングプレートを汚染したりした場合に，システムが誤認識することである．1つの指紋が損傷，またはほかの要因で認識できない場合のため，2つの異なる指に対する2つのテンプレートを作成するシステムもある．初期の指紋読み取り装置は，模造された「指」を使用することで有効な指紋と誤認させて侵害されることがあった．センサーには，この欠点に対処するために，脈拍や温度を感知する能力を備えているものがある．

▸ 顔画像

この技術は，アーカイブされた画像と比較した対象者の顔の幾何学的特性を測定する（図5.6）．具体的には，対象者の眼の中心を正確な位置に配置して特性を測定している．

▸ 手の形状

この技術は，高さ，幅，指関節間の距離や指の長さなど，手の形状を評価する（図5.7）．手の形状の利点は，システムに耐久性があり，容易に理解できることである．手の認識（Hand Recognition）の速度は，指紋認識よりも速い傾向がある．すべての手の形状がユニークであるため，手の認識は合理的に正確である．欠点は，指紋認識よりも他人受入率が高くなりがちなことである．例えば，指爪がいつ手入れされた

図5.5 指紋読み取り装置は，指紋のループ，弓状およびその他の特徴をスキャンし，格納されたテンプレートと比較する．一致が見つかるとアクセスが許可される．（Bosch Security Systems社［ボッシュセキュリティシステムズ］の提供）

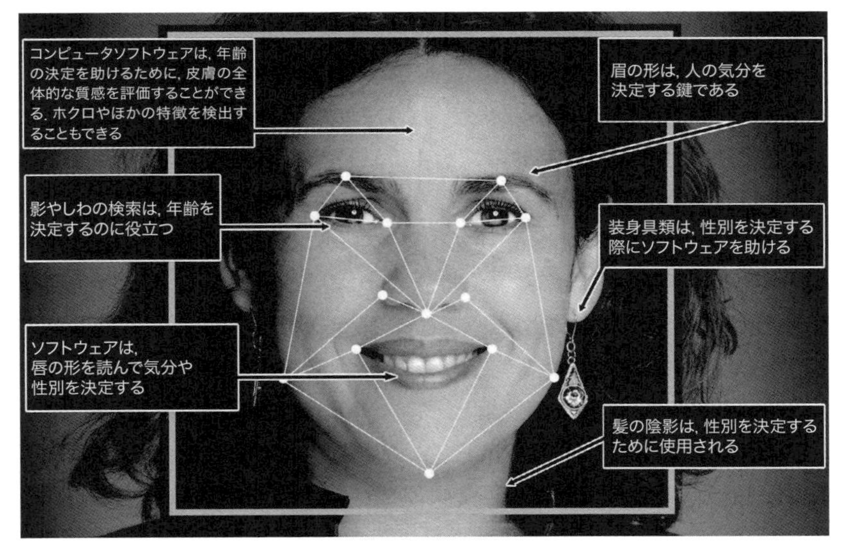

図5.6 顔画像に使用される対象者の顔の幾何学的特性

かを特定することはできず，手の幾何学的測定値のみを読み取る．

図5.7 手の形状読み取り装置

▸ 音声認識

音声認識(Voice Recognition)は，テンプレートとして保持されている，与えられたフレーズの音声の特徴と照合して識別を行う．音声認識は一般に，1つの機能として実行されるものではなく，音声アナライザーが起動する前に，有効なPINを入力する必要がある．音声認識の利点は，この技術がほかのバイオメトリック技術より安価なことである．さらに，ハンズフリーで操作できる．欠点は，背景音によって音声が妨害されない区域に音声合成装置を配置しなければならないことである．システムに許容可能な静かな環境を提供するために，しばしば，センサーを収容するブースまたはセキュリティポータルを設置しなければならない．

▸ 虹彩パターン

虹彩認識(Iris Recognition)技術は，眼の表面をスキャンし，虹彩パターンと記憶された虹彩テンプレートとを比較することである(**図5.8**)．虹彩スキャンは，最も正確なバイオメトリック技術である．虹彩認識の利点は，盗難，紛失または侵害の影響を受けにくく，虹彩は体のほかの多くの部分よりも損耗や怪我の影響を受けにくいことである．最新の虹彩スキャナーを使用すると，最長10インチ[☆1]の距離からスキャンを行うことができる．虹彩スキャンの欠点は，眼をスキャンすることに臆病な人がいることである．また，この技術のスループット時間も考慮する必要がある．典型的なスループット時間は約2秒となる．短時間に多くの人を入口で処理する必要がある場合，この処理時間は問題になる可能性がある．

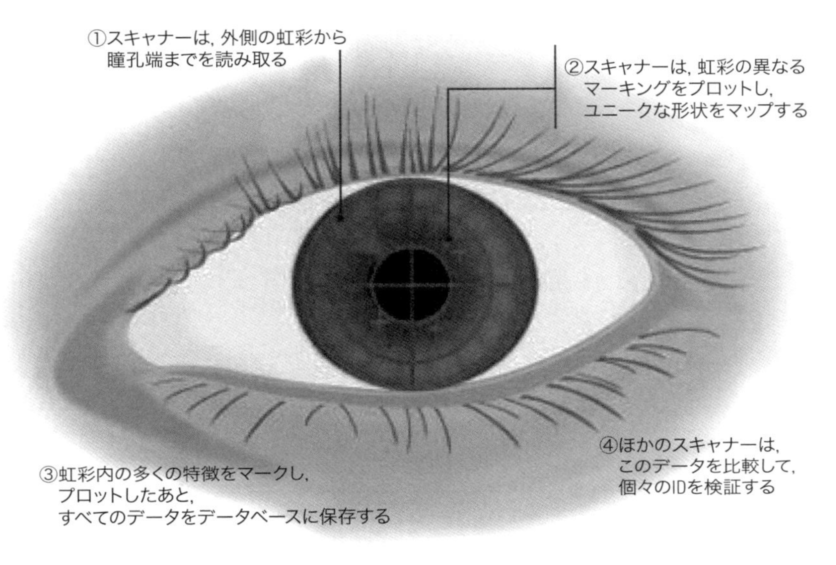

図5.8 虹彩スキャナーがアイデンティティを記録する仕組み
(http://news.bbc.co.uk/2/shared/spl/hi/guides/456900/456993/html/nn3page1.stm)

▶網膜スキャン

網膜スキャン(Retinal Scanning)は，各人に固有の眼の後ろにある血管の層を分析する(図5.9)．スキャンには，低強度のLED光源とパターンを非常に正確に読み取ることができる光カプラーを使用している．網膜スキャンでは，眼鏡をはずし，目を装置の近くに置き，特定の点に焦点を合わせる必要がある．ユーザーは，装置の小さな開口部を覗き込んで，装置が自分のアイデンティティを検証する間，頭部を静止に保ち，数秒間目の焦点を集中させる必要がある．このプロセスには約10秒かかる．

網膜スキャン装置は，おそらく今日入手可能な最も正確なバイオメトリックである．生涯にわたる網膜パターンの連続性およびそのような装置の偽装の困難さもまた，長期にわたって高いセキュリティの選択肢となっている．残念なことに，独自のハードウェアのコストだけでなく，それが潜在的に目に有害であると考えているユーザーの嫌悪感も，多くの場合網膜スキャンを排除させる一因になる．通常，このアプリケーションは，軍事基地や原子力発電所などのハイエンドのセキュリティアプリケーションで使用される．

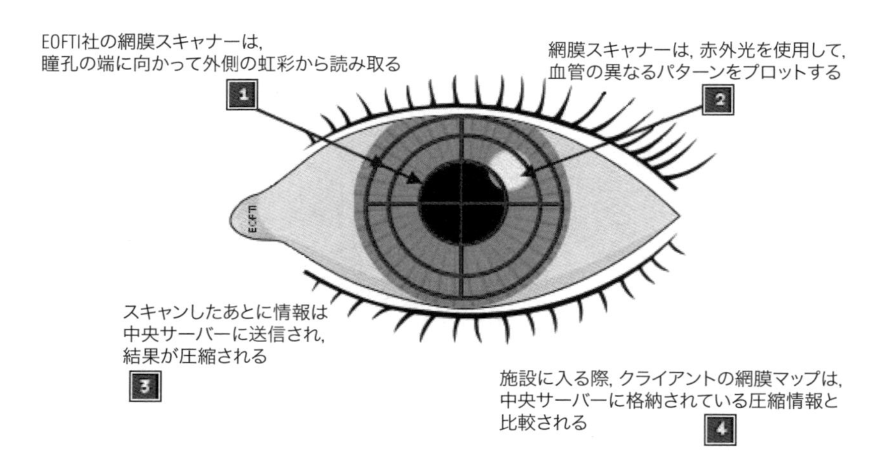

図5.9 網膜スキャナーがアイデンティティを記録する仕組み
(http://www.eofti.com/about/retinal-scan/)

▸署名ダイナミクス

最初に，署名者はInterlink Electronics社（インターリンク・エレクトロニクス）のePadやPalm Pilotなどの特別な電子パッドに手書きの署名を書く（図5.10）．これにより署名の形状は，ペンの圧力や署名が書かれた速度など，署名者の独特の書き方を識別するためのユニークな特徴とともに電子的に読み取られ，記録される．例えば，「t」が右から左にクロスされたか，「i」の点が最後に打たれたのか，などである．

署名ダイナミクス（Signature Dynamics）の利点は，伝統的な署名と同様に機能することである．署名者は，コンピュータの特別な知識や署名を作るための特別なツールは必要ない．同時に，システムは，公証人が偽造された署名を防止および検出するのに役立つ，固有の識別特徴を記録することを可能にする．例えば，偽造者が別の人物の署名をコピーしようとした時に，ゆっくり書いて，視覚的には同じスタイルの書き込みを作成しようとすると，アナリストはそれを登録されているデータと比較して，低速の書き込み速度を検知することで，それを別の署名者として認識することができる．

▸血管パターン

これは，究極の手のひら読み取り装置となる（図5.11）．血管パターン（Vascular Pattern）は，人の手または指の静脈のイメージとして，最もよく表現されている．これらの静脈の厚さおよび位置は，個人のアイデンティティを検証するために十分にユニー

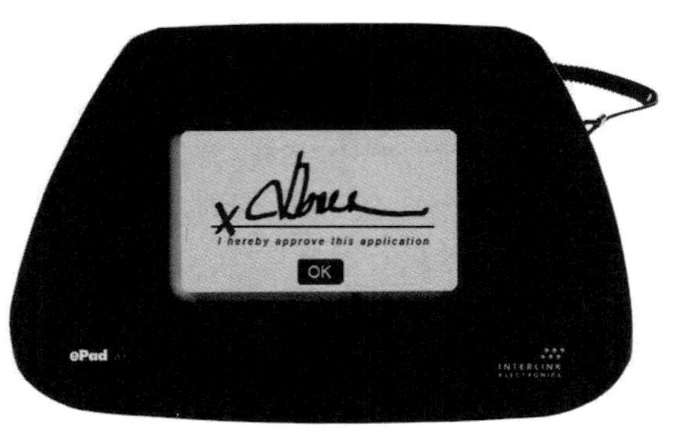

図5.10 署名ダイナミクスパッド
(http:.//bit.ly/ePadAPIs)

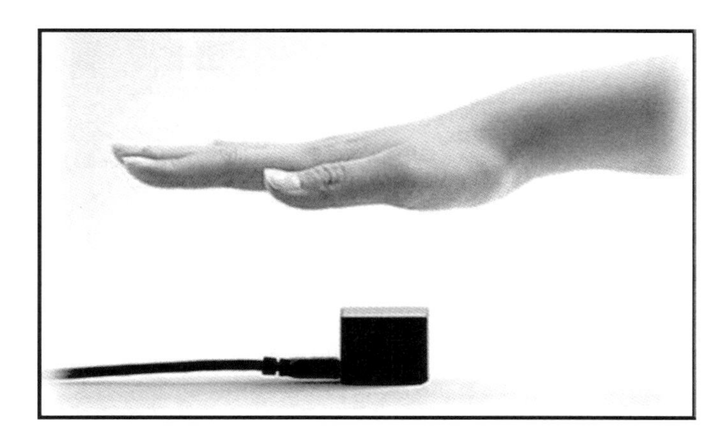

図5.11 血管パターン読み取り装置

クであると考えられている．バイオメトリックスに関するNSTC（National Science and Technology Council）小委員会は，人体の血管パターンは特定の個人に固有であり，人が年齢を重ねても変化しないと研究者が結論づけたと報告している．この技術の主張には以下が含まれる．

- **偽造するのが難しい**（Difficult to Forge）＝血管パターンは手の中にあるため再現するのが難しく，いくつかのアプローチでは，血液を流して画像を登録する必要がある．
- **非接触式**（Contactless）＝読み取り面に触れないため，ユーザーの衛生上の問

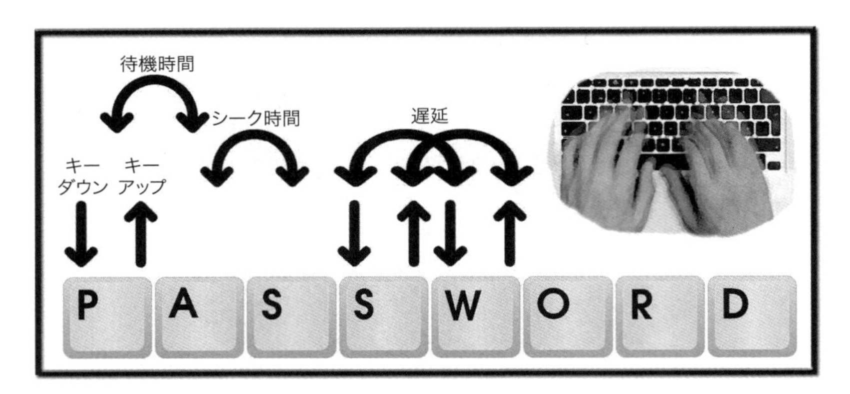

図5.12 キーストロークダイナミクスの測定の例

題に対処し，ユーザーが受け入れやすい．

- **多種多様な用途**（Many and Varied Uses）＝日本のATM，病院，大学には導入されている．アプリケーションには，ID検証，高セキュリティ物理アクセス制御，高セキュリティネットワークデータアクセス，POSアクセス制御などがある．
- **1：1と1：多の照合が可能**（Capable of 1:1 and 1:Many Matches）＝ユーザーの血管パターンは，個人のIDカード／スマートカードまたは多くのスキャンされた血管パターンのデータベースに対して照合される．

▸ キーストロークダイナミクス

キーボードダイナミクス（Keyboard Dynamics）とも呼ばれるキーストロークダイナミクス（Keystroke Dynamics）は，人がキーボードをタイプする際の癖を利用している．具体的には，ユーザーのキーストロークのリズムを測定して，将来の認証のために，ユーザーが入力するパターンについての固有のテンプレートを作成する．ほとんどのキーボードで利用可能な生の測定値は，滞留時間（特定のキーを押した時間）と飛行時間（次のキーダウンと次のキーアップの間の時間）を決定するために記録される（**図5.12**）．

5.3.7 説明責任

最終的に，強力な識別，認証，監査およびセッション管理が必要となる要因の1つは，説明責任である．説明責任（Accountability）は基本的に，誰あるいは何がアクションを担当し，責任を負うことができるかを判断できるということである．密接に関連する情報保証の項目には否認防止がある．否認(Repudiation)とは，アクション，イベント，影響または結果を否定する能力のことを指す．否認防止(Non-Repudiation)とは，ユーザーがアクションを否定できないようにするプロセスである．説明責任は，ユーザー，プロセスおよびアクションが影響を及ぼす可能性があることを保証するために，否認防止に大きく依存している．以下の項目は，アクションの説明責任を確実にすることに寄与する．

- 強力な識別
- 強力な認証
- ユーザーのトレーニングと意識啓発
- 包括的で，タイムリーかつ徹底的なモニタリング
- 正確で一貫した監査ログ
- 第三者監査
- 説明責任を強化するポリシー
- 説明責任を支える組織的行動

▸強力な識別

説明責任を成功させるためには，アクションは単一の個人，プロセス，デバイスまたはオブジェクトに帰属させなければならない．アクションを個人と直接関連付ける能力がなければ，アクションの否認が生じる可能性がある．これの最も一般的な例の1つは，共有アカウントの使用である．複数のユーザーが1つのアカウントでアクセスすると，そのアカウントを通じて実行されたアクションを個人と直接関連付ける能力は，ユーザーがほかのユーザーをもっともらしい理由で責めることができるため，急速に低下することになる．

▸強力な認証

脆弱な認証は，攻撃者が説明責任のないアカウントを簡単に制御できるだけでなく，アカウントの不正使用があった場合に，ユーザーはそれの脆弱性のせいにすることが可能になる．バイオメトリックスなどの強力な認証は，1人の個人がアカウントに対して持っているものを強く関連付けることによって，否認防止の保証に役立つ．完璧ではないが，強力な識別による強力な認証は，説明責任を大幅に向上させる．

▶ユーザーのトレーニングと意識啓発

ユーザーはトレーニングを受け，アカウント，情報，システムの誤用に対する罰則の基本的な認識を持つ必要がある．トレーニング内容を十分に理解しているユーザーは，アカウントやアクセス，情報を，意図的または意図せずに不正使用する可能性が低くなる．十分に構造化され，繰り返し行われているセキュリティ意識啓発プログラムは，ユーザーが結果と受け入れ可能な行動を確実に理解するためのベースラインとして，一般的に受け入れられている．セキュリティ専門家は，ユーザーのトレーニングや意識啓発プログラムでユーザーに浸透するように設計されたメッセージや行動を，補強するためのツールの1つとして，ログイン時のバナーを使用するのを望むだろう．

▶モニタリング

モニタリングは，アカウント，アクセス，情報出口およびシステム操作に関する問題と違反を検出するのに十分でなければならない．組織が情報システムの可視性を持っていない場合，組織は説明責任問題に直面することになる．データ損失防止（Data Loss Prevention：DLP），侵入検知システム（Intrusion Detection System：IDS），侵入防御システム（Intrusion Prevention System：IPS），ファイアウォールなどのモニタリング技術を実装することで，可視性を高め，説明責任を大幅に強化することができる．セキュリティアーキテクトとセキュリティ担当責任者の双方の視点から，企業全体のシステムがモニタリングの問題に対処できるように設計され，展開されることが重要になる．これらのシステムにおける従来の傾向や焦点が維持された場合，また境界ベースの外部指向のモニタリングにのみ対応する場合，モニタリングは企業にとって限定的な使用にしかならない．内部の活動や情報の流れに関して可視性を保証することも，同様に重要である．

▶監査ログ

ユーザーのアクションをトレースする必要がある場合は，監査ログが必要になる．DLP，IDS，サーバー，ファイアウォールおよびその他のネットワーク機器からの監査ログは，できるだけ収集して統合する必要がある．多くの場合，これらのログはセキュリティ情報とイベント管理（Security Information and Event Management：SIEM）システムに収集される．SIEMは，分析ツールと連携して情報を相関させ，何が起こったのかの“物語を伝える”のに役立ち，説明責任を果たす上で非常に有用である．

▶第三者監査

第三者監査(Independent Audit)は，公平な第三者を招き，アカウント，アクションおよび影響をレビューすることによって，説明責任を確実にすることである．複数の当事者間での共謀が発生した場合には，独立した監査，調査または見直しが必要になる．日常的な第三者監査は，不正行為が許容されないという企業文化を組織全体に根づかせることもできる．

▶ポリシー

組織のポリシーは，説明責任の必要性を認識し，行動に対する期待を提示し，説明責任に関連する行動に対する制裁と報酬を定義しなければならない．いくつかの組織は，困難な状況での優れた説明責任を果たした行動に対して「インテグリティ賞」を授与している．ポリシーがなければ，説明責任は組織全体で一貫し，公平に実施することはできない．

▶組織的行動

おそらく，説明責任を確実にする最も重要な側面は，組織の文化である．説明責任の期待のために「経営者の姿勢」を設定していない組織は，組織全体に説明責任コントロールを実装するために必要なサポートを受けることがほとんどない．さらに，説明責任違反が時宜にかなった一貫性のある方法で改善されない場合，説明責任違反のさらなる事例が予想されることになる．

5.3.8 セッション管理

Webベースのアプリケーションやクラウドコンピューティングの増加に伴い，セッション管理を考慮してアクセス制御を見ていく必要がある．「セッション管理(Session Management)」とは，単一のインスタンスにおける識別と認証が，リソースにどのように適用されるかを記述するために使用される用語である．例えば，「デスクトップ」セッションマネージャーは，開いているアプリケーション，ファイルおよび機能の特定のセットを維持しながら，異なるセットのアプリケーション，ファイルおよび機能を有する別のデスクトップセッションを同時に開始することを可能にする．多くのUNIXおよびLinuxオペレーティングシステムがこの機能を提供している．また，Webブラウザーはセッションに依存し，Cookieやその他のセッション監視と追跡技術を使用して，Webアプリケーションやリソースへのアクセスを管理することがよくある．セッション管理は，エンドユーザーに対して使いやすさと柔軟性を提供するが，攻撃の手段も提供する．

▶デスクトップセッション

デスクトップセッション（Desktop Session）は，次のようないくつかの方法で制御および保護できる．

- スクリーンセーバー
- タイムアウト
- 自動ログアウト
- セッション／ログオンの制限
- スケジュールの制限

▶スクリーンセーバー

ほとんどのオペレーティングシステムには「スクリーンセーバー（Screensaver）」機能がある．この機能はもともと，CRT（Cathode Ray Tube）ディスプレイモニターの「焼き付き」を防ぐのに役立つように設計されている．技術が進歩するにつれて，ディスプレイは様々なタイプの「焼き付き」の対象となり，エネルギー効率への懸念から，スクリーンセーバーは省エネツールとなった．省エネに加えて，多くのデスクトップスクリーンセーバーは，ユーザーのセッションを「ロック」するように構成することができる．これは，セッションをロックまたはログアウトせずに離脱した可能性があるユーザーに対して，そのセッションを自動的にロックするように設計された，「タイムアウト」セッションのロック技術の一種である．これは，不正アクセスを防止するのに役立ち，ユーザーが戻ってきた時に引き続きセッションにアクセスできるようにすることができる．

タイムアウトと自動ログアウト

前述のように，スクリーンセーバーは「タイムアウト（Timeout）」制御の一種である．タイムアウト制御には様々な方法が存在し，時間の経過とともに無人セッションのアクセスをさらに制限するために多段で実施されることがよくある．例えば，無人デスクトップセッションが15分間進行している場合，スクリーンセーバーがアクティブになり，システムにアクセスするためのユーザー名とパスワードが必要になり，2時間後にシステムは自動的にユーザーをログオフして，セッションを終了することがある．さらに，8時間後にはシステムを停止させることがある．これは，アクセスおよび暴露のリスクと，ユーザーおよびミッションへの影響とのバランスをとる必要があるタイムアウトの形式である．

セッション／ログオンの制限

セッションとログオンの制限（Session/Logon Limitation）は，ユーザビリティとセキュリティのトレードオフに重点を置いている．例えば，高度なモバイルワークに従事する人員が会社にいる場合，同じユーザー名から複数のセッションを許可することを検討したい場合がある．一例として，ユーザーがデスクトップで仕事をしていて，夜間にも実行し続ける必要がある場合や，自宅の作業場所でラップトップを使用して，レポートを作成する必要がある場合などが挙げられる．仮想デスクトップを使用する場合は，2つのネットワークセッションと，おそらく2つのデスクトップセッションが必要になる可能性がある．ただし，それぞれの複数のセッションは攻撃者に追加の攻撃点を提供し，セキュリティ運用チームとエンドユーザーは多くのセッションを監視しなければならなくなるため，複数のセッションの実装方法には注意が必要になる．セキュリティ担当責任者は，営業時間外のログインなどのセッションを監視することによって，観察しているシステム上で疑わしい動作が見つかる可能性があることに注意する必要がある．

スケジュールの制限

一部のデスクトップセッションは時間によって制限されることがある．例えば，通常の営業時間内に組織のロビーで一般向けにキオスク端末が利用可能な場合は，営業時間外にセッションを許可することが理にかなっているか？　また，キャッシュレジスターは通常の営業時間外にセッションを作成できるか？　セッション管理は通常，「最小特権」という概念に従って，ミッションを達成するために必要で，かつ最も制限されたスケジュールとリソース内でのみセッションを作成できるようにする必要がある．

▶論理セッション

より多くの情報システムがWebブラウザーを通じたサービスベースになるにつれて，Webベースのセッションと弱点，およびそれらを保護する方法を理解することが，情報セキュリティ専門家にとって，非常に重要となっている．ほぼすべての情報システムで，定常的かつ定期的に，認証されたユーザー，サービス，アプリケーションおよびデバイス間で基本セッションが作成される．例えば，一般的なオンラインバンキングのシナリオは，以下のシーケンスに従う．

1．ユーザーはWebブラウザーを起動し，自分の銀行のWebサイトに進む．
  a．ユーザーのブラウザーと銀行のWebサーバーの間にセッションが作成される．
2．ユーザーは「安全なログイン」リンクをクリックして，銀行のログインページにアクセスする．
  a．ユーザーは通常，SSL（Secure Sockets Layer）を使用してセッションを保護する．
3．ユーザーがユーザー名とパスワードを入力し，認証される．
  a．この情報は，暗号化されたセッションを通過する．このセッションでは，傍受されても解読することが非常に困難である．
4．ユーザーは銀行取引を行い，銀行のWebサイトを「ログオフ」する．
  a．これにより，暗号化された接続が閉じられ，別のセッションが確立されるまで，ユーザーの資格情報でほかのアクティビティが発生しないことが保証される．

攻撃者がセッションをハイジャックした可能性がある場合，ユーザーが機密とみなしているすべての情報を傍受されるおそれがある．セッションハイジャックは，機密情報がほとんど公開されていなくても，それらの情報へのアクセスが得られる可能性があり，攻撃者がセッションを確立するプロセスに関与できる場合に可能となる．一般的に，攻撃がどのように進行するかは次のとおりである．

1．ユーザーはWebブラウザーを起動し，自分の銀行のWebサイトに進む．
  a．攻撃者はユーザーと銀行の間のネットワーク経路に入り込む．
  b．攻撃者は，ユーザーと自分との間にセッションを作成する．銀行のWebサイトの情報をユーザーに渡して，正当なものに見えるようにする．
  c．ユーザーのブラウザーと攻撃者および銀行のWebサーバーの間にセッションが作成される．
2．ユーザーは「安全なログイン」リンクをクリックして，銀行のログインページにアクセスする．
  a．攻撃者は要求を傍受し，無効な証明書を持つ銀行のログインページを送信する．多くのユーザーは，無効な証明書が示す現実を認識していないため，それを受け入れてしまう．

b．ユーザーは通常，SSLを使用して攻撃者と銀行間のセッションを保護する．

3．ユーザーはユーザー名とパスワードを入力し，認証される．

a．ユーザーの資格情報は，攻撃者のセッションエンドポイントで復号されているため，攻撃者はそれを参照することができる．このようにして攻撃者は，ユーザーを偽装して，銀行にこれらの資格情報を渡すことができる．

4．ユーザーは銀行取引を行い，銀行のWebサイトを「ログオフ」する．

a．この時点で，攻撃者はユーザーの資格情報を持っており，ユーザーのアカウントにログインして，アカウントから金銭を移すことができる．

セッションハイジャック攻撃（Session Hijacking Attack）は，中間者攻撃（Man-in-the-Middle Attack）の一種である．このような攻撃を最小限に抑えて防止するには，いくつかの方法がある．論理セッションとセッションセキュリティについては，本書の「通信とネットワークセキュリティ」の章で詳しく説明している．

5.3.9 アイデンティティの登録と証明

アイデンティティの証明（Identity Proofing）とは，アカウント，資格証明またはほかの特別な特権を要求した人物が，実際に自分が主張している人物であることを証明し，電子認証の目的で個人と前述の資格証明との間で電子的な信頼関係を構築するために，情報を収集し，検証するプロセスである．このプロセスには，例えば，運転免許証，パスポート，出生証明書，ほかの政府発行のID，および電子証明書発行機関の個々の証明書ポリシーに規定されているほかの要素などを，対面で評価することも含まれる．アイデンティティの証明は，アカウントが作成される前や（例えば，ポータル，電子メール），資格証明が発行される前（例えば，デジタル証明書），または特別な特権が付与される前に実行される．アイデンティティの証明は，最初にアカウントが作成される時により複雑で時間がかかり，ID受け入れ当事者のポリシーの詳細およびアカウントを使用して実行されるアクションの機密性と重要度に依存するが，多くの場合，その後にアクセスする際にはすべてを繰り返す必要はない．

電子認証（Electronic Authentication：e認証）は，情報システムに電子的に提示されるユーザーIDの信用を確立するプロセスである．これは，システムに知られている資格情報(例えば，ログイン名，デジタル証明書)を使用する個人／組織が，確かに資格証明が発行された人／組織であるという信用を確立するプロセスである．認証要素には，「あなたが知っているもの」(パスワード，PINなど)，「あなたが持っているもの」(スマートカード，ハードトークン，携帯電話など)，「あなたが何であるか」(指紋や音声パターンなどのバイオメトリック特性)の3種類がある．

認証は，ユーザーがアカウントにログインするか(例えば，ポータル，電子メール)，資格情報を使用するたびに実行される．システムログイン時に複数種類の認証を使用する多要素認証は，より高いレベルの保証を達成するために使用される．

米国では，各連邦政府機関が資格証明を発行する個人のアイデンティティを確認または検証する責任がある．FIPS 201-2は，IDカードを個人(例えば，従業員または請負業者)に結びつけるプロセスの一環として，個人のアイデンティティに特定の信頼水準を設定している★18．その信頼水準が確立されると，政府機関間の信頼を確立することができる．資格証明が発行された時点で，PIV (Personal Identity Verification：個人識別情報検証)資格証明に，有効なアイデンティティを確立して関連付けることは，連邦エンタープライズ全体で受け入れられる，信頼される共通ID証明の基盤となる．

FIPS 201-2は，PIV IおよびPIV IIという，2つの主要なセクションで構成されている．これらのセクションはともに，アイデンティティの証明と登録プロセスの要件を定義している．PIV Iに準拠するために，各機関は認証と認定を受けたPIVカードのアイデンティティ証明，登録および発行プロセスを企業全体で実装する必要がある．

安全で堅牢なアイデンティティの証明プロセスは，FIPS 201-2準拠の基盤となる．FIPS 201-2の実装が成功したのは，技術とシステムだけによるものではない．誤ったアイデンティティの証明プロセスに基づいてPIV資格証明が発行された場合には，それが実装する技術に関係なく，資格情報は侵害されたことになる．FIPS 201-2は，連邦機関のためのアイデンティティ検証の信頼の連鎖(Chain of Trust)を規定している．アイデンティティ検証の信頼の連鎖は，複数のエンティティによって使用される共通の一連のアイデンティティ審査規則で構成され，これにより，相互の資格情報を受け入れて信頼することができる．信頼の連鎖は，参加している各エンティティが，個人のアイデンティティを安全かつ正確に検証するための審査手順に従っていることを，関係者全員に保証することができる．この信頼の連鎖の目的の1つは，発行機関以外の機関が資格証明を受け入れ，別の資格証明を発行する必要性を避けることである．

PIV I「アイデンティティの証明と登録」の要件は次のとおりである．

1. 各機関は，承認されたアイデンティティの証明と登録のプロセスを使用する必要がある．
2. プロセスは，連邦での雇用に必要なNACI（National Agency Check with Written Inquiry）の手続き，あるいは同等のOPM（Office of Personnel Management），または国家安全保障による調査から開始する必要がある．現在の従業員の場合，この要件は，NACIの審査が正常に完了し，記録された場合に満たされる．
3. PIV資格証明が発行される前に，NACIのFBI国家犯罪歴指紋照会が完了し，適切に審理されなければならない．
4. 申請者は，資格証明が発行される前に，PIV担当者の前に少なくとも1回は出頭しなければならない．
5. アイデンティティの証明の間，申請者は2つのアイデンティティソース文書を元の形式で提供しなければならない．書類は，I-9，OMB No.1115-0136「雇用適格性（Employment Eligibility）」に含まれる，受理可能な書類のリストに載っているものである必要がある．書類の1つは，州政府または連邦政府が発行した有効な（期限切れでない）顔写真付きのIDでなければならない．
6. PIVのアイデンティティ証明，登録および発行プロセスは，役割の分離の原則に従わなければならない．1人の個人は，第二の認可された人の承認なしにPIV資格証明の発行を要求する権限を持つことはできない．

アイデンティティの証明と登録のプロセスは，NIST SP 800-79-1「PIVカード発行機関の認証と認定のためのガイドライン」に従って公式に認証され，認定されていなければならない．

ロールベースのモデルは，個人が実行する役割と機能に基づき，個人にPIVのアイデンティティの証明責任を割り当てている．このモデルでは，PIV発行者とPIVデジタル署名機能は同じエンティティによって実行される場合があるが，それを除いて，1人が複数の役割を実行することはできない．この要件により，申請者と発行当局との間の共謀の可能性を防止することができる．

PIVロールベースのアイデンティティの証明プロセスでは，次の役割が定義されている．

- 申請者
- PIVスポンサー
- PIV登録者

- PIV発行者
- PIVデジタル署名者
- PIV認証証明機関（Authentication Certification Authority：CA）

申請者は，PIV登録者が申請を承認し，適切なバックグラウンドチェックが行われると，PIVカードが発行される個人である．

PIVスポンサーは，申請者のPIV資格認定要件を確認し，申請者の要求を保証する個人である．

PIV登録者は，申請者のアイデンティティの証明プロセスを実行し，適切なバックグラウンドチェックが確実に行われたことを保証する個人またはエンティティである．PIV登録者は，申請者に対するPIV資格証明の発行に関する最終承認権限を有する．バックグラウンドチェックが正常に完了すると，PIV登録者は，PIV発行者に，PIV資格証明を申請者に発行できることを通知する．

PIV発行者は，すべてのアイデンティティの証明，バックグラウンドチェックおよび関連する承認が確実に完了したあと，申請者にID資格証明を発行する個人またはエンティティである．

PIVデジタル署名者は，申請者のPIVバイオメトリックおよびカード保有者一意識別子（Cardholder Unique Identifier：CHUID）に署名するエンティティである．

PIV認証証明機関（CA）は，申請者のPIV認証証明書に署名して発行するCAである．

政府機関との仕事をしない限り，セキュリティ専門家は上述のような広範なシステムに関わる必要はない．しかし，民間部門であっても，セキュアな資格認定プロセスの必要性は重要な課題であり，多くの企業は，堅牢で標準化された登録とアイデンティティ証明のソリューションアーキテクチャーの採用を推進している．セキュリティ専門家が，関連する標準を認識し，関与する企業の現在のニーズに基づき，このようなシステムを作成および実装し，管理するために必要なアーキテクチャーの領域を理解することは意味がある．

5.3.10 資格情報管理システム

すべてのセキュリティ戦略の基礎は，ビジネスシステムやネットワークへのアクセスを制御する組織の能力である．事実上，すべてのアクセス制御は，ユーザー，アプリケーションおよびデバイスの妥当性を確認するための資格情報に依存している．組織は，アイデンティティを伝達し，そのアイデンティティに関連する資格の正当性と信頼のモデルを保証するために，様々なシステムと技術を採用している．一部の資格情報は組織内で最も価値のあるデータにアクセスするのに使用されるが，ほかの資格情報はより一般的な作業に使用される．いくつかは1年に1回，別のものは毎秒何千回も使用される．しかし，組織内の資格情報の数が増え，それが表すセキュリティモデルとポリシーの多様性が拡大するにつれて，従来のパスワード管理を超えた深刻なビジネス上の課題として，資格情報管理の問題が浮上している．

現在のオンライン環境において，個人は，Webサイトごとに1つのユーザー名とパスワードが必要で，相互に連携するWebサイトを利用するために，結果として，数十の異なるユーザー名とパスワードを維持するように求められている．このような複雑さは個人にとって負担となり，パスワードの再利用のような行動を促し，オンライン詐欺やID盗難を容易にしている．同時に，オンラインビジネスは，顧客のアカウントの管理，オンライン詐欺への対策および個人が新規のアカウントを作成したがらないことに起因するビジネスの喪失に対応するために，必要なコストの増加に直面している．さらに，企業と政府の双方は，相互作用する個人を効果的に特定できないため，オンラインで多くのサービスを提供することができない．偽装されたWebサイト，盗難されたパスワード，侵害されたアカウントは，すべて不適切な認証メカニズムの兆候である．

個人を確実に認証する方法が必要であるのと同様に，識別や認証が不要であったり，限られた情報しか必要としないインターネットトランザクションも多数存在している．個人のプライバシーを向上させ，市民の自由をサポートするためには，インターネットトランザクションの匿名性を維持することが不可欠である．それでもなお，個人や企業はオンラインバンキングや電子健康記録へのアクセスなど，特定の種類の機密性の高いトランザクションについて，互いのアイデンティティをチェックできる必要がある．

情報技術の複雑さが増しているため，多くの組織はアプリケーション固有のユーザーアカウントやアクセス制御の過剰さに関連する管理の増大に苦しんでいる．今日のモバイルワーカーは，いつでも，どこからでも重要な情報にアクセスする必要があるため，この問題はさらに複雑になる．マルウェア，フィッシング，ビッシング(Vishing)などの外部の脅威は，アイデンティティとアクセスの管理のソリューションを適切に選択することが重要となる環境を作り出している．組織は，より機密なアプリケーションやデータが必要とするセキュリティを損なうことなく，合理的なアクセスを可能にする，統一された堅牢なエンタープライズ全体のユーザー認証と認可のフレームワークを確立するように取り組んでいる．

セキュリティアーキテクトは，安全な資格情報管理システム（Credential Management System）を設計する必要がある．セキュリティ担当責任者は，エンタープライズ内にそれらを展開する必要があり，セキュリティ専門家はそれらをセキュアに管理する必要がある．すべてにとっての課題は，費用対効果の高い，適切な方法で行うことである．セキュアな資格情報管理のビジネス目標を達成するためには何が必要か？　セキュリティアーキテクトにとっての第一歩は，対処が必要なビジネス要件を理解することである．高位レベルの一般的要件の概要を以下に示す．

- 個人情報が公正かつ透明に処理されていると信頼できる個人のプライバシー保護．
- 今日よりも管理すべきパスワードやアカウントを少なくするように個人が決められる利便性．
- 紙ベースのプロセスおよびアカウント管理プロセスの削減により利益を受ける組織の効率性．
- 可能な限りアイデンティティソリューションを自動化し，操作が簡易な技術に基づくことによる使いやすさ．
- 犯罪者がオンライン取引を侵害することをより困難にするセキュリティ．
- デジタルアイデンティティが適切に保護され，よってオンラインサービスの利用が促進されるとの確信．
- 機密性の高いサービスに関連するリスクを低減し，サービスプロバイダーがオンラインプレゼンスを開発または拡張できるようにするイノベーション．
- サービスプロバイダーが異なる（が，相互運用性のある）ID資格情報とメディアを個人に提供できる選択肢．

要件が特定され，理解されたら，セキュリティアーキテクトは，事業影響度分析（Business Impact Analysis：BIA）を実施して，各ビジネスシステムにおける重要性と，各ビジネスシステムがどのように要件の影響を受けるかを理解する必要がある．その後，セキュリティアーキテクトがBIAの結果を使用して，資格情報管理システムの影響範囲や設計をさらに細分化して，洗練させることができる．セキュリティアーキテクトが設計を確定し，システムを実装する準備が整うと，セキュリティ担当責任者が引き継ぐことになる．

セキュリティ担当責任者は，セキュリティアーキテクトが設計したシステムを構築し，実装する責任がある．その際，セキュリティアーキテクトが作成した計画に従い，システムが仕様どおりに構築されていることを保証する必要がある．多くの資格情報管理システムは，次の機能や能力を備えて構築される．

▸ 履歴を残す

パスワードアーカイブは，必要に応じて古いパスワードにアクセスし，将来のパスワード再利用を防止する．

▸ 強力なパスワードを強制する

パスワードポリシーテンプレートを使用して，特定の複雑さの要件を満たす強力なパスワードを作成する．

▸ パスワードを容易に生成する

推測や回避が事実上不可能な複雑なパスワードを自動的に生成することで，セキュリティを強化する．

▸ パスワードを高速に検索する

高速インデックス検索システムを使用することで，数百または数千のパスワードを検索およびソートする時間を節約する．

▸ きめ細かいアクセス制御

- アクセス権を持つ人を制御する．責任を持つユーザーまたは役割によりアクセスを管理する．
- アクセスする内容を制御する．セキュリティ上の決定は，安全を要する区域ごとに行う．
- アクセスする方法を制御する．パスワードの管理およびアクセス時に認可されるアクセス許可を決定する．
- アクセス時間を制御する．権限のある人間が，ユーザーがパスワードにアクセスできる時間を決定する．

▸ アクセスを制限する

特定の人のみに監査レポートを実行させる，または実際のパスワードを見ることなくパスワードを使用することを許可する．

▸ すべてのパスワードを安全に保つ

資格情報を集中的に保存して暗号化し，常に保護され利用が可能な状態に保つ．

パスワードの簡単な移行：ビルトインのインポート／エクスポートツールを使用して，資格情報を資格情報管理システムの内外に簡単に移行できるようにする．

▸ 災害準備

バックアップツールと復元ツールを使用して，ユーザー，パスワード，アクセス許可およびポリシーを表すデータの完全性を維持する．

▸ 常にオン，常に利用可能

すべてのサポートプロセスとシステムが計画および管理にも確実に反映されることに加えて，構成可能なフェイルオーバーおよび冗長性機能を使用して，パスワードへのアクセスが常に利用できるようにする．

▸ 資格情報の制御を維持する

所有権と特権の変更を処理するための組み込み管理機能を活用し，必要に応じてパスワードの制御を取り戻せるようにする．

▸ アクセスを追跡し，監査する

重要な情報を収集することで活動のタイムラインを構築し，情報に基づいた意思決定を1箇所から行えるようにする．

セキュリティ担当責任者が資格情報管理システムを構築すると，システムの運用を監督するのはセキュリティ専門家の責任となる．セキュリティ担当責任者は，システムの日常的な管理者であり，システムを維持し，システムが正常に機能していることを保証するが，通常，システムを管理するためにセキュリティ専門家と連携する必要がある．セキュリティ専門家の役割は伝統的に監視機能の形をとっており，企業内でのシステムの利用を統制するために制定されたポリシーや基準に従って，日々の運用が行われるようにすることである．セキュリティ専門家は，職務を適切に行うために，企業内の資格情報管理システムの導入と維持に関連するリスクと利点を徹底的に理解しなければならない．資格情報管理システムに関連する一般的なリスクと利点を以下に示す．

- リスク

- 資格情報管理システムの制御を獲得した攻撃者は，潜在的に検知されることなくシステム侵害できる特権を有する，内部者になるための資格情報を発行することができる．
- 資格情報管理プロセスが侵害された場合，資格情報を再発行する必要があり，これは高価で時間のかかるプロセスとなる可能性がある．
- 資格情報の確認レートは大きく変動するため，資格情報管理システムのパフォーマンス特性を超えて，事業継続性を危うくする可能性がある．
- セキュリティと信頼モデルに関して，ビジネスアプリケーションのオーナーの期待が高まっており，資格情報管理は，コンプライアンス要求を危険にさらす可能性のある弱いリンクとなる可能性がある．

- 利点
  - より高い水準の保証を追加して，資格情報管理における投資の価値を最大化する．
  - 最先端のパフォーマンスとレジリエンスを確保しながら最高レベルのセキュリティ基準を満たす．
  - 資格情報管理システム全体で信頼の共通のベースラインを構築して，管理，コンプライアンスおよび監査を簡素化する．
  - より厳格な信頼モデルとポリシーをサポートすることで，企業の将来性を保証する．

資格情報管理システムを構想，設計，構築，展開，管理するための，セキュリティアーキテクト，セキュリティ担当責任者およびセキュリティ専門家による共同作業は，企業のアイデンティティ管理ライフサイクルを成功させる鍵となる．

資格情報管理のためのシステムアーキテクチャーの実例は，Microsoft Windowsオペレーティングシステムが資格情報管理に対処する方法を理解することにより見ることができる．

Windowsの資格情報管理は，オペレーティングシステムがサービスまたはユーザーから資格情報を受信し，その資格情報を将来の認証対象に利用するために管理するプロセスとなる．ドメインに参加したコンピュータの場合，認証対象はドメインコントローラーである．認証で使用される資格情報は，証明書，パスワードまたはPINなど，何らかの形での真正性証明にユーザーのアイデンティティを関連付けたデジタル文書である．

デフォルトでは，Windows資格情報は，ローカルコンピュータのセキュリティアカウントマネージャー(Security Accounts Manager：SAM)データベース，またはドメインに参加したコンピュータのActive Directoryに対して，Winlogonサービスを使用して妥当性が確認される．資格情報は，ログオンユーザーインターフェース上でのユーザー入力によって収集されるか，API(Application Programming Interface)を介してコード化され，認証対象に提示される．

ローカルセキュリティ情報は，HKEY_LOCAL_MACHINE¥SECURITYのレジストリーに格納される．保存された情報には，ポリシー設定，デフォルトのセキュリティ値およびキャッシュされたログオン資格情報などのアカウント情報が含まれる．これらは書き込み保護されているが，SAMのコピーもここに保存される．

Windowsの資格情報入力には2つのアーキテクチャーが存在する．Windows Server 2008とWindows Vistaでは，GINA(Graphical Identification and Authentication)アーキテクチャーモデルが資格情報プロバイダーモデルに置き換えられ，ログオンタイルを使用して様々なログオンタイプを列挙することができる．

コンポーネント	説明
ユーザーログオン	Winlogon.exeは，安全なユーザー対話の管理に責任を持つ実行可能ファイルである．Winlogonサービスは，セキュリティで保護されたデスクトップ(ログオンUI)のユーザーアクションによって収集された資格情報を，Secur32.dllを介してローカルセキュリティ機関(Local Security Authority：LSA)に渡すことによって，Windowsオペレーティングシステムのログオンプロセスを開始する．
アプリケーションログオン	対話型ログオンを必要としないアプリケーションログオンまたはサービスログオン．ユーザーが開始したほとんどのプロセスは，Secur32.dllを使用してユーザーモードで実行される．一方，起動時に開始されるプロセス(サービスなど)は，Ksecdd.sysを使用してカーネルモードで実行される．
Secur32.dll	認証プロセスの基盤となる複数の認証プロバイダー．
Lsasrv.dll	セキュリティポリシーを適用し，LSAのセキュリティパッケージマネージャーとして機能するLSAサーバーサービス．LSAには，どのプロトコルが成功するかを決定したあとに，NTLM(NT LAN Manager)またはKerberosプロトコルのいずれかを選択するNegotiate関数が含まれている．
セキュリティサポートプロバイダー	各認証プロトコルで個別に呼び出すことができる一連のプロバイダー．各バージョンのWindowsでプロバイダーのデフォルトセットを変更でき，カスタムプロバイダーを記述できる．
Netlogon.dll	Net Logonサービスが実行するサービスの中には，次のものがある． • コンピュータのセキュリティ保護されたチャネル(Schannelと混同しない)をドメインコントローラーに維持する． • セキュリティで保護されたチャネルを介して，ユーザーの資格情報をドメインコントローラーに渡し，ユーザーのドメインSID(セキュリティ識別子)とユーザー権限を返す． • DNSにサービスリソースレコードを公開し，DNSを使用して，名前をドメインコントローラーのIPアドレスに解決する．
Samsrv.dll	ローカルセキュリティアカウントを格納するSAMは，ローカルに保存されたポリシーを適用し，APIをサポートする．
レジストリー	SAMデータベースのコピー，ローカルセキュリティポリシーの設定，既定のセキュリティ評価，およびシステムにのみアクセス可能なアカウント情報が含まれている．

すべてのシステムの認証コンポーネント

▶GINAアーキテクチャー

GINA（Graphical Identification and Authentication）アーキテクチャーは，Windows Server 2003，Windows 2000 Server，Windows XPおよびWindows 2000 Professionalオペレーティングシステムに適用されている．これらのシステムでは，すべての対話型ログオンセッションでWinlogonサービスのインスタンスが個別に作成される．GINAアーキテクチャーは，Winlogonで使用されるプロセス空間にロードされ，資格情報を受け取り，処理し，LSALogonUserを介して認証インターフェースに対して呼び出しを行う．

対話型ログオンのWinlogonのインスタンスは，セッション0で実行される．セッション0は，ローカルセキュリティ機関（Local Security Authority：LSA）プロセスを含むシステムサービスおよびその他の重要なプロセスをホストするセッションである．

資格情報プロバイダー（Credential Provider）のアーキテクチャーは，Windows Server 2008 R2, Windows Server 2008, Windows 7およびWindows Vistaに適用されている．これらのシステムでは，資格情報入力アーキテクチャーは，資格情報プロバイダーを使用して拡張可能な設計に変更されている．これらのプロバイダーは，同じユーザーの異なるアカウントや，パスワード，スマートカード，バイオメトリックスなどの様々な認証方法の任意のログオンシナリオを許容する，セキュアなデスクトップ上の異なるログオンタイルによって表される．

資格情報プロバイダーのアーキテクチャーでは，WinlogonはSAS（Secure Attention Sequence）イベントを受信したあと，常にLogon UIを起動する．Logon UIは，プロバイダーにより列挙するように構成されている様々な資格情報タイプの数について，各資格情報プロバイダーに照会する．資格情報プロバイダーには，これらのタイルの1つをデフォルトとして指定するオプションがある．すべてのプロバイダーがタイルを列挙したら，Logon UIはそれらをユーザーに表示する．ユーザーは，タイルに自分の資格情報を提供する．Logon UIは認証のためにこれらの資格情報を送信する．

ハードウェアのサポートと組み合わせることで，Windowsの資格情報プロバイダーを追加し，バイオメトリックス（指紋，網膜または音声認識），パスワード，PINやスマートカード証明書，またはサードパーティの開発者が作成した任意のカスタム認証パッケージとスキーマを使用し，ログオンの際のユーザー認証を拡張することができる．セキュリティアーキテクトは，すべてのドメインユーザーに対してカスタム認証メカニズムを開発および展開し，ユーザーがこのカスタムログオンメカニズムを使用するよう明示的に求めることができる．

資格情報プロバイダーは強制メカニズムではない．これらは，資格情報を収集してシリアライズするために使用されている．Local Security Authority（LSA）と認証パッケージはセキュリティを適用している．

資格情報プロバイダーは，シングルサインオン（SSO）をサポートし，セキュリティで保護されたネットワークアクセスポイント（RADIUS［Remote Authentication Dial-in User Service］やその他の技術を活用する）やコンピュータログオンを認証するように設計することができる．資格情報プロバイダーは，アプリケーション固有の資格情報の収集をサポートするように設計されており，ネットワークリソースの認証，コンピュータのドメインへの参加またはユーザーアカウント制御（User Account Control：UAC）における管理者同意の提供に使用することができる．

資格情報プロバイダーはコンピュータに登録されており，以下に関する責任を持っている．

- 認証に必要な資格情報の記述
- 外部認証機関との通信とロジックの処理
- 対話型およびネットワークログオン用の資格情報のパッケージ化

対話型およびネットワークログオン用の資格情報パッケージ化には，シリアル化のプロセスが含まれる．資格情報のシリアル化により，ログオンUIに複数のログオンタイルが表示される．したがって，セキュリティアーキテクトは，カスタマイズされた資格情報プロバイダーを使用して，ユーザー，ログオンのターゲットシステム，ネットワークへの事前ログオンアクセス，ワークステーションのロック／ロック解除ポリシーなどのログオン画面を制御できる．同じコンピュータに複数の資格情報プロバイダーを共存させることができる．

シングルサインオンプロバイダーは，標準の資格情報プロバイダーまたは事前ログオンアクセスプロバイダー（Pre-Logon-Access Provider：PLAP）として開発できる．Windowsの各バージョンには，1つのデフォルトの資格情報プロバイダーと1つのデフォルトの事前ログオンアクセスプロバイダーが含まれている．

Windows Server 2008，Windows Server 2003，Windows VistaおよびWindows XPでは，コントロールパネルの「保存されたユーザー名とパスワード」ツールでパスワードを管理することで，スマートカードおよびWindows Live資格情報で使用されるX.509証明書を含む複数のログオン資格情報の管理と使用が簡素化されている．資格情報（ユーザーのプロファイルの一部）は，必要になるまで保存される．これにより，1つのパスワードが侵害されても，すべてのセキュリティが脅かされないようにすることで，リソースごとにセキュリティを強化することができる．

ユーザーがログオンし，サーバー上の共有リソースなど，パスワードで保護された追加のリソースにアクセスしようとした際，ユーザーのデフォルトのログオン資格情報でアクセスできない場合は，「保存されたユーザー名とパスワード」がクエリーされる．正しいログオン情報を持つ別の資格情報が保存されている場合，これらの資格情報がアクセスに使用される．それ以外の場合，ユーザーは新しい資格情報を入力するように求められる．新しい資格情報は，のちのログオンセッション中または後続のセッション中に再利用するために保存することができる．この場合，次の制限が適用される．

- 「保存されたユーザー名とパスワード」に，特定のリソース用の無効な資格情報または誤った資格情報が含まれていると，リソースへのアクセスが拒否され，「保存されたユーザー名とパスワード」ダイアログボックスは表示されない．
- 「保存されたユーザー名とパスワード」には，NTLM（NT LAN Manager），Kerberosプロトコル，Windows Live IDおよびSSL認証の資格情報のみが格納される．これとは別にMicrosoft Internet Explorerの一部のバージョンでは，基本認証用に独自のキャッシュを保持している．

これらの資格情報は，¥Documents and Settings¥Username¥Application Data¥Microsoft¥Credentialsディレクトリーのユーザーのローカルプロファイルに暗号化され，保存される．この結果，ユーザーのネットワークポリシーがローミングプロファイルをサポートしている場合，これらの資格情報はローミング可能となる．ただし，ユーザーが2台の異なるコンピュータに「保存されたユーザー名とパスワード」のコピーを持ち，これらのコンピュータのいずれかでリソースに関連付けられている資格情報を変更した場合，その変更は2台目のコンピュータの「保存されたユーザー名とパスワード」には反映されない．

Windows Server 2008 R2およびWindows 7では，ユーザー名とパスワードの格納と管理が，コントロールパネルの機能である資格情報マネージャー（Credential Manager）に統合されている．資格情報マネージャーを使用すると，ユーザーは安全なWindows Vault内に，ほかのシステムやWebサイトの資格情報を格納できる．Internet Explorerの一部のバージョンでは，この機能をWebサイトの認証に使用している．

資格情報マネージャーを使用した資格情報管理は，ローカルコンピュータ上のユーザーによって制御される．ユーザーは，サポートされているブラウザーとWindowsアプリケーションで資格情報を保存し，これらのリソースにアクセスする際に利用することで，利便性を向上させる．資格情報は，コンピュータ上の特別に暗号化されたフォルダにユーザーのプロファイルとして保存される．Webブラウザーやアプリケーションなど，（Credential Management APIを使用して）この機能をサポートするアプリケーションは，ログオン処理中にほかのコンピュータやWebサイトに正しい資格情報を提示することができる．

Webサイト，アプリケーションまたは別のコンピュータが，NTLMまたはKerberosプロトコルを使用して認証を要求すると，［デフォルトの資格情報の更新］または［資格情報の保存］のチェックボックスがユーザーに提示される．資格情報のローカルへの保存を要求するこのダイアログは，Credential Management APIをサポートするアプリケーションによって生成される．ユーザーが［パスワードの保存］チェックボックスをオンにすると，資格情報マネージャーは，使用中の認証サービスのユーザー名，パスワードおよび関連情報を追跡する．

次回，サービスが使用される時，資格情報マネージャーは自動的にWindows Vaultに保管されている資格情報を提供する．これらの情報が受け入れられない場合には，正しいアクセス情報の入力が求められる．新しい資格情報でアクセスが許可されると，資格情報マネージャーは前の資格情報を新しい資格情報で上書きし，新しい資格情報をWindows Vaultに保存する．

ユーザーは，アプリケーションまたは資格情報マネージャーのコントロールパネルアプレットを使用して，Windowsにパスワードを保存することを選択できる．これらの資格情報は，ハードディスクドライブに保存され，データ保護アプリケーションプログラミングインターフェース（Data Protection Application Programming Interface：DPAPI）を使用して保護される．特定のユーザーとして実行されているプログラムは，その保存された資格情報にアクセスすることができる．

資格情報マネージャーは，次の2つの方法で情報を取得できる．

1．**明示的作成**（Explicit Creation）＝ユーザーがターゲットコンピュータまたはドメインのユーザー名とパスワードを入力すると，その情報は保存され，ユーザーが適切なコンピュータにログオンしようとする際に使用される．保存された情報が利用可能でなく，ユーザーがユーザー名とパスワードを提供した場合は，その情報を記録することができ，ユーザーが情報の記録を決定すると，資格情報マネージャーはそれらを受け取り，保存する．

2．**システム投入**(System Population)＝オペレーティングシステムがネットワーク上の新しいコンピュータに接続しようとすると，現在のユーザー名とパスワードがコンピュータに提示される．これでアクセス権を提供するのに十分でない場合，資格情報マネージャーは必要なユーザー名とパスワードの入力を試みる．すべての保存されたユーザー名とパスワードが，最も限定的なものからそうでないものまで検査され，それらのユーザー名とパスワードを使用して順番に接続が試行される．ユーザー名とパスワードは，限定的なものからそうでないものまで順番に読み取られて適用されるため，個々のターゲットまたはドメインごとに複数のユーザー名とパスワードを格納することはできない．

Windows Server 2012 R2およびWindows 8.1では，資格情報の盗難を減らすために，資格情報保護とドメイン認証制御用として以下に説明する新機能が実装されている．

制限付き管理モード(Restricted Admin Mode)では，ユーザー資格情報をサーバーに送信せずに，リモートホストサーバーに対話的にログオンする方法を提供する．これにより，サーバーが侵害された場合に，ユーザーの資格情報が最初の接続プロセス中に収集されることを防ぐ．

管理者の資格情報でこのモードを使用すると，リモートデスクトップクライアントは，資格情報を送信せずにこのモードをサポートするホストに対話的にログオンしようとする．ホストが，それに接続するユーザーアカウントが管理者権限を持ち，制限付き管理モードをサポートしていることを確認すると，接続は成功する．それ以外の場合，接続の試行は失敗する．制限付き管理モードでは常に，プレーンテキストやその他の再利用可能な形式の資格情報をリモートコンピュータに送信しない．

Protected Usersセキュリティグループ．このドメイングローバルグループは，Windows Server 2012 R2およびWindows 8.1を実行しているデバイスおよびホストコンピュータに非構成可能な新しい保護を提供する．Protected Usersグループを使用すると，Windows Server 2012 R2ドメインのドメインコントローラーとドメインに対する追加の保護が有効になる．これにより，侵入されていないコンピュータからネットワーク上のコンピュータにユーザーがサインインする時に利用できる資格情報の種類が大幅に減少する．

Protected Usersグループのメンバーは，次の認証方法によってさらに制限される．

- Protected Usersグループのメンバーは，Kerberosプロトコルだけを使用してサインオンできる．NTLM，ダイジェスト認証，またはCredSSP（Credential Security Support Provider）を使用してアカウントを認証することはできない．Windows 8.1を実行しているデバイスでは，パスワードがキャッシュされないため，これらのセキュリティサポートプロバイダー（Security Support Provider：SSP）のいずれかを使用するデバイスは，そのアカウントがProtected Usersグループのメンバーである場合，そのドメインに対する認証に失敗する．
- Kerberosプロトコルは，事前認証プロセスの際に，セキュリティ強度の弱いDES（Data Encryption Standard）またはRC4暗号化タイプを許可しない．つまり，少なくともAES（Advanced Encryption Standard）暗号化スイートをサポートするようにドメインを設定する必要がある．
- ユーザーのアカウントは，Kerberos制限付きまたは制限なしの委任では委任できない．これは，ユーザーがProtected Usersグループのメンバーである場合，ほかのシステムへの以前の接続が失敗する可能性があることを意味する．
- デフォルトのKerberos TGT（Ticket-Granting Ticket：チケット許可チケット）の有効期間設定は，Active Directory管理センター（Active Directory Administrative Center：ADAC）を通じてアクセスされる認証ポリシーサイロを使用して，4時間に構成される．つまり，4時間が経過すると，ユーザーは再度認証する必要がある．

Microsoft社の仮想スマートカード技術は，2要素認証を使用することにより，物理スマートカードに匹敵するセキュリティ上の利点を提供することができる．仮想スマートカード（Virtual Smart Card）は物理スマートカードの機能をエミュレートするが，物理スマートカードと読み取り装置を使用する必要はなく，多くの組織のコンピュータで使用できるTPMチップを使用する．TPMに仮想スマートカードが作成され，認証に使用される鍵は暗号化保護されたハードウェアに格納される．

仮想スマートカードは，物理スマートカードと同じ暗号化機能を提供するTPMデバイスを利用することにより，非エクスポート性（Non-Exportability），分離暗号化（Isolated Cryptography），アンチハンマリング（Anti-Hammering）という3つの重要な特性を実現する．仮想スマートカードは物理スマートカードと機能的に同等であり，常に挿入されているスマートカードとしてWindowsに表示される．仮想スマートカードは，外部リソースへの認証，安全な暗号化によるデータ保護，信頼性の高い署名による完全性保護のために使用することができる．

米国において，連邦政府は近年のICAM（Identity, Credential, and Access Management）に関して進歩を遂げている．ICAMとは，デジタルアイデンティティとそれに関連する属性，資格情報，アクセス制御に関する，共通の包括的なアプローチとなる．国土安全保障大統領令12（Homeland Security Presidential Directive 12：HSPD 12）イニシアチブは，一般的な物理アクセスの資格と，安全で相互運用可能なオンライン取引を可能にする，共通の標準化されたID証明を提供する★19．さらに，追加の連邦政府のイニシアチブにより，ICAM戦略をサポートする次の基準とガイドラインが開発された★20．

- スマートアクセス共通IDカード：GSA，NIST（1998年）
- 連邦PKIポリシー機関（2002年）
- スマートIDカードに関するOMB（Office of Management and Budget：行政管理予算局）指令：HSPD 12（2004年）
- 連邦従業員および請負業者のPIV
- FIPS 201-1（2006年）
- FIPS 201-2（2011年）
- First Responder認証資格情報（First Responder Authentication Credential：FRAC）（2006年）
- 連邦アイデンティティ，資格認定およびアクセスの管理（Federal Identity, Credentialing and Access Management：FICAM）（2009年）
- サイバースペースポリシーレビュー（2009年）
- 非連邦発行者のPVIの相互運用性（PIV-I）（2009年）

米国では，オンライントランザクションが増加するにつれてサイバーセキュリティのリスクの高まりを認識し，ホワイトハウスは2011年4月に，「サイバースペースにおける信頼性の高いアイデンティティのための国家戦略―オンラインでの選択，効率性，セキュリティ，プライバシーを強化する―（National Strategy for Trusted Identities in Cyberspace: Enhancing Online Choice, Efficiency, Security, and Privacy：NSTIC）」の草案を公開している★21．この戦略は，サイバースペース内のアイデンティティに関連する信頼のレベルを上げることにより，オンライン詐欺や個人情報の盗難を減らすことを目的としている．NSTICは，電子商取引（オンラインバンキング，電子カルテへのアクセス，公的給付サービスへのアクセスなど）に関係する当事者が，既知のエンティティと相互作用し，高い信頼度を持ってやり取りするニーズについてまとめている．この戦略では，特定の種類のオンライントランザクションに関係する個人，組織，サービスおよびデバイスの定義済みIDに関連付けられた信頼レベルを上げるためのフレームワークが提示されている．

OCIO（Office of the Chief Information Officer）のICAM部門は，米国一般調達局（GSA）がNSTICやOMB覚書11-11（M-11-11）を満たし，GSAアクセスカードを使用して，GSA施設および情報システムにアクセスするためのソリューションを作成した★22．

GSA資格情報とアイデンティティ管理システム（GSA Credential and Identity Management System：GCIMS）は，GSAの人員，職場，資格情報に関して信頼できる情報を提供する，GSAの内部Webデータベースである．GCIMSデータベースは，バックグラウンド調査と資格認定プロセスの管理と追跡を合理化し，人事情報のリポジトリーとして機能する．さらに，GSAの人員はGCIMSを使用して連絡先情報を更新する．

GSAアクセスの管理システム（GSA Access Management System：GAMS）は，GSA従業員および請負業者がGSA作業場所でコンピュータにログインするか，GSAアクセスカードを使用して，VPN（Virtual Private Network：仮想プライベートネットワーク）経由でリモートログインできるようにするための論理アクセス制御システム（Logical Access Control System：LACS）である．このシステムは，アプリケーションビジネスオーナーが，ユーザーアクセス要求を検証して認可するための共有のアイデンティティとアクセスの管理サービスを提供する．これには次のようなメリットがある．

- シングルサインオンの提供：GSAアクセスカードとPINで一度ログオンすることで，複数のITアプリケーションにアクセスすることが可能となる．
- セルフサービス機能の提供：GAMS要求は，アクセス要求が完了した時に要求者に送信される承認チェーンと通知を介してルーティングされる．
- 権限のないアクセスからの保護：アプリケーションビジネスオーナーは，ユーザーの属性に基づいてポリシーをカスタマイズし，ユーザーがアクセスできるリソースを決定することができる．
- 監査報告時間の短縮：単一の監査データベースを検索して，成功／失敗したログオン試行を含むユーザーのアクセス特権を照会することができる．
- IDデータの再利用：ユーザーのアクセス特権は，単一のIDにマップされ，GSAが同じデータを複数回収集するのを防ぐことができる．
- 従業員および請負人の受け入れの迅速化：自動承認プロセスを提供し，新規スタッフのアクセス特権および退社するスタッフの自動削除プロセスを提供する．

物理アクセスシステム（Physical Access System：PACS）：ICAM部門は，ほかのGSAオフィスと協力して，GSA施設にアクセスする個人が，その周辺および特定の内部区域で，適切に承認され，認可され，資格認定されていることを確認している．プログラムの最も主要なアプリケーションは，GSAアクセスカードの発行とその基礎となる認証プロセスである．GSAアクセスカードプロセスは，各機関に対して，広く一貫性のある，物理アクセス基準のアプリケーションをサポートする．このプログラムは，GSAで継続的にレビューと開発が行われており，アクセスを管理する連邦標準が開発，実装または改訂されている．プログラムの動的な性質は，ハードウェアとソフトウェアがアップグレードされ，プロトコルが進歩するように，技術によっても促進されている．

資格情報管理システムを特徴づける上述のいくつかの例は，セキュリティアーキテクトやセキュリティ担当責任者およびセキュリティ専門家にとって，役立つ事例となっている．Windows Serverおよびクライアントオペレーティングシステムがアーキテクチャー内の資格認定プロセスを実装および管理する方法についての議論は，セキュリティアーキテクトがWindowsプラットフォーム上のシステム設計に使用できる様々なオプションを理解するのに役立つ．セキュリティ担当責任者は，実装の一部として対処しなければならない利用可能なシステムオプションの技術的理解も収集することができ，セキュリティ専門家はプラットフォームによって利用可能なオプションを理解でき，その結果，選択されたプラットフォームに基づいて，どのオプションが実装されているかを認識することができる．OCIOのICAM部門が米国GSAを支援して，GSAの運用地域全体で資格情報管理を実装した方法についての議論は，セキュリティアーキテクトがエンタープライズの資格情報管理に関するマルチレベルアーキテクチャーの姿を理解するのに役立つ．集中的なWebデータベース，論理アクセス制御システムおよび物理アクセス制御システムをアーキテクチャー全体の設計の一部として組み込むことで，セキュリティアーキテクトは，これらの要素のすべてが相互作用し，相互にサポートし，強化する方法を確認することができる．セキュリティ担当責任者とセキュリティ専門家は，この種の統合アーキテクチャーの管理だけでなく，設計と実装についても貴重な洞察を得ることができる．

5.4 サービスとしてのアイデンティティ

サービスとしてのアイデンティティ（Identity as a Service：IDaaS）は，アイデンティティおよびアクセスの管理機能を仲介するクラウドベースのサービスであり，顧客の内部環境およびクラウド上のシステムが対象となる．IDaaSは，アカウントの管理とプロビジョニング，認証と認可およびレポート機能の組み合わせとなっている．クラウドベースのIAM（Identity and Access Management）は，SaaS（Software as a Service）アプリケーションや内部アプリケーションの管理にも使用することができる．Gartner社（ガートナー）によると，IDaaSの機能には次のものが含まれる★23．

- **アイデンティティガバナンスと管理**（Identity Governance and Administration：IGA）＝これには，サービスが保持するアイデンティティをターゲットアプリケーションに提供する機能が含まれる．
- **アクセス**（Access）＝これには，ユーザー認証，シングルサインオンおよび認可の実行が含まれる．
- **インテリジェンス**（Intelligence）＝これには，イベントのロギングと，誰が何にいつアクセスしたかなどの質問に答えるレポートを提供する機能が含まれる．

IDaaSは，アイデンティティ（情報）の管理をデジタルエンティティとして提供する．このアイデンティティは，電子取引で使用することができる．アイデンティティは，何らかに関連付けられた一連の属性を参照し，それを認識可能にする．すべてのオブジェクトは同じ属性を持つことができるが，そのアイデンティティは同じにはならない．この一意のアイデンティティは，1つ以上の一意の識別属性を使用して割り当てられる．アイデンティティサービスは，Webサイト，トランザクション，トランザクション参加者，クライアントなどのサービスを有効にするために導入することができる．

ほとんどのクラウド型のアイデンティティとアクセスの管理システムに共通する機能と利点は次のとおりである．

1．**シングルサインオン認証**（Single Sign-On［SSO］Authentication）＝主要なサービスの1つは，提供された資格情報に基づいてユーザーを認証し，ユーザーが各サービスに資格情報を繰り返し提供せずに，複数の（内部および外部の）サービスにアクセスできるようにする機能である．
2．**フェデレーション**（Federation）＝フェデレーションIDとは，複数のアイデンティティ管理システムからアイデンティティおよび認可設定を収集し，異なるシステムでユーザーの機能とアクセスを定義できるようにすることである．アイデンティティと認可は，複数の信頼できるソース間で共有され，連携される．フェデレーションIDは，認証とシングルサインオンのスーパーセットとなる．フェデレーションは，シングルサインオンとWebサービスの推進エンジンとして進歩を遂げた．そのコアアーキテクチャーは，クラウドアプリケーションやデータを活用しながら，ユーザーアカウントについては社内管理を維持するという，より厄介なクラウドの問題に対して，企業を支援するのに役立っている．

3．**細分化された認可制御**(Granular Authorization Controls)＝アクセス制御は，一般的には「全か無か」の命題とはならない．各ユーザーは，クラウドに格納された機能やデータのサブセットへのアクセスが許可される．認可マップは，各ユーザーにどのリソースを提供するかをアプリケーションに指示するものである．セキュリティ専門家が各ユーザーのアクセスに対してどれだけの制御を行うかは，クラウドサービスプロバイダーの機能とIAMシステムの機能に依存する．業界の動向では，より細かいアクセス制御を行うことと，コードから可能な限りアクセスポリシーを除くことに焦点が当たっている．言い換えれば，役割は必要であるが，認可のためには十分ではない(属性が必要)ということである．

4．**管理**(Administration)＝管理者は通常，ユーザーを管理し，複数のサービス間でアイデンティティを管理するために単一の管理ペインを使用することを好む．ほとんどのクラウドIAMシステムの目標はこれと一致するが，異なるアイデンティティ管理機関から引き続きデータを入手しながら，異なるアプリケーション間での権限を細かく調整していく必要がある．

5．**内部ディレクトリーサービスとの統合**(Integration with Internal Directory Services)＝クラウドIAMシステムは，社内のLDAP，Active Directory，HR(Human Resources)システムなどのサービスと統合することにより，既存の従業員ID，役割およびグループをクラウドサービスに複製する．社内IAMサービスは社内アイデンティティに関しての中心的な存在のままであるが，クラウドアクセスの管理責任についてはクラウドIAMサービスに委任することになる．

6．**外部サービスとの統合**(Integration with External Services)＝クラウドIAMプロバイダーのコアメリットの1つは，それが一般的なクラウドサービスへのコネクターを提供するため，独自の統合コードを記述する必要がないことである．一般的なSaaS，PaaS(Platform as a Service)およびIaaS(Infrastructure as a Service)ベンダーとの事前構築済みのコネクションを提供することにより，新しいサービスとの統合がより簡単かつ迅速になる．

その他の機能としては，多要素認証のサポート，モバイルユーザーの統合および複数のユーザーペルソナ（モデルユーザー）のサポートが含まれる．これらの機能は，従来のアイデンティティ管理をクラウドサービスに結びつけるのに役立つ．しかし，ベンダーがこれらの課題を解決しようとする一方で，クラウドIAMは新しい問題をいくつか生み出している．

1．**API**＝IAMベンダーは最も一般的なクラウドサービスへのコネクターを提供しているが，必要なすべてのコネクターを提供するわけではない．セキュリティアーキテクトは，カスタムコネクターを構築するため，IAMベンダーと独自の統合または契約を行う必要がある．これにより，サードパーティの開発者を追加し，限られたアクセス権を与えるという新たな課題が生じる．
2．**認可マッピング**（Authorization Mapping）＝認可ルールを規定するためには多くの方法がある（役割別，属性別など）．すでに企業内に存在する既存のアクセスルールは，クラウドサービスプロバイダーのために書き直す必要がある．
3．**監査**（Audit）＝社内システムは，ログ管理システムやSIEMシステムと連携してコンプライアンスレポートを作成し，セキュリティ関連のイベントの監視と検出を行うことができる．クラウドサービスプロバイダーから監査ログを取得することについては課題が残っている．マルチテナントモデルでは，ログの提供により，ほかの顧客のデータを開示することになるため，全部のログを提供することはできない．
4．**プライバシー**（Privacy）＝ユーザー，ユーザー属性およびその他の情報は，企業ネットワークの外にある，1つまたは複数のクラウドデータリポジトリーにプッシュされる．外部リポジトリーのセキュリティとプライバシーのコントロールは，セキュリティ担当責任者の管理下にあるわけではないため，セキュリティアーキテクトは，ベンダーが提供するものと提供しないものを調査する必要がある．
5．**レイテンシー**（Latency）＝内部IAMからクラウドIAMへのルールの変更を伝播するのに時間がかかることがある．例えば，従業員が解雇されたり，アクセス権限が低下したりした場合，社内ルールの変更とクラウドサービスの変更の実行とに遅れが生じる可能性がある．レイテンシーは，IAMプロバイダーとクラウドサービスプロバイダーの両方で議論する対象となる．

6．**アプリケーションのアイデンティティ**（App Identity）＝ユーザーがログインしたあと，使用しているアプリケーションの検証を実施しなければならないことがある．あるいは，ミドルウェアだけでユーザーが存在しない場合もある．しかし，その要求はどこから来るのか？　今日の多くのアプリケーションでは，サービスを呼び出す方法を知っている限り，中程度のレベルの認証であっても，クライアントを検証しないというのがその答えになる．

7．**モバイル**（Mobile）＝セキュリティチームは今後も，クラウドとモバイル機器の発展に伴う結果を取り込み続けるが，これらの分野では常に新しいパラダイムが登場するため，技術が停滞することはない．モバイルとクラウドのハイブリッド化，あるいはBYOC（Bring Your Own Cloud）は特に顕著で，クラウドクライアントがモバイル化する可能性は高い．その結果，セキュリティアーキテクト，セキュリティ担当責任者およびセキュリティ専門家にとって，管理するアカウントシステムとドメインはまた新たなものになることを意味する．

IDaaSは，より大きな多層セキュリティ戦略のコンポーネントとなる．主な役割は，ユーザーの資格情報の作成と，特定の権限バケットへの割り当てを管理することである．このプロビジョニングは，ユーザーが組織内で保持する1つまたは複数の役割に基づいている．また，IDaaSは，特定のアプリケーション間のフェデレーション接続を調整するだけでなく，企業全体でパスワードとその同期を管理する．アイデンティティ管理において規定されているルールを執行するのは，アクセスの管理（SaaSおよびWebシングルサインオン，多要素認証）である．

セキュリティ専門家は，企業におけるアイデンティティ管理の全体的なアプローチの一環としてIDaaSを検討する必要がある．IDaaSの実装は，一連のコア領域にわたって，以下で説明するように一般的に差別化されると考えられる．

- **ソリューションの範囲**（Scope of Solution）＝セキュリティ専門家は，提案されたIDaaSが取って代わる社内の技術とプロセスのリストを検討する必要がある．概念的には，IDaaSは，企業がインストールする必要があるアイデンティティ管理インフラストラクチャーの負担を，可能な限り軽くするように努める．しかし，固有の要件を持つ組織では，よりハイブリッドなモデルを構築し，社内にいくつかの仕組みを保持する柔軟性を望む場合がある．
- **目的・意図**（Intent）＝実装が解決を目指す特定の問題．IDaaS製品は一般的に，顧客または顧客のタイプが直面する特定の課題を解決するために開発されている．例えば，企業の規模に応じた一般的なアプローチを採る企業もあれば，ヘルスケアなどの特定の市場セグメントに対応している企業もある．通常，垂直に展開されたソリューションが大衆に適用されることはあまりないが，それが意図している特定のシナリオではより強力なものとなる．収れんの容易さに焦点を当てているものもあれば，深みと柔軟性に向かうものもある．

- **実装**(Implementation)＝提案されたソリューションを達成するために使用される技術と実行．IDaaSは分類上クラウドに属しているが，各実装では，セキュリティアーキテクトとセキュリティ専門家が，設定，使用および事前設定されたポリシーの適用において，状況に応じたアプローチを採らなければならない場合がある．さらに，どのように統合するか，それがどれくらいうまくいくのか，サードパーティのコンポーネントがサービスでホストされるか，されないかなども，異なる可能性がある，どのIDaaS製品が最適かを判断するには，ソリューション要件を完全に開発することが重要になる．さらに，セキュリティアクターは，IDaaSが従来のシステムアーキテクチャー(伝統的およびクラウドベースの両方)にもたらす複雑さの影響を完全に理解する必要がある．
- **認証**(Certification)＝認められた第三者による達成度評価．おそらく，資格認定市場で最も一般的な誤解は，認証が自動的に相応のセキュリティレベルと同等であるという思い込みである．認証は一連の基準が満たされていることを証明しているが，セキュリティは動的であり，認証は通常，狭い範囲の意味となる．現実には，セキュリティアーキテクトによるセキュリティの全体的な達成ではなく，認証は最小限の出発点とみなす必要がある．
- **基準**(Standards)＝オープンおよびパブリックドメインの基準への準拠．これは，もう1つの重要な領域である．基準は，システム運用に重要な意味を持つ可能性がある．したがって，セキュリティアーキテクトは，短期および長期の彼らのビジネスにとって理にかなった基準があれば，それを丹念にレビューする必要がある．

セキュリティアーキテクト，セキュリティ担当責任者およびセキュリティ専門家は，企業全体で安全かつ費用対効果の高い方法で実装するために，IDasSの様々な側面を理解する必要がある．以下の推奨事項は，活動に焦点を当てるのに役立つ．

まず，簡単なコスト削減額を確認する必要がある．その際，組織の規模が重要となるが，中小規模の組織では，最も高価なIDaaSソリューションでさえ，アイデンティティ管理を社内ソリューションで実現するよりも安価になる可能性がある．また，IDaaSでは，従来のように永久ライセンスとバックエンドインフラストラクチャーのコストにより，構築した初期に費用が集中するのではなく，年間コストとして，通年に分散される．しかし，数万人のユーザーを抱える非常に大規模な組織の場合，IDaaSと社内ソリューションのコストの数字が一致し始める．社内モデルに費やす費用の方が小さい大規模の組織でも，購入資産の減価償却に対してサービス利用料のほうが財務的にメリットがあるため，IDaaSを選択する可能性があることに注意することが重要である．セキュリティアーキテクトは，これらの問題を認識し，アイデンティティ管理アーキテクチャーの初期計画段階で考慮することが重要となる．

有形資産と無形資産の両方に焦点を当てる．IDaaSの本質は，下位レベルのコンポーネントからユーザーとオペレーターを解放し，進行中のほとんどのことが容易に見えないようにすることである．例えば，ソリューションに鍵管理機能がある場合，たとえサービスがハードウェアセキュリティモジュールを使用しているとしても，鍵がどう取り扱われているかをどのようにして知ることができるだろうか？セキュリティアーキテクトは単に機能だけではなく，無形資産を掘り下げて，提供されるものに内在するリスクとメリットを確実に理解するために，見える形や見えない形で特定の提供物にどのようなものが含まれているかを知る必要がある．

製品の比較にこだわらないようにする．ある製品と別の製品を比較する必要がある場合，セキュリティ専門家が比較することに執着して，要件やベンチマーキングの明確な定義の開発を見失うことが多々ある．比較は相対的なものであるが，内部の要件に対してはかなり透過的である．

すぐに使えることを前提にすべきではない．IDaaSがインフラストラクチャーの導入を大幅に排除するため，セキュリティアーキテクトは，スイッチを入れるとすぐに起動できるとしばしば想定している．これは，サービスが本当にすぐに使えるマルチテナントシステムである場合に部分的に真となる．ただし，ワークフローの決定，ポリシーの設定，クライアントへの展開，品質保証の確保，通知とサポートプロセスの構築，サービスのインフラストラクチャーへの統合は，すべて時間がかかる可能性がある．サービスプロバイダーに対して精査を実施して，インフラストラクチャーのセキュリティがどのように確保されているかについて，十分に理解することにも時間がかかる．スケジューリング，リソースの調整およびこれらのことを行うための承認の取得に軽く数カ月はかかり，そしてようやく，初期の限られた実稼働環境を超えた本格展開が可能となる．

以下に，実稼働環境でのIDaaSの使用例を示す．

米国バージニア州マクリーンに本社を置く，セキュアな企業向けソリューションのプロバイダーであるWidePoint社（ワイドポイント）は2014年1月，すべてのタイプのモバイル機器に安全なデジタル証明書を提供するクラウドベースのIDaaSの提供を開始した★24．同社のIDaaS証明書オンチップサービスは，単純なユーザー名とパスワードベースのVPNソリューションを超えて，連邦政府が保証する情報セキュリティレベルを提供することができる．このサービスにより，IT管理者は，接続を確立するために使用されている特定のBYOD（Bring Your Own Device）ユーザーデバイスに基づいて，従業員，コンサルタント，パートナーに異なるレベルのアクセス権を割り当てることができる．このサービスは，機関に以下のことを可能にすることによって，モバイル取引の情報セキュリティを強化し，政府のネットワークとデータベースへのアクセスを可能としている．

- 独自のソフトウェアクライアントなしで，組織のネットワークとモバイルまたは自宅勤務の従業員が使用するデバイスとの間に，安全なVPN接続を可能にする．
- 従業員が機密データを，許可され，適切に設定され，保護されたデバイスにのみダウンロードできるようにする．
- 紛失したデバイス，盗まれたデバイス，または組織を辞めた従業員に属していたデバイスの証明書を遠隔から失効させる．

5.5 第三者アイデンティティサービスの統合

クラウドコンピューティングリソースへのユーザーアクセスを社内で管理することは可能であるが，統合の複雑さと管理コストを考慮する必要がある．ほとんどの組織，特に企業では，これらの不都合が利益を上回ることになる．同様の理由（オンデマンドサービス，弾力性，幅広いネットワークアクセス，設備投資の削減，総コストなどを含む）で，企業は社内サービスの代わりにクラウドコンピューティングサービスを採用するとともに，第三者クラウドサービスを活用してアイデンティティ管理とアクセスの管理を行っている．

クラウドコンピューティングサービスは，アイデンティティ管理を一新した．大きな転換が3つの主要な部分に到来した．それは，IT部門がもはや組織の信頼するサーバーやアプリケーションを所有していないこと，プロバイダー機能が既存の社内システムと完全には互換性がないこと，ユーザーがクラウドサービスを利用する方法も根本的に変化していることである．実際，従業員は，社内のITシステムにまったく触れることなく，企業クラウドサービスを利用している．ほとんどすべての企業がSaaSを使用し，多くの企業はプラットフォームとインフラストラクチャーのサービス（それぞれPaaSとIaaS）も使用しているが，IAMへのアプローチはそれぞれ独自である．企業環境の外に従来の企業のアイデンティティサービスを拡張することは容易ではなく，既存のIAMシステムをクラウドサービスプロバイダーと統合する必要がある．ほとんどの企業は，多数のクラウドサービスプロバイダーに依存しており，それぞれが異なるアイデンティティと認可の機能を持ち，異なるプログラムやWebインターフェースを使用している．セキュリティアーキテクトとセキュリティ担当責任者は，各サービスプロバイダーとのリンクを開発して維持するために時間，労力，コストがかかり，困惑している．

セキュリティアーキテクトがこの分野で直面している課題の具体的な例は，Microsoft社，Amazon.com社またはOracle社（オラクル）など，企業向けにサービスを提供するクラウドサービスディレクトリープロバイダーを調べることで説明できる．最初に必要となるのは，ディレクトリーサービスとは何か，それが何をするための機能を提供するのかという基本的な業務の定義である．会社のディレクトリーとは伝統的に，アプリケーションを使用するためにサインインできるユーザーや検索できるユーザーのリストを定義し，それにより電子メールを送信したり，ドキュメントにアクセス権を与えたりすることができる．この定義から検討して，従来のユーザーアカウント管理の方法がクラウドベースになった企業ではどのように異なるかを調べてみる．

Microsoft社のOffice 365などのクラウドベースのアプリケーションとディレクトリーソリューションで，ユーザーアカウントを管理するには3つの方法がある．

1．**クラウドアイデンティティ**（Cloud Identity）＝ユーザーはOffice 365で作成および管理され，Windows Azure Active Directory（AD）に格納される．ほかのディレクトリーへの接続はない．

　クラウドアイデンティティには統合要件がない．各ユーザーはクラウドで一度作成され，アカウントはWindows Azure ADにのみ存在する．

2．**ディレクトリー同期**（Directory Synchronization）＝ユーザーはオンプレミスのアイデンティティプロバイダーで作成および管理され，Windows Azure ADに同期され，Office 365へのログインに使用される．

ディレクトリー同期は，既存のオンプレミスディレクトリーを使用してWindows Azure ADに同期することで行われる．この同期は，ディレクトリー同期ツールを使用してオンプレミスのActive Directoryから行うことも，PowerShellとAzure AD Graph APIを使用して非ADのオンプレミスディレクトリーから行うこともできる．同期とは，アカウントがオンプレミスで管理され，Office 365クラウドインターフェースを通じてはプロパティが編集できないことを意味する．Active Directoryでディレクトリー同期ツールを使用する場合は，パスワードハッシュを同期して，ユーザーが社内およびクラウド内で同じパスワードでログインできるようにすることもできる．

3．**フェデレーションID**（Federated Identity）＝ディレクトリー同期に加えて，ログイン要求はオンプレミスのアイデンティティプロバイダーによって処理される．フェデレーションIDは通常，シングルサインオンの実装に使用される．

フェデレーションでは，フェデレーションIDプロバイダーを使用してユーザーのパスワードチェックを行うことで，ユーザーがサインインすることができる．ディレクトリー同期は，クラウドベースのディレクトリーを活用するための前提条件としても必要になる．フェデレーションIDを使用する場合，Office 365の多くの顧客は，オンプレミスのMicrosoft Active Directoryインフラストラクチャーでのログインパスワードチェックを管理するActive Directory Federation Serviceを使用する．一部の顧客は第三者のアイデンティティプロバイダーを使用しており，Microsoft社ではOffice 365をサポートするために，様々な公認の第三者アイデンティティプロバイダーと接続している．フェデレーションのオプションは次のとおりである．

- Active Directory Federation Serviceを使用するMicrosoft Active Directory.
- Works with Office 365-Identityプログラムで認定された第三者のWS-*ベースのアイデンティティプロバイダー．
- Shibboleth（シボレス）アイデンティティプロバイダー．ShibbolethはSAML 2.0のアイデンティティプロバイダーである．

さらに，第三者アイデンティティプロバイダーを優先セキュリティトークンサービス（Security Token Service：STS）として使用することによって，Active Directoryユーザーにシングルサインオン体験を提供したいMicrosoftクラウドサービスの管理者は，以下に示すプロバイダーを使用できる．

- Optimal IdM Virtual Identity Server Federation Services
- PingFederate® 6.11
- Centrify
- IBM Tivoli Federated Identity Manager 6.2.2
- SecureAuth IdP 7.2.0
- CA SiteMinder 12.52
- RadiantOne Cloud Federation Service（CFS）3.0
- Okta
- OneLogin

調べる価値のあるもう1つの例は，AWSのIAM（Identity and Access Management）サービスである．このサービスはAmazon.com社，Facebook社（フェイスブック），Google社（グーグル）のIdentity Federationをサポートしており，開発者はこれらのサービスを使用する人々に一時的な認可を与えることができる．サーバー側のすべてのコードは，アプリケーションの長期的な資格情報なしで管理される．このサービスでは，Amazon.com社，Facebook社またはGoogle社が認証した顧客の一時的なセキュリティ資格情報を許可する，新しいAWS Security Token Service（STS）APIが導入されている．AWSのブログによれば，「アプリケーションは，Amazon Simple Storage Service（S3）オブジェクト，DynamoDBテーブル，Amazon Simple Queue Serviceキューなどのリソースにアクセスするために，一時的なセキュリティ資格情報を使用できる」★25という．

もう1つの例として，Oracle Identity Managementプラットフォームでは，組織が，ファイアウォール内およびクラウド内のすべてのエンタープライズリソースにわたるユーザーIDのエンド・ツー・エンド・ライフサイクルを効果的に管理できるようになる．Oracle Identity Managementプラットフォームは，アイデンティティガバナンス，アクセスの管理およびディレクトリーサービスのためのスケーラブルなソリューションを提供する．この最新のプラットフォームは，企業がセキュリティを強化し，コンプライアンスを簡素化し，モバイルおよびソーシャルアクセスによりビジネス機会を獲得するのに役立つ．

オーストラリア政府による例として，政府サービスへのアクセスを促進するイニシアチブである認証サービスの提供に対する主導機関のアプローチも興味深い．このイニシアチブは，新しい認証インフラストラクチャーへの投資を最小限に抑え，政府サービスへのアクセスに必要な認証資格情報の数を減らすことで，使いやすさを最大限に高める．さらに，オーストラリアには，パーソナルデータ保管庫，デジタルメールボックス，データ検証，認証サービスなどの幅広いオンラインサービス向けの商用プロバイダー市場が新たに出現している．保証フレームワークは，プロバイダーが実証する必要がある保証レベルと，必要な保証レベルを提供するためにプロバイダーが満たすべき基準を，機関が決定するためのガイダンスを提供している．このフレームワークの根底にある前提は，機関の要件の理解に基づいて，個人は，オンライン政府サービスにアクセスするために，認定サービスプロバイダーによって提供されるサービスを使用することを選択できるということである．同様に，重要な前提は，個人が必要とする官庁サービスにアクセスするために，複数の資格情報の保持を強制されるべきではないということである．保証フレームワークは，既存のオーストラリア政府のセキュリティフレームワークによって支えられており，既存のアイデンティティ管理ポリシーの枠組みおよび標準によって周知されている．1人の個人情報の価値は，プロバイダーによって認識され，機関の要件を満たすプライバシーおよびリスクベースのセキュリティコントロールの開発に反映されなければならない．

アイデンティティとそれを管理する能力は，すべてのシステムにわたり，企業のセキュリティにとってますます重要になってきている．明らかなのは，Ping Identity社（ピン・アイデンティティ）などの第三者アイデンティティプロバイダーと，ユーザーが自分の個人データを制御できるようにするパーソナルクラウドサービスForeverなどのサービスの必要性である．ForeverはKynetx社☆2によって提供され，ブラウザー，携帯電話，デスクトップで動作する，コンテキストを意識したアプリケーションを提供している★26．Janrain社（ジャンレイン）などのほかのサードパーティ製サービスは，アイデンティティブローカーとして機能することで多く利用されている．Symplified社（シンプリファイド）やOkta社（オクタ）などのエンタープライズアプリケーションプロバイダーは，アイデンティティサービスも提供するSaaSプロバイダーである★27．

5.6 認可メカニズムの実装と管理

5.6.1 ロールベースのアクセス制御

図5.13に示すように，ロールベースのアクセス制御（Role-Based Access Control：RBAC）モデルは，ユーザーが組織内で割り当てられている役割（または機能）に基づいてアクセス制御の認可を行う．リソースへのアクセス権を持つロールの決定は，任意ア

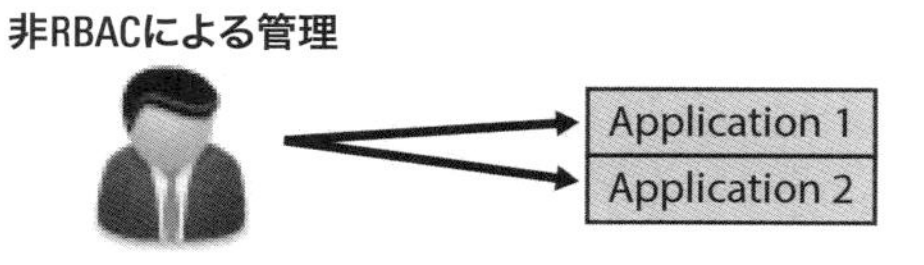

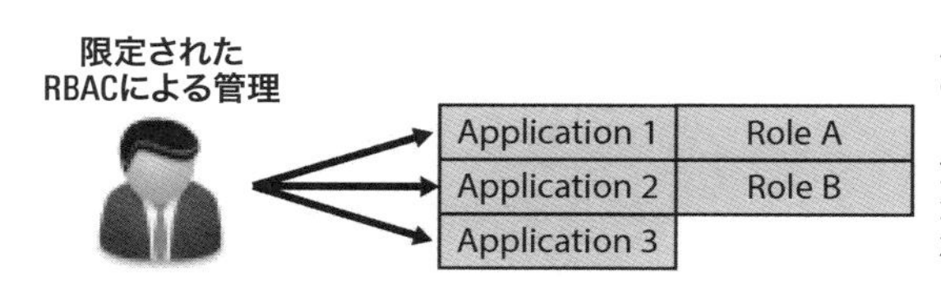

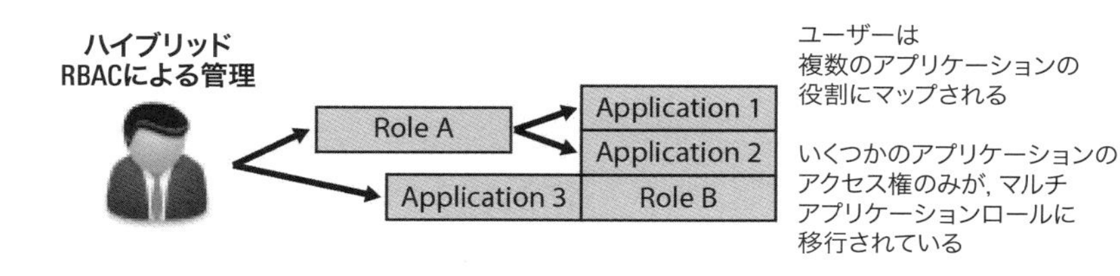

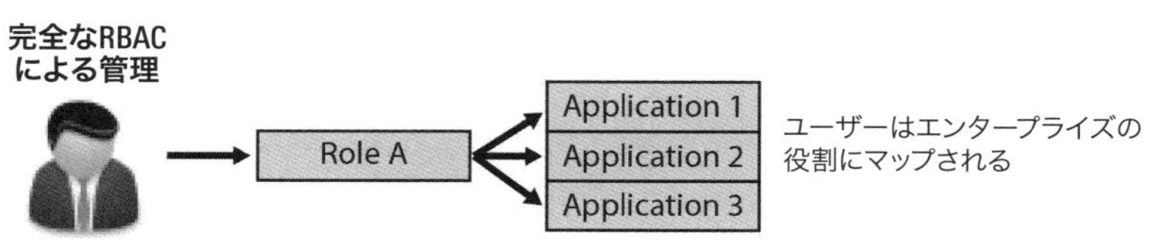

図5.13 ロールベースのアクセス制御のアーキテクチャー

クセス制御のようにデータのオーナーによって管理されるか，強制アクセス制御のようにポリシーに基づいて適用される．

アクセス制御の決定は，ポリシーによって事前に定義され，管理されているジョブ機能に基づいており，各ロール（ジョブ機能）には独自のアクセス機能がある．ロールに関連付けられたオブジェクトは，そのロールに割り当てられた権限を継承する．これは，ユーザーのグループにも当てはまり，管理者はユーザーをグループに割り当てたり，グループをロールに割り当てたりすることで，アクセス制御戦略を簡略化することができる．

RBACにはいくつかのアプローチがある．多くのシステム制御と同様に，それらがコンピュータシステム内でどのように適用できるかについてのバリエーションがある．図5.13に示すように，RBACアーキテクチャーには4つの基本的な方式がある．

1．**非RBAC**（Non-RBAC）＝非RBACは単に，アクセス制御リスト（Access Control List：ACL）などの従来のマッピングによるデータまたはアプリケーションへのユーザー許可アクセスである．個別のユーザーにより特定されたもの以外のマッピングに関連付けられた正式な「役割」はない．
2．**限定されたRBAC**（Limited RBAC）＝限定されたRBACは，ユーザーが組織全体の役割構造ではなく，単一のアプリケーション内の役割にマップされている場合に実現される．限定されたRBACシステムのユーザーは，非RBACベースのアプリケーションまたはデータにもアクセスできる．例えば，ユーザーは複数のアプリケーション内の複数の役割に割り当てられ，さらに，割り当てられた役割とは独立した別のアプリケーションまたはシステムに直接アクセスすることができる．限定されたRBACの重要な属性は，そのユーザーの役割がアプリケーション内で定義され，必ずしもユーザーの組織の職務機能に基づいているとは限らないことである．
3．**ハイブリッドRBAC**（Hybrid RBAC）＝ハイブリッドRBACは，組織内のユーザーの特定の役割に基づいて，複数のアプリケーションまたはシステムに適用されるロールの使用を導入する．そのロールは，組織のロールベースモデルを採用しているアプリケーションまたはシステムに適用される．しかし，「ハイブリッド」という用語が示唆するように，特定のアプリケーション内でのみ定義された役割にも対象が割り当てられ，ほかのシステムで使用される，より大きく包括的な組織の役割を補う（または矛盾する）場合がある．
4．**完全なRBAC**（Full RBAC）＝完全なRBACシステムは，組織のポリシーおよびアクセス制御インフラストラクチャーによって定義された役割によって制御され，企業全体のアプリケーションおよびシステムに適用される．アプリケーション，システムおよび関連するデータは，そのエンタープライズ定義に基づいてアクセス許可が適用され，特定のアプリケーションまたはシステムによって定義されるものではない．

RBACベースのアクセスシステムの主な利点は，組織独自の組織構造あるいは機能構造に合わせて，簡単にモデル化できることである．従業員が組織の政治的な階層の中で役割を果たしているのと同様に，情報システムの機能階層の中でも役割がある．さらに，RBACベースのシステムでは，組織における人員の異動を考慮し，情報アクセスを調整することが非常に容易になる．管理者は，古い役割の指定をユーザーから削除し（古い役割に必要なすべての情報へのアクセスを即座に削除する），そのユーザーを新しい役割に割り当て，ユーザーが新しい役割に割り当てられたすべての情報にアクセスできるように自動的に許可する．

5.6.2 ルールベースのアクセス制御

ルールベースのシステムにおいて，アクセスは，どのアクセスを許可するかを決定する，事前定義されたルールのリストに基づいている．システムオーナーによって作成または認可されたルールは，ルールの特定の条件が満たされた時にユーザーに付与する権限（例えば，読み取り，書き込みおよび実行）を指定することになる．例えば，標準のACLでは，ユーザーBob（ボブ）が「Financial Forecast」というファイルにアクセスすることを常に許可するが，ルールベースのシステムでは，それに加えて，Bobが月曜日から金曜日までの午前9時から午後5時の間だけそのファイルにアクセスできることが指定される．仲介メカニズムは，すべての要求を傍受し，それをユーザー権限と比較し，適切なルールに基づいて決定することによって，許可されたアクセスのみを保証するルールを執行する．システムのオーナーは通常，組織や処理のニーズに基づいてルールを開発するため，ルールベースの制御は最も一般的な任意アクセス制御の一種である．

5.6.3 強制アクセス制御

強制アクセス制御（Mandatory Access Control：MAC）では，システム自体が組織のセキュリティポリシーに従ってアクセス制御を管理する必要がある．MACは一般に機密性が高く，システムオーナーとして，ユーザーが組織的に要求されたアクセス制御に矛盾したり，迂回したりすることを許可したくないシステムおよびデータに使用される．オブジェクトの分類とサブジェクトのクリアランスに基づいてオブジェクトのセキュリティ制御を割り当てることで，多層の情報処理に対応する安全なシステムが提供される．

MACは，システムと情報オーナーとの協調的な相互作用に基づいている．アクセスはシステムの決定により制御され，オーナーは知る必要性に基づく制御を提供する．クリアランスをパスしたすべての人がアクセス権を持つのではなく，クリアランスをパスし，かつ知る必要性のある人のみがアクセスを付与される．たとえオーナーが，知る必要性があるユーザーだと判断しても，システムは，ユーザーがクリアランスをパスしたことを確認しなければ，アクセスは許可しない．これを実現するためには，データの分類に基づいてラベルを付ける必要があり，その分類に基づいて特定の制御を適用する必要がある．

図5.14に示すように，アクセス許可は，サブジェクトに与えられたクリアランスのレベルに基づいてオブジェクトに適用される．この例では，オブジェクトに割り当てることができる可能な権限のほんの一部を表している．例えば，「リスト(L)」は，ユーザーがディレクトリー内のファイルを一覧表示するのみで，そのファイルの読み取り，削除，変更または実行を許可しないなど，通常のオペレーティングシステムに見られるアクセス許可である．

さらに，単一のオブジェクトは，そのオブジェクトにアクセスする必要のあるユーザーまたはグループに応じて，複数のアクセス許可を持つことができる．**図5.15**に示すように，ユーザーは「管理者」や「プリンターユーザー」などのグループに割り当てることができる．「管理者」グループの誰もが，Bruce（ブルース），Sally（サリー），Bobのユーザーディレクトリーを完全に制御できる．ただし，「プリンターユーザー」グループ内のユーザーは，ローカルプリンターのみにアクセスできるが，ユーザーディレクトリーにはアクセスできない．

第3のアクセス制御フレームワークである非任意アクセス制御(Nondiscretionary Access Control)は，システム上のファイルの読み取り，書き込み，実行の権限の割り当てに基づいている．ただし，ファイルオーナーがこれらのアクセス許可を指定できる任意アクセス制御とは異なり，非任意アクセス制御では，システムの管理者がシステム内のファイルのアクセス規則を定義して，厳密に制御する必要がある．

5.6.4 任意アクセス制御

制御は，データのオーナーによってデータごとにセットされる．オーナーは，データへのアクセス権とその特権を決定する．任意アクセス制御(Discretionary Access Control：DAC)は，アクセス制御の初期の形態であり，パーソナルコンピュータの進化に先立ち，大学やその他の組織のVAX/VMS，UNIXや，その他のミニコンで広く採用されてきた．DACは現在，ユーザーが自分のデータとその情報のセキュリティを管

アクセス機能	
アクセスなし	アクセス許可は与えられない
読み取り(R)	読み取りできるが，変更することはできない
書き込み(W)	変更機能を含めて，ファイルに書き込むことができる
実行(X)	プログラムを実行できる
削除(D)	ファイルを削除できる
変更(C)	読み取り，書き込み，実行，および削除が可能．ファイルのアクセス許可は変更できない
リスト(L)	ディレクトリー内のファイル一覧を出力できる
フルコントロール(FC)	アクセス制御の許可の変更も含めて，すべての能力が与えられる

アクセス許可	
Public	R-L
Group	R-X
Owner	R-W-X-D
Admins	FC
System	FC

図5.14 アクセス許可の例．アクセス許可は，サブジェクトに与えられたクリアランスのレベルに基づいて，オブジェクトに適用される．

アクセス制御リスト(ユーザー)

Mary：
UserMaryDirectory – フルコントロール
UserBobDirectory – 書き込み
UserBruceDirectory – 書き込み
Printer 001 – 実行

Bob：
UserMaryDirectory – 読み取り
UserBobDirectory – フルコントロール
UserBruceDirectory – 書き込み
Printer 001 – 実行

Bruce：
UserMaryDirectory – アクセスなし
UserBobDirectory – 書き込み
UserBruceDirectory – フルコントロール
Printer 001 – アクセスなし

Sally：
UserMaryDirectory – アクセスなし
UserBobDirectory – アクセスなし
UserBruceDirectory – アクセスなし
Printer 001 – アクセスなし

アクセス制御リスト(グループ)

「管理者」グループ:
メンバー – Ted，Alice
UserBruceDirectory – フルコントロール
UserSallyDirectory – フルコントロール
UserBobDirectory – フルコントロール
UserMaryDirectory – フルコントロール

「プリンターユーザー」グループ：
メンバー – Bruce，Sally，Bob
UserBruceDirectory – アクセスなし
UserSallyDirectory – アクセスなし
UserBobDirectory – アクセスなし
PrinterDeviceP1 – 印刷
PrinterDeviceP2 – 印刷
PrinterDeviceP3 – 印刷

図5.15 アクセス許可とグループの役割．ユーザーは，「管理者」や「プリンターユーザー」などのグループに割り当てることができる．「管理者」グループの誰もが，Bruce，Sally，Bobのユーザーディレクトリーを完全に制御できる．ただし，「プリンターユーザー」グループ内のユーザーは，ローカルプリンターにのみアクセスできるが，ユーザーディレクトリーにはアクセスできない．

理できるように広く採用されており，Microsoft社やApple社（アップル）からモバイルオペレーティングシステムやLinuxに至るまで，ほぼすべてのメインストリームオペレーティングシステムがDACをサポートしている．DACベースのシステムの利点は，主にユーザーが中心となる点である．データオーナーは，そのオーナーに影響するビジネス要件と制約に基づいて，そのデータにアクセスできるユーザー（およびアクセスできないユーザー）を決定する権限を持つ．オーナーが，組織のアクセス制御ポリシーを無視または矛盾することは決してできないが，自分のシステムとユーザーの特定のニーズに適合させるようポリシーを解釈することはできる．

5.7 アクセス制御攻撃の防止または低減

ほとんどの人は，インサイダー（Insider）ならびにインサイダー攻撃（Insider Attack）という用語を直感的に理解している．我々は，エージェントやダブルエージェントが，内部の知識や特権的なアクセスを悪用して，敵対的な体制に損害を与えるスパイ映画のことを知っている．インサイダー攻撃の結果は非常に大きなダメージを与える．例えば，2008年1月，Jerome Kerviel（ジェローム・ケルビエル）は社内セキュリティの仕組みを迂回して，雇用主のSociete Generale社（ソシエテ・ジェネラル）によれば，700億ドル以上の非公開のデリバティブ取引により，銀行に72億ドルの純損失をもたらした★28．Jerome Kervielは，時間の経過とともに，たとえ異なる時点でも，1人の個人によって保持されるべきではない2つの役割を持つことができたため，この攻撃が可能であった．しかし，このロールベースの職務の分離は，ITシステムのどの部分にも実装されていなかった．適切なアイデンティティ管理と組み合わせ，そのITシステム内にロールベースのアクセス制御（RBAC）をサポートしていれば，このインサイダー攻撃は防止されたか，少なくとも検出されていた可能性がある．

2011年4月には，大量のデータ侵害により，攻撃者が7,700万のSony PlayStationの顧客アカウントからデータを盗んでいたことが判明した★29．2011年5月には，2,450万のSony Online Entertainment社（ソニー・オンラインエンタテインメント）☆3のアカウントが侵害された★30．2011年6月，Sony Pictures Entertainment社（ソニー・ピクチャーズ エンタテインメント）に対する攻撃により，100万以上のユーザーアカウントが侵害され，攻撃者はデータを取得するために単一のSQLインジェクション攻撃（SQL Injection Attack）を使用したことを誇示した★31．2011年10月，ソニー株式会社は，約100,000件のPlayStationアカウントをロックし，ほかのサイトから資格情報が盗まれたために，「ユニークで推定が難しいパスワードを選択する」ように促すメールをユーザーに送付し，この問題は顧客の過失であることをほのめかした★32.

2014年2月，ハッカーがフィッシング攻撃(Phishing Attack)によって冷房設備請負業者のアクセス資格情報を盗み，米国Target社(ターゲット)のネットワークに不正アクセスしたことの詳細が明らかになった．請負業者は，Target社との電子的なやり取りが，請求，契約提出，プロジェクト管理(つまり，顧客の個人データやクレジットカードデータには何も関係しない)に限られていたと述べた．新聞で報道された，侵害に関するさらに詳しい情報によると，洗練された長期的な攻撃が明らかになった．ハッカーがTarget社のネットワークに侵入すると，顧客データを取り扱う数千のPoS(Point-of-Sale)機器にマルウェアを配布し，Target社の内部ネットワーク内に，盗難したクレジットカードデータの中央リポジトリーとして機能するコントロールサーバーを設置した．盗まれたデータは，のちにTarget社のネットワークからFTPサーバーにアップロードされていた．

このような攻撃から企業を保護するには，マルウェア対策，ファイアウォール，アプリケーション，サーバー，ネットワークアクセス制御，侵入検知と侵入防御，セキュリティイベント監視などの，人，プロセス，ツールを包含した協調的防御が必要となる．しかし，アイデンティティとアクセスの管理(IAM)についてはどうだろうか？　セキュリティ専門家がTarget社のシナリオを調べると，適切なIAMによる予防コントロールおよび検知コントロールが，攻撃の防止，検出または緩和に役立つ可能性があるいくつかの領域を示すことができる．

- すべては，ユーザーアクセス権(誰が何にアクセスできるのか)を可視化し，制御することから始まる．特に，機密性の高いデータやアプリケーションの場合は重要である．これは，適切なアクセス制御が行われ，ユーザーのアクセス権限がポリシーに準拠することを確実にするIAMツールを導入することを意味する．
- 次に，不適切なアクセス(例えば，クレジットカードデータにアクセスできるHVACパートナー)または正当なユーザーに対応付けられていないアクセス(いわゆる「不正アカウント」)を検出し，失効させるように設計された，定期的なアクセス認証などの検知コントロールが必要となる．潜在的に深刻な問題が迅速に検出されるように，セキュリティアーキテクトとセキュリティ専門家は，ユーザーの権限の変更(管理のレビューと承認を必要とする)によってトリガーされる「イベントベース」の証明書の展開を選択する必要がある．
- アクセス特権の「有毒な組み合わせ」を防止または検出できるアクセスポリ

シー．こうしたタイプのポリシーは，危険なシナリオの防止に非常に役立つ．例えば，セキュリティ担当責任者は，パートナーがPoSシステムや顧客データを格納するシステムにアクセスできないようにするポリシーを簡単に定義できる．同様に，セキュリティアーキテクトは，あるネットワーク上の管理者が別のネットワーク上で同じ権限を持つことを防ぐポリシーを定義することによって，ネットワークセグメンテーションを実行することができる．

- 最後に，ハッカーが独自の「不正な」特権を付与するケースを見つけるために，セキュリティ専門家は自動化されたアカウント照合機能を使用して，アクセス権の不正な変更を検出する．照合機能のプロセスを実行することで，企業は管理者の承認なしに，通常のプロビジョニングプロセスの外で許可されたアクセス特権を検出できる．これらの不正なアカウントは，夜間スキャンで検出され，すぐにマネージャーとアプリケーションオーナーに報告することができる．

適切なIAMコントロールを実装することで，企業はリスクを低減し，重要なリソースと顧客のデータをより効果的に保護することができる．

認証攻撃（Authentication Attack）は，Webアプリケーションが不適切にユーザーを認証し，適切な資格情報が不足しているWebクライアントにアクセスを許可すると発生する．アクセス制御攻撃（Access Control Attack）は，Webアプリケーションのアクセス制御チェックが不正確または欠落している場合に発生し，ユーザーがデータベースやファイルなどの特権リソースに不正にアクセスできるようにする．Webアプリケーションは，ユーザーが任意のコンピュータからデータにアクセスしたり，相互にやり取りしたり，共同作業したりできるため，ますます普及している．しかし，これらの豊富なインターフェースをインターネット上の誰にでも公開することで，ほかのユーザーのデータやリソースにアクセスしたい攻撃者にとって，Webアプリケーションは魅力的なターゲットとなっている．Webアプリケーションは通常，アクセス制御によってこの問題に対処する．アクセス制御は，システムにアクセスしたいユーザーを認証し，サーバーがユーザーの代わりに実行する操作を行うための適切な権限が，ユーザーに与えられていることを確認する．理論的に，このアプローチでは，攻撃者がアプリケーションを破壊できないようにする必要がある．

残念なことに，多くのWebアプリケーションがこれらの一見単純な手順に従わず，悲惨な結果に陥ることを経験が示している．各Webアプリケーションは通常，独自の認証およびアクセス制御フレームワークを展開する．認証システムに何らかの欠陥が存在すると，認証バイパス攻撃（Authentication Bypass Attack）が発生し，攻撃者がパスワードなどのユーザーの資格情報を提示することなく，有効なユーザーとして認証される可能性がある．同様に，1つの不足または不完全なアクセス制御チェックにより，権限のないユーザーが特権リソースにアクセスすることを許可することができる．これらの攻撃は，Webアプリケーションを完全に侵害する可能性がある★33．

Webアプリケーションで安全な認証およびアクセス制御システムを設計することは困難である．その理由の1つは，基礎となるファイルシステムとデータベースレイヤーが，特定のWebアプリケーションユーザーの権限ではなく，Webアプリケーションの権限で操作を実行することである．その結果，Webアプリケーションはすべてのユーザーの特権のスーパーセットを持たなければならない．しかし，UNIXのsetuidアプリケーションによく似ているが，アプリケーションがユーザーの代わりに実行する各操作を行うための権限が，要求しているユーザーに与えられているかどうかを明示的にチェックする必要がある．そうしないと，攻撃者はWebアプリケーションの権限を悪用して，不正なリソースにアクセスする可能性がある．

このアプローチは，リソースがアクセスされるたびにアプリケーションコード全体にチェックをちりばめなければならないため，長期間にわたって異なる開発者が作成した複数のモジュールにコードを分散させなければならず，その場しのぎで脆弱となる可能性がある．加えて，開発者がチェックしなければならないセキュリティポリシーをすべて把握することは困難な作業である．さらに悪いことに，異なるセキュリティの前提を持つほかのアプリケーションやサードパーティのライブラリー用に書かれたコードは，セキュリティの意味を考慮せずに再利用されることがよくある．いずれの場合も，正しいチェックが常に実行されることを保証するのは困難である．

アクセス制御攻撃は，アクセス制御方法をバイパスまたは回避しようとする．アクセス制御は識別と認可から始まり，多くの場合，ユーザーの資格情報を盗もうとする．攻撃者がユーザーの資格情報を盗んだあと，ユーザーとしてログインし，ユーザーのリソースにアクセスすることによって，オンライン偽装攻撃を開始できる．

アクセス集約（Access Aggregation）とは，複数の非機密情報を収集し，それらを結合（すなわち，集約）して，機密情報を学習することを指す．言い換えれば，個人またはグループはシステムに関する複数の事実を収集し，これらの事実を組み合わせて攻撃を開始することができる．

偵察攻撃（Reconnaissance Attack）は，複数のツールを組み合わせて，IPアドレス，オープンポート，実行中のサービス，オペレーティングシステムなど，システムの複数の要素を識別するアクセス集約攻撃である．集約攻撃は，データベースに対しても使用される．多層防御，知る必要性，職務の分離，最小特権の原則を組み合わせることで，アクセス集約攻撃を防ぐことができる．

アクセス制御攻撃から保護するために，セキュリティ専門家は，強力なセキュリティポリシーの厳重な遵守と同様に，多くのセキュリティ対策を実施する必要がある．以下のリストには，多くのセキュリティ上の予防措置が示されているが，これはセキュリティ専門家がとることができる予防的対策の包括的なリストではないことに留意が必要である．

- **システムへの物理アクセスを制御する**＝攻撃者がコンピュータに物理的に無制限にアクセスできる場合，セキュリティアーキテクトは，攻撃者がそのコンピュータを所有するということを設計時に考慮する必要がある．攻撃者が認証サーバーに物理的にアクセスできる場合，パスワードファイルを非常に短時間で盗むことができる．パスワードファイルが盗まれると，攻撃者はパスワードをオフラインで解読できる．このような場合，すべてのパスワードは侵害されたとみなすべきであるが，物理アクセスを制御することでこの問題を防ぐことができる．
- **パスワードファイルへの電子的アクセスを制御する**＝セキュリティ担当責任者は，パスワードファイルへの電子的アクセスを厳重に制御し，監視する必要がある．エンドユーザーやアカウント管理者以外のユーザーは，毎日の作業のために，パスワードデータベースファイルにアクセスする必要はない．パスワードデータベースファイルへの不正アクセスが確認された場合は，すぐに調査を開始する必要がある．
- **パスワードファイルを暗号化する**＝アクセス制御攻撃から保護するには，セキュリティ専門家が多くのセキュリティ対策を実施する必要がある．セキュリティ担当責任者は，管理下のオペレーティングシステムで使用できる最も強力な暗号技術を使用して，パスワードファイルを暗号化する必要がある．一方向暗号化（ハッシング）は一般的に使用されている技術で，パスワードを平文で保存するのではなく，ハッシュとして保存する．さらに，バックアップテープや修復ディスクなど，パスワードデータベースファイルのコピーを含むすべてのメディアに対する厳格なコントロールを維持する必要がある．パスワードはまた，ネットワークを介して伝送される時には暗号化されるべきである.

- **強力なパスワードポリシーを作成する**＝セキュリティ専門家は，パスワードポリシーがプログラムによって強力なパスワードの使用を強制でき，ユーザーに定期的にパスワードを変更させることが可能なことを理解する必要がある．長くて強いパスワードになるほど，攻撃の際にそれが発見されるまでの時間が長くなる．しかし，十分な時間があれば，すべてのパスワードは総当たりやほかの方法で解読することができる．したがって，セキュリティを維持するために定期的にパスワードを変更する必要がある．より安全な環境や機密性の高い環境では，パスワードを頻繁に変更する必要がある．セキュリティ専門家は，管理者アカウントなどの特権アカウントに対して個別のパスワードポリシーを使用し，より強力なパスワードの選択とより頻繁なパスワード変更を徹底する必要がある．
- **パスワードマスキングを使用する**＝セキュリティ担当責任者は，アプリケーションが決して任意の画面にパスワードを平文で表示しないようにすべきである．平文の代わりに，アスタリスク（*）などの代替文字を表示して，パスワードの表示をマスクする．これにより，ショルダーサーフィン（Shoulder Surfing）の試みは減少するが，攻撃者は依然としてキーストロークを見てパスワードを検出できる可能性があることに注意する必要がある．
- **多要素認証を導入する**＝セキュリティアーキテクトは，バイオメトリックスやトークンデバイスなどの多要素認証の導入を計画する必要がある．パスワードがネットワークのセキュリティを保護するために使用される唯一の手段でない場合，その侵害が自動的にシステム侵害につながることはない．
- **アカウントロックアウト制御を使用する**＝アカウントロックアウト制御は，オンラインパスワード攻撃を防ぐのに役立つ．間違ったパスワードがあらかじめ定義された回数だけ入力されると，アカウントをロックする．アカウントがロックアウトされる前に，ユーザーがパスワードを5回程度まで入力ミスすることを許可するのが一般的である．ほとんどのFTPサーバーなど，アカウントロックアウト制御をサポートしていないシステムやサービスの場合，セキュリティ担当責任者は広範なログ収集と侵入検知システムを使用して，パスワード攻撃の兆候を探し出す必要がある．
- **最後のログオン通知を使用する**＝多くのシステムでは，最後に成功したログオンの時刻，日付および場所（コンピュータ名やIPアドレスなど）を含むメッセージが表示される．ユーザーがこのメッセージに注意を払うと，ほかのユーザーが自分のアカウントにアクセスしたかどうかがわかる．例えば，ユーザーが最後にログオンした時間が前回の金曜日で，土曜日にアカウントにアクセスしたことを示すメッセージが表示された場合，アカウントが侵害されたことがわかる．自分のアカウントが攻撃を受けている，または侵害されていると考えたユーザーは，これをシステム管理者に報告する必要がある．

- **セキュリティについてユーザーを教育する**＝セキュリティ専門家は，セキュリティを維持し，強力なパスワードを使用する必要性について，ユーザーに適切な訓練を確実に行う必要がある．パスワードを共有したり，書き留めたりしないように，ユーザーに伝える必要がある．唯一の例外は，管理者アカウントやルートアカウントなどの最も機密性の高いアカウントに使われる，長くて複雑なパスワードで，これらは書き留めて安全に保存することができる．さらに，セキュリティ専門家は，強力なパスワードを作成する方法とショルダーサーフィンを防止する方法についてユーザーにヒントを提供し，異なるアカウントに同じパスワードを使用するリスクをユーザーに認識させる必要がある．例えば，銀行口座とオンラインショッピングアカウントに同じパスワードを使用するユーザーは，1つのシステムに対する攻撃が成功したあとに，すべてのアカウントが侵害される可能性がある．さらに，セキュリティ専門家は，ソーシャルエンジニアリングの戦術について，ユーザーに理解させる必要がある．
- **アクセス制御を監査する**＝セキュリティ担当責任者によるアクセス制御プロセスの定期的なレビューと監査は，アクセス制御の有効性を評価するのに役立つ．例えば，監査では，任意のアカウントにおけるログオンの成功と失敗を追跡することができる．侵入検知システムは，これらのログを監視し，ログオンプロンプトへの攻撃を容易に識別し，管理者に通知することができる．
- **アカウントを積極的に管理する**＝従業員が組織を辞めるか，休暇をとる時，セキュリティ専門家はできるだけ早くアカウントを無効にする必要がある．非アクティブなアカウントは，不要になったと判断された時には削除する必要がある．定期的なユーザー資格とアクセスのレビューでは，過剰な（あるいは，潜行する）権限を検出することができる．
- **脆弱性スキャナーを使用する**＝脆弱性スキャナーはアクセス制御の脆弱性を検出し，セキュリティ担当責任者がそれを定期的に使用することで，組織はこれらの脆弱性を低減するのに役立つ．多くの脆弱性スキャナーには，システムに最新パッチが適用されていることを確認できるツールに加えて，弱いパスワードを検出するパスワードクラッキングツールが含まれている．

Try It For Yourself
自分でやってみよう

以下は，前のセクションで説明したアクセス制御攻撃を低減するためのアプローチのいくつかをテストするために，セキュリティ専門家が利用できる様々なアクティビティとツールのサンプルである．

▶ A．パスワードファイルへの電子的なアクセスを制御する

Linuxベースの環境では，以下からTripwireをダウンロードすること．

- http://sourceforge.net/projects/tripwire/

Windowsベースの環境では，以下からProcess Monitorをダウンロードすること．

- http://technet.microsoft.com/en-us/sysinternals/bb896645.aspx

▶ B．強力なパスワードポリシーを作成する

セキュリティ担当責任者がパスワードポリシーのステートメントとサポート文書の構成を詳細に確認できるサンプルテンプレートは，付録Fで提供されている．このテンプレートは，一般的な会社のパスワードポリシーを順を追って説明している．パスワードポリシーを定義することで，アカウント管理活動に携わるすべての人に対して，それぞれの明確な責任を文書化できる．

パスワードポリシーがどのように構成されているかを理解するために，付録のテンプレートをダウンロードし，各セクションを参照すること．

▶ C．最後のログオン通知を使用する，アカウントロックアウト制御を使用する，アクセス制御を監査する，およびアカウントを積極的に管理する

セキュリティ担当責任者は，Active Directory管理センターを使用することで，Windows Server 2008およびWindows Server 2012ベースのドメインで，データ駆動型ナビゲーションとタスク指向ナビゲーションの両方の方法で，共通のActive Directoryオブジェクト管理タスクを実行できる．

Active Directory管理センターを使用して，次のActive Directory管理タスク

を実行できる．

- 新しいユーザーアカウントを作成する，または既存のユーザーアカウントを管理する
- 新しいグループを作成する，または既存のグループを管理する
- 新しいコンピュータアカウントを作成する，または既存のコンピュータアカウントを管理する
- 新しい組織単位（OU）とコンテナを作成する，または既存のOUを管理する
- Active Directory管理センターの同じインスタンス内の1つまたは複数のドメインまたはドメインコントローラーに接続し，それらのドメインまたはドメインコントローラーのディレクトリー情報を表示または管理する
- クエリービルド検索を使用してActive Directoryデータをフィルタリングする

図5.16に，Windows Server 2012バージョンのActive Directory管理センターツールを示す．Active Directory管理センターを開くと，現在このサーバー（ローカルドメイン）にログオンしているドメインが，Active Directory管理センターのナビゲーションペイン（左側のペイン）に表示される．現在のログオン資格情報の権限に応じて，このローカルドメイン内のActive Directoryオブジェクトを表示または管理できる．

また，Active Directory管理センターの同じインスタンスと同じログオン資格情報のセットを使用し，ほかのドメインのActive Directoryオブジェクトを表示または管理することもできる．表示できるドメインは，ローカルドメインと同じフォレストに属していることが必要である．また，ローカルドメインとの信頼関係が確立されていれば，ローカルドメインと同じフォレストに属していなくてもよい．一方向の信頼と双方向の信頼の両方がサポートされている．また，現在のログオン資格情報のセットとは異なるログオン資格情報を使用して，Active Directory管理センターを開くことも可能である．

Windows Server 2008オペレーティングシステムは，ドメイン内の様々なユーザーセットに対して，異なるパスワードとアカウントロックアウトポリシーを定義する方法を組織に提供する．Windows Server 2008より前のActive Directoryドメインでは，ドメイン内のすべてのユーザーに，1種類のパスワードポリシーとアカウ

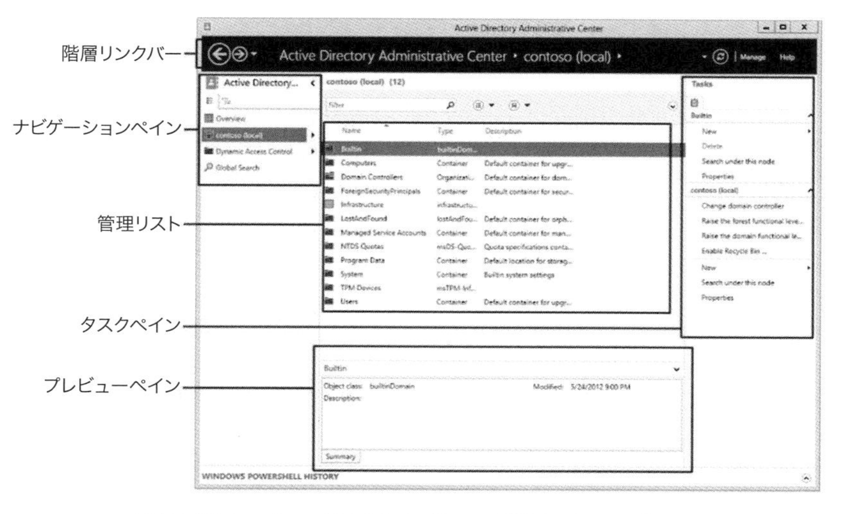

図5.16 Windows Server 2012のActive Directory管理センターツールMMC

ントロックアウトポリシーのみ適用可能であった．これらのポリシーは，ドメインのデフォルトのドメインポリシーで指定する．その結果，様々なユーザーの異なるパスワードとアカウントのロックアウト設定が必要な組織では，パスワードフィルターを作成するか，複数のドメインを展開する必要があった．どちらもコストのかかるオプションで，効果的に管理するのは困難である．

セキュリティアーキテクトは，きめ細かなパスワードポリシーを使用して，単一のドメイン内に複数のパスワードポリシーを指定し，ドメイン内の異なるユーザーセットに対して，パスワードとアカウントロックアウトポリシーに関する異なる制限を適用することができる．例えば，より厳しい設定を特権アカウントに適用し，あまり厳密でない設定をほかのユーザーアカウントに適用することができる．ほかのケースとして，セキュリティ担当責任者は，パスワードがほかのデータソースと同期されているアカウントに対して，特別なパスワードポリシーを適用したい場合がある．

Windows Server 2012できめ細かなパスワードポリシーを使用する場合は，次の点を考慮する必要がある．

- きめ細かなパスワードポリシーは，グローバルセキュリティグループとユーザーオブジェクト（またはユーザーオブジェクトの代わりに使用される場合はinetOrgPerson

オブジェクト)にのみ適用される．既定では，Domain Adminsグループのメンバーだけがきめ細かなパスワードポリシーを設定できる．ただし，これらのポリシーをほかのユーザーに設定する権限を委任することもできる．ドメイン機能レベルは，Windows Server 2008以上である必要がある．

- グラフィカルユーザーインターフェースを使用して，きめ細かなパスワードポリシーを管理するには，Windows Server 2012バージョンのActive Directory管理センターを使用する必要がある．

きめ細かなパスワードポリシーを段階的に実行する(必要なだけ試してみる)．

次の手順で，Active Directory管理センター(ADAC)を使用して，きめ細かなパスワードポリシータスクを実行する．

- ステップ1「ドメインの機能レベルを上げる」
- ステップ2「テストユーザー，グループおよび組織単位を作成する」
- ステップ3「新しいきめ細かなパスワードポリシーを作成する」
- ステップ4「結果として得られるユーザーの一連のポリシーを表示する」
- ステップ5「きめ細かなパスワードポリシーを編集する」
- ステップ6「きめ細かなパスワードポリシーを削除する」

注意事項：次の手順を実行するには，Domain Adminsグループのメンバーまたは同等の権限が必要となる．

▸ステップ1「ドメインの機能レベルを上げる」

次の手順では，ターゲットドメインのドメイン機能レベルをWindows Server 2008以上に引き上げる．きめ細かなパスワードポリシーを有効にするには，Windows Server 2008以降のドメイン機能レベルが必要となる．

ドメインの機能レベルを上げるには

1．Windows PowerShellアイコンを右クリックし，[管理者として実行(Run as Administrator)]をクリックし，「`dsac.exe`」と入力してADACを開く．
2．[管理(Manage)]をクリックし，[ナビゲーションノードの追加(Add Navigation Nodes)]をクリックし，「ナビゲーションノードの追加(Add Navigation Nodes)」ダイアログボックスで適切なターゲットドメインを選択して[OK]をクリックする．

3．左側のナビゲーションペインでターゲットドメインをクリックし，タスクペインで［ドメイン機能レベルを上げる(Raise the domain functional level)］をクリックする．少なくともWindows Server 2008以上のフォレスト機能レベルを選択し，［OK］をクリックする．

▶Windows PowerShellの相当コマンド

次のWindows PowerShellコマンドレットは，前述の手順と同じ機能を実行する．各コマンドレットは，書式設定の制約のために複数の行にまたがってワードラップしているように見えるが，1行に入力する．

```
Set-ADDomainMode -Identity isc2.org -DomainMode 3
```

▶ステップ2「テストユーザー，グループおよび組織単位を作成する」

ここで必要なテストユーザーとグループを作成するには，ステップ3「新しいきめ細かなパスワードポリシーを作成する」(きめ細かなパスワードポリシーを設定するために，OUを作成する必要はない)の手順に従う．

▶ステップ3「新しいきめ細かなパスワードポリシーを作成する」

次の手順では，ADACのUIを使用して新しいきめ細かなパスワードポリシーを作成する．

新しいきめ細かなパスワードポリシーを作成するには

1．Windows PowerShellアイコンを右クリックし，［管理者として実行(Run as Administrator)］をクリックし，「dsac.exe」と入力してADACを開く．
2．［管理(Manage)］をクリックし，［ナビゲーションノードの追加(Add Navigation Nodes)］をクリックし，「ナビゲーションノードの追加(Add Navigation Nodes)」ダイアログボックスで適切なターゲットドメインを選択して［OK］をクリックする．
3．ADACナビゲーションペインで，［System］コンテナを開き，［Password Setting Container］をクリックする．
4．タスクペインで［新規(New)］をクリックし，［パスワードの設定(Password Settings)］をクリックする．

プロパティページ内のフィールドを入力または編集して，新しい「パスワード設定(Password Settings)」オブジェクトを作成する．「名前(Name)」と「優先順位(Precedence)」フィールドは必須である．

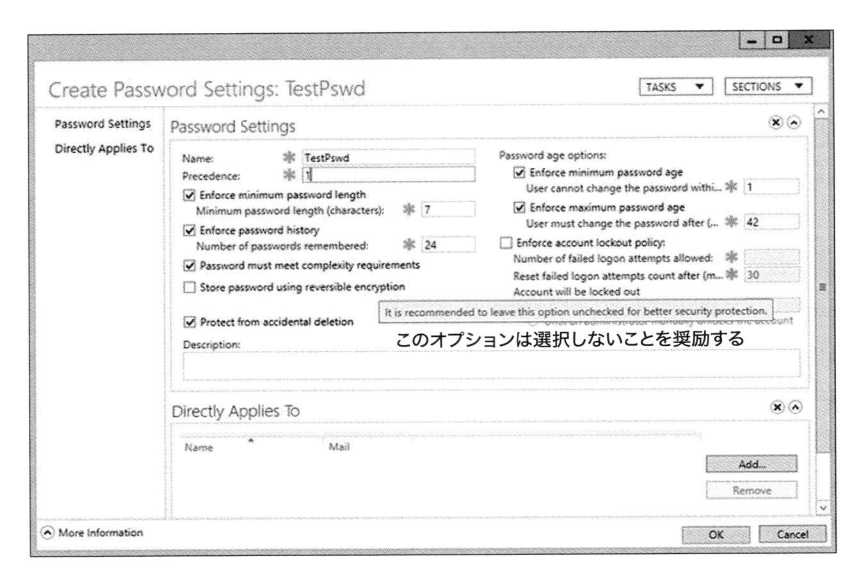

「直接の適用先(Directly Applies To)」で［追加(Add)］をクリックし，「group1」と入力して，［OK］をクリックする．

これにより，「パスワードポリシー(Password Policy)」オブジェクトが，テスト環境用に作成したグローバルグループのメンバーに関連付けられる．

1．［OK］をクリックして作成を送信する．

▶Windows PowerShellの相当コマンド

次のWindows PowerShellコマンドレットは，前述の手順と同じ機能を実行する．各コマンドレットは，書式設定の制約のために複数の行にまたがってワードラップしているように見えるが，1行に入力する．

```
New-ADFineGrainedPasswordPolicy TestPswd
-ComplexityEnabled:$true-LockoutDuration:"00:30:00"
-LockoutObservationWindow:"00:30:00" -LockoutThreshold:"0"
-MaxPasswordAge:"42.00:00:00" -MinPasswordAge:"1.00:00:00"
-MinPasswordLength:"7" -PasswordHistoryCount:"24"
```

```
-Precedence:"1" -ReversibleEncryptionEnabled:$false-ProtectedFr
omAccidentalDeletion:$true

Add-ADFineGrainedPasswordPolicySubject TestPswd -Subjects group1
```

▸ステップ4「結果として得られるユーザーの一連のポリシーを表示する」

次の手順では，ステップ3「新しいきめ細かなパスワードポリシーを作成する」できめ細かなパスワードポリシーを割り当てたグループのメンバーであるユーザーに関する，結果のパスワード設定を表示する．

結果として得られるユーザーの一連のポリシーを表示するには

1．Windows PowerShellアイコンを右クリックし，［管理者として実行（Run as Administrator）］をクリックし，「dsac.exe」と入力してADACを開く．
2．［管理（Manage）］をクリックし，［ナビゲーションノードの追加（Add Navigation Nodes）］をクリックし，「ナビゲーションノードの追加（Add Navigation Nodes）」ダイアログボックスで適切なターゲットドメインを選択して［OK］をクリックする．
3．ステップ3「新しいきめ細かなパスワードポリシーを作成する」で，きめ細かなパスワードポリシーを関連付けたグループ「group1」に属するユーザー「test1」を選択する．
4．タスクペインで［結果のパスワード設定の表示（Resultant Password Setting）］をクリックする．
5．パスワード設定ポリシーを確認し，［キャンセル（Cancel）］をクリックする．

▶Windows PowerShellの相当コマンド

次のWindows PowerShellコマンドレットは，前述の手順と同じ機能を実行する．各コマンドレットは，書式設定の制約のために複数の行にまたがってワードラップしているように見えるが，1行に入力する．

```
Get-ADUserResultantPasswordPolicy test1
```

▸ステップ5「きめ細かなパスワードポリシーを編集する」

次の手順では，ステップ3「新しいきめ細かなパスワードポリシーを作成する」

で作成した，きめ細かなパスワードポリシーを編集する．

きめ細かなパスワードポリシーを編集するには

1．Windows PowerShellアイコンを右クリックし，［管理者として実行（Run as Administrator）］をクリックし，「dsac.exe」と入力してADACを開く．
2．［管理（Manage）］をクリックし，［ナビゲーションノードの追加（Add Navigation Nodes）］をクリックし，「ナビゲーションノードの追加（Add Navigation Nodes）」ダイアログボックスで適切なターゲットドメインを選択して［OK］をクリックする．
3．ADACナビゲーションペインで，［System］を展開し，［Password Setting Container］をクリックする．
4．ステップ3「新しいきめ細かなパスワードポリシーを作成する」で作成した，きめ細かなパスワードポリシーを選択し，タスクペインで［プロパティ（Properties）］をクリックする．
5．［パスワード履歴を記録する（Enforce password history）］の下で，［記憶するパスワードの数（Number of passwords remembered）］の値を「30」に変更する．
6．［OK］をクリックする．

▶ Windows PowerShellの相当コマンド

次のWindows PowerShellコマンドレットは，前述の手順と同じ機能を実行する．各コマンドレットは，書式設定の制約のために複数の行にまたがってワードラップしているように見えるが，1行に入力する．

```
Set-ADFineGrainedPasswordPolicy TestPswd -PasswordHistoryCount:"30"
```

▸ステップ6「きめ細かなパスワードポリシーを削除する」

きめ細かなパスワードポリシーを削除するには

1．Windows PowerShellアイコンを右クリックし，［管理者として実行（Run as Administrator）］をクリックし，「dsac.exe」と入力してADACを開く．
2．［管理（Manage）］をクリックし，［ナビゲーションノードの追加（Add Navigation Nodes）］をクリックし，「ナビゲーションノードの追加（Add Navigation Nodes）」ダイアログボックスで適切なターゲットドメインを選択して［OK］をクリックする．
3．ADACナビゲーションペインで，［System］を展開し，［Password Setting

Container］をクリックする．

4．ステップ3「新しいきめ細かなパスワードポリシーを作成する」で作成した，きめ細かなパスワードポリシーを選択し，タスクペインで［プロパティ(Properties)］をクリックする．

5．［誤って削除されないように保護する(Protect from accidental deletion)］チェックボックスをオフにして，［OK］をクリックする．

6．きめ細かなパスワードポリシーを選択し，タスクペインで［削除(Delete)］をクリックする．

7．確認ダイアログで［OK］をクリックする．

▶Windows PowerShellの相当コマンド

次のWindows PowerShellコマンドレットは，前述の手順と同じ機能を実行する．各コマンドレットは，書式設定の制約のために複数の行にまたがってワードラップしているように見えるが，1行に入力する．

```
Set-ADFineGrainedPasswordPolicy -Identity TestPswd
-ProtectedFromAccidentalDeletion $FalseRemove-
ADFineGrainedPasswordPolicy TestPswd -Confirm
```

ADACでは，きめ細かなパスワードポリシー(Fine-Grained Password Policy：FGPP)オブジェクトを作成および管理できる．FGPP機能は，Windows Server 2008で導入されたが，Windows Server 2012で初めてグラフィカル管理インターフェースが備わった．きめ細かなパスワードポリシーをドメインレベルで適用すると，Windows Server 2003で必要とされた単一のドメインパスワードを上書きすることができる．異なる設定で異なるFGPPを作成すると，個々のユーザーまたはグループはドメイン内で異なるパスワードポリシーを取得する．

ナビゲーションペインで，［ツリービュー(Tree View)］をクリックし，ドメインを選択して，［System］をクリックし，［Password Setting Container］をクリックし，タスクペインで［新規(New)］を選び，［パスワードの設定(Password Settings)］をクリックする．

▸FGPPの管理

新しいFGPPを作成するか，既存のFGPPを編集すると，パスワード設定の作成エディターが起動する．ここからは，Windows Server 2008またはWindows Server 2008 R2のように，専用のエディターを使用して，必要なすべてのパスワードポリシーを構成する．

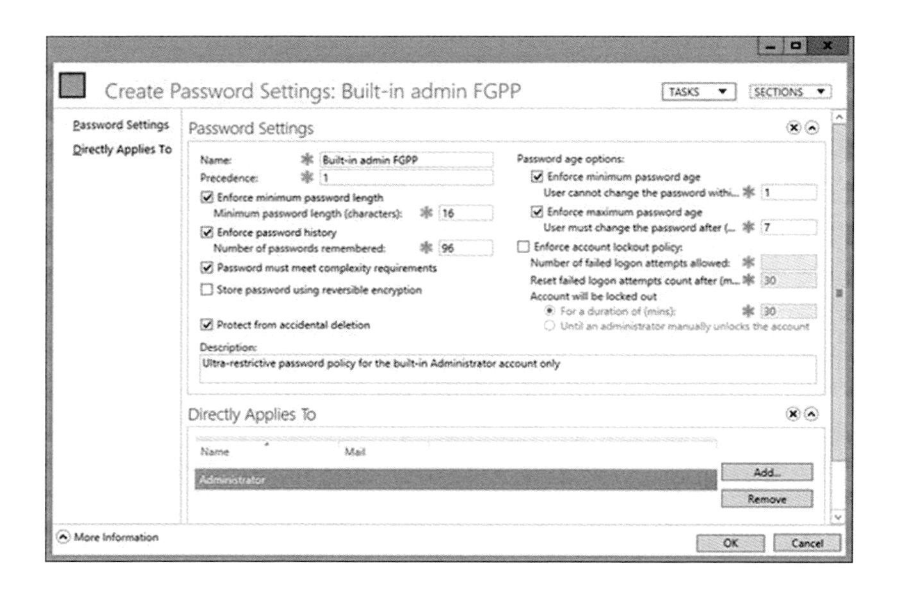

必須の（アスタリスク[*]）フィールドと任意のフィールドをすべて入力し，[追加...(Add...)]をクリックして，このポリシーを適用するユーザーまたはグループを

設定する．FGPPは，指定されたセキュリティプリンシパルのデフォルトのドメインポリシー設定を上書きする．上述の図では，きわめて限定的なポリシーは，ビルトインの管理者アカウントにのみ適用され，このアカウントのパスワードの侵害を防止している．このポリシーは，標準ユーザーが遵守するにはあまりにも複雑すぎるが，IT専門家のみが使用する，リスクの高いアカウントには最適となる．

優先度と，ポリシーが特定のドメイン内で適用されるユーザーとグループも設定する．

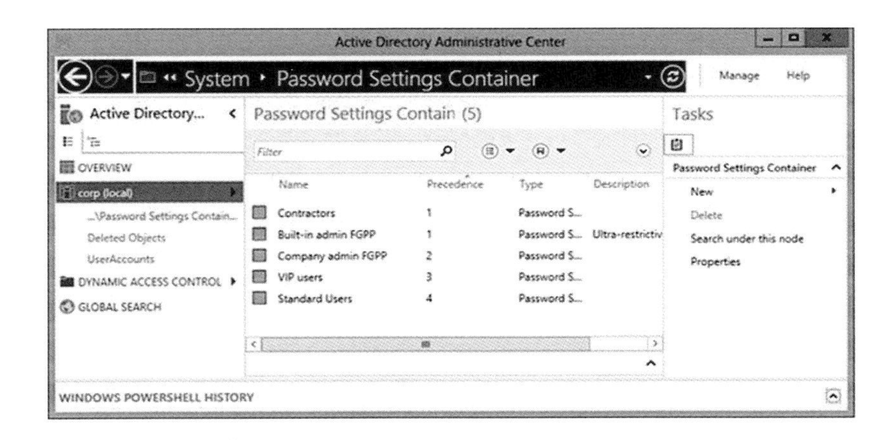

きめ細かなパスワードポリシーのActive Directory Windows PowerShellコマンドレットは次のとおりである．

- `Add-ADFineGrainedPasswordPolicySubject`
- `Get-ADFineGrainedPasswordPolicy`
- `Get-ADFineGrainedPasswordPolicySubject`
- `New-ADFineGrainedPasswordPolicy`
- `Remove-ADFineGrainedPasswordPolicy`
- `Remove-ADFineGrainedPasswordPolicySubject`
- `Set-ADFineGrainedPasswordPolicy`

きめ細かなパスワードポリシーコマンドレットの機能は，Windows Server 2008 R2とWindows Server 2012の間では変更されていない．次の図は，コマンドレットに関連する引数を示している．

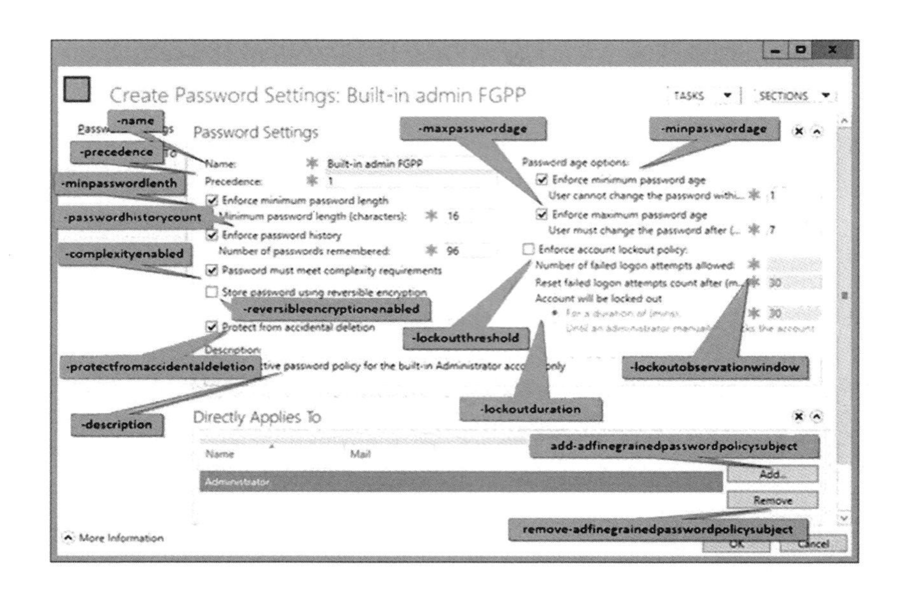

ADACでは，特定のユーザーに対して適用されたFGPPの結果セットを検索することもできる．任意のユーザーを右クリックし，［結果のパスワード設定の表示...（View resultant password settings...)］をクリックして，暗黙的または明示的な割り当てによってそのユーザーに適用される「パスワードの設定（Password Settings）」ページを開くことができる．

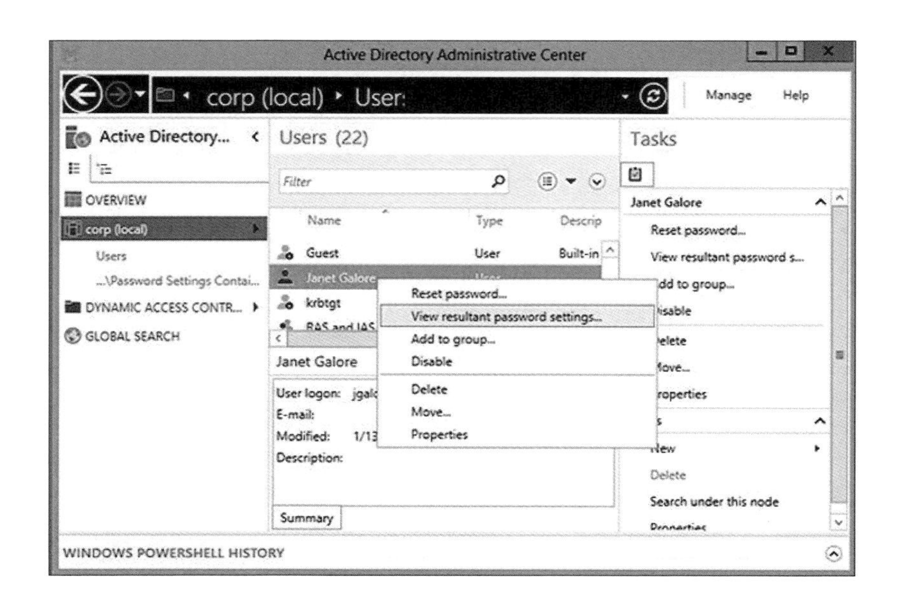

任意のユーザーまたはグループのプロパティを調べると，明示的に割り当てられたFGPPである「直接関連付けられたパスワードの設定（Directly Associated Password Settings）」が表示される．

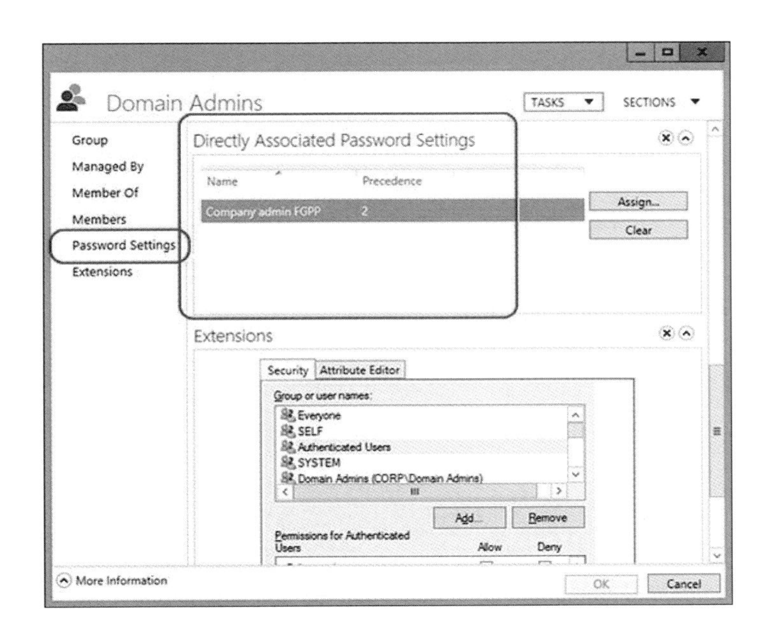

暗黙のFGPP割り当てはここには表示されない．そのためには，［結果のパスワード設定の表示...（View resultant password settings...）］オプションを使用する必要がある．

この「自分でやってみよう」セクションで紹介されている様々なオプションは，セキュリティ専門家に，アクセス制御攻撃を低減するために実行できるアクションに関して，様々な検討の機会を提供する．

5.8 アイデンティティとアクセスのプロビジョニングのライフサイクル

本章では，アクセス制御とアイデンティティ管理のいくつかの側面について説明してきた．まとめると，これらのコンセプトは，リソースに関するアクセス制御の「ライフサイクル」を形成するために組み合わされる．ライフサイクルは，ユーザーがアクセス権を取得して使用し，最終的に失効するまでのワークフローである．ライフサイクルは，次のフェーズで構成される．

1．プロビジョニング
2．レビュー
3．失効

5.8.1 プロビジョニング

新しいユーザーまたは既存のユーザーがリソースへの追加アクセスを必要とする場合，このアクセスを可能にするプロセスをプロビジョニング（Provisioning）と呼ぶ．プロビジョニングでは，情報へのアクセスに関する組織の要件を決定し，適切なアクセス権をユーザーのアカウントに適用するセキュリティ担当責任者が必要となる．最小特権の要素をプロビジョニングする場合，職務の分離とアクセス集約を検討する必要がある．ユーザーは，必要な機能を実行するために必要な情報にのみアクセス権を設定する必要がある．アクセスのプロビジョニングでは，新しいアクセスの側面が何らかの形で，支払いの作成や承認などの職務の分離のプロセスに違反するかどうかを判断する必要がある．最後に，追加のアクセス権付与に伴い，別の領域のアクセス権を取り消すべきかなど，アクセス集約を考慮して，リソースのプロビジョニングを検討する必要がある．一方の当事者によってなされた決定が他方に影響を与える可能性があるため，セキュリティアーキテクトとセキュリティ担当責任者の両方が，アクセス集約の際の議論に関与する必要がある．

5.8.2 レビュー

アクセス権と使用法は，リスクに見合った基準で監視する必要がある．アクセスのレビューは，自動監視，手動監査およびその他のいくつかの方法で行うことができる．ユーザーの役割や組織機能と比較して，過度または不一致であると判明したアクセスは，変更または制限のために見直さなければならない．アクセス集約の問題は多くの場合，レビュープロセスの一部として特定される．

5.8.3 失効

ある時点で，ほとんどのユーザーのアクセス権は通常，様々な理由で終了することがある．例えば，ユーザーが組織を辞めると，すべてのアクセスが取り消されなければならない．長期休暇など，状況によっては，アクセスの失効は一時的なものとなる場合がある．アクセスレビューのプロセスを通じて，失効は通常，ユーザーが不必要なアクセス権を有することが判明した場合，またはアクセスがユーザーの役割に見合っていない場合に行われる．

アイデンティティとアクセスのプロビジョニングのライフサイクル全体にわたり，セキュリティアーキテクトは，企業にとって重要なものとして特定したビジネス目標に対応するアイデンティティとアクセスのシステムをセキュリティ担当責任者が実装する上で，設計の決定が適切な環境を構築していることを保証する必要がある．さらに，これらのシステムを管理するセキュリティ専門家の能力は，システム設計のすべてのレベルで，セキュリティアーキテクトによって行われた決定により確保されなければならない．

Summary
まとめ

「アイデンティティとアクセスの管理」ドメインの包括的な概説を終了するにあたり，セキュリティ専門家は，本章全体を通じて重要であると示された主要な概念を理解していることが重要になる．これらの概念は，アクセスの管理の仕組み，重要なセキュリティ規律となる理由，および本章で説明した各コンポーネントが全体的なアクセスの管理にどのように関係しているかを理解するための基盤となる．修得すべき最も基本的かつ重要な概念は，「アクセス制御」という用語が意味するものの正確な定義である．これには，以下の定義が使用されている．

> アクセス制御とは，許可されたユーザー，プログラムまたはほかのコンピュータシステム（すなわち，ネットワーク）のみが，コンピュータシステムのリソースを観察，変更，またはほかの方法で所有することを許可するプロセスである．また，一部のリソースの使用を許可されたユーザーに限定するためのメカニズムでもある．

要約すると，アクセス制御とは，組織の資産を保護するために連携するメカニズム，プロセスまたは技術の集合である．許可のない活動による暴露のリスクを減らし，許可された人，プロセスまたはシステムに，情報やシステムへのアクセスを限定することによって，脅威から保護し，脆弱性を低減するのに役立つ．

「アイデンティティとアクセスの管理」は，CISSP共通知識体系（Common Body of Knowledge：CBK）内の1つのドメインであるが，情報セキュリティの最も一般的かつ遍在的な要素である．アクセス制御は，組織のすべての運用レベルに関わる．

- **施設**（Facilities）＝アクセス制御は，その施設内の人員，機器，情報およびその他の資産を保護するために，組織の物理的なロケーションへの侵入およびその周囲での不審な行動を防ぐ．
- **サポートシステム**（Support Systems）＝サポートシステム（電源，HVAC［Heat-

ing, Ventilation, Air-Conditioning：暖房，換気，空調］の各システム，水，消火制御など）へのアクセスは，悪意あるエンティティがこれらのシステムを侵害し，組織の人員や重要なシステムをサポートする能力を損なうことがないようにコントロールする必要がある．

- **情報システム**（Information Systems）＝現代のほとんどの情報システムとネットワークには，アクセス制御のための機能が多層に存在し，これらのシステムとそれに含まれる情報を損害や誤用から保護している．
- **人員**（Personnel）＝管理者，エンドユーザー，顧客，ビジネスパートナー，および組織に関連しているすべての人は，適切な人員同士が相互にやり取りでき，正規のビジネス関係を持たない人々に干渉されないようにするために，何らかの形でアクセス制御を行う対象となる．

さらに，組織やその情報システムへのほぼすべての物理的および論理的エントリーポイントには，何らかのタイプのアクセス制御が必要となる．セキュリティの実践を通してアクセス制御が普及した性質と重要性を考えると，適切なセキュリティ管理を可能にするアクセス制御の4つの主要な属性を理解する必要がある．具体的には，アクセス制御により，管理者は以下を行うことができる．

- システムまたは施設にアクセスできるユーザーを特定すること．
- それらのユーザーがアクセスできるリソースを特定すること．
- それらのユーザーが実行できる操作を特定すること．
- それらのユーザーの行動に対して説明責任を果たすこと．

これら4つの領域のそれぞれは相互に関連しているが，効果的なアクセス制御戦略を定義するための確立された個別のアプローチを表している．

情報セキュリティの目標は，組織の資産の機密性−完全性−可用性を継続的に確保することである．これには，物的資産（建物，設備，そしてもちろん人）と情報資産（企業データや情報システムなど）の両方が含まれる．アクセス制御は，システムと情報の機密性を確保する上で重要な役割を果たす．物的資産および情報資産へのアクセスを管理することは，その資産を誰が閲覧，使用，変更または破棄できるかをコントロールすることになり，データの公開を防止するための基本となる．さらに，特定のエンタープライズリソースに対するアクセス許可や権限を管理することで，貴重なデータやサービスが悪用されたり，不正に流用されたり，盗難されたりすることを防止することを確実にする．これはまた，適切な法律や業界のコンプライアンス要件に準拠するために，個人情報を保護する必要がある多くの組織にとって，重要な要素となる．

アクセスを制御する行為は，本質的にビジネス資産の完全性を保護する機能と利点を提供する．権限のない，または不適切なアクセスを防止することにより，組織はデータとシステムの完全性をより確実にすることができる．組織が，特定のリソースへのアクセス権を持つユーザーや，そのユーザーが実行できるアクションを管理するコントロールを持っていない場合でも，情報やシステムが望ましくない影響によって変更されないようにするための代替コントロールがいくつかある．アクセス制御（具体的には，アクセスアクティビティの記録）は，データやシステム情報を，誰あるいは何が変更し，資産の完全性に影響を与えた可能性があるかを判断できる可視性も提供する．アクセス制御を使用して，エンティティ（個人やコンピュータシステムなど）とエンティティの貴重な資産に対してのアクションを整合させることができ，企業はセキュリティの状態をよりよく理解することができる．

最後に，アクセス制御プロセスは，組織内のリソースの可用性を確実にするための取り組みとともに行われる．貴重な資産，特に長期間にわたって利用可能でなければならない資産に対する最も基本的なルールの1つは，その特定の資産を使用する必要がある人だけがそれにアクセスできるようにすることである．この姿勢をとることで，リソースを使用するビジネス要件を持たない人がリソースをブロックしたり，混雑させたりしないようにすることができる．このため，ほとんどの組織では，従業員やその他の信頼できる個人のみが，施設や企業ネットワークにアクセスできるようになっている．さらに，リソースを使用する必要があるユーザーのみにアクセスを制限することにより，悪意あるエージェントがアクセスして資産に損害を与えたり，不必要なアクセス権を持つ悪意のない人物が偶発的な損害を与えたりする可能性が低くなる．

注

★1——U.S. Department of Homeland Security, "Privacy Impact Assessment for the Physical Access Control System," June 9, 2011.
http://www.dhs.gov/xlibrary/assets/privacy/privacy_pia_dhs_pacs.pdf, pp.1-2.

★2——次を参照．
http://csrc.nist.gov/publications/nistir/7316/NISTIR-7316.pdf

★3——MACアドレスを変更するために使用できるソフトウェアのいくつかの例については次を参照．

http://www.technitium.com/tmac/
http://lizardsystems.com/change-mac-address/
http://www.freewarefiles.com/Win7-MAC-Address-Changer_program_69175.html

★4——米国ビザ免除プログラム(VWP)とe-Passportに関する詳細については次を参照.
Visa Waiver Program：http://travel.state.gov/content/visas/english/visit/visa-waiver-program.html
e-Passports：http://www.dhs.gov/e-passports

★5——次を参照.
http://freecode.com/projects/rfdump?branch_id=61265&release_id=264928

★6——次を参照.
http://www.rfidvirus.org/

★7——Microsoftオペレーティングシステムで発行された，すべてのSIDの完全な一覧については次を参照.
https://support.microsoft.com/en-us/help/243330/well-known-security-identifiers-in-windows-operating-systems

★8——ITU-Tの原案は次のように公表されている.
ITU-T Rec. X.500, "The Directory: Overview of Concepts, Models and Service," 1993.

★9——次を参照.
ISO/IEC 9594-1：2014の新しい更新版のページ
http://www.iso.org/iso/home/store/catalogue_ics/catalogue_detail_ics.htm?csnumber=64845
ISO/IEC 9594-1：2008の原案のページ
http://www.iso.org/iso/catalogue_detail.htm?csnumber=53364

★10——次を参照.
http://tools.ietf.org/html/rfc4511

★11——SAML ver.2標準の草案については次を参照.
https://www.oasis-open.org/committees/download.php/27819/sstc-saml-tech-overview-2.0-cd-02.pdf

★12——次を参照.
http://www.dhs.gov/homeland-security-presidential-directive-12

★13——タイムベースのワンタイムパスワードアルゴリズム(TOTP)のRFCについては次を参照.
http://tools.ietf.org/html/rfc6238

★14——次を参照.
http://www.irs.gov/pub/irs-pdf/p1075.pdf

★15——次を参照.
http://csrc.nist.gov/publications/fips/fips140-2/fips1402.pdf

★16——最新のFIPS 201の草案については次を参照.
http://nvlpubs.nist.gov/nistpubs/FIPS/NIST.FIPS.201-2.pdf

★17——次を参照.
http://csrc.nist.gov/publications/nistpubs/800-63-1/SP-800-63-1.pdf

★18——FIPS 201-2には，標準が実装され，使用されるにつれて，変更が必要な管理手順および技術仕様のいくつかの側面を指定する，3つの技術刊行物が組み込まれている.
NIST SP 800-73「PIV(個人識別情報検証)のインターフェース」では，PIVカードのインターフェースとデータ要素を規定している．NIST SP 800-76「PIVにおけるバイオメトリックデータ仕様」では，PIVシステムのバイオメトリックデータの技術的取得およびフォーマット要件を規定している.
NIST SP 800-78「PIVにおける暗号アルゴリズムと鍵長」では，PIVシステムに実装され，使用される，許容可能な暗号アルゴリズムと鍵長を規定している.
関連するPIVサポートドキュメントは，すべて以下で見つけることができる.

http://csrc.nist.gov/groups/SNS/piv/standards.html
★19——次を参照.
http://www.dhs.gov/homeland-security-presidential-directive-12
★20——記載されているすべての文書のコピーについては次を参照.
http://www.idmanagement.gov/document-library《リンク切れ》
★21——次を参照.
https://obamawhitehouse.archives.gov/sites/default/files/rss_viewer/NSTICstrategy_041511.pdf
★22——次を参照.
https://obamawhitehouse.archives.gov/sites/default/files/omb/memoranda/2011/m11-11.pdf
★23——次を参照.
https://www.gartner.com/doc/2607617/market-trends-cloudbased-security-services
★24——次を参照.
http://www.prnewswire.com/news-releases/widepoint-launches-secured-cloud-based-identity-as-a-service-certificate-on-chip-for-all-types-of-mobile-devices-239424101.html
★25——次を参照.
https://aws.amazon.com/blogs/aws/aws-iam-now-supports-amazon-facebook-and-google-identity-federation/
★26——次を参照.
https://www.pingidentity.com/
http://www.kynetx.com/
http://forevr.us/
★27——次を参照.
http://janrain.com/
http://www.symplified.com/《リンク切れ》
https://www.okta.com/
★28——The New York Times, “French Bank Says Rogue Trader Lost $7 Billion,” 25 January, 2008.
★29——次を参照.
http://www.reuters.com/article/2011/04/26/us-sony-stoldendata-idUSTRE73P6WB20110426
★30——次を参照.
http://www.theguardian.com/technology/blog/2011/may/03/sony-data-breach-online-entertainment
★31——次を参照.
http://www.darkreading.com/attacks-and-breaches/lulzsec-attacker-pleads-guilty-to-sonypictures-hack/d/d-id/1106852?
http://www.sonypictures.com/corp/press_releases/2011/06_11/060311_security.html
★32——次を参照.
http://www.nytimes.com/2011/10/13/technology/sony-freezes-accounts-of-online-video-game-customers-after-hacking-attack.html?_r=0
★33——IAMのセキュリティ保護のベストプラクティス.
https://stormpath.com/

訳注

☆1——1インチは2.54cmなので，10インチは25.4cm.
☆2——Kynetx社は，2015年に会社を解散している.
☆3——現在のDaybreak Game社（デイブレイク・ゲーム）.

レビュー問題

Review Questions

1．認証とは何か．

A．人またはシステムに関する一意のアイデンティティを断定すること．

B．ユーザーのアイデンティティを検証するためのプロセス．

C．ユーザーが必要とする特定のリソースを定義し，ユーザーが持つリソースへのアクセスの種類を決定すること．

D．ユーザーがシステムにアクセスする必要があることを，管理者が断定すること．

2．アクセス制御を最もよく表現しているものは次のどれか．

A．アクセス制御は，認可されたユーザー，システムおよびアプリケーションにアクセスを許可する技術コントロールの集まりである．

B．アクセス制御は，認可されていない活動を減らし，情報とシステムへのアクセスを承認されたユーザーにのみ提供することによって，脅威や脆弱性に対する保護を提供する．

C．アクセス制御は，ログオン時に認証情報を保護するための暗号化ソリューションを採用している．

D．アクセス制御は，従業員，パートナーおよび顧客によるシステムおよび情報への不正アクセスを制御することにより，脆弱性に対する保護を提供する．

3．＿＿＿は，ユーザーまたはプロセスに割り当てられた機能を実行するために必要なリソースにのみアクセスすることを要求する．

A．任意アクセス制御

B．職務の分離

C．最小特権

D．職務のローテーション

4．アクセス制御の7つの主なカテゴリーは何か．

A．検知，是正，監視，ログ収集，復旧，分類，指示

B．指示，抑止，防止，検知，是正，補償，復旧

C．認可，識別，要素，是正，特権，検知，指示
D．識別，認証，認可，検知，是正，復旧，指示

5．アクセス制御の3つのタイプは何か．
A．管理，物理，技術
B．識別，認証，認可
C．強制，任意，最小特権
D．アクセス，管理，監視

6．バイオメトリック識別システムにおける障害の種類はどれか（**該当するすべてを選択**）．
A．本人拒否
B．フォールスポジティブ
C．他人受入
D．フォールスネガティブ

7．2要素認証を最もよく表現しているものは次のどれか．
A．ハードトークンとスマートカード
B．ユーザー名とPIN
C．パスワードとPIN
D．PINとハードトークン

8．Kerberos認証サーバーの潜在的な脆弱性は何か．
A．単一障害点
B．非対称鍵の侵害
C．動的パスワードの使用
D．認証資格情報の寿命の制限

9．強制アクセス制御では，システムがアクセスを制御し，オーナーは何を行うか．
A．妥当性確認
B．知る必要性
C．コンセンサス
D．検証

10. バイオメトリックスを考慮する場合，最も重要でない問題は何か．

A．偽造に対する対応処置

B．技術の種類

C．ユーザーによる受け入れ

D．信頼性と精度

11. バイオメトリックスの基本的な欠点はどれか．

A．資格情報の失効処理

B．暗号化

C．コミュニケーション

D．配置

12. ロールベースのアクセス制御とは何か．

A．強制アクセス制御に固有となる．

B．オーナーの入力に依存しない．

C．ユーザーの職務機能に基づいている．

D．継承により損なわれる可能性がある．

13. アイデンティティ管理とは何か．

A．アクセス制御の別名

B．多様なユーザーおよび技術環境の管理における，効率性を高めるための一連の技術とプロセス

C．ユーザー資格情報のプロビジョニングと廃止に焦点を当てた一連の技術とプロセス

D．異種システムとの信頼関係を確立するために使用される一連の技術とプロセス

14. シングルサインオンの欠点は何か．

A．プラットフォーム間の一貫したタイムアウトの実施

B．侵害されたパスワードにより，許可されたすべてのリソースが公開される

C．複数のパスワードを使用して，覚えておく必要がある

D．パスワード変更制御

15. 特権管理を検討する際，以下のうちどれが間違っているか.

A．各システム，サービスまたはアプリケーションに関連する特権，およびそれが必要な組織内の定義された役割を識別し，明確に文書化する必要がある.

B．特権は，最小特権に基づいて管理する必要がある．ユーザー，グループまたは役割には，ジョブの実行に必要な権限のみを提供する必要がある.

C．認可プロセスと割り当てられたすべての特権の記録を保持する必要がある．認可プロセスが完了し，妥当性が確認されるまで，特権は許可されるべきではない.

D．断続的な職務機能に必要な特権は，職務機能に関連する通常のシステム活動の特権とは異なり，複数のユーザーアカウントに割り当てる必要がある.

16. アイデンティティとアクセスのプロビジョニングのライフサイクルは，どのフェーズから構成されているか(**該当するすべてを選択すること**).

A．レビュー

B．開発

C．プロビジョニング

D．失効

17. ユーザーの資格を確認する際，セキュリティ専門家は何を**最も**意識する必要があるか.

A．アイデンティティ管理と災害復旧機能

B．ビジネスまたは組織のプロセスとアクセス集約

C．資格を要求しているユーザーの組織在任期間

D．ユーザーにリソースへのアクセスを許可する自動化プロセス

18. データセンターの周囲をパトロールする警備犬は，どのタイプのコントロールになるか.

A．復旧

B．管理

C．論理

D．物理

★ ★ ★

1. Authentication is

   A. the assertion of a unique identity for a person or system.

   B. the process of verifying the identity of the user.

   C. the process of defining the specific resources a user needs and determining the type of access to those resources the user may have.

   D. the assertion by management that the user should be given access to a system.

2. Which best describes access controls?

   A. Access controls are a collection of technical controls that permit access to authorized users, systems, and applications.

   B. Access controls help protect against threats and vulnerabilities by reducing exposure to unauthorized activities and providing access to information and systems to only those who have been approved.

   C. Access control is the employment of encryption solutions to protect authentication information during log-on.

   D. Access controls help protect against vulnerabilities by controlling unauthorized access to systems and information by employees, partners, and customers.

3. _____ requires that a user or process be granted access to only those resources necessary to perform assigned functions.

   A. Discretionary access control

   B. Separation of duties

   C. Least privilege

   D. Rotation of duties

4. What are the seven main categories of access control?

   A. Detective, corrective, monitoring, logging, recovery, classification, and directive

   B. Directive, deterrent, preventative, detective, corrective, compensating, and recovery

   C. Authorization, identification, factor, corrective, privilege, detective, and directive

   D. Identification, authentication, authorization, detective, corrective, recovery, and directive

5. What are the three types of access control?

A. Administrative, physical, and technical
B. Identification, authentication, and authorization
C. Mandatory, discretionary, and least privilege
D. Access, management, and monitoring

6. What are types of failures in biometric identification systems? (**Choose ALL that apply**)
   A. False reject
   B. False positive
   C. False accept
   D. False negative

7. What best describes two-factor authentication?
   A. A hard token and a smart card
   B. A user name and a PIN
   C. A password and a PIN
   D. A PIN and a hard token

8. A potential vulnerability of the Kerberos authentication server is
   A. Single point of failure
   B. Asymmetric key compromise
   C. Use of dynamic passwords
   D. Limited lifetimes for authentication credentials

9. In mandatory access control the system controls access and the owner determines
   A. Validation
   B. Need to know
   C. Consensus
   D. Verification

10. Which is the least significant issue when considering biometrics?
   A. Resistance to counterfeiting
   B. Technology type
   C. User acceptance

D. Reliability and accuracy

11. Which is a fundamental disadvantage of biometrics?
   A. Revoking credentials
   B. Encryption
   C. Communications
   D. Placement

12. Role-based access control
   A. Is unique to mandatory access control
   B. Is independent of owner input
   C. Is based on user job functions
   D. Can be compromised by inheritance

13. Identity management is
   A. Another name for access controls
   B. A set of technologies and processes intended to offer greater efficiency in the management of a diverse user and technical environment
   C. A set of technologies and processes focused on the provisioning and decommissioning of user credentials
   D. A set of technologies and processes used to establish trust relationships with disparate systems

14. A disadvantage of single sign-on is
   A. Consistent time-out enforcement across platforms
   B. A compromised password exposes all authorized resources
   C. Use of multiple passwords to remember
   D. Password change control

15. Which of the following is incorrect when considering privilege management?
   A. Privileges associated with each system, service, or application, and the defined roles within the organization to which they are needed, should be identified and clearly documented.

B. Privileges should be managed based on least privilege. Only rights required to perform a job should be provided to a user, group, or role.
C. An authorization process and a record of all privileges allocated should be maintained. Privileges should not be granted until the authorization process is complete and validated.
D. Any privileges that are needed for intermittent job functions should be assigned to multiple user accounts, as opposed to those for normal system activity related to the job function.

16. The Identity and Access Provisioning Lifecycle is made up of which phases? (**Choose ALL that apply**)
A. Review
B. Developing
C. Provisioning
D. Revocation

17. When reviewing user entitlement the security professional must be **MOST** aware of
A. Identity management and disaster recovery capability
B. Business or organizational processes and access aggregation
C. The organizational tenure of the user requesting entitlement
D. Automated processes which grant users access to resources

18. A guard dog patrolling the perimeter of a data center is what type of a control?
A. Recovery
B. Administrative
C. Logical
D. Physical

第6章 セキュリティ評価とテスト

「セキュリティ評価とテスト」では，脆弱性とそれに関連するリスクを判断するために使用する，広範囲にわたる，継続的ならびに時点別のテスト方法について説明している．成熟したシステム開発のライフサイクルには，システムの開発，運用および廃棄において，それらの一部としてセキュリティテストと評価が含まれる．テストと評価（Test and Evaluation：T&E）の基本的な目的は，システムと能力の開発，製造，運用，維持に関わるリスクマネジメントの知識を提供することである．T&Eは，システムと能力の両方の開発の進展を測定するものである．T&Eでは，システムの性能を向上させ，運用時にシステムの使用を最適化するためのシステム能力と制限に関連する知識を提供している．T&Eの専門知識は，開発中のシステムの長所と短所をより早い段階で把握するために，システムライフサイクルの初めに使われるべきものである．目標は，技術上，運用上およびシステム上の欠陥を早い段階で特定し，システムを守るために適切かつタイムリーな是正措置を講じることである．T&Eの戦略作成には，リスクを含めた技術開発の計画，ミッション要件に対するシステム設計の評価，優れたプロトタイプやその他の評価技術を利用する作業工程の特定などが含まれている．

T&E戦略の内容は，システムの調達／開発の作業工程，提供機能の要件とそれらを実行させる技術に関するものである．T&E戦略は，リスクマネジメントに必要な知識，モデルやシミュレーションの妥当性確認に必要な経験的データ，技術，性能に関するシステム成熟度の評価，運用の有効性，適合性，存続可能性の判断にも役立つ．T&E戦略の最終的な目標は，調達または開発プログラムの成果となるシステムまたはサービスの長所と短所を特定し，必要なリスクの特定，管理，低減を行うことである．機能，性能または非機能の目標が満たされていないことをあとから発見するのではなく，初期能力要求書（Initial Capabilities Document：ICD）を満たしているかの確認を早い段階から推進するのが理想的な戦略である．テストと評価の後半段階で問題が発見された場合，対応コストが大幅に増加したり，運用への悪影響が発生したりする可能性が高くなる．

従来，テストと評価は，単一のシステム，要素またはコンポーネントをテストすることからなり，それは逐次的に実行されてきた．システムは，1つのテストを実行し，データを取得したあと，多くの場合，次の異なる新しい環境でのテストイベントに移行する．同様に，評価自体も通常，異なる環境を持つ複数のテストから得られた結果の組み合わせによって，システムが要求される能力をどの程度満たしているか，逐次的に判断をしながら実行してきた．これらの作業は時間がかかり，効率が悪いため，アジャイルなど集中的な協同作業を行うシステム開発には適さない状況となっている．その大きな原因の1つは，システムの調達／開発プロセスで機能追加対応が簡単に行えないことに起因している．そして，その条件下ではどんなに頑張っても，効果的なT&E戦略の作成，維持は困難となるためである．最近のシステムはデータがアプリケーションから分離され，ネットワーク中心のシステム構造により，データは処理される前に送信され，アクセス可能となる．外部から提供されるツールによってデータが解析されるため，豊富なネットワークノードとパスを利用可能とするサポートインフラストラクチャーの提供が必要となる．これらのシステムはそれぞれが段階的にアップグレードされ，機能の追加が行われるが，このようなシステム開発に対するT&E戦略が必要とされている．

きわめて迅速に機能群を提供する場合，ICDがほとんど存在せず，曖昧となることがあるが，そのような場合，T&E戦略を立案することは非常に困難な作業となる．このような状況でこそ，T&E戦略の策定が重要な課題となるのだが，できるだけ早く行うことが望ましいT&E戦略作成の知見収集が大幅に後回しにされることもある．しかしながら，リスクの評価と低減戦略なしにシステムの調達／開発を進めるべきではなく，早い段階で高レベルのリスクの評価と低減戦略を構築すべきである．この種のクイックリアクション能力（Quick Reaction Capabilities：QRCs）は，しばしば堅苦しい作業と稼働を必要とするが，そのような状況でもQRCsのテストと評価を完全に行わない状況は避けるべきである．重要な機能を特定し，一定のテストと評価を通じてそれらのリスクを特定，管理，低減する必要がある．

トピックス

- 評価とテスト戦略
- セキュリティコントロールテスト
  - 脆弱性評価
  - ペネトレーションテスト
  - ログレビュー
  - シンセティックトランザクション
  - コードレビューとテスト
  - ネガティブテスト
  - 誤用ケーステスト
  - テストカバレッジ分析
  - インターフェーステスト
- セキュリティプロセスデータの収集
  - アカウント管理
  - マネジメントレビュー
  - 主要な性能およびリスク指標
  - バックアップ検証データ
  - トレーニングと意識啓発
  - 災害復旧と事業継続
- テスト出力
  - 自動
  - 手動
- 内部監査および第三者監査の実施または促進

目 標

(ISC)² メンバーの候補者に向けた情報(試験概要)によると，CISSPの候補者は次のことができると期待されている．

- 評価とテスト戦略を設計し，妥当性を確認する．
- セキュリティコントロールのテストを実施する．
- セキュリティプロセスデータ(管理および運用コントロールなど)を収集する．
- テスト出力を分析し，報告する．
- 内部監査および第三者監査を実施または促進する．

6.1 評価とテスト戦略

適切に計画・実行されたテストと評価戦略(Test and Evaluation Strategy)は，リスクとその低減策に関する情報，モデルやシミュレーション検証の有効性，技術的性能やシステム完成度の評価に関する情報を提供してくれる．そして，システムが運用された場合に有効であるか，目的に合っているか，継続的に使用可能かを判断する情報を提供してくれる．

システムエンジニアやセキュリティ専門家は，プログラムを調達／開発する際，調達組織とともにテストと評価戦略を策定したり，点検したりすることが求められる．リスクマネジメントの指標を得るためのテストと評価法を提案するよう求められる場合もある．テストと評価の工程を観察する権限が与えられている場合は，変更を勧告する権限も併せて与えられる場合が多い．また，開発時や運用時のテストに関し，テスト計画と手順の評価を要求される．テストチームメンバーの一員，またはアドバイザーとして，計画や手順の策定を支援する場合もある．結果的に，システムエンジニアやセキュリティ専門家には，調達／開発プログラムのテストと評価戦略で求められる技術的背景の把握が求められる．相互運用テスト，情報保証テスト，モデリングおよびシミュレーションなどのテストと評価活動を調達ライフサイクルのどのフェーズで実施するのがよいか，リスクの特定と低減を行うためにどのように使用するのがよいかを把握していることが期待される．さらに，システムエンジニアやセキュリティ専門家は，要件定義や設計分析などの他フェーズの過程においても，テストと評価の課題分析を求められることが予想される．

多くの場合，組織はテストと評価戦略を実行するためのワーキンググループを設立しようとするかもしれない．このグループはテストと評価の合同作業チーム(Test and Evaluation Integrated Product Team)と呼ばれることが多く，テストおよび評価の担当者，顧客の代表，その他の利害関係者から構成される．テストと評価戦略は実状況を反映する文書であり，このグループは進捗とともにテストと評価戦略の更新を，必要に応じて実施する責任がある．このグループが，テストと評価の手順がプログラム調達計画に準拠していること，運用条件に基づくユーザー側の能力とシステムの適合性を確保するよう，組織として監視することとなる．第三者がテストと評価の作業を行う場合，組織は，テストと評価戦略自体およびその適用がパートナーとベンダーの調達と開発関連の契約に組み込まれ，かつ適切に文書化されていることを確認する必要がある．

ソフトウェア検証(Software Verification)は，ソフトウェア開発ライフサイクルにおけるあるフェーズの成果がそのフェーズの特定の要件をすべて満たすという客観的な証拠を提供するためのものである．ソフトウェア検証では，開発中のソフトウェアとその参照元の文書の一貫性，完全性，正確性が要求され，テストや検証を通じて，ソフトウェアの適合性を提供する．ソフトウェアテスト（Software Testing）は，ソフトウェア開発の成果物が元の要件を満たすことを確認するための手段の1つである．その他の検証法には，各種の静的・動的分析，コードとドキュメント検査，ウォークスルーなどがある．

セキュリティ検証（Security Verification）と妥当性確認（Validation）は，開発者が運用後に何年にもわたりテストすることができない点，また十分な確認を行ったことを示すことが困難な点から，とても難しい課題である．妥当性確認は，多くの場合，ソフトウェアまたはシステムが文書で示されているすべての要件およびユーザーの期待に達していることを指す「確かさの基準（Level of Confidence）」を設定することとなる．仕様自体の欠陥，残存する欠陥の推定，テストカバレッジなどの測定法は，すべての製品を導入する前に，受け入れ可能な確かさの基準を確立するために使用される．確かさの基準，すなわち，求められるソフトウェアの妥当性確認，検証およびテストの有効性の基準は，システムに要求される安全性のリスク（危険要因）に応じて異なる．

6.1.1 システム設計の一環としてのソフトウェア開発

ソフトウェアに実装される機能の決定は，一般的にはシステム設計中に行われる．ソフトウェア要件は通常，システム全体の要件とソフトウェアで実装されるシステム内の要素の設計から導き出される．ユーザーは多くの場合，完成したシステムのニーズと意図する使用方法について，ハードウェア，ソフトウェア，その組み合わせで，どのように要件を満たすかを指定しない．したがって，ソフトウェア妥当性確認は，システムの全体的な妥当性確認における様々な条件を考慮する必要がある．

ドキュメント化された要件仕様は，開発システムに対するユーザーニーズおよび意図する使用方法を示すものである．ソフトウェアの妥当性確認の最も重要な目的は，完成したすべてのソフトウェアが，すべての文書化されたソフトウェアおよびシステムの要件に準拠していることを実証することである．システム要件とソフトウェア要件の2つの正確性と完全性は，システム設計の妥当性確認プロセスの一部として実施する必要がある．ソフトウェアの妥当性確認は，すべてのソフトウェア仕様への適合確認と，すべてのソフトウェア要件がシステム仕様に各々反映されていることの確認からなる．この作業は，システムのあらゆる側面がユーザーのニーズおよび意図された使用方法に適合することを保証することであり，設計全体の妥当性確認の重要な作業である．

▶ソフトウェアとハードウェアの違い

ソフトウェアはハードウェアと技術的に似ている点も多いが，いくつかの非常に重要な違いがある．例えば，ソフトウェアに起因する問題の大部分は，設計および開発工程中に混入したエラーとして追跡することが可能である．ハードウェア製品の品質は設計，開発，製造に大きく依存するが，ソフトウェア製品の品質は設計と開発に大きく依存し，製造は三次的である．ソフトウェア製造は，容易に検証できる複製により行われる．オリジナルと同じように機能する何千ものプログラムを複製し製造することは難しいことではないが，すべての仕様に適合するオリジナルを手に入れることは非常に難しい．

ソフトウェアの最も重要な特徴の1つに，分岐(Branching)——すなわち，異なる入力に基づいて選択される一連のコマンド群を実行することがある．この点はもう1つの特徴である，ソフトウェアの複雑性との関連性が大きい．短いプログラムでさえ非常に複雑で，完全に理解することは難しい．テストのみでは通常，ソフトウェアの完全性および正確性を十分に検証することはできない．包括的な妥当性確認を行うためには，テストに加えて，ほかの検証手法や構造化・文書化された開発工程で作業を進める必要がある．

ソフトウェアは，ハードウェアと異なり，物理的な実体がなく，消耗することもない．事実，潜在的欠陥が発見され，取り除かれることに伴って，ソフトウェアは年々改善される場合もある．しかし一方で，ソフトウェアが常に更新・変更されることに伴い，変更中に新たに欠陥が作り込まれることによって，開発後も品質が改善されない場合もある．

一部のハードウェア障害と異なり，ソフトウェア障害は事前の警告なしで発生することがある．条件によって異なる処理を実施するソフトウェアの分岐により，ソフトウェア製品が市場に導入されたあとも，潜在的な欠陥が長期間発見されない場合がある．

ソフトウェアのもう1つの特徴は，変更が素早く，容易に行えることである．この特徴があるために，ソフトウェア専門家もそれ以外の専門家も，問題を容易に訂正できると思い込んでしまう場合がある．ソフトウェアへの理解が不足しているため，ハードウェアと同じように，厳密に管理・統制された開発技術がソフトウェアでは必要ないと考えるマネージャーもいる．しかし，実際はまったく逆である．ソフトウェアの開発プロセスは，開発プロセスの後工程で容易に検出できない問題の混入を防ぐために，ハードウェアよりもさらに厳密に管理・統制されるべきものである．

ソフトウェアコードはわずかに変更するだけで，プログラムのほかの場所で予期せぬ重大な問題を引き起こす可能性がある．変更による予期しない結果の検出や修正に備えるため，ソフトウェア開発プロセスは，計画，管理，文書化を十分に行う必要がある．ソフトウェア専門家に対する需要の多さと人材流動の活性化から，メンテナンス時にソフトウェアの変更を行う担当者の中に，元のソフトウェア開発に携わっていないメンバーがいる場合もある．そのため，正確で完全な文書化が必要不可欠である．ソフトウェアの新しいリリースや変更に先立ってセキュリティ影響評価を実行し，プログラムが決められたセキュリティ要件およびリスク要件を満たしていることを確認する必要がある．

ソフトウェアコンポーネントは歴史的に，ハードウェアコンポーネントほど頻繁に標準化されることも，互換性を確保されることもなかった．しかし，多くのソフトウェア開発者はコンポーネントベースの開発ツールと技術を使用している．オブジェクト指向の方法論と既製のソフトウェアコンポーネントの使用で，より迅速で安価なソフトウェア開発が期待されている．しかし，コンポーネントベースのアプローチは，コンポーネントの統合に際して細心の注意が必要である．統合させる前に，再利用可能なソフトウェアコードを正確に定義・開発し，既製のコンポーネントの動作およびセキュリティ上の懸念やリスクについて，時間をかけて十分に確認することが必要である．このような理由から，ソフトウェアエンジニアリングは，ハードウェアエンジニアリングよりもさらに厳しく管理された，精密な調査と統制が求められる．

6.1.2 ログレビュー

ログ(Log)は組織のシステムやネットワーク内で発生するイベントの記録である．ログはログエントリーで構成される．各エントリーには，システムまたはネットワーク内で発生した特定のイベントに関連する情報が含まれる．組織内の多くのログには，コンピュータセキュリティに関連するレコードが含まれている．これらのコンピュータセキュリティログは，ウイルス対策ソフト，ファイアウォール，侵入検知システム(Intrusion Detection System：IDS)や侵入防御システム(Intrusion Prevention

System：IPS）などのセキュリティソフトウェアを含む多くのサーバー，ワークステーションおよびネットワーク機器上のOSやアプリケーションから生成される．

コンピュータセキュリティログの量や種類が大幅に増加したため，ログの生成，送信，保存，分析，処理などを行うコンピュータセキュリティログ管理が必要となった．ログ管理（Log Management）では，詳細なコンピュータセキュリティレコードが十分な期間にわたり保存されていることが非常に重要である．ログ分析を手順化することは，セキュリティインシデント，ポリシー違反，不正行為および運用上の問題の特定に有効である．監査やフォレンジック分析の実行，社内調査のサポート，ベースラインの確立，運用動向や長期的な問題の特定にもログが役立っている．

ただし，ログ管理において多くの組織で発生する重要な問題として，限られたリソースで，常に発生し続けるログを管理し続けることが挙げられる．ログ管理の対象が数多く存在する場合，内容やフォーマットおよびタイムスタンプが統一されていないなど，いくつかの要因によってログの生成と保存が複雑になり，ますます大量のログデータの発生につながることがある．ログ管理には，ログの機密性，完全性，可用性を保護することも含まれる．ログ管理における別の問題としては，セキュリティ，システムおよびネットワークの管理者が，ログデータの分析を効率的，定期的に実行する仕組みを確立させることがある．

セキュリティアーキテクト，セキュリティ担当責任者，セキュリティ専門家は，組織の従業員すべてにログ管理の重要性を理解させ，セキュリティ文化の確立，運用，管理に関与する必要がある．以下の推奨事項を実装することで，組織のログ管理を効率的かつ効果的に行うことが可能となる．

▶ログ管理のポリシーとプロシージャー

ログ管理を適正に確立・維持するために，組織は標準的なログ管理実行プロセスを制定する必要がある．計画プロセスの一環として，ログの要件と目標を定義し，それらに基づき，ログ生成，送信，保存，分析，廃棄などのログ管理行為の必須要件と推奨事項を明確に定義するポリシー（Policy）を作成することが重要である．また，組織は関連するポリシーとプロシージャー（Procedure）がログ管理要件と推奨事項を組み込み，サポートしていることを確認すべきである．組織の経営陣が，ログ管理の計画，ポリシーとプロシージャーの開発に必要な支援を提供することも必要である．

ログの要件と推奨事項は，技術の詳細な分析，ログを実装しメンテナンスするためのリソース，そのセキュリティ要件と重要性，組織の従うべき規制や法律と併せて作成する必要がある．一般的に，組織は最重要に分類されているログの作成と分析を行うべきである．時間とリソースが許す範囲で，その他の分類のログを記録し，分析することを推奨する．ログデータをすべて，またはほぼすべて作成し，短期間保管することを，必要に応じて行っている場合もある．これは，ユーザビリティやリソースに関するセキュリティ上の設定や，何らかの判断を行う時に有効となる．各システムにはそれぞれ違いがあり，保管すべきログデータ量も異なるため，要件事項，推奨事項の設定時には，柔軟性を持たせるように工夫することが必要である．

組織のポリシーとプロシージャーは，場合によりオリジナルログの保存に言及する必要がある．多くの組織では，ネットワークトラフィックログの複製を集約するとともに，ツールを使ってネットワークトラフィックの分析や状況把握を行っている．証跡としてログを用いる場合などに，正確な複製と適切な状況把握に関する質問に備えるため，組織は元のログファイル，集中ログファイルおよび解釈済みログデータの複製を取得する場合がある．ログ証跡として保管するには，ほかと異なるフォーマットでの保管やアクセス制限を強化した手順を使用する場合がある．

▸ログ管理の優先順位付け

ログ管理プロセスの要件と目標を定義したあと，組織は認識しているリスク低減と，ログ管理機能に割り当て可能な時間とリソースに基づいて，要件と目標の優先順位を設定する．また，組織は，個々のシステムレベルとログ管理インフラストラクチャーレベルの両方でログ管理義務を確立することを含め，組織全体の主要な担当者がログ管理においてどのような役割と責任を有するかを定義しておく．

▸ログ管理インフラストラクチャーの作成とメンテナンス

ログ管理インフラストラクチャー（Log Management Infrastructure）は，ログデータの生成，送信，保存，分析および廃棄に使用されるハードウェア，ソフトウェア，ネットワークおよびメディアから構成される．ログ管理インフラストラクチャーは通常，ログデータ分析とセキュリティ確保を実施するいくつかの機能からなる．初期のログ管理ポリシーを確立し，役割と責任を決めたあとに，ポリシーと役割を効果的に実施するログ管理インフラストラクチャーを構築するのがよい．ログ管理インフラストラクチャーを実装する際には，集約的なログ管理と保管の機能を含めるように検討することを推奨する．インフラストラクチャーを設計する際，インフラストラクチャーと個々のログについて，現時点と将来の要件を整理し，計画する必要がある．設計で考慮すべき主要な要素には，処理するログデータ量，ネットワーク帯域幅，オンラインおよびオフラインのデータ保管，データのセキュリティ要件，担当者がログ分析に要する時間とリソースがある．

▶各ログ管理責任者への適切なサポートの提供

個々のシステムのログ管理が組織全体で効果的に行われるためには，各システムの管理者が適切なサポートを受ける必要がある．サポートには，啓蒙，訓練の提供，問い合わせ窓口の開設，具体的な技術指導の実施，ツールやドキュメントの提供などがある．

▶ログ管理の標準的な運用プロセス

ログ管理の主な運用プロセスには，通常，ログ管理対象の設定，ログ分析の実行，特定イベントへの対応および長期保管の管理が含まれる．管理者は，そのほかに次のような責務を負う．

- 管理対象のすべてのログの状況監視
- ログローテーションとアーカイブプロセスの監視
- ログ関連ソフトウェアの更改とパッチの確認，取得，テスト，適用
- ログを取得する各ホストのネットワーク時刻同期
- ポリシー変更，技術変更，およびその他の要因に基づく，必要に応じたログの再構成
- ログの設定，構成および処理における例外事項の文書化と報告
- セキュリティ情報とイベント管理（Security Information and Event Management：SIEM）システムへのログ一元集約

ネットワークサーバー，ワークステーション，その他のコンピューティングデバイスの普及や，ネットワークと各システムへの脅威の増加により，コンピュータセキュリティログの数と量と種類が大幅に増加している．そのため，セキュリティログの生成，送信，保存，分析および廃棄を行う，コンピュータによるログ管理が必要になった．

多くの組織で，ネットワークベースおよびホストベースの様々なセキュリティソフトウェアを使用し，マルウェアの検知，システムとデータの保護，インシデントレスポンスを行っている．それに伴い，セキュリティソフトウェアは，コンピュータセキュリティログデータの主要な生成源となっている．一般的な種類のネットワークベースおよびホストベースのセキュリティソフトウェアには，次のものがある．

- **マルウェア対策ソフト(Anti-Malware Software)とウイルス対策ソフト(Anti-Virus Software)**＝マルウェア対策ソフトの最も一般的なものはウイルス対策ソフトである．ウイルス対策ソフトウェアは通常，検知されたマルウェア，ファイルとシステムの駆除の試行およびファイルの隔離に関するすべてのイベントを記録する．さらに，マルウェアスキャンの実行，シグネチャーやソフトウェアの更新についても記録可能である．スパイウェア対策ソフトおよびほかのタイプのマルウェア対策ソフト(例えば，ルートキット検出器)も，セキュリティ情報の一般的な情報源である．
- **IDSおよびIPS**＝IDSおよびIPSは，疑わしい動作や検出された攻撃に関する詳細情報と，進行中の悪意ある活動を阻止するためのシステムの全動作とを記録している．ファイルの完全性チェックソフトウェアなどの一部のIDSは，リアルタイムではなく一定期間ごとに実行されるため，バッチ処理でログエントリーを生成している．
- **リモートアクセスソフトウェア(Remote Access Software)**＝リモートアクセスは，仮想プライベートネットワーク(Virtual Private Network：VPN)を介して許可され，保護されることが多い．VPNシステムは通常，成功または失敗したログイン時の処理，各ユーザーの接続と切断の日時，各ユーザーセッションの送受信データ量を記録している．多くのSSL(Secure Sockets Layer) VPNなどのきめ細かなアクセス制御をサポートするVPNシステムは，リソースの使用に関する詳細情報を記録する場合もある．
- **Webプロキシー(Web Proxy)**＝Webプロキシーは，Webサイトへのアクセスを中継するサーバーである．Webプロキシーはユーザーに代わってWebページへリクエストを送り，Webページの複製をキャッシュし，これらのページへの再アクセスを効率化する．また，WebプロキシーによってWebアクセスを制限する場合や，クライアントとサーバーの中間でクライアントを保護する場合もある．Webプロキシーを介してアクセスされるすべてのURLの記録を保管することも多い．
- **脆弱性管理ソフトウェア(Vulnerability Management Software)**＝パッチ管理ソフトウェアと脆弱性評価ソフトウェアを含む脆弱性管理ソフトウェアは，通常，既知の脆弱性やソフトウェアアップデートの未実施など，各ホストのパッチインストール履歴と脆弱性ステータスを記録する．脆弱性管理ソフトウェアは，ホストの構成に関する追加情報も記録する場合がある．脆弱性管理ソフトウェアは通常，リアルタイムではなく間隔をおいて実行される．また，大きなログエントリーを生成する場合がある．

- **認証サーバー**(Authentication Server)＝ディレクトリーサーバーやシングルサインオンサーバーを含む認証サーバーは，通常，各認証処理（実施端末，ユーザー名，成功または失敗，日時など）を記録する．
- **ルーター**(Router)＝ルーターは，ポリシーに基づいて特定のタイプのネットワークトラフィックを許可またはブロックするように設定できる．トラフィックをブロックするルーターは，通常，ブロックされた通信の最も基本的な特性のみを記録するように設定されている．
- **ファイアウォール**(Firewall)＝ルーターと同様に，ファイアウォールはポリシーに基づいて通信を許可またはブロックする．ただし，ファイアウォールはネットワークトラフィックを調べるためにより洗練された方法を使用する．ファイアウォールはネットワークトラフィックの状態を追跡し，コンテンツ検査を行うこともできる．ファイアウォールはルーターよりも，より複雑なポリシーを持ち，詳細なアクティビティログを生成する．
- **ネットワークアクセス制御**(Network Access Control：NAC)**サーバー／ネットワークアクセス保護**(Network Access Protection：NAP)**サーバー**＝一部の組織では，ネットワークに接続させる前に各リモートホストのセキュリティ状態をチェックしている．多くの場合，これらはネットワーク検疫サーバーと各ホストに配置されたエージェントを介して行われる．チェックに応答しない，またはチェックに失敗したホストは，別の仮想ローカルエリアネットワーク(Virtual Local Area Network：VLAN)セグメントに隔離される．ネットワーク検疫サーバーは，検疫されたホストとその理由など，検疫の状況に関する情報を記録する．

Windowsイベントビューアーで表示されるセキュリティログデータのサンプルは以下のとおりである．**図6.1**は，ログ閲覧時にセキュリティ担当責任者に提示される一般情報である．**図6.2**は同じ情報の詳細である．

サーバー，ワークステーションおよびネットワーク機器（ルーター，スイッチなど）のOSは，通常，セキュリティ関連の様々な情報を記録する．最も一般的なセキュリティ関連のOSデータタイプは次のとおりである．

▶ システムイベント

システムイベント(System Event)は，システムのシャットダウンやサービスの開始など，OSコンポーネントによって実行される操作である．通常，失敗したイベン

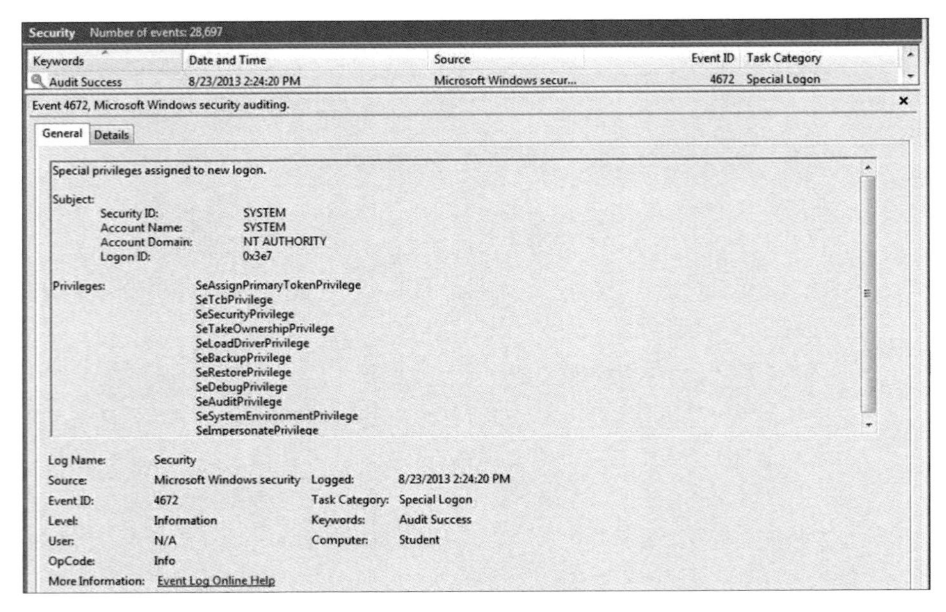

図6.1 Windowsイベントビューアーのセキュリティログ：一般ビュー

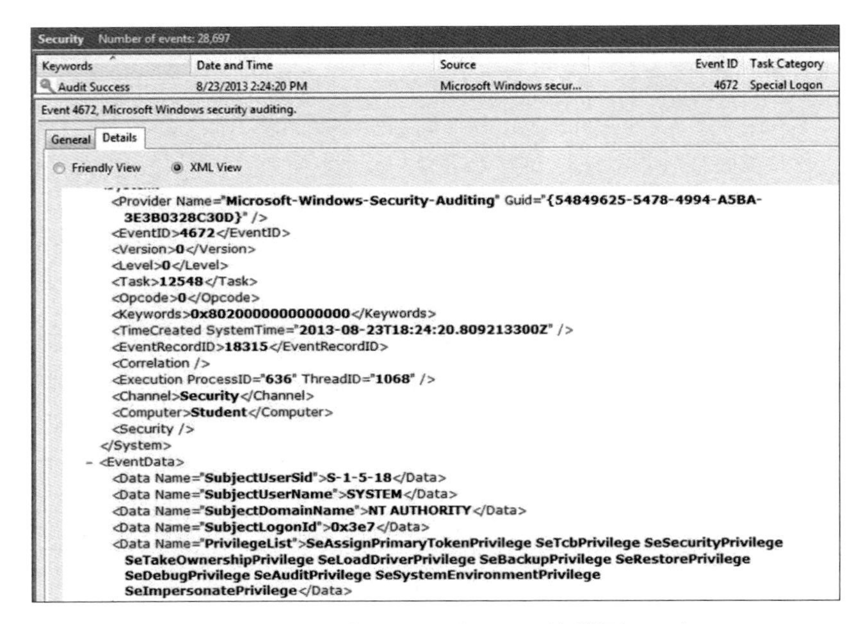

図6.2 Windowsイベントビューアーのセキュリティログ：詳細なXMLビュー

トと成功した有意なイベントはログに記録されるが，OSの多くは管理者がどのイベントを記録するかを指定できるようになっており，各イベントの記録されるレベルも様々である．通常，各イベントはタイムスタンプが付けられている．その他の付加情報として，状態，エラーコード，サービス名，イベントに関連するユーザーまたはシステムアカウントなどが加えられることがある．

▶監査レコード

監査レコード（Audit Record）には，成功または失敗した認証処理，ファイルアクセス，セキュリティポリシーの変更，アカウントの変更（アカウントの作成と削除，権限の割り当てなど）や特権の使用などのセキュリティイベント情報が含まれる．OSでは，システム管理者が監視するイベントタイプ，成功または失敗した特定の操作を記録するかを指定することが可能である．

OSのログは，ホストに関する疑わしい活動を特定または調査する場合に非常に役立つ．疑わしい活動がセキュリティソフトウェアによって特定されたあと，OSのログでその活動に関する詳細情報の獲得を目的に調べられる場合が多い．ネットワークセキュリティ機器があるホストに対する攻撃を検出した場合などに行われる．そのホストのOSログには，攻撃時にユーザーがホストにログインしたか，攻撃が成功したかどうかが残されている可能性がある．多くのOSログはsyslog形式でログを作成するが，Windowsシステムなど，いくつかのOSのログは独自のフォーマットで保存される．

一部のアプリケーションは独自のログファイルを生成するが，ほかのアプリケーションはインストールされているOSのログ機能を用いてログを作成する．アプリケーションログに記録される情報の種類は様々である．以下に，一般的に記録される情報の種類と，それぞれの利点と考えられる項目を示す．

- クライアントの要求とサーバーの応答．これはイベントのシーケンスを再構築し，それから導かれる結果を特定するのに非常に役立つ．アプリケーションが正常なユーザー認証を記録する場合は通常，どのユーザーがどの要求を行ったかを特定できる．一部のアプリケーションでは，詳細なログが記録できる．例えば，メールサーバーでは，各電子メールの送信者，受信者，件名，添付ファイル名を記録する．また，Webサーバーでは，要求された各URLとサーバーの応答タイプを記録する．ビジネスアプリケーションでは，各ユーザーがどの財務記録にアクセスしたかを記録する．これらの情報は，インシデントの特定や調査，コンプライアンス管理および監査の目的でアプリケーションの使用状況を監視するために使用できる．

- 認証処理の成功や失敗，アカウント変更(アカウントの作成および削除，アカウント特権の割り当てなど)，特権使用などのアカウント情報．これは総当たりによるパスワードの推測や特権昇格などのセキュリティイベントを特定するだけでなく，誰が何時にどのアプリケーションを使用したかを特定するのに役立つ．
- 一定期間(例えば，分，時間)に発生するトランザクションの数，トランザクションのサイズ(例えば，電子メールメッセージサイズ，ファイル転送サイズ)の利用情報．これらはセキュリティ監視に有効である．例えば，電子メールアクティビティが10倍に増加したイベントは新しいマルウェアを添付した電子メールの大量送付の推測に役立つし，著しく大量に送信される電子メールは不適切な情報の流出を類推させてくれる．
- アプリケーションの起動とシャットダウン，アプリケーションの障害および主要なアプリケーション構成の変更などの有意な操作．これは，セキュリティの侵害と運用上の障害を特定するために使用できる．

暗号化されているネットワークでのみ使われるようなアプリケーションでは，アプリケーションのみでログが記録されるため，これらのアプリケーションログはアプリケーション関連のセキュリティインシデント，監査，コンプライアンスにとって特に重要になる．しかし，これらのログはしばしば独自フォーマットになっているため，確認作業が難しい場合がある．また，データがその文脈に依存している場合が多く，内容の確認に多くの稼働がかかることがよくある．

ホストコンピュータの多くは，複数のセキュリティ関連のログを記録するため，組織内のログ数は非常に多くなる可能性がある．しかも，多くのログでは大量のデータが日常的に記録されるため，組織内ログデータの総量は膨大な量になる場合が多い．そのため，データ保管期間やデータレビューに割り当てるリソース適正化などを適切に行う必要がある．ログの分散的性質やフォーマットの非一貫性，データ大量性により，ログの生成や保存などの管理は難しいものとなっている．

ログは機密性と完全性の侵害から保護される必要がある．例えば，ログはユーザーのパスワードや電子メールの内容などの機密情報を，意図的または偶発的に含む可能性がある．そのため，ログレビューを行う者や，正規／非正規の手段でログにアクセスする者が，セキュリティとプライバシーを侵害する危険性がある．また，ログを保管時や輸送時に適切に保護していない場合，意図的，あるいは意図しない改ざんや破壊をされる可能性がある．悪意ある行為をする者は，その行為の隠蔽や，操作者の身元を隠すなどの行為をすることが多い．例えば，多くのルートキットは，ログを変更してルートキットのインストールまたは実行のエビデンスを削除するように設計されている．

組織はログの可用性を保護する必要もある．ログの多くは，最新の15,000件のイベントを保存するか，250MBのログデータを保存するなど，最大サイズが設定されている．サイズの上限に達すると，新しいデータによる古いデータの上書きや，記録の完全停止を行う場合があるが，いずれもログデータの可用性を損なってしまう．組織はデータの保存要件を満たすために，ログを生成する機器よりも長い期間でログファイルの複製を保管できる仕組みなど，アーカイブのプロセスを確立する必要がある．ログが大量に発生するため，アーカイブする必要のないログエントリーを除外してログを減らすことが適切な場合もある．また，アーカイブされたログの機密性と完全性の保護も考慮する必要がある．

ほとんどの組織では，従来，ネットワーク管理者とシステム管理者にログ分析の責任を持たせており，それらの管理者がイベントを識別するためにログエントリーの調査を行っていた．運用上の問題処理やセキュリティ上の脆弱性解決など，システム管理者が行うほかの業務では迅速な対応が求められるものが多いため，ログ分析は優先度の低いタスクとして扱われていた．ログ分析を担当する管理者は，優先順位を付け，効率的かつ効果的に作業を行う教育を受けていないことが多い．また，管理者はスクリプトやセキュリティソフトウェアツール（例えば，ホスト型侵入検知製品やSIEMソフトウェア）など，多くの分析プロセスの自動化に有効なツールを利用していないことがある．これらのツールは，同じイベントに関連する複数のログのエントリーの相関など，人間が簡単に把握することができないパターンを見つけるのに非常に有効である．ログ分析は，定常的に行われる作業ではなく，ほかの方法で問題が検知されたあとに，進行中の活動の特定，差し迫った問題の兆候の調査など，問題対応時に行われる場合が多い．ログは従来，リアルタイムまたはリアルタイム相当の時に分析されることはほとんどない．ログ分析を適切なプロセスで実施しないと，ログの価値は大きく減少する．

セキュリティ専門家がログ管理で直面する課題は多いが，組織がこれらの障害を回避し，解決するために，いくつかの重要な実施上の要点がある．その概要を以下に4点示す．

- ログ管理における優先順位付けを組織全体で適切に実施させる．適用される法律，規制，既存の組織ポリシーに則って行われるよう，組織はログ記録とログ監視を実行する要件と目標を適切に定義する必要がある．それにより組織は，リスク低減とログ管理のための時間とリソースとのバランスをとりながら，目標に優先順位を付けることができる．
- ログ管理のポリシーとプロシージャーを確立する．ポリシーとプロシージャーは，法律や規制要件が満たされていることを保証するだけでなく，組織全体で一貫したアプローチを行う上でも役立つ．定期的な監査は，記録取得の基準とガイドラインが組織全体で実施されていることを確認する方法の1つである．テストと妥当性確認によって，ログ管理プロセスのポリシーとプロシージャーの適切な実行が行われている保証がさらに強化される．
- 安全なログ管理インフラストラクチャーを構築し，維持する．組織がログ管理インフラストラクチャーのコンポーネントを構築し，コンポーネント間の関連を明確にしておくことは非常に有効である．これらは，偶発的または意図的な変更や削除からログデータの完全性を保護し，ログデータの機密性を維持することにも役立つ．インフラストラクチャーを構築する際，予想されるログデータ量だけでなく，マルウェアの侵入，ペネトレーションテスト，脆弱性スキャンなどの極端なピーク時にも処理できるようにしておくことが重要である．また，保管と分析においてSIEMシステムの使用を考慮に入れておくべきである．
- ログ管理責任を持つすべての担当者を適切に支援する．ログ管理スキームを定義する際，組織は，ログ管理責任を持つ担当者に必要な教育を提供するとともに，ログ管理のサポートを行う要員のスキル開発も行う必要がある．サポートには，ログ管理ツールとツールドキュメントの提供，ログ管理アクティビティに関する技術指導の提供，ログ管理担当者への情報提供も含まれる．

本書の付録Gにある「ログ管理手順のドキュメント」のサンプルを使って，組織内のログ収集，保存およびレビュープロセスの適切な実装と管理に必要となる手順書の種類を知ることができる．

また，「ログ管理ポリシー」のサンプルを使って，組織内のログ収集，保存およびレビュープロセスの適切な実装と管理を推進するセキュリティログポリシーの概要を知ることができる．

6.1.3 シンセティックトランザクション

リアルユーザーモニタリング（Real User Monitoring：RUM）は，Webサイトまたはアプリケーションの全ユーザーのすべてのトランザクションをキャプチャーして，分析することを目的としたWebモニタリング手法である．RUMは，リアルユーザー測定（Real-User Measurement），リアルユーザーメトリック（Real-User Metrics），エンドユーザーエクスペリエンスモニタリング（End-User Experience Monitoring：EUM）とも呼ばれるパッシブモニタリング（Passive Monitoring）の一種で，操作中のシステムを継続的に監視するWebモニタリングサービスを使って，可用性，操作性，応答性を追跡する．RUMはサーバー側では，エンドユーザーエクスペリエンスを再構築するために，サーバー側の情報を取得する．クライアント側のRUMは，ユーザーとアプリケーションとのやり取りを直接取得する．エージェントやJavaScriptを使用することで，クライアント側のRUMは，サイトの速度とユーザー満足度を直接的に調査する．これらはアプリケーションのコンポーネント最適化についての貴重な情報を提供し，性能改善に役立っている．

プロアクティブな監視（Proactive Monitoring）とも呼ばれるシンセティック性能監視（Synthetic Performance Monitoring）では，外部エージェントがWebアプリケーションに対してスクリプトでトランザクションを実行する．これらのスクリプトは，ユーザーのエクスペリエンスを評価するために，一般的にユーザーが使用する手順（検索，表示，ログインおよびチェックアウト）に従っている．従来は，軽量で低レベルのエージェントを使用してシンセティック監視を行ってきたが，ページの表示時に発生するJavaScript，CSS（Cascading Style Sheets），Ajax（Asynchronous JavaScript + XML）呼び出しを処理するために，これらのエージェントがWebブラウザーの全機能を実行することが必要になってきた．

RUMとは異なり，シンセティックトランザクション（Synthetic Transaction）は実際のユーザーセッション追跡を行わないが，これには重要な点がいくつかある．第1に，スクリプトは特定の場所から一定の間隔で一連のステップを実行しているため，その性能が予測可能な点である．つまり，内容にばらつきが出るRUMデータよりも異常を通知する際に有効である．第2に，シンセティックトランザクションはあらかじめ決めたスケジュールで実行させることができ，かつシステムやユーザーから独立して実行できるため，RUMよりもサイトの可用性とネットワークの問題を評価するのに有効となる．

多くの組織では，開発の最終段階に，実際にSelenium★1などの自動ツールを使用し，スクリプト化したブラウザーシミュレーションなどの統合テストとして，この種の監視を行っている．データの変更がない限り，開発したシステムに対するシンセティックトランザクションでは，上記のスクリプトが再利用される．アプリケーションが複雑になるにつれて，サーバーの負荷や可用性などの代理測定は，稼働時間の測定にはあまり役立たなくなった．開発物に対しSeleniumスクリプトを実行することは代理測定ではない．このスクリプトでシンセティックトランザクションを実行させ，完了を確認することにより，サイトの稼働を確認でき，稼働時間を正確に測定することができる．

最後に，シンセティックトランザクションはクライアント側の制御が可能なため，RUMを実行するサンドボックス内のJavaScriptと異なり，非常に有効な情報を詳細に獲得できる．例えば，フルウォーターフォールチャート，リソースごとの性能，表示時間を決定するアクションのページ表示のスクリーンショット／ビデオをキャプチャーすることができる．シンセティックトランザクションは現状，単一ページアプリケーションでの状態遷移の性能を理解するための最良の方法である．

監視用のシンセティックトランザクションの実用例は，Microsoft社（マイクロソフト）のシステムセンター運用マネージャー（System Center Operations Manager：SCOM）である．このソフトウェアにより，セキュリティ担当責任者はデータベース，Webサイトおよび TCP（Transmission Control Protocol：伝送制御プロトコル）ポートの使用状況を監視する様々なシンセティックトランザクションを作成することができる．シンセティックトランザクションで使用するSCOMの監視設定を行う前には，シンセティックトランザクションで実行する処理を計画する必要がある．例えば，Webサイトの性能を測定するシンセティックトランザクションを作成する場合は，ログオン，Webページ閲覧，商品を買い物カゴに入れ，買い物を行う一連のトランザクション実施など，ユーザーの典型的な行動について，事前に整理を行う．

- **Webサイトモニタリング**（Website Monitoring）＝Webサイトモニタリングでは，シンセティックトランザクションを使用してHTTP（Hypertext Transfer Protocol：ハイパーテキスト転送プロトコル）リクエストを実行し，可用性をチェックするとともに，Webページ，Webサイト，またはWebアプリケーションの性能を測定する．

- **データベース監視**（Database Monitoring）＝シンセティックトランザクションを使用したデータベース監視では，データベースの可用性監視を行う．
- **TCPポート監視**（TCP Port Monitoring）＝TCPポートのシンセティックトランザクションは，Webサイト，サービス，アプリケーションの可用性を測定する．SCOMにより，監視するサーバーとTCPポートを指定することができる．

セキュリティアーキテクトとセキュリティ担当責任者は，組織内のRUMとシンセティックトランザクション監視システムの使用と配置に関与すべきである．シンセティック監視の使用が有効である主な理由を以下に示す．

- アプリケーションの可用性を，24時間365日監視することが可能
- リモートサイトへ到達可能かどうかを確認可能
- サードパーティサービスがビジネスアプリケーションの性能に与える影響を把握することが可能
- SaaS（Software as a Service）アプリケーションの性能，可用性の監視，IaaS（Infrastructure as a Service）やPaaS（Platform as a Service）などのクラウドインフラストラクチャーの支援
- SOAP，REST（Representational State Transfer），その他のWebサービス技術を使用するB2B Webサービスのテスト
- 重要なデータベース検索の可用性の監視
- サービスレベルアグリーメント（Service Level Agreement：SLA）の客観的な測定
- 地域ごとの性能傾向をベースライン化して分析
- トラフィックが少ない期間にリアルユーザーモニタリングを補完し，総合的な可用性監視を実施

6.1.4 コードレビューとテスト★2

ソフトウェア開発では，小さなコードエラーがシステムまたはネットワーク全体のセキュリティを脅かす重大な脆弱性を引き起こすことがある．多くの場合，セキュリティ上の脆弱性は単一のエラーではなく，開発サイクル中に発生する一連のエラーが重なって引き起こされる．例えば，コードエラーが埋め込まれ，テストフェー

ズでは検出されず，防御機能で攻撃を止められない場合などである．

セキュリティは，ソフトウェア開発のすべての段階における優先事項である．リリース前に脆弱性検出に努めるのはもちろん，製品が攻撃される経路を減らすために運用時の制限を行うなど，ソフトウェアの脆弱性を防御する様々な工夫を行うべきである．ほとんどのセキュリティ上の脆弱性は，次の4つの理由によって発生している．

- SQLインジェクションなど，ユーザー投入データは攻撃に使われることが多いが，ユーザー投入データのチェックが不十分なままになってしまうような粗悪なプログラミングパターン
- 不十分なアクセス制御や脆弱な暗号構成などのセキュリティインフラストラクチャーの不適切な構成
- システムへのアクセスを様々な状況で適切に制限しないアクセス制御基盤など，セキュリティインフラストラクチャーの機能的なバグ
- 支払いをせずに商品を注文できるアプリケーションなど，実装プロセスの論理的な欠陥

ITアプリケーションに対する攻撃の大部分は，暗号アルゴリズムなどのセキュリティの中核部分を攻撃するものではない．粗悪なプログラミング，問題のあるインターフェース，コントロールされていない相互接続または誤った設定が，多くの場合，攻撃者に悪用される．高レベルの視点からは，セキュリティに関するテスト手法は，以下のように分類されることが多い．

- **ブラックボックステスト**(Black-Box-Testing)**とホワイトボックステスト**(White-Box-Testing)＝ブラックボックステストでは，対象のシステムはブラックボックスとして扱われ，詳細な内部実装の情報は使用されない．一方，ホワイトボックステストは，内部の詳細情報(例えば，ソースコード)を考慮し，テストを行う．
- **動的テスト**(Dynamic Testing)**と静的テスト**(Static Testing)＝従来，テストは動的テストとされていた．つまり，対象のシステムが実行され，動作を観察することでテストを行っていた．対照的に，静的テスト手法は，対象のシステムを実行することなく分析を行う．
- **手動テスト**(Manual Testing)**と自動テスト**(Automated Testing)＝手動テストでは，テ

ストシナリオは人手で進められ，自動テストではテストシナリオがテスト用アプリケーションによって実行される．

セキュリティテストの方法やツールを選択する際には，セキュリティ担当責任者は以下の複数の点を考慮する必要がある．

- **攻撃面**(Attack Surface)＝セキュリティテストの異なる方法により，異なる種類の脆弱性を見つけることが可能である．
- **アプリケーションタイプ**(Application Type)＝セキュリティテストの異なる方法は，適用するアプリケーションタイプによって，結果も異なる．
- **結果の品質と有用性**(Quality of Results and Usability)＝セキュリティテストの手法やツールは，各々で有用性(修正の推奨など)や品質(誤検知率など)が異なる．
- **対象としている技術**(Supported Technologies)＝セキュリティテストのツールは通常，プログラミング言語など，対象の制限がある．複数の対象をサポートしている場合でも，すべての対象が同じレベルでサポートされていない場合もある．
- **性能と人手の利用**(Performance and Resource Utilization)＝様々なツールとテストでは，必要となるコンピューティング性能や人手による稼働量が異なる．

通常，ソフトウェア開発の後工程でバグやセキュリティの脆弱性を修正すると，早期に修正するよりもコストがかかる．そのため，可能な限りソフトウェア開発工程の早い段階でセキュリティテストを適用すべきである．

▸計画時と設計時

厳密に言えば，アーキテクチャーのセキュリティレビューと脅威モデリングはセキュリティテストではない．しかしながら，その後のセキュリティテストのための重要な前提条件であり，セキュリティ担当責任者は利用可能なオプションを知っておく必要がある．選択可能なセキュリティテスト手法は次のとおりである．

- **アーキテクチャーのセキュリティレビュー**(Architecture Security Review)＝必要なセキュリティ要件を満たしていることを確認するための人手による製品アーキテクチャーのレビュー．
  - 前提条件：アーキテクチャーモデル

- ◦ 利点：セキュリティ基準のアーキテクチャー違反の検出
- **脅威モデリング**(Threat Modeling)＝アプリケーション固有のビジネスケースまたは使用シナリオを用いた構造化された手動分析．この分析は，あらかじめ用意された一連のセキュリティ上の脅威に基づいて行われる．
    - ◦ 前提条件：ビジネスケースまたは使用シナリオ
    - ◦ 利点：そのソフトウェア製品の開発工程に固有の脅威，その影響，可能な対策の特定

これらの方法は，最も重要な要素である攻撃方法を特定するのに役立つ．これにより，セキュリティテストができるだけ効果的になる項目に着目し，実施することが可能となる．

▸アプリケーション開発時

アプリケーションをテスト環境に配置できる前の開発段階では，次の手法を適用できる．

- **静的ソースコード分析**(Static Source Code Analysis)**および人手によるコードレビュー**(Manual Code Review)＝実際にアプリケーションを実行せずに脆弱性を発見するためのアプリケーションソースコードの分析．
    - ◦ 前提条件：アプリケーションソースコード
    - ◦ 利点：安全でないプログラミング，古いライブラリー，誤った構成の検出
- **静的バイナリーコード分析**(Static Binary Code Analysis)**と人手によるバイナリーレビュー**(Manual Binary Review)＝アプリケーションを実行せずに脆弱性を発見するコンパイル済みアプリケーション(バイナリー)の分析．一般に，これはソースコード分析に似ているが，正確に行うことが難しく，多くの場合において推奨修正事項が提供されない．

▸テスト環境での実行

開発工程の後期段階で，ソフトウェアを実際に実行できる場合は，次のようなセキュリティテストが適用される．

- **手動または自動ペネトレーションテスト**(Manual or Automated Penetration Testing)＝攻撃者がアプリケーションにデータを送信し，その動作を観察する．

    - 利点：アプリケーションの様々な脆弱性の特定
- **自動脆弱性スキャナー**（Automated Vulnerability Scanner）＝安全でないことがわかっているシステムコンポーネントまたは構成のテストを行う．このために，あらかじめ定義された攻撃パターンが実行され，システムの状況が分析される．
    - 利点：よく知られた脆弱性の検出，例えば，古いフレームワークの検出や設定誤り
- **ファジングテストツール**（Fuzz Testing Tool）＝アプリケーションが予想していた以上の容量を持つランダムデータをアプリケーションに入力し，アプリケーションのクラッシュなどを試験する．
    - 利点：セキュリティ上危険な可能性があるアプリケーションクラッシュ（バッファーオーバーフローなど）の検出

これらの手法ではすべて，バックエンドや外部サービスを含む独立したテストシステム上に，アプリケーションが構成されていることが必要になる．動的手法は通常，静的手法との関連で同様のカバレッジは持たないが，システム境界を越えたデータフローを含む脆弱性を検出するのに適している．実稼働環境とテスト環境の類似性が高いほど，実稼働環境で発生する状況に近いテストが行える．

▶システム運用とメンテナンス

アプリケーションの運用中には，前のセクションで説明したセキュリティテスト手法を用いて，システム構成が安全であること，および前提条件（例えば，ウイルス対策のインストール，適正な実装）が何らかの理由で違反することなく守られているかを確認することができる．加えて，システム動作の監視，システムログ（例えば，監視システム，侵入検知システム）を分析するパッシブセキュリティテスト手法が一般的に推奨されている．

ソフトウェアメンテナンスの観点からは，パッチのセキュリティテストが特に重要である．システムが誤って新しい脆弱性にさらされていないことを確認するため，パッチに対して，すべての実施可能な攻撃と適用可能なシステム構成に対するセキュリティテストを行う必要がある．

テスト計画とテスト項目は，ソフトウェア開発プロセスの早い段階で行えるように作成する必要がある．テスト計画においては，スケジュール，環境，資源（人員，ツールなど），方法論，テスト項目（入力，手順，出力，期待される結果），文書化，報告基

準が明示される必要がある．どの程度の稼働がテストプロセス全体で必要になるかは，複雑性，重要性，信頼性およびセキュリティ上の課題(耐故障性能の集中的なテストで重大な結果を引き起こす機能やモジュールなど)に依存している．

ソフトウェアテストでは，個々のソフトウェア製品のテストを計画する際にテストの条件を認識し，考慮する必要がある．最も簡単なプログラムを除いて，ソフトウェアを余すところなくテストすることはできない．一般に，ソフトウェア製品のすべての入力をテストすることは不可能であり，プログラム実行中に起こりうるすべてのデータ処理経路をテストすることもできない．個々のソフトウェア製品が完全にテストされたことを保証可能なテストまたはテスト方法はない．プログラムの全機能をテストしても，そのプログラムのすべてがテストされたことにはならない．プログラムの全コードをテストしても，プログラムに必要な機能がすべて含まれているわけではない．プログラムの全機能とすべてのプログラムコードをテストしても，プログラムが100％正確であるとは限らない！　エラーが検出されないソフトウェアテストは，ソフトウェア製品にエラーが存在しないことを意味するものではなく，テストが表層的であるか，正しいシナリオをカバーしていない可能性があることを示している．

ソフトウェアテスト項目で不可欠な要素は期待される結果である．これは実際のテスト結果の客観的評価を可能とする重要な情報となる．テスト項目の期待される結果は，対応する所定の定義または仕様から得られる．ソフトウェア仕様書は，エンジニアリング(すなわち，測定可能または客観的に検証可能な)レベルで何が達成されるべきか，いつ，どのように，なぜテストを通じてそれらが確認されるべきかを特定できることが求められる．効果的なソフトウェアテストの真の成果は，テストの実施ではなく，テストする対象の定義である．

ソフトウェアテストプロセスは，ソフトウェア製品の効果的な検査を推進するものでなければならない．有効なソフトウェアテストとは以下のようなものである．

- 期待されるテスト結果はあらかじめ定義されている．
- よいテスト項目では，エラーを検出する可能性が高くなる．
- 成功したテストとは，エラーを検出したテストである．
- コーディングから独立している．
- アプリケーション(ユーザー)とソフトウェア(プログラミング)の両方の専門知識が採用されている．
- テスターはプログラマーとは異なるツールを使用している．

- 通常の項目を調べるだけでは不十分である．
- テストレポートは，その再利用と，あとに実施するレビューにおけるテスト結果の合格／不合格状況の独立した確認を可能とする．

テスト実施の前提条件のタスク（コード検査など）が正常に完了すると，ソフトウェアテストが行われる．ユニットレベルのテストから始まり，システムレベルのテストで終わる．統合レベルごとのテストを行うこともある．ソフトウェア製品は，その内部構造および外部仕様に基づくテスト項目に従ってテストする必要がある．これらのテストでは，ソフトウェア製品が機能，性能，インターフェース定義および要件を遵守するために，徹底的かつ厳密な検査が行われる．

コードベースのテストは，構造テスト（Structural Testing）または「ホワイトボックス」テストとしても知られている．ソースコード，詳細設計仕様書およびその他の開発ドキュメントから得られた知識に基づいてテスト項目が作成される．これらのテスト項目では，プログラムと構成テーブルを含むデータ構造によって決まる制御構造を試験する．構造テストでは，プログラム実行時に実行されない“死んだ”コードを特定することができる．構造テストは，主にユニット（モジュール）レベルのテストで行われるが，ほかのレベルのソフトウェアテストにも拡張可能である．

構造テストのレベルは，構造テスト中に評価されたソフトウェア構造の割合を示すメトリックスを使用し，評価される．これらのメトリックスは通常，「カバレッジ（Coverage）」と呼ばれ，テスト選択基準に関する完全性の尺度である．構造的カバレッジの量は，ソフトウェアのリスクレベルにふさわしいものでなければならない．「カバレッジ」という用語は通常，100％カバレッジを意味する．例えば，プログラムが「ステートメントカバレッジ」を達成した場合，ソフトウェア内のステートメントがすべて，少なくとも1回は実行されたことを意味する．一般的な構造的カバレッジメトリックは次のとおりである．

- **ステートメントカバレッジ（Statement Coverage）**＝この基準は，各プログラムステートメントが少なくとも1回実行されるのに十分なテスト項目を必要とする．しかし，その結果だけでは，ソフトウェア製品の動作に自信を持つことはできない．
- **判断カバレッジ（Decision Coverage）または分岐カバレッジ（Branch Coverage）**＝この基準では，各プログラムの全判断または全分岐を実行するための十分なテスト項目が必要である．その帰結として，可能となる結果は少なくとも1回は発生する．これは，ほとんどのソフトウェア製品のカバレッジの最小レベルとみなされるが，高い完全性を求められるアプリケーションでは，判断カバレッジだけでは不十分である．

- **条件カバレッジ**(Condition Coverage)[☆1]＝この基準は，すべての可能な結果を少なくとも1回引き出すためのプログラムにおける各条件を発生させるテスト項目を必要とする．複数の条件に従って決定が行われる場合に判断カバレッジとは異なるものとなる．
- **マルチコンディションカバレッジ**(Multi-Condition Coverage)＝この基準は，プログラムの条件の可能な組み合わせをすべて実行するだけのテスト項目を必要とする．
- **ループカバレッジ**(Loop Coverage)＝この基準は，初期化，一般的な実行および終了(境界)条件を対象とするすべてのプログラムループ(0回，1回，2回および多くの繰り返しで実行される)に対して，十分なテスト項目を必要とする．
- **パスカバレッジ**(Path Coverage)＝この基準は，定義されたプログラムセグメントの開始から終了まで，実行可能な各パス，基本パスなどを少なくとも1回は実行するテスト項目を必要とする．ソフトウェアプログラムによる可能なパスの数が非常に多いため，一般的にパスカバレッジは達成できない．パスカバレッジの量は通常，テスト対象のソフトウェアのリスクまたは重要性に基づいて設定される．
- **データフローカバレッジ**(Data Flow Coverage)＝この基準は，実行可能な各データフローが少なくとも1回実行されるのに十分なテスト項目を必要とする．多数のデータフローテスト戦略が利用可能である．

定義ベースまたは仕様ベースのテストは，機能テスト(Functional Testing)または「ブラックボックス」テストと呼ばれる．ソフトウェア製品(ユニット[モジュール]であろうと完全なプログラムであろうと)が何を意図しているかの定義に基づき，テスト項目を特定する．これらのテスト項目は，プログラムおよびプログラムの内部および外部インターフェースの意図された使用または機能を試験する．機能テストは，ユニットレベルからシステムレベルのテストまで，ソフトウェアテストのあらゆるレベルで行われる．

次のタイプの機能ソフトウェアテストは，後述のものほど，段階的にレベルが向上したテストとなっている．

- **通常のケース**(Normal Case)＝通常行われる入力によるテストは必須である．しかし，予想される入力のみでソフトウェア製品をテストしても，そのソフトウェア製品を完全にテストしたことにはならない．通常の状況に関するテストだけでは，ソフトウェア製品に十分な信頼を置くことはできない．
- **出力強制**(Output Forcing)＝仕様で決めた(またはすべての)ソフトウェア出力がテストによって生成されるようにテスト入力を選択する．
- **堅牢性**(Robustness)＝ソフトウェアテストでは，予期しない無効な入力があった場合，ソフトウェア製品が正しく動作することを実証する必要がある．そのために十分なテスト項目を作成する方法として，同値分割，境界値分析，特殊ケース識別(エラー推測)がある．これらの技術は，重要かつ必要なものだが，ソフトウェア製品にとって必要な課題のすべてがテスト項目として特定されていることを保証するものではない．
- **入力の組み合わせ**(Combinations of Inputs)＝上記で挙げた機能テストの方法はすべて，個々のまたは単一のテスト入力に関するものである．ほとんどのソフトウェア製品は，使用条件下で複数の入力を処理する．徹底的なソフトウェア製品テストでは，ソフトウェアユニットまたはシステムが動作中に遭遇する可能性がある入力の組み合わせを考慮する必要がある．エラー推測は入力の組み合わせを生成するために拡張できるが，それは特定の目的のための手法である．因果関係図(Cause-Effect Graphing)は，テスト項目に含めるためのソフトウェア製品への入力の組み合わせを体系的に生成する，機能テストの手法の1つである．

機能・構造ソフトウェアテスト項目特定技術は，ランダムなテスト入力ではなく，テストのための特定の入力を提供する．これらの技術の欠点の1つは，構造テストと機能テストの完了基準をソフトウェア製品の信頼性に関連付けることが難しい点である．そのため，統計的テストなどの高度なソフトウェアテスト方法を使用して，ソフトウェア製品の信頼性をさらに強化させることが行われる．統計的テスト(Statistical Testing)では，運用情報(例えば，ソフトウェア製品の予想される使用，危険な使用，または悪意ある使用)に基づき，定義された分布からランダムに生成されたテストデータを使用する．大量のテストデータが生成され，特定の領域や懸念事項を対象にすることができ，ソフトウェア製品の設計者やテストをする者が予期できなかった，個別の，あるいは稀に発生する複数の動作条件を発見する可能性が高くなる．また，統計的テストは，信頼性が求められるソフトウェア製品が必要とする高度な構造カバレッジを提供することができる．したがって，構造テストと機能テストは，ソフトウェア製品の統計的テストの前提条件となっている．

ソフトウェアテストのもう1つの側面は，ソフトウェア変更関連のテストである．変更はソフトウェア開発中に頻繁に発生する．これらの変更は，①発見したエラーを訂正したデバッグ，②新規または変更された要件（要件変化），③より効果的または効率的な実装が見つかったために修正された設計の結果である．ソフトウェア製品がベースライン化（承認）されると，その製品の変更にはテストを含む独自の「ミニライフサイクル」が必要である．変更が正しく実装されたことを証明するだけでなく，変更がソフトウェア製品のほかの部分に悪影響を及ぼさないなど，変更されたソフトウェア製品は，追加のテストを行う必要がある．回帰分析（Regression Analysis）や回帰テスト（Regression Testing）は，変更がソフトウェア製品のほかの箇所で問題を生じさせていない確認を行うために使用する．回帰分析では，関連ドキュメント（ソフトウェア要件仕様書，ソフトウェア設計仕様書，ソースコード，テスト計画，テスト項目，テストスクリプトなど）の確認を行い，回帰テストを行う上で必要な変更の影響を特定する．回帰テストは，プログラムが以前正しく実行されたテスト項目の再実行であり，ソフトウェアの変更による意図しない影響を検出するために，現在の結果と以前の結果の比較を行う．モジュールを統合しながらソフトウェア製品を構築する場合，新しく統合されたモジュールが以前に統合されたモジュールの動作に悪影響を及ぼさないことを確認するため，回帰分析と回帰テストも行う必要がある．

ソフトウェア製品の徹底的かつ厳密な調査を行うために，開発テストは通常いくつかの工程からなる．一例として，ソフトウェア製品のテストは，ユニットレベル，統合レベル，システムレベルのテスト工程がある．

ユニット（モジュールまたはコンポーネント）レベルのテスト（Unit Level Testing）は，サブプログラム機能の早期検査に重点を置いており，システムレベルでは見えない機能をテストする．ユニットテストでは，完成したソフトウェア製品に統合するソフトウェアユニットが高品質であることを検証している．

統合レベルのテスト（Integration Level Testing）は，プログラムの内部・外部インターフェース間でのデータの転送と制御に重点を置いている．外部インターフェースは，ほかのソフトウェア（OSを含む），システムハードウェアおよびユーザーとのインターフェースであり，通信リンクとして記述することができる．

システムレベルのテスト（System Level Testing）は，指定されたすべての機能が存在し，ソフトウェア製品が信頼できることを示すものである．このテストでは，指定プラットフォーム上で完成したプログラムとして，ソフトウェア製品の機能と性能を検証する．システムレベルのソフトウェアテストは，機能上の懸案事項および使用用途に関連する機器内ソフトウェアの以下の事項に対処する．

- セキュリティおよびプライバシー性能（例えば，暗号化，セキュリティログの報告機能）
- 性能上の問題（例えば，応答時間，信頼性測定）
- 負荷状態の応答（例えば，最大負荷，連続使用下での挙動）
- 内部および外部のセキュリティ機能の操作
- 災害復旧を含む復旧手順の有効性
- ユーザビリティ
- ほかのソフトウェア製品との互換性
- 定義された各ハードウェア構成における動作
- 文書化の正確度

意図されたカバレッジが達成されたことを保証するため，トレーサビリティ分析などの管理基準が必要である．

システムレベルのテストでは，指定した動作環境におけるソフトウェア製品の動作も確認する．テストの実施場所は，ソフトウェア開発者が目指す運用環境を作る能力に依存する．ソフトウェア開発者が直接管理していないサイトで，計画されたシステムレベルのテストが実施される場合，意図したカバレッジが達成され，適切なドキュメントが作成されるために必要な管理を行うよう，あらかじめテスト計画で決めておく必要がある．

テスト手順，テストデータおよびテスト結果は，合否判定が客観的に行えるように文書化しておく．文書化は，テストを実行したあとの確認や客観的な判断での使用，後続の回帰テストでの使用も考慮して，行われる必要がある．テスト中に検出されたエラーは，記録，分類，レビューを行い，ソフトウェアのリリース前に解決される必要がある．開発ライフサイクル中に収集および分析されるソフトウェアエラーデータを使用し，商用配布用ソフトウェア製品のリリース適合性を判断することが行われる．テストレポートは，対応するテスト計画の要件に準拠している必要がある．

組織で利用されるソフトウェア製品は多くの場合，複雑な構造を持つ．ソフトウェアテストツールは，そのようなソフトウェア製品におけるテストの一貫性，徹底性，効率性を確保し，テスト計画の要件を満たすためによく利用される．これらのツールには，ユニット（モジュール）テスト，その後の統合テスト（ドライバーやスタブなど）や社内で使用するソフトウェアをサポートし，商用ソフトウェアテストツールを利用しやすくする機能が含まれる場合もある．このようなツールには，開発に使用されるソフトウェア製品以上の品質が求められる．これらのソフトウェアツールの使用状況に応じた検証証跡が保管されるべきである．

ソフトウェアとハードウェアでは，障害またはエラーのメカニズムが異なる．そのため，メンテナンスという用語が使われる場合，ソフトウェアとハードウェアで意味が違ってくる．ハードウェアメンテナンスには通常，予防的なハードウェアメンテナンス活動，コンポーネントの交換および是正変更が含まれる．ソフトウェアメンテナンスには，是正メンテナンス，改善メンテナンス，適応メンテナンスが含まれるが，予防活動またはソフトウェアコンポーネントの交換は含まれない．

ソフトウェアのエラーと障害を修正するために加えられた変更は，是正メンテナンス（Corrective Maintenance）と呼ばれる．ソフトウェアの性能，保守性，またはほかの属性を改善するためにソフトウェアに加えられた変更は，改善メンテナンス（Perfective Maintenance）である．変更された環境でソフトウェアシステムを使用できるようにするソフトウェアの変更は，適応メンテナンス（Adaptive Maintenance）である．

初期開発中またはリリース後のメンテナンス中にソフトウェアシステムに変更が加えられた場合，変更に関係しない部分に悪影響が及んでいないことを確認するために，十分な回帰分析と回帰テストを実施する必要がある．これは，変更が正確に実装されたかを評価するテストに加えて行われる．

各ソフトウェアの変更に必要な検証作業は，変更の種類，影響を受ける開発製品，ソフトウェアの運用における各製品の影響度合によって決まる．様々なモジュールやインターフェースなどの構造や相互関係を的確かつ完全に文書化することで，変更が行われた際に必要な検証作業の範囲を絞ることができる．変更の完全な検証にどの程度の稼働が必要かは，元のソフトウェアの検証がどの程度文書化され，アーカイブされているかに左右される．例えば，テストのドキュメント，テスト項目，以前の検証および妥当性確認テストの結果を，以降の回帰テストで使用するためには，アーカイブしておく必要があり，アーカイブされていない場合，変更後のソフトウェア再検証の稼働と費用が大幅に増加する．

標準的なソフトウェア開発プロセスの一部であるソフトウェア検証および妥当性確認タスクに加えて，以下のメンテナンス作業を行う必要がある．

- **ソフトウェア検証計画の改訂**（Software Validation Plan Revision）＝以前に検証された

ソフトウェア用に作成された既存のソフトウェア検証計画は，改訂版ソフトウェアの検証を行うために，改訂する必要がある．以前のソフトウェア検証計画が存在しない場合は，改訂版ソフトウェアの検証を行うために作成する必要がある．

- **異常評価**(Anomaly Evaluation)＝ソフトウェア開発組織では，発見されたソフトウェアの異常や異常修正の具体的な修正を記述するソフトウェア課題レポートなどのドキュメントを頻繁に更新している．しかし，ソフトウェア開発者が，問題の根本原因を特定し，再発を回避するために必要な処理や変更を行う段階まで踏み込んで実施しないため，同じエラーが繰り返されることがよくある．ソフトウェアの異常は，その重大度とシステムの動作と安全性への影響について評価する必要があるが，品質システムのプロセス不備の兆候としても対応する必要がある．異常の根本原因の分析によって，品質システムの欠点を明確化することができる．エラーの傾向が特定された場合(例えば，同様のソフトウェア異常の再発)，同様の品質問題の再発を避けるために，適切な是正措置および予防措置を実施し，文書化しなければならない．
- **問題の特定と対処の追跡**(Problem Identification and Resolution Tracking)＝ソフトウェアのメンテナンス中に発見されたすべての問題を文書化する必要がある．各問題の解決策は，問題の修正確認，履歴参照および傾向分析のために閲覧できる必要がある．
- **提案された変更の評価**(Proposed Change Assessment)＝各変更がシステムに及ぼす影響を決定するため，提案されたすべての修正，拡張または追加を評価する必要があり，検証および妥当性確認を再度行うべきかを併せて評価する必要がある．
- **タスクの繰り返し**(Task Iteration)＝承認されたソフトウェアの変更については，計画された変更が正しく実装され，すべてのドキュメントが完全で最新であり，ソフトウェア性能の変化が許容範囲であることを確認する必要がある．
- **ドキュメントの更新**(Documentation Updating)＝変更により影響を受けたドキュメントを特定するために，ドキュメントを慎重に検討し，確認する必要がある．影響を受けた承認済みのドキュメント(仕様，テスト手順，ユーザーマニュアルなど)はすべて，構成管理手順に従って更新する必要がある．仕様は，メンテナンスやソフトウェアの変更が行われる前に更新する必要がある．

6.1.5 ネガティブテスト／誤用ケーステスト

ソフトウェアテストには，ポジティブテストとネガティブテストという2つの主要なテスト戦略がある．

ポジティブテスト(Positive Testing)では，アプリケーションが期待どおりに動作することを確認する．ポジティブテスト中にエラーが発生した場合，テストは失敗となる．

ネガティブテスト(Negative Testing)は，アプリケーションが無効な入力や予期しないユーザーの動作を正常に処理できることを保証する．例えば，ユーザーが数値フィールドに文字を入力しようとすると，この場合の正しい動作は，「不正なデータ型です．数字を入力してください」というメッセージの表示である．ネガティブテストの目的は，このような状況を検出し，アプリケーションがクラッシュするのを防ぐことである．さらに，ネガティブテストは，アプリケーションの品質を改善し，欠点を見つけるのに役立つ．ポジティブテストとネガティブテストとの間には決定的な違いがある．ネガティブテストでは例外事項をテストすることが期待されている．ネガティブテストの実行には，アプリケーションがユーザーの不適切な動作を正しく処理していることを示すことが期待されている．ポジティブテストとネガティブテストの両方のアプローチを組み合わせることが，一般的にはよいテスト方法と考えられている．2つを組み合わせることで，一方のテストのみを使用する場合と比較して，より高いカバレッジを提供する．

▶典型的なネガティブテストのシナリオ

ネガティブテストは，様々な状況で起こりうるアプリケーションのクラッシュを検出することを目的としている．いくつかの例を以下に示す．

- **必須フィールドへの入力**(Populating Required Fields)＝一部のアプリケーションおよびWebページには，入力が必須のフィールドが含まれている．アプリケーションの動作を確認するには，必須フィールドを空白にしてアプリケーションの応答を分析するテストを作成する．例えば，アプリケーションは，ユーザーに適切なフィールドに入力するよう要求するメッセージボックスを表示する．その後，無効なデータを処理する場合であっても，そのテストではアプリケーションの動作が正しいものとして解釈する必要がある．
- **データとフィールドの型の対応**(Correspondence between Data and Field Types)＝通常，ダイアログボックスやフォームには，特定の種類のデータ(数値，日付，テキストなど)を受け入れることができる制御が含まれている．アプリケーションが正常に機能するかどうかを確認するには，アップダウン編集ボックスに文字を入力するテストや，［日付］フィールドに「13/33/2016」の値を入力するテストなど，不正なデータを入力するテストを作成することで行える．

- **許容文字数**(Allowed Number of Characters)＝一部のアプリケーションやWebページには，限られた数の文字を入力できるフィールドが含まれている．例えば，アプリケーションとWebページの［ユーザー名］フィールドの値は，50文字未満でなければならないなどである．アプリケーションの動作を確認するには，許容されているよりも多くの文字をフィールドに入力するテストを作成する．
- **許容されるデータ範囲と制限**(Allowed Data Bounds and Limits)＝アプリケーションは，特定の範囲のデータを受け入れる入力フィールドを使用する場合がある．例えば，10～50の整数を入力する編集ボックスや，特定の長さのテキストを受け入れる編集ボックスなどである．アプリケーションの動作をチェックするには，下限より小さいか，指定したフィールドの上限より大きい値を入力するネガティブテストを作成する．このネガティブテスト項目のもう1つの例は，データ型の制限を超えるデータを入力することである．例えば，整数値には通常，－2,147,483,648～2,147,483,648の範囲の値が含まれる(サイズはメモリー内のバイト数によって制限される)．アプリケーションの動作を確認するには，境界を超える値を入力するネガティブテストを作成する．例えば，テストでは整数フィールドに制限を超えた数(100,000,000,000)を入力する．
- **合理的なデータ**(Reasonable Data)＝一部のアプリケーションやWebページには，妥当な制限があるフィールドが含まれている．例えば，［あなたの年齢：］フィールドの値として，200または負の数を入力することはできない．アプリケーションの動作を確認するには，無効なデータを指定されたフィールドに入力するネガティブテストを作成する．
- **Webセッションテスト**(Web Session Testing)＝一部のWebブラウザーでは，最初のWebページが開く前にログインする必要がある．これらのブラウザーが正しく機能することを確認するには，ログインしないでWebページを開こうとするテストを作成する．

セキュリティ担当責任者は，実稼働中のアプリケーション，システムや，実稼働に向けて検討されているアプリケーション，システムに対して，適切な種類のテストが行われていることを確認するために，ネガティブテストの使用をひととおり理解する必要がある．

ユースケース（Use Case）は，システムとその環境の間のやり取りを抽象化した，想定される状況である．ユースケースは，システムとその環境がやり取りを行う時に共有するシステムまたは通信方法の特徴を浮かび上がらせる．シナリオは，特定の個体間のやり取りの記述である．ユースケースは，システムとそのアクターの間の同様のやり取りのインスタンスであるシナリオを抽象化したものとなる．誤用ケース（Misuse Case）は，設計中のシステムにとって好ましくないアクターの視点から見たユースケースの1つである．誤用ケースは，ユースケースに対し，検討すべき有用な示唆を与えてくれることが多い．コンピュータウイルスなどのエージェントがシステムに重大な脅威をもたらすため，セキュリティ要件をきちんと検討・整理することはとても重要である．誰かが故意にシステムを壊すという脅威がある点で，セキュリティはほかの仕様領域とは異なる．設計中のシステムでユースケースや誤用ケースを用いて，シナリオをモデル化して分析することで，脅威を低減し，セキュリティを向上させることができる．

いくつかの誤用ケースは非常に特殊な状況で発生するが，ほかのケースではシステムに絶えず脅威を与えている．例えば，車は駐車中で人が不在の時に盗まれる可能性が最も高いのに対し，Webサーバーは常にDoS（Denial-of-Service：サービス拒否）攻撃を受ける可能性がある．誤用ケースとユースケースは，システムからサブシステムレベルまで，または必要に応じてより低いレベルまで，何度も繰り返し使用することができる．下位レベルのケースでは，上位レベルでは考慮されていない側面が強調され，別の分析が行われる場合がある．このアプローチは，あらゆる方向への要件の調査，理解，妥当性確認の可能性を提供してくれる．エージェントと誤用ケースを明確に描くことは，セキュリティ担当責任者がよりよいシナリオを作成する上で役立つ．

6.1.6 インターフェーステスト

統合テスト（Integration Testing）は，アプリケーションの異なるコンポーネント（例えば，ソフトウェアおよびハードウェア）を組み合わせてテストすることを含む．この種の組み合わせテストは，それらが正しく機能し，設計および開発された要件に準拠していることを確認するために行われる．

インターフェーステスト（Interface Testing）は，開発中のアプリケーションまたはシステムの様々なコンポーネントが互いに同期しているかどうかを確認するために行われる点で，統合テストとは異なる．技術的には，インターフェーステストは，システム内の様々な要素間のデータ転送などの機能が，設計された方法に従って行われているかを判断するのに用いられる．

インターフェーステストは，ソフトウェア製品の品質を保証する上で最も重要なソフトウェアテストの1つである．インターフェーステストは，システムまたはコンポーネントがデータを渡し，相互に正しく制御するかどうかを評価するために行われる．通常，テストチームと開発チームの両方で実行される．インターフェーステストは，どのアプリケーション領域がアクセスされたか，その使い勝手がよいかの判断に使われる．また，以下の確認や検証のために使用される．

- アプリケーションとサーバー間のすべてのやり取りが適切に実行されているかどうか．
- エラーが適切に処理されているかどうか．
- ユーザーがトランザクションを中断すると何が起きるか．
- Webサーバーへの接続がリセットされた場合はどうなるか．

サーバーインターフェースに関しては，テストによって次のことが確認できる．

- 通信が正しく行われていること，Webサーバーからアプリケーションサーバー，アプリケーションサーバーからデータベースサーバーおよびその逆の通信が行われていることの検証
- サーバーソフトウェア，ハードウェア，ネットワーク接続の互換性

外部インターフェースに関しては，テストによって次のことが確認できる．

- サポートされているブラウザーはすべてテスト済みか．
- 外部アプリケーションが利用できない時，またはサーバーにアクセスできない時に，外部インターフェースに関連するすべてのエラー条件がテストされているか．

内部インターフェースに関しては，テストによって次のことが確認できる．

- サイトがプラグインを使用している場合，プラグインなしで使用できるか．
- リンクされたすべてのドキュメントがすべてのプラットフォームでサポー

トされ，開くことができるか(例：Microsoft WordをSolarisで開くことができるか).

- ダウンロード中にエラーが発生した場合，エラー処理はうまくされるか.
- ユーザーはコピー機能とペースト機能を使用できるか.
- 暗号化されていないフォームデータを送信できるか.
- システムがクラッシュした場合，再起動と復旧のメカニズムは効率的で信頼性があるか.
- 途中でサイトを離れると，タスクは取り消されるか.
- インターネット接続が失われた場合，トランザクションはキャンセルされるか.
- ブラウザーのクラッシュはどのように処理されるか.
- 開発チームは有効なエラー処理を実装しているか.

顧客担当者はしばしば，品質保証テスト(Quality Assurance Testing)の実施を担当する．このプロセス全体を通じて，顧客担当者は顧客に何かを伝える必要はない．ただアプリケーションに対する顧客の反応を文書化または記録するだけである．セッション終了時に，顧客担当者は顧客にインタビューし，ソフトウェア開発者にフィードバックすることを約束する．このように，インターフェーステストは，ソフトウェアの顧客のユーザーエクスペリエンスを向上させる．機能性，性能，スピード，プログラムの使用に必要な時間，顧客がプログラム関連で覚えるべき事項が容易かどうか，顧客満足度，ユーザーエラー率などの要素は，開発者がユーザーインターフェースをうまく設計する上で必要な基準である．

▶共通のソフトウェアの脆弱性

「我々は“知らないこと”を知らない.」

この古い言葉は，セキュリティ専門家が直面する最大の問題をまとめたものである．私たちは“知らないこと”が何であるかがわからない．もっと重要なことは，私たちが通常，被害を受けた直後にその“知らないこと”を知ることである．

2011年の「CWE/SANS(Common Weakness Enumeration/SysAdmin，Audit，Network，Security)最も危険なソフトウェアエラートップ25」は，ソフトウェアの深刻な脆弱性を引き起こす可能性がある最も広範かつ重大なエラーのリストである．それらのエラーは見つけやすく，悪用しやすい．それらは攻撃者がソフトウェアを完全に乗っ取り，データを盗み出し，ソフトウェアがまったく動作しないようにすることができるため，危険である★3.

▸トップ25のカテゴリー別表示

このセクションでは，トップ25のエラーを次の3つのカテゴリーに分類する．

- コンポーネント間の安全でないやり取り
- 危険なリソース管理
- 不完全な防御策

▸コンポーネント間の安全でないやり取り

これらの欠点は，個別のコンポーネント，モジュール，プログラム，プロセス，スレッド，またはシステム間でのデータ送受信が，セキュリティ上，不十分な方法で行われることに関連している．各欠点について，そのランキングは角括弧で示される．

ランク	CWE ID	名称
[1]	CWE-89	SQLインジェクション(SQL Injection): SQLコマンド内の特殊文字の不適切・不十分な無効化処理
[2]	CWE-78	OSコマンドインジェクション(OS Command Injection): OSコマンド内の特殊文字の不適切・不十分な無効化処理
[4]	CWE-79	クロスサイトスクリプティング(Cross Site Scripting：XSS): 動的Webページ生成時の入力に対する不適切・不十分な無効化処理
[9]	CWE-434	危険なタイプのファイルの無制限アップロード
[12]	CWE-352	クロスサイトリクエストフォージェリー(Cross-Site Request Forgery：CSRF)
[22]	CWE-601	オープンリダイレクト(Open Redirect): 信頼できないサイトへのリダイレクト

▸危険なリソース管理

このカテゴリーにある欠点は，ソフトウェアが重要なシステムリソースの作成，使用，転送，または破棄を適切に管理していないことに関連している．

ランク	CWE ID	名称
[3]	CWE-120	古典的なバッファーオーバーフロー(Buffer Overflow): 入力サイズをチェックしないままのバッファーコピー
[13]	CWE-22	ディレクトリートラバーサル(Directory Traversal；別名パストラバーサル[Path Traversal]): 制限されたディレクトリー以外のディレクトリー表示など，不適切・不十分な無効化設定
[14]	CWE-494	完全性をチェックしないままのプログラムコードのダウンロード
[16]	CWE-829	信頼できない領域からの機能のインクルード
[18]	CWE-676	潜在的に危険な機能の使用
[20]	CWE-131	バッファーサイズの不正確な計算
[23]	CWE-134	範囲外の書式文字
[24]	CWE-190	整数オーバーフローまたはラップアラウンド

▶不完全な防御策

このカテゴリーにある弱点は，しばしば誤用され，乱用され，無視される防御技術に関連している．

ランク	CWE ID	名称
[5]	CWE-306	重要機能における認証の欠落
[6]	CWE-862	認可の欠落
[7]	CWE-798	ハードコーディングされた資格情報の使用
[8]	CWE-311	機密情報の暗号化の欠落
[10]	CWE-807	信頼できない入力に基づいたセキュリティ判断への依存
[11]	CWE-250	不必要な権限を用いた処理
[15]	CWE-863	誤った認可
[17]	CWE-732	重要リソースへの不正確なアクセス権付与
[19]	CWE-327	解読可能または強度が弱い暗号アルゴリズムの使用
[21]	CWE-307	過度な認証試行の不十分な制限
[25]	CWE-759	ソルト抜きの一方向ハッシュの使用

上位25のリストに加えて，SANS「重大なセキュリティコントロール」のリストは，この分野のセキュリティ専門家にとって価値のあるリソースで，特にコントロールNo.6「アプリケーションソフトウェアセキュリティ」は重要な示唆を与えてくれる．このコントロールはセキュリティ関連の脆弱性を予防，検出，修正するために，社内で開発および取得したすべてのソフトウェアのセキュリティライフサイクルを管理できるように設計されている★4.

コントロールNo.6の実装法

ID #	説明	カテゴリー
CSC 6-1 (NEW)	取得したすべてのアプリケーションソフトウェアに対して，使用中のバージョンが引き続きベンダーによってサポートされていることを確認する．サポートされていない場合は，最新のバージョンに更新し，関連するすべてのパッチとベンダーのセキュリティ推奨事項をインストールする．	直ちに実行
CSC 6-2	クロスサイトスクリプティング，SQLインジェクション，コマンドインジェクション，ディレクトリートラバーサル攻撃など，一般的なWebアプリケーションの攻撃に対して，Webアプリケーションに流入する全トラフィックを検査するWebアプリケーションファイアウォール(Web Application Firewall：WAF)を用いて，Webアプリケーションを保護する．Webベースではないアプリケーションについては，WAFのようなツールを使用できる特定のアプリケーションの場合，そのアプリケーション向けのファイアウォールを導入すべきである．トラフィックが暗号化されている場合，セキュリティ機器は暗号化に関係しない場所に設置されるか，分析前にトラフィックの復号が行われる必要がある．いずれのオプションも適切でない場合は，ホストベースのWAFを導入すべきである．	直ちに実行

ID #	説明	カテゴリー
CSC 6-3	社内で開発したソフトウェアでは，サイズ，データタイプ，許容データ範囲またはフォーマットなど，すべての入力に対して明示的なエラーチェックが実行され，文書化されていることを確認しておく．	可視性／属性
CSC 6-4	社内で開発したWebアプリケーションと調達したWebアプリケーションは一般的なセキュリティ上の弱点を持つため，設置前に自動遠隔Webアプリケーションスキャナーを使用して，テストする．それらのテストは定期的，かつアプリケーションの更新時に実施する．テストにはDoS攻撃またはリソース枯渇関連の攻撃に対するテストを含める．	可視性／属性
CSC 6-5	エンドユーザーにシステムエラーメッセージを表示させない（出力サニタイゼーション）．	可視性／属性
CSC 6-6	実稼働システムと非実稼働システムでは別々の環境を維持する．開発者は監視されることなく実稼働環境へアクセスする手段を有してはならない．	可視性／属性
CSC 6-7	自動静的コード分析ソフトウェアと手動テスト，インスペクションレビューを使用して，設置前のWebアプリケーションやその他のアプリケーションソフトウェアのコーディングエラー，潜在的な脆弱性をテストする．特に，アプリケーションソフトウェアの入力に関する妥当性確認と出力エンコーディングルーチンについては，レビューとテストを行う．	構成／予防
CSC 6-8（NEW）	取得されたアプリケーションソフトウェアについては，全体的なリスクマネジメントプロセスの一環として，ベンダーの製品セキュリティプロセス（脆弱性の履歴，通知，パッチ適用または修復）を調べる．	構成／予防
CSC 6-9	データベースに依存するアプリケーションの場合は，標準の強化用構成テンプレートを使用する．重要なビジネスプロセスの一部を構成するシステムはすべてテストする必要がある．	構成／予防
CSC 6-10	すべてのソフトウェア開発担当者が，それぞれ使用する開発環境向けのセキュアコード作成トレーニングを受けていることを確認する．	構成／予防
CSC 6-11	社内で開発したアプリケーションの場合，開発関連物（サンプルデータおよびスクリプト，未使用ライブラリー，コンポーネント，デバッグコード，ツール）は，設置されたソフトウェアに含まれていないか，実稼働環境でアクセス可能な場所にないことを確認する．	構成／予防

セキュリティ専門家は，上で説明したコントロールを実装し，管理する方法をさらに深く掘り下げたいと思うかもしれない．関連情報のリソースは次のとおりである．

- https://buildsecurityin.us-cert.gov/
- https://www.owasp.org/index.php/Main_Page

6.2 セキュリティプロセスデータの収集

情報セキュリティの継続的監視（Information Security Continuous Monitoring：ISCM）は，組織のリスクマネジメント上の決定を支援するために，情報セキュリティ，脆弱性，脅威に対する継続的な監視を維持することと定義されている．組織全体の情報セキュリティの継続的監視をサポートするための取り組みやプロセスは，技術，プロセス，手順，運用環境および人々を含む包括的なISCM戦略を定義する上級リーダーシップから始める必要がある．この戦略を以下に示す．

- 組織のリスク耐性力に対する明確な理解に基づいており，メンバーが優先順位を設定し，組織全体での一貫したリスクマネジメントに役立つ．
- すべての組織層でセキュリティ状況の有効な指標を示すメトリックスを含む．
- すべてのセキュリティコントロールの継続的な有効性を確実にする．
- 組織の任務やビジネス機能，連邦法，指令，規制，ポリシー，スタンダードやガイドラインから導き出された情報セキュリティ要件の遵守状況を検証する．
- 組織全体のIT資産によって情報が提供され，資産のセキュリティの可視性を維持するのに役立つ．
- 組織のシステムおよび運用環境の変更に関する知識とコントロールを確実にする．
- 脅威や脆弱性の認知能力を維持する．

ISCMプログラムは，事前に確立されたメトリックスに従って情報を収集し，実装済みのセキュリティコントロールに従って入手情報を利用することで行われる．組織のメンバーは，組織の各分野で適切なリスクマネジメントを行うために，定期的または必要に応じてデータを収集し，分析する．このプロセスでは，組織の中核ミッションとビジネスプロセスを支援するために，ガバナンスと戦略的ビジョンを提供する上級リーダーから個々のシステムの開発，実装，運用を行う担当者まで，組織全体が関与する．その後，リスクの低減処置を実施するか，排除するか，移転するか，受容するかについて，組織の観点から決定が行われる．

組織のセキュリティアーキテクチャー，運用セキュリティ機能および監視プロセスは，ダイナミックな脅威と脆弱性の状況に対応するために，時間の経過とともに改善され，成熟されていく．組織のISCM戦略とプログラムは，有効性が定期的にレビューされ，資産の可視性と脆弱性の認識を高めるために必要に応じて改訂される．これにより，組織の情報インフラストラクチャーのセキュリティに対するデータに基づいたコントロールがいっそう進み，組織のレジリエンスが向上する．

組織全体のリスク監視は，単独の手動プロセスまたは単独の自動化プロセスによって効率的に達成することはできない．手動プロセスが使用される場合，プロセスは一貫性のある実装を可能にするために繰り返し行い，定期的に検証しながら実施するものとなる．サポートツール（脆弱性スキャンツール，ネットワークスキャンデバイスなど）の使用を含む自動化プロセスは，継続的な監視をより安価に，一貫して，効率的に行うことができる．NIST SP 800-53 Revision 4「連邦政府情報システムおよび連邦組織のためのセキュリティコントロールとプライバシーコントロール」で定義されている多くの技術的なセキュリティコントロールは，自動化ツールと技術を使用した監視のための優れた方法である★5．自動化ツールを使用した技術コントロールのリアルタイム監視は，これらのコントロールの有効性と組織のセキュリティの動的な状況を可視化してくれる．包括的な情報セキュリティプログラム，すなわち経営および運用管理を含むすべてのセキュリティコントロールは，監視を自動化できない場合や簡単に自動化できない場合でも，定期的に有効性を評価する必要があることを認識することが重要である．

ISCM戦略を策定し，ISCMプログラムを実装するプロセスは次のとおりである．

- 資産，脆弱性の認識，最新の脅威情報およびミッションやビジネスへの影響を明確に把握したリスク耐性力に基づいてISCM戦略を定義する．
- メトリックス，状態監視頻度，コントロール評価頻度を決定するISCMプログラムを確立し，ISCM技術アーキテクチャーを確立する．
- ISCMプログラムを実装し，メトリックス，評価およびレポートに必要なセキュリティ関連情報を収集する．可能であれば，データの収集，分析，レポートを自動化する．
- 収集されたデータを分析，結果を報告し，適切な対応を決定する．既存のモニタリングデータを明確化または補足するために，追加情報を収集することが必要な場合がある．
- 技術的，管理的および運用上の低減処置，または受容，移転や共有，回避や排除など，調査結果の対応を行う．
- 監視プログラムのレビューと更新，ISCM戦略の調整，測定機能の成熟化による資産の可視化と脆弱性の認識の向上，組織の情報インフラストラクチャーのセキュリティに対するデータに基づくコントロールの実現，組織のレジリエンスの向上を行う．

セキュリティアーキテクト，セキュリティ専門家，セキュリティ担当責任者は，組織の継続的なリスクを評価・管理するために，どのメトリックスを使用するかを協力して決定する必要がある．自動化ツールおよび手作業で作成した評価や監視で収集されたセキュリティ関連の情報をすべて含むメトリックスは，意思決定や報告を支援する有意義な情報としてまとめられている．メトリックスは，セキュリティの状況を維持または向上させることを目的として導き出される必要がある．ミッションやビジネスまたは組織のリスクマネジメントという意味でシステムレベルのデータを有効利用するために，メトリックスが開発されたのである．

メトリックスは，異なる時間ならびに様々な時間差で収集されたセキュリティ関連の情報を使用する．メトリックスは，セキュリティ状態監視，セキュリティコントロール評価データ，1つまたはいくつかのセキュリティコントロールから収集されたデータの組み合わせから計算される．メトリックスの例を次に示す．

- 明らかになり，是正された脆弱性の数と重大度
- 不正アクセスの試行回数
- 構成のベースライン情報
- 緊急時対応計画の試験日と結果
- 意識啓発訓練の必要がある現状の従業員数
- 組織のリスク耐性力の閾値
- 特定のシステム構成に関連するリスク値

セキュリティ専門家は，すべてのセキュリティコントロールが正しく実装されているという保証がない場合，メトリックスが根本的に損なわれていることがあるという事実を認識する必要がある．メトリックスは，セキュリティアーキテクチャーの出力に従って定義または計算される．評価が行われていないセキュリティコントロールを使用してセキュリティアーキテクチャーからメトリックスを収集することは，壊れた，または目盛りのない定規を使用することと同じである．メトリックスデータの解釈では，直接的および間接的にコントロールが実行され，予期したとおりにメトリックス値が計算されると想定している．メトリックスが問題を示している場合，根本的な原因は何通りでもありえる．メトリックスに関係しないセキュリティコントロールの正しい実装と継続的な有効性の保証がなければ，根本原因の分析が妨げられ，分析が不適切な箇所に絞り込まれ，セキュリティ担当責任者が真の問題を見落とす可能性がある．

NIST SP 800-137「連邦情報システムおよび組織のための情報セキュリティの継続的監視(ISCM)」によれば，セキュリティ担当責任者は，メトリックスの監視頻度やセキュリティコントロールの評価頻度を設定する際に，次の基準を考慮する必要がある★6．

- **セキュリティコントロールの変動性**(Security Control Volatility)＝変動要素の多いセキュリティコントロールは，目的がセキュリティコントロールの有効性を確立しているか，メトリックスの計算をサポートしているかが，より頻繁に評価される．NIST SP 800-53の「構成管理(Configuration Management：CM)」コントロールファミリーは，変動が多いコントロールのよい例となっている．情報システムの構成は通常，変化の激しいものである．システム構成が不正または分析されずに変更されると，システムが悪用される可能性がある．したがって，CM-6「構成設定」とCM-8「情報システムコンポーネントインベントリー」などの対応するコントロールでは，より頻繁な評価と，必要に応じてアラートと状況を提供する自動化SCAP(Security Content Automation Protocol)検証ツールを使用した監視が必要である．逆に，NIST SP 800-53の「人的セキュリティ(Personnel Security：PS)」コントロールファミリーのPS-2「職位の分類」またはPS-3「人事スクリーニング」などのコントロールは，ほとんどの組織で変動が激しいものとはなっていない．それらは長期間にわたり変更されない傾向があり，したがって，一般的に少ない頻度で評価されている．
- **システム分類／影響レベル**(System Categorizations/Impact Levels)＝一般的に，影響度の大きいシステムに実装されるセキュリティコントロールは，影響度の小さいシステムに実装されるコントロールよりも頻繁に監視を行うべきである．
- **重要機能を提供するセキュリティコントロールや特定の評価対象**(Security Controls or Specific Assessment Objects Providing Critical Functions)＝重要なセキュリティ機能(ログ管理サーバー，ファイアウォールなど)を提供するセキュリティコントロールまたは評価対象は，より頻繁に監視することになる．さらに，重大なセキュリティ機能をサポートする各評価対象は，(事業影響度分析に従って)システムにとって重要な対象とみなすことになっている★7．
- **脆弱であることを特定した対象のセキュリティコントロール**(Security Controls with Identified Weaknesses)＝リスクが許容範囲内かを確認するために，セキュリティ評価レポート(Security Assessment Report：SAR)に記録されている既存リスクを頻繁に監視することを検討する．その際，すべての脆弱な対象に同じレベルの監視が必要でないことに注意する．例えば，SARでシステムまたは組織にとって重要ではない，または影響が少ないとみなされる脆弱な対象は，システムまたは組織に対する影響の大きい脆弱な対象よりも頻度を下げて監視を行うのがよい．
- **組織のリスク耐性力**(Organizational Risk Tolerance)＝リスク耐性力の低い組織(例え

ば，大量の専有情報，および／または個人識別情報［Personally Identifiable Information：PII］を処理，保存，または送信する組織，多数の影響度の大きいシステムを持つ組織，特定の永続的な脅威に直面している組織）は，リスク耐性力が高い組織（例えば，PIIや専有情報を少ししか処理，保存，送信しない，影響度が低いか中程度のシステムしか持たない組織）よりも頻繁に監視を行うべきである★8.

- **脅威に関する情報**（Threat Information）＝組織は，既知の脆弱性や攻撃パターンなど，現状の信頼できる脅威情報を把握，分析する.
- **脆弱性情報**（Vulnerability Information）＝組織は，監視頻度を設定する際にIT製品に関する最新の脆弱性情報を検討する．例えば，特定の製品のメーカーが毎月ソフトウェアパッチを提供している場合，組織は少なくともその製品の脆弱性スキャンを頻繁に実施することを検討すべきである.
- **リスクアセスメントの結果**（Risk Assessment Results）＝監視頻度を設定する際に，組織的またはシステム固有のリスクアセスメント（公式または非公式のいずれも）を検討する．組織でリスク評価付けを実施している場合，リスクスコアは，関連するコントロールの監視頻度が適正か増減すべきかを点検する際の指標に用いることができる.
- **報告要件**（Reporting Requirements）＝報告要件はISCM戦略の推進ではなく，監視頻度に関連して考慮される場合がある．例えば，組織のポリシーで，検出された不正コンポーネントの数と是正措置を四半期ごとに報告するように決められている場合は，不正コンポーネントを少なくとも四半期ごとに監視することになる.

セキュリティ専門家は，ISCM戦略のあらゆる点をレビュー，変更する手順を整備する必要がある．変更の際には，戦略全体が妥当であるか，組織のリスク耐性力が正確に反映されているか，測定が適正かつ正確に行われているか，メトリックスが適用できるか，報告要件および監視と評価頻度が適切かを含めて考慮すべきである．収集データの一部が報告の目的に合致しない，または組織のセキュリティ状況の維持，改善に役立たないと判明した場合，組織はリソースを節約するため，そのデータ収集を中止することを検討する必要がある．監視戦略の変更を引き起こす要因には，以下が含まれる．ただし，これらに限定されるものではない.

- コアミッションやビジネスプロセスの変更
- エンタープライズアーキテクチャーの大幅な変更（システムの追加や削除を含む）

- 組織のリスク耐性力の変動
- 脅威情報の変化
- 脆弱性情報の変化
- 情報システム内の変化（カテゴリー化や影響レベルの変化を含む）
- 状況報告の傾向分析
- 新しい法律や規制
- 報告要件の変更

信頼できるISCMプログラムにより，組織はコンプライアンス主導型のリスクマネジメントからデータに基づくリスクマネジメントに移行し，リスク対応，セキュリティ状況，セキュリティコントロールの有効性を分析するために必要な情報を継続的に収集・把握することが可能となる．ISCMプログラムは，展開されたセキュリティコントロールが有効であり続けるために，状況変化に伴う変更の発生の際に，組織のリスク許容範囲内に業務が確実に維持されるための手順を与える．セキュリティコントロールが不十分であると判断した場合，ISCMプログラムに基づいて，リスクに基づいて優先順位付けしたセキュリティ対応アクションを実行することとなる．

組織のリスクマネジメントフレームワーク（Risk Management Framework：RMF）における重要な取り組みであるISCMによって，組織のメンバーは，必要に応じてセキュリティ情報を受け取り，承認決定を含むタイムリーなリスクマネジメント上の決定を行える．ISCMでは，セキュリティ計画，セキュリティ評価レポート，行動計画とマイルストーン，ハードウェアとソフトウェアのインベントリー，その他のシステム情報についても，随時更新している．ISCMは，データ収集と報告をできるだけ自動化したメカニズムを用いている場合に最大の効果を発揮する．識別性，測定可能性，実行可能性，関連性などの出力形式を整備し，タイムリーに情報提供するようにすると，ISCMの効果はさらに向上する．

6.3 内部監査および第三者監査

一部の規制においては監査が必須となっている．例えば，米国では，連邦政府機関が連邦情報セキュリティ管理法（Federal Information Security Management Act：FISMA）の対象である．FISMAは，代理店に自己監査を依頼し，独立監査人に情報セキュリティの実施状況を少なくとも年1回点検するように要求している．法律や規格に記載されている要件が保護方法を示してくれるが，情報システムの完全な保護やリスクマネジメントが保証されることは滅多にないことを，情報セキュリティ専門家は理解しておくべきである．情報セキュリティ専門家は，適切なスコーピングとテーラリングを確認し，対象システムを適切なレベルで管理する必要がある．

コアコンピタンスへの集中，コスト削減，新しいアプリケーションの導入の迅速化のために，企業が，システムやビジネスプロセスおよびデータ処理をサービスプロバイダーにアウトソースする傾向がますます広がっている．その結果，そのユーザー組織である企業は，アウトソースしたベンダーをモニタリングし，アウトソーシングのリスクを管理するプロセスをより高度なものにしている．従来，多くの組織が，監査基準報告書（Statement on Auditing Standards：SAS）70に準拠して，アウトソースした活動を管理してきた．しかし，SAS 70は，財務報告に対する内部統制（Internal Control over Financial Reporting：ICOFR）に関連するリスクに重点を置いており，システムの可用性やセキュリティなどの幅広い目的には対応していなかった．2011年にSAS 70レポートが廃止され，SAS 70レポートに代わる新しいサービス組織統制（Service Organization Control：SOC）レポートが定義され，アウトソースしたサービスの保証に関するニーズをより明確に扱えるようになった．

6.3.1 SOCレポートオプション

これまで，SAS 70レポートは，財務諸表監査の観点からアウトソースサービス提供組織の顧客とその監査人を支援することを目的としていた．現在，SAS 70に代わる3種類のSOCレポートが定義されており，セキュリティ，プライバシー，可用性の問題に取り組むなど，幅広い顧客側のニーズに対応している．サービス提供組織は，コントロールに対する保証を提供するよりも，さらによい方法を模索中である．

▶SOCレポートタイプ

SOCレポートは，財務報告またはガバナンスの観点から顧客の要件を満たすための何年にもわたる継続的な取り組みを含む，12カ月間のコントロールの項目と有効性を，可能な限り含めるように汎用化されている．システムやサービスが1年間稼働しない場合や，年次報告が顧客側のニーズを十分に満たしていない場合，SOCレポートは6カ月などの短い期間で提出される可能性がある．SOCレポートは，新しいシステムやサービス，またはシステムやサービスの初期審査（監査）として指定された時点のコントロールの設計のみをレポートする場合もある．

設計と運用の有効性を報告する期間レポートは一般に「タイプ2」と呼ばれ，設計

	SOC1 (SSAE 16, AT 801, またはISAE 3402レポートとも呼ばれる)	SOC2	SOC3 (SysTrust, WebTrust, またはTrust Servicesレポートとも呼ばれる)
概要	ユーザーとその監査人に向けた詳細なレポート.	ユーザーとその監査人, 特定組織に向けた詳細なレポート.	広く流通させるショートレポート. オプションとして, 認証機関の認証を受けていることを示すサイトシール等をつける場合もある.
適用範囲	財務レポートにあるサービスプロバイダーが特定したリスクとコントロールに着目している. サービスプロバイダーが財務取引処理や取引処理システムを提供している場合に最も有効に適用できる.	以下に着目. ・セキュリティ ・可用性 ・機密性 ・処理における完全性 ・プライバシー	

表6-1 SOC 2/SOC 3レポートとSOC 1レポートのフォーカス, 対象スコープ, コントロールドメイン

を含むその時点のレポートは一般に「タイプ1」と呼ばれる. 例えば, 顧客側の組織が特定のシステムのセキュリティと可用性を報告する期間レポートを必要とする場合, その組織はSOC 2タイプ2のセキュリティと可用性のレポートをサービスプロバイダーに要求する. 組織が特定のシステムのICOFR管理を対象とする期間レポートを必要とする場合, 組織はSOC 1タイプ2のレポートをサービスプロバイダーに要求する. **表6-1**は, フォーカス, 対象スコープ, コントロールドメインに関し, SOC 2/SOC 3とSOC 1を比較したものである.

▶SOC 2/SOC 3の原則

SOC 2レポートとSOC 3レポートは, ICOFRを超えた保証を提供するために, 米国公認会計士協会(American Institute of Certified Public Accountants：AICPA)およびカナダ公認会計士協会(Canadian Institute of Chartered Accountants：CICA)によって開発された, いくつかの要件からなる「信用可能なサービスの原則と基準(Trust Services Principles and Criteria)」を用いている. 原則と基準は, セキュリティ, 可用性, 機密性, 処理の完全性およびプライバシーを定義している. この原則と基準は, SOC 2レポートまたはSOC 3レポートが, サービスプロバイダーとその顧客ユーザーのニーズに応じて, 1つまたは複数の原則を報告できるように, モジュール方式で構成されている.

SOC 1レポートは, SOC 2やSOC 3とは対照的に, 財務報告に関わる顧客側の組織の内部統制に関連したシステムの記述と, 管理対象やコントロールの定義を, サービスプロバイダーが行うことになっている. 一般的にSOC 1レポートは, ICOFRの観点から見て, 顧客側の組織に関係ないサービスやコントロールドメインを報告するべきではない. 特に, 災害復旧やプライバシーなどのトピックを報告

することはできない．

▶SOC 2/SOC 3の基準

SOC 2の最初のレポートは，セキュリティ原則から始めるのがきわめて実用的な方法である．セキュリティは顧客側の組織が最も関心を持つ領域の1つであり，セキュリティ基準の大部分は「信用可能なサービスの原則」の基礎をなしている．さらに，セキュリティ基準は，ISO 27001などのほかのセキュリティフレームワークの要件と比較的一致している．ISO 27001などの標準に基づくセキュリティプログラムがすでに存在する場合，または詳細レベルでのITコントロールを対象としたSAS 70検査を完了した場合，多くのセキュリティ基準のトピックがすでに対処されている可能性がある．

▶セキュリティ

- ITセキュリティポリシー
- セキュリティ意識とコミュニケーション
- リスクアセスメント
- 論理アクセス
- 物理アクセス
- セキュリティ監視
- ユーザー認証
- インシデント管理
- 資産の分類と管理
- システム開発と保守
- 人的セキュリティ
- 構成管理
- 変更管理
- 監視とコンプライアンス

セキュリティ対応とともに，アウトソースシステムの可用性がビジネスに与える影響が高まるにつれ，関連システムの可用性SLA保証への要求事項など，可用性自体が企業の重点項目として注視されてきている．セキュリティと可用性の原則と基準によってカバーされるトピックは次のとおりである．

▸可用性

- 可用性ポリシー
- バックアップと復元
- 環境管理
- 災害復旧
- 事業継続管理

原則と基準は機密性，完全性への対処とともに下記に概要を示すプライバシー対応も満たすものである．セキュリティ基準はサービスプロバイダーのセキュリティコントロールに対する保証を提供するが，機密性基準は，機密情報を保護するための対応に関する詳しい追加情報としても用いられる．

▸機密性

- 機密性ポリシー
- 入力の機密性
- データ処理の機密性
- 出力の機密性
- 情報開示（第三者を含む）
- システム開発における情報の機密性

顧客側がプロセス監視などのほかの手段ではプロセスの完全性の保証が得られない場合，純粋にICOFRの観点から，顧客に関する広範なシステム処理に関する保証を提供するためにプロセスの完全性基準を使用することができる．

▸処理の完全性

- システム処理の完全性ポリシー
- 入力，システム処理と出力の完全性，正確性，適時性と認可
- 情報源から廃棄までの情報トレース

プライバシー基準は，プライバシープログラムのコントロールの有効性を保証するために使用することができる．セキュリティ専門家は，複数のサービス提供や多様な地域のユーザーがいる組織にとって，これが複雑になる可能性があるという事実を認識しておく必要がある．一般的に，プライバシー原則を含むSOC 2レポー

トを完成させる前に，ほかの基準よりもさらに多くの重要な事項を準備しておくことが必要となる．

▶ プライバシー

- 管理
- 通知
- 選択と同意
- 収集
- 使用と保持
- アクセス
- 第三者への開示
- 品質
- 監視と施行

セキュリティ専門家は，次のことにも注意すること．

- クラウドベースのERP(Enterprise Resource Planning)サービスは，従来SAS 70レポートを提供していた．これは，顧客に主要な財務報告サービスを提供するためである．同じ理由でSOC 1レポートを提出し続ける可能性が高い．ただし，クラウドサービスに固有のユーザー保証の要求に対応するために，SOC 2またはSOC 3セキュリティおよび可用性レポートの提供が必要となる場合もある．
- データセンターコロケーションプロバイダーの多くは，物理的および環境的なセキュリティコントロールに限定されたSAS 70審査を完了している．しかし，ほとんどのデータセンタープロバイダーは，顧客の金融システムを含め，その他のシステムも保管している．その結果として，主要なプロバイダーはSOC 2セキュリティレポートに移行している．一部のサービスプロバイダーは，SOC 2セキュリティレポートに環境的なセキュリティコントロールを組み込んでいるが，一方ではサービス状況に応じて可用性基準に取り組むサービスプロバイダーもいる．
- 顧客への品揃えとして提供される一般的なITサービスや，特定顧客向けに提供されるカスタマイズサービスを含むITシステム管理では，顧客の保証ニーズがICOFRなのか，セキュリティや可用性に重点を置いているかに応じて，SOC 1またはSOC 2レポートが適用されている．

また，顧客側のICOFRとの直接的な関連がほとんどないような，操作と技術に重点を置いたサービスもある．これらのタイプのアウトソースサービスは，上場企業に適用されるサーベンス・オクスリー(Sarbanes-Oxley：SOX)法の404条の範囲には含まれない可能性がある．これらのサービスの顧客は通常，データのセキュリティとこれらのシステムの可用性に最も関心を持っている．これは，セキュリティと可用性に関するSOC 2またはSOC 3レポートで対処できる．場合によっては，SOC 2やSOC 3レポートは，機密性，処理の完全性，プライバシーをレポートすることが可能である．SOC 2は機密性の高い第三者データを保存して処理している組織にも適用される．

情報を保護するために有効なセキュリティコントロールと機密性コントロールが実施されていることを第三者に示す必要がある場合，SOC 2とSOC 3は保証を提供するメカニズムとなる．レポートのシステム記述を通じて，組織は「システム」の境界を明確に記述し，定義された「信用可能なサービスの基準」に基づいて監査が行われる．

監査を完了していないサービスプロバイダーには，通常，SOC 2やSOC 3検査を準備し，完了するための2段階のプロセスがある．以下の一覧は，初回審査の段階的なアプローチをまとめたものである．セキュリティ専門家は，サービスプロバイダーと協力して監査を成功させるためのガイダンスを提供し，監査準備段階から支援を行う必要がある．監査フェーズは，監査準備フェーズで確立したサービスプロバイダーのアーキテクチャーとコントロールの把握に基づいて対応する．

▶監査準備フェーズ

- 監査範囲とプロジェクト全体のタイムラインを定義する．
- 既存の，あるいは必要なコントロールを特定するための管理者との討議，利用可能なドキュメントの確認をする．
- 管理上，注意が必要なギャップを特定するための確認準備を実行する．
- 特定されたギャップに対処するための優先順位付けされた推奨事項を伝える．
- 作業セッションを開催して，代替案と改善計画について話し合う．
- 正式な監査フェーズを開始する前にギャップがなくなっていることを確認する．
- サービスプロバイダーの外部要件に対応するための最も効果的な監査および報告方法を決定する．

▶監査フェーズ

- 全体的なプロジェクト計画を提供する.
- オンサイト作業の前にデータ収集を完了して，事前に監査プロセスを推進する.
- オンサイトでの会議やテストを実施する.
- 収集された情報のオフサイト分析を完了する.
- プロジェクトの状況と特定された問題の報告を毎週行う.
- 経営陣によるレビューのための最終報告書の草案と電子的およびハードコピーを提供する.
- 全般的な観察結果と考慮すべき事項を含む，管理のための内部報告書を提供する.

▶SOCレポート利用の視点

従来，アウトソースサービスを利用する多くの企業がSAS 70レポートを要求してきた. SAS 70レポートが特定の目的のために設計されたものであることを理解または認識している企業はほとんどない. ユーザーおよび監査人は，ユーザーの財務諸表およびICOFR監査の文脈で，サービスプロバイダーの管理としてSAS 70レポートを利用している. これらのユーザーの多くは，財務報告の影響をほとんど，またはまったく考慮しないで，セキュリティ，可用性，プライバシーなどの領域について懸念を持っていた. 間違いなくその目的に適した，ITやセキュリティに重点を置いたほかの保証ツール（WebTrust，SysTrust，ISO 27001など）が存在していたにも関わらず，ユーザーは引き続きSAS 70レポートを要求し，サービスプロバイダーとその監査人は対応してきた.

SAS 70レポートをSOCレポートに置き換えることで，専門家の指導が明確になった. AICPAは，様々なタイプのSOCレポートとそれらが適用可能な状況について明確な説明を提供している. 2011年に，主要な財務処理サービス（給与計算，トランザクション処理，資産管理など）を提供するサービスプロバイダーの大部分がSOC 1レポートに移行した. 顧客側の財務報告システムに影響がない，または間接的な影響しか与えないITサービスプロバイダーは，SOC 2レポートに移行し始めた. SOC 3レポートは，コントロールの詳細とテスト結果を開示することなく，広範なユーザーに保証レベルを伝える必要がある場合に使用されている. いくつかの企業では，SOC 2やSOC 3を組み合わせた監査を行い，異なる対象に合わせた2つのレポートにすることもできる.

Summary
まとめ

「セキュリティ評価とテスト」のドメインにおける基本的な目的は，セキュリティアーキテクト，セキュリティ担当責任者およびセキュリティ専門家に必要となる知識と技能を提供することであり，それらは，システムの開発，製造，運用，維持に関わるリスクマネジメントを支援するそれぞれの役割によって異なる．テストと評価（T&E）は，システムと能力開発の両方の進捗状況を測定する．T&Eでは，システムの性能を向上させ，運用におけるシステムの使用を最適化するためのシステムの能力と制限に関連する知識を提供している．T&Eの専門知識は，開発中のシステムの長所と短所をより早期に把握するために，システムライフサイクルの初期段階で使うべきものである．技術的またシステム的に，運用上，管理上の欠陥を早期に特定し，システムを守るために適切かつタイムリーな是正措置を講じることが目標となる．T&E戦略の作成には，リスク対応を含めた技術開発の計画，ミッション要件に対するシステム設計の評価，優れたプロトタイピングやその他の評価技術がどのプロセスに適合するかの特定などが含まれる．

最終的には，T&E戦略のゴールは，調達または開発するプログラムの目標を達成するために提供されるシステムまたはサービスの長所と短所を特定し，リスクの特定，管理，低減を行うことである．段階的なアップグレードによる機能の追加と，データがアプリケーションから分離されたネットワーク中心の構造への移行が昨今では一般的に行われており，それらに合わせたT&E戦略が必要である．データは処理される前にポストされ，利用可能になる．データを処理するためにコラボレーションが採用されている．そして，ネットワークノードとパスの豊富なセットが，サポートインフラストラクチャーを提供している．

注

★1——http://docs.seleniumhq.org

★2——次のURLには100以上のテストの種類と定義がある．
http://www.guru99.com/types-of-software-testing.html

★3——各項目については，次のURLにリンク先がまとめられている．

http://cwe.mitre.org/top25/

★4——コントロールについては，次のURLにリンク先がまとめられている．
http://www.sans.org/critical-security-controls/control/6

★5——http://nvlpubs.nist.gov/nistpubs/SpecialPublications/NIST.SP.800-53r4.pdf

★6——http://nvlpubs.nist.gov/nistpubs/Legacy/SP/nistspecialpublication800-137.pdf

★7——次を参照のこと．
http://nvlpubs.nist.gov/nistpubs/Legacy/SP/nistspecialpublication800-34r1.pdf

★8——次のURLに企業におけるリスク対応の概要が紹介されている．
http://nvlpubs.nist.gov/nistpubs/Legacy/SP/nistspecialpublication800-39.pdf

訳注

☆1——判断カバレッジでは判断文全体で真／偽などの取りうる値が網羅されているかを判定するのに対し，条件カバレッジでは個々の条件ごとの値が網羅されているかを確認する点が異なる．

レビュー問題
Review Questions

1．リアルユーザーモニタリング(RUM)は，Webモニタリングのアプローチであり，

A．Webサイトまたはアプリケーションの全ユーザーの選択されたトランザクションをキャプチャーして分析することを目指す．

B．Webサイトまたはアプリケーションの全ユーザーのすべてのトランザクションをキャプチャーして分析することを目指す．

C．Webサイトまたはアプリケーションの特定ユーザーのすべてのトランザクションをキャプチャーして分析することを目指す．

D．Webサイトまたはアプリケーションの特定ユーザーの選択されたトランザクションをキャプチャーして分析することを目指す．

2．プロアクティブな監視とも呼ばれるシンセティック性能監視では，

A．外部エージェントがWebアプリケーションに対してスクリプト化されたトランザクションを実行する．

B．内部エージェントがWebアプリケーションに対してスクリプト化されたトランザクションを実行する．

C．外部エージェントがWebアプリケーションに対してバッチジョブを実行する．

D．内部エージェントがWebアプリケーションに対してバッチジョブを実行する．

3．セキュリティ上の脆弱性はほとんど，以下により引き起こされる(**該当するすべてを選択**)．

A．粗悪なプログラミングパターン

B．セキュリティインフラストラクチャーの不適切な構成

C．セキュリティインフラストラクチャーの機能的なバグ

D．文書化されたプロセスの設計上の欠陥

4．セキュリティテストの方法やツールを選択する際，セキュリティ担当責任者は以下のような多くの異なることを考慮する必要がある．

A．組織の文化と暴露の可能性
B．現地年間頻度推定値(LAFE)および標準年間頻度推定値(SAFE)
C．スタッフのセキュリティの役割と責任
D．攻撃面と対象としている技術

5．アプリケーションがテスト環境でテストを開始できるほどまだ十分に成熟していない開発フェーズにおいて，次のいずれの手法を適用できるか(**該当するすべてのものを選択**)．
A．静的ソースコード分析と人手によるコードレビュー
B．動的ソースコード分析と自動コードレビュー
C．静的バイナリーコード分析と人手によるバイナリーレビュー
D．動的バイナリーコード分析と静的バイナリーレビュー

6．よいソフトウェアテストとは以下のようなものである(**2つ選択**)．
A．テスターとプログラマーは同じツールを使用する
B．テストはコーディングから独立している
C．期待されるテスト結果は不明である
D．成功したテストとは，エラーを検出したテストである

7．一般的な構造的カバレッジメトリックには以下のものが含まれる(**該当するすべてのものを選択**)．
A．ステートメントカバレッジ
B．パスカバレッジ
C．資産カバレッジ
D．ダイナミックカバレッジ

8．ソフトウェアテストの2つの主なテスト戦略は何か．
A．ポジティブと動的
B．静的とネガティブ
C．既知と再帰的
D．ネガティブとポジティブ

9．情報セキュリティの継続的監視(ISCM)プログラムが確立されている理由は何か．

A. 実装されたセキュリティコントロールによって一部入手可能な情報を用いて，ダイナミックメトリックスに従って情報を監視するため
B. 実装されたセキュリティコントロールによって一部入手可能な情報を用いて，事前に確立されたメトリックスに従って情報を収集するため
C. 計画されたセキュリティコントロールを通じて一部入手可能な情報を用いて，事前に確立されたメトリックスに従って情報を収集するため
D. 実装されたセキュリティコントロールによって一部入手可能な情報を用いて，テストメトリックスに従って情報分析を行うため

10. ISCM戦略を策定し，ISCMプログラムを実装するプロセスは，
A. 定義，分析，実装，確立，対応，レビュー，更新
B. 分析，実装，定義，確立，対応，レビュー，更新
C. 定義，確立，実装，分析，対応，レビュー，更新
D. 実装，定義，確立，分析，対応，レビュー，更新

11. 情報セキュリティの継続的監視（ISCM）プログラムについて議論しているNISTのドキュメントは，
A. NIST SP 800-121
B. NIST SP 800-65
C. NIST SP 800-53
D. NIST SP 800-137

12. サービス組織統制（SOC）レポートは，通常以下の期間をカバーする．
A. 6カ月の期間
B. 12カ月の期間
C. 18カ月の期間
D. 9カ月の期間

★ ★ ★

1. Real User Monitoring (RUM) is an approach to Web monitoring that?
A. Aims to capture and analyze select transactions of every user of a website or application.
B. Aims to capture and analyze every transaction of every user of a website or

application.

C. Aims to capture and analyze every transaction of select users of a website or application.

D. Aims to capture and analyze select transactions of select users of a website or application.

2. Synthetic performance monitoring, sometimes called proactive monitoring, involves?

A. Having external agents run scripted transactions against a web application.

B. Having internal agents run scripted transactions against a web application.

C. Having external agents run batch jobs against a web application.

D. Having internal agents run batch jobs against a web application.

3. Most security vulnerabilities are caused by one? **(Choose ALL that apply)**

A. Bad programming patterns

B. Misconfiguration of security infrastructures

C. Functional bugs in security infrastructures

D. Design flaws in the documented processes

4. When selecting a security testing method or tool, the security practitioner needs to consider many different things, such as:

A. Culture of the organization and likelihood of exposure

B. Local annual frequency estimate (LAFE), and standard annual frequency estimate (SAFE)

C. Security roles and responsibilities for staff

D. Attack surface and supported technologies

5. In the development stages where an application is not yet sufficiently mature enough to be able to be placed into a test environment, which of the following techniques are applicable: **(Choose ALL that apply)**

A. Static Source Code Analysis and Manual Code Review

B. Dynamic Source Code Analysis and Automatic Code Review

C. Static Binary Code Analysis and Manual Binary Review

D. Dynamic Binary Code Analysis and Static Binary Review

6. Software testing tenets include: (**Choose Two**)
   A. Testers and coders use the same tools
   B. There is independence from coding
   C. The expected test outcome is unknown
   D. A successful test is one that finds an error

7. Common structural coverage metrics include: (**Choose ALL that apply**)
   A. Statement Coverage
   B. Path Coverage
   C. Asset Coverage
   D. Dynamic Coverage

8. What are the two main testing strategies in software testing?
   A. Positive and Dynamic
   B. Static and Negative
   C. Known and Recursive
   D. Negative and Positive

9. What is the reason that an Information Security Continuous Monitoring (ISCM) program is established?
   A. To monitor information in accordance with dynamic metrics, utilizing information readily available in part through implemented security controls
   B. To collect information in accordance with pre-established metrics, utilizing information readily available in part through implemented security controls
   C. To collect information in accordance with pre-established metrics, utilizing information readily available in part through planned security controls
   D. To analyze information in accordance with test metrics, utilizing information readily available in part through implemented security controls

10. The process for developing an ISCM strategy and implementing an ISCM program is?
   A. Define, analyze, implement, establish, respond, review and update
   B. Analyze, implement, define, establish, respond, review and update
   C. Define, establish, implement, analyze, respond, review and update

D. Implement, define, establish, analyze, respond, review and update

11. The NIST document that discusses the Information Security Continuous Monitoring (ISCM) program is?

A. NIST SP 800-121

B. NIST SP 800-65

C. NIST SP 800-53

D. NIST SP 800-137

12. A Service Organization Control (SOC) Report commonly covers a

A. 6 month period

B. 12 month period

C. 18 month period

D. 9 month period

新版 CISSP® CBK® 公式ガイドブック【2巻】

2018年7月31日 初版第1刷発行
2023年4月12日 初版第7刷発行

編者 Adam Gordon
監訳 笠原 久嗣・井上 吉隆・桑名 栄二

発行者 東 明彦
発行所 NTT出版株式会社
〒108-0023
東京都港区芝浦3-4-1 グランパークタワー
営業担当 TEL 03(6809)4891
FAX 03(6809)4101
編集担当 TEL 03(6809)3276
https://www.nttpub.co.jp

制作協力 有限会社イー・コラボ
デザイン 米谷 豪(一部アイコン:©Varijanta/iStockphoto)
印刷・製本 中央精版印刷株式会社

Printed in Japan
ISBN 978-4-7571-0376-4 C3055

定価はカバーに表示してあります
乱丁・落丁はお取り替えいたします